混凝土结构维护管理工程学

吴智深　戴建国　万春风　编著

科学出版社
北　京

内 容 简 介

当前世界上混凝土基础设施保有量巨大，建造和维护费用高昂，对混凝土结构进行合理的维护管理是当代土建交通领域所面临的一个最为急迫而重要的任务之一。相对于比较成熟的结构设计和建造，工程结构维护管理的理论、方法和技术体系尚处于发展阶段，迫切需要建立比较规范和完善的维护管理工程科学技术体系，以指导我国大规模基础设施的维护管理实践。本书根据国内外的发展动态，对大量前沿的研究和实践工作以及维护管理的新理念、新方法进行总结提炼，探索建立混凝土结构维护管理工程学体系，对其理论构架、技术体系与方法以及工程维护管理系统的构建示范等方面作了比较全面的介绍。本书对混凝土结构的维护管理研究、教育与实践具有重要的指导意义，对推动我国工程结构的维护管理学科的发展亦具有积极的作用。

本书可作为大专院校土建、交通、工程防灾减灾等专业本科生和研究生教育的教材或参考用书，亦可作为混凝土结构工程领域的研究、技术、管理人员的参考用书。

图书在版编目（CIP）数据

混凝土结构维护管理工程学 / 吴智深，戴建国，万春风编著. —北京：科学出版社，2016.10

ISBN 978-7-03-046061-5

Ⅰ.①混… Ⅱ.①吴… ②戴… ③万… Ⅲ.①混凝土结构－修缮加固－高等学校－教学参考资料 Ⅳ.①TU370.2

中国版本图书馆 CIP 数据核字（2015）第 249629 号

责任编辑：胡 凯 李涪汁 丁丽丽/责任校对：张怡君

责任印制：张 倩/封面设计：许 瑞

科学出版社 出版
北京东黄城根北街16号
邮政编码：100717
http://www.sciencep.com

新科印刷有限公司 印刷

科学出版社发行 各地新华书店经销

*

2016 年 10 月第 一 版 开本：787×1092 1/16
2016 年 10 月第一次印刷 印张：24
字数：569 000

定价：99.00 元

序　言

对于土木工程结构，目前人们更多关注的是其规划、设计与建造，而对于工程结构建成后的维护管理却重视不足。随着社会及经济的发展，这种重建设、轻管养的意识已逐渐给土木工程结构乃至社会、经济、环境的可持续发展带来了很大的问题和严重的限制。目前，我国混凝土基础设施及房屋等土木工程结构的保有量巨大，且结构的早期劣化与短命、安全保障不足、维护管理费用膨胀等问题已经初步呈现。欧、美、日等发达国家和地区的经验和教训已经表明：在经济高速发展时期的大规模土木工程建设之后，必将面临工程结构维护管理费用需求急速膨胀但社会资金短缺的现象，从而制约社会经济的良性可持续发展。混凝土结构作为支撑土木工程建设最重要的结构形式，对其进行科学合理的维护管理、追求其生命周期成本最小化，已成为当代土建交通领域所面临的一个最紧迫的任务，也是当今社会和土木工程可持续发展的重要挑战。可以预见，在不久的将来，我国土木工程界最重要的任务不再是新结构的建设，而是既有结构的维护与管理。和发达国家一样，我国也将面临土木工程基础设施老龄化、建设资金匮乏等问题，因此有必要未雨绸缪，提前致力于建立工程结构维护管理工程科学体系，培养具有完备的工程结构维护管理知识的专业人才。目前在世界发达国家，工程结构的维护管理工程已成为一个重要学科方向并得到不断发展。

混凝土结构的维护管理从工程学角度涉及结构、材料、物理、化学、光电工程及信息通信工程等交叉学科，同时又涉及经济学、管理学等软科学。近年来，我国虽然在维护管理工程学的技术方面取得很多重要创新和进展，但距离混凝土结构全寿命维护管理科学体系的建立还有很长一段路要走。而且，由于我国还处于经济发展较为快速的阶段，广大工程技术及管理人员对导入"工程结构全寿命维护管理"的重要性和紧迫性的认识还未尽统一。但可以预见，我国大量混凝土结构将在不远的将来进入老龄化时代。而我国的土木工程建设规模巨大，建设资金的投入不可估量，对这些老龄化混凝土结构的大规模重建几乎没有可能。作为支撑国民经济可持续发展的重要支柱，混凝土结构基础设施的长寿命化势在必行。如何针对这些混凝土结构建立科学、系统的全寿命维护管理，需要从体制、标准的精细化、专业人才培养、技术进步、基础设施信息化平台建设、工程维护管理产业化及资产化管理等多方面入手。

鉴于上述背景，我们着手编著了这本《混凝土结构维护管理工程学》，以工程学的高度在我国提倡建立工程结构维护管理科学体系及学科建设，以混凝土结构为例，系统介绍当今先进的工程全寿命维护管理理念和实践模式、结构检查/调查与病害诊断技术、结构劣化机理、结构性能评估以及相应的维修加固对策措施等内容。希望本书作为我国混凝土结构维护管理工程学方面的第一本书，能起到抛砖引玉的作用，并对推动我国工程结构维护管理工程学的发展、为我国土木基础设施的可持续发展贡献绵薄之力。

本书共分为9章，第1章主要介绍我国混凝土结构维护管理工程的现状及所面临的挑战，第 2 章介绍混凝土结构维护管理工程学的基本原理，第 3 章到第 7 章分别介绍混凝土结构维护管理活动中的结构检查/调查、劣化机理及分析预测、性能评估与健康诊断、结构的维修与加固措施以及混凝土结构的解体与拆除等技术手段，第 8 章则针对桥隧结构介绍了维护管理的工程指南，最后在第 9 章对工程结构维护管理的发展提出展望并指出其发展方向。

本书在编写过程中，东南大学黄璜博士，温博、贺卫东等研究生在文献整理、图片制作、书稿校对等方面做了大量细致的工作，在此对他们的辛勤劳动表示感谢。

限于编者水平有限，书中难免存在很多缺陷，恳请各位读者批评指正。

编　者

2016 年 10 月

目　录

1 混凝土结构维护管理工程面临的挑战

1.1 土木工程建设对社会、经济和环境可持续发展的重要性

土木工程建设为人类提供了赖以生存的生活、生产以及社会活动的场所，是人类社会文明发展的基础。纵观人类发展的历史，土木工程既是人类生存和发展的结晶，又是人类生存与发展的不竭动力。土木工程是一个古老的学科，早在远古时代，由于居住和交往的需要，人类在不断的探索实践中进行所需的各种土木建设。从 17 世纪中叶开始，世界土木工程建设发生了质的飞跃，伽利略、牛顿以及欧拉等著名学者所阐述的力学理论与数学方法，开启了近代土木工程建设的先河。18 世纪下半叶，瓦特改进了蒸汽机，推进了产业革命，1824 年波兰特水泥的发明和 1856 年转炉炼钢的成功应用为近代土木工程提供了坚实的物质基础。1825 年英国采用盾构技术开凿了泰晤士河底隧道；1886 年美国芝加哥建成了被誉为现代高层建筑开端的 10 层保险公司大厦；1889 年法国巴黎建成了高 300 米的埃菲尔铁塔。欧美等发达国家和地区近代的土木工程建设的发展速度空前，而我国由于清朝实行闭关锁国政策，近代土木工程发展进程缓慢，直至清末洋务运动出现，才开始引进一些西方先进技术，到 1911 年辛亥革命结束，我国铁路总里程约为 9100 公里。第二次世界大战结束后，社会生产力出现了新的飞跃，现代科学技术突飞猛进，各国土木工程进入一个新的发展时代。1949 年新中国成立后，我国经历了国民经济恢复时期和规模空前的经济建设时期。1965 年全国公路通车里程达 80 万公里，是解放初期的 10 倍；铁路通车里程超过 5 万公里，是 20 世纪 50 年代初的 2 倍多。改革开放以后，我国工业化及城镇化进程不断加快，土木工程行业发展迅猛，1979~1982 年全国完成了 3.1 亿平方米的住宅建设，城市给水普及率达 80%以上；各地高速公路开始兴建，铁路电气化开始实现，多层及高层建筑不断建成，各种新材料、新结构、新施工技术不断涌现，标志着我国土木工程开始了现代化进程[1]。

土木工程建设领域就业容量大，截至 2014 年年底，我国全社会的就业人员总数约 7.7 亿，其中，土木行业从业人数达 5000 万，比 2013 年增加了约 430 万人，占全社会就业人数的 6.5%；同时，土木工程领域与其他产业关联度很高，当今社会固定资产投资总额的 50%以上均需通过土木工程行业来转化成新的生产能力和使用价值[2]。当前，我国基础设施建设规模空前，每年新增建筑面积超过 20 亿平方米，占世界的一半以上，在国民经济的五大物质生产部门中，土木建筑行业年产值仅低于工业和农业，位居第三位，超过了运输业和商业。可见，土木工程建设对我国当今社会经济发展起着重要支撑作用。

土木工程建设对国民经济贡献突出。2004~2014 年的十年间，我国国内生产总值（GDP）由 160 714 亿元增加到 636 462 亿元[2]，其中，土木建筑业的贡献由 8 694 亿元增加到 44 724 亿元，占 GDP 的比重稳定在 5%~7%（如图 1.1），成为拉动国民经济发展的重要力量。近十年来，我国固定资产投资从 2004 年的 58 620 亿元增加到 2014 年的

512 760 亿元，年复合增长 21.8%。同期，土木建筑行业总产值由 2004 年的 27 745 亿元增加到 2014 年的 176 713 亿元，年复合增长 18.3%，其中房屋建筑工程对总产值的贡献率最为突出。以 2014 年为例，房屋建筑工程对土木建筑行业总产值的贡献率达到 69%[3]（如图 1.2）。

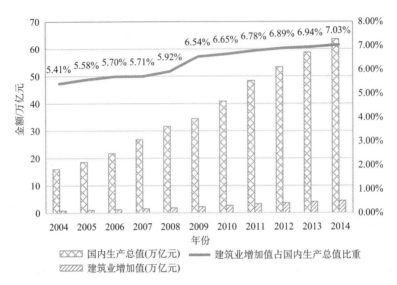

图 1.1　2004~2014 年土木建筑行业在国内生产总值中的比重（数据来自国家统计局）

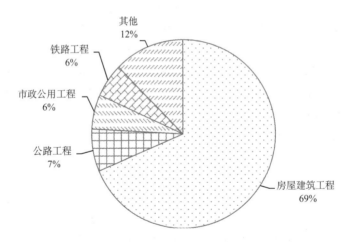

图 1.2　2014 年我国土木建筑行业总产值构成（数据来自《2014 年建筑业发展统计分析》）

　　混凝土结构作为土木建筑行业中最重要的结构形式，占我国土木工程建设工程总量的 90% 以上。继 1824 年波兰特水泥的发明后，法国 Lambot 于 1848 年制造了第一艘钢筋混凝土船；1861~1867 年，法国 Monier 获得了钢筋混凝土梁、板和管的多项专利；1872年，世界第一座钢筋混凝土结构建筑在美国纽约落成，标志着混凝土结构时代的来临；1886 年德国 Koenen 发表了混凝土结构理论和设计的第一本书稿，从此混凝土结构得到迅速推广应用[4]。混凝土结构包括素混凝土结构、钢筋混凝土结构以及预应力混凝土结构。混凝土结构的大规模应用带动了钢铁、水泥等建筑材料产业的蓬勃发展。国家统计局数据显示，在土木工程行业蓬勃发展的近十年，我国建筑材料产量增速惊人。如图 1.3 所示，我国水泥产量从 2004 年的 9.67 亿吨增长到 2014 年的 24.76 亿吨，增长了 1.5 倍；而钢筋产量从 2004 年的 0.67 亿吨增长到 2014 年的 2.15 亿吨，增长了 2 倍多。

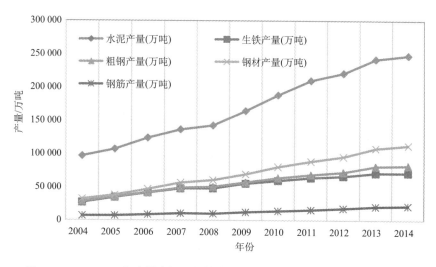

图 1.3　2004~2014 年我国水泥及钢铁建筑材料产量（数据来自国家统计局）

　　社会经济的发展和国家城镇化、工业化的进程相辅相成、相互促进。为早日进入发达国家行列，我国制定了加快城镇化和城市发展的战略，大力发展基础设施建设即是其中一项重要内容。2012 年中国城市发展报告[5]显示，1949 年我国只有 132 个城市，城镇化水平仅为 10.6%，截至 2012 年年末，全国共有设市城市 658 个，建制镇数量增加至 19 881 个，城镇化水平已达 52.57%，超过一半的人口居住在城镇，标志着我国社会形态由乡村型转变为城市型。预计到 2050 年，将有 75%以上的人口居住在城市。未来几十年，随着城镇化的进一步深化，西部大开发、中部崛起、海洋强国等计划的实施，以及京津冀协同发展、长江经济带国家区域发展战略和"一带一路"国际发展战略的强劲推进，我国对混凝土结构的需求仍将继续增长，同时这也将为我国土木工程建设领域提供诸多的机遇与挑战。

　　迄今为止，我国的土木工程建设取得了世界瞩目的成绩，其在国民经济中的地位与作用凸显，对经济社会的快速发展起到了巨大作用，但同时也带来了一些环境与生态方面的问题，给社会的可持续发展带来挑战。实现社会的可持续发展是当前国际社会的共识，由于土木工程在社会经济发展中的特殊地位与作用，提倡在其全寿命周期内贯穿可持续发展的理念具有十分重要的战略意义。可持续发展最有效的手段就是减少能源和资源的消耗。据统计，社会能源的 40%消耗在建筑物中，30%消耗在交通工程中。目前，我国每年新建建筑消耗的水泥和钢筋总量已占据全世界的 40%，但同时我国每年拆毁的旧建筑占建筑总量的 40%，由于我国建筑结构的短命，每年产生约 15.5~24 亿吨建筑垃圾，占城市垃圾总量的 30%~40%，社会资源的消耗和浪费问题非常严重，是不可持续的发展模式。随着社会的发展，这种粗放的发展模式呈现的缺点越来越明显并逐渐被人们摒弃，建设"资源节约型"和"环境友好型"社会已成为当今社会的主流理念。因此，在土木工程的设计、建设、使用及维护管理中，应尽量寻求节约能源的方案，更多地利用风能、太阳能等再生能源，提倡应用可促进生态系统良性循环、减少环境污染、高效、节能、节水的建筑技术与材料以及建筑垃圾废料的再生利用，大力发展绿色建筑，并建立相应的维护管理体系，实现结构的高性能、高耐久和长寿命化，为实现土木工程的可持续发展，实现低碳化社会提供有力支撑。

1.2　发达国家的历史经验和教训

20 世纪中叶是欧美等发达国家和地区土木基础设施建设的繁荣期，各类房屋及公路、铁路、桥梁、隧道等土木交通设施建设如火如荼。目前土木工程在西方发达国家中仍处于关键产业的地位，但总体来说，西方国家的大规模基础设施建设已基本完成，而原先建成服役的大部分混凝土结构存在不同程度的劣化现象，老朽化问题日益突出，在有限的财政力度预算范围内对其进行合理的维护与管理，已成为目前发达国家土木工程建设的重点。对于结构的维护管理，在我国的道路、桥隧等行业内，也常称之为养护管理，本书为统一称谓，使用"维护管理"一词进行阐述。

1950 至 1960 年是美国基础设施建设的黄金时期，当时以发展汽车交通为标志的基础设施建设进入迅速发展时期。图 1.4 是美国桥梁每年的新建数量，可以看出，美国桥梁自 20 世纪 20 年代便开始了较大规模的建设，60 年代左右达到顶峰，随后建设速度略有下降，但仍保持着较大的建设规模[6]。但同时可以看出，美国 20 世纪 20~30 年代间建造的桥梁，到 80 年代，其服役时间便超过了 50 年，进入了老化期。目前，美国桥梁整体上已进入老龄化时期，服役年龄超过 50 年的桥梁超过 60 万座，每年需投入超过 170 亿美元的巨额维护管理费用，而政府的年预算只有 150 亿美元左右，财政缺口很大。

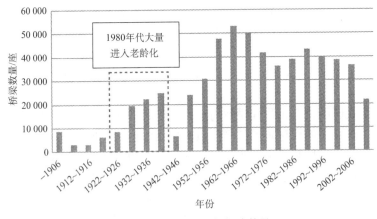

图 1.4　美国桥梁每年新建数量

美国桥梁的老龄化致使事故频发。1967 年 12 月 15 日西弗吉尼亚州的 Silver 桥发生了塌桥事故，造成 46 人死亡，付出了沉重的代价。美国联邦高速公路总署（Federal Highway Administration, FHWA）于 2011 年公布的桥梁检查统计报告显示[7]，美国已有超过 20 万座桥梁存在病害或者承载力不足的问题，约占桥梁总数的 34%（如图 1.5）。且随着桥梁的不断建设，病害桥梁的数量不断积累增长（如图 1.6）。美国土木工程师协会（ASCE）指出，在未来 20 年，美国对有缺陷的桥梁进行维修加固的费用将超 1800 亿美元。为了应对这种情况，美国 FHWA 于 2005 年提出和启动了桥梁长期性能项目（long-term bridge performance program, LTBP），LTBP 项目是一个持续至少 20 年的长期项目，旨在通过收集全美高速公路桥梁的高质量桥梁数据，促进人们对桥梁劣化与长期性能状况的认识和理解，实现桥梁的合理优化及长寿命化管理。

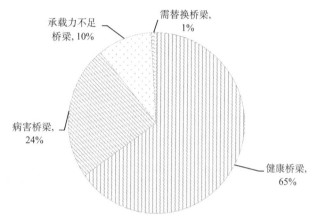

图 1.5 美国 2011 年桥梁检查统计数据

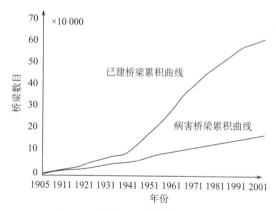

图 1.6 美国病害桥梁的累积情况

欧洲桥梁管理（BRIME）项目的统计表明，目前欧洲也有接近 8.4 万座混凝土桥梁需要维修与加固。表 1.1 是欧洲几个国家的桥梁和国道的情况，可见大多数国家的桥梁与国道的缺陷率超过 30%。欧洲各国每年用于桥梁维护的费用占所有桥梁重建费用的 0.5%～1.0%。在德国，由政府委任的委员会经调查研究后指出，德国在今后的 15 年里，每年需斥资 72 亿欧元来逐步翻新基础设施，比现有的预算要多出 70%。2014 年 2 月，德国《图片报》与《明镜》周刊则报道了德国经济研究所（IW）关于德国基础设施的最新调查研究。结果显示：德国的社会基础设施整体上存在着比较严重的结构劣化、老化和年久失修的问题，而其中土木基础设施占了很大的比重。据推测，德国如想保持地区优势和竞争力，政府则需要在未来 10 年间投入 1200 亿欧元（约合人民币 9975 亿元）的资金用于基础设施的维护管理。英国苏格兰地区 2014 年对其主干道上的结构物（主要是桥梁）的检查和监测结果表明，其结构的主要承载构件的状态只有 61% 是比较完好的，状态为差和很差的则占 18%，每年在结构维护和加固上的投资需达 2500 万英镑（如图 1.7）。

同样，欧洲为应对其基础设施劣化的困境及维护活动所带来的社会经济压力，早在 2003 年 12 月份，便针对铁路桥启动了"可持续桥梁——为将来交通需求及结构长寿命的评估"（sustainable bridges-assessment for future traffic demands and longer lives）项目，项目为期 4 年，旨在提高欧洲铁路运输能力及延长结构使用寿命。具体目标包括：（1）提高现有结构在货运列车常速运行下的轴重承受能力（最高到 33 吨），以及提高轻量客运列车的运行速度（最高为 350 公里每小时），实现运输能力提升的目的；（2）提高既有结构的剩余使用寿命，增加 25% 的使用寿命；（3）增强管理、加固及维修等系统的能力。随后，欧盟进一步提出了长寿命桥梁（long life bridge）项目，旨在运用先进的结构分析技术，对结构进行必要的维护与管理，达到延长既有桥梁的使用寿命。此项目在欧洲第七框架研究计划资助下于 2011 年开始执行，为期 3 年，研发重点主要包括桥梁荷载与动

表 1.1　欧盟各国的桥梁与国道数量及其存在病害的比例[8]

国家	估计桥梁数	国家公路数	缺损所占百分比	退化的主要原因
法国	233 500	21 500	39%	混凝土侵蚀 约束不充分 预应力钢丝锈蚀 防水不充分 保温不充分 碱骨料反应
德国	80 000	34 800	37%	混凝土侵蚀 设计/建造失误 节点、约束错误 荷载过大 车辆荷载 火灾、洪水
挪威	21 500	9 173	26%	混凝土侵蚀 冻融破坏 碱骨料反应 涂料劣化 钢筋锈蚀 使用海水拌合 海水冲刷地基
斯诺文尼亚	—	1 762	—	混凝土侵蚀 预应力钢丝锈蚀 钢筋锈蚀 防水不充分 桥墩锈蚀 冻融破坏 节点缺陷

续表

国家	估计桥梁数	国家公路数	缺损所占百分比	退化的主要原因
西班牙	—	12 380	—	混凝土侵蚀 钢筋锈蚀 防水不充分 节点缺陷 车流量较大一侧的冲击
英国	155 000	10 987	30%	混凝土侵蚀 预应力钢丝锈蚀 冲击破坏 收缩裂缝 冻融破坏 碱骨料反应 混凝土碳化

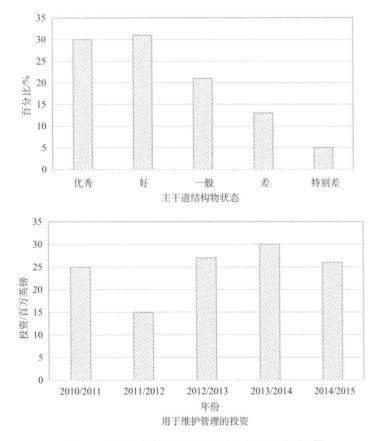

图 1.7 英国苏格兰地区桥梁状态与维护投资情况[9]

力特性、桥梁全寿命评估与疲劳评估 3 个方面。其研发目标是：（1）对更多公路与铁路桥梁进行检查分析，确认其处于安全状态；（2）提高非高速铁路的运行速度；（3）减少对非再生资源或高碳排放资源的需求；（4）降低成本。针对未来，欧盟也提出了"欧洲

2020：智能、可持续、包容性增长策略"（Europe 2020, a european strategy for smart, sustainable and inclusive growth），也是欧洲将来的经济增长指导方针。

　　日本在二战后随着经济的发展，其基础设施也得到迅猛发展，目前其基础设施的社会资产已达 700 兆日元。同样以桥梁为例[10, 11]，日本从 20 世纪 50 年代开始加速建设，80 年代达到顶峰，而在 50~60 年代大量建造的桥梁在 2010 年便陆续超过 50 年服役期，进入老龄化阶段（如图 1.8）。同时，根据日本交通政策审议会计划部门统计，尤其是日本一般国道和地方道路上的桥梁和隧道，老龄结构的数量急剧增加，问题非常严峻，预计到 2025 年，一般国道和地方道路上服役超过 50 年的桥梁数目将超过 6 万座，而服役年龄超过 50 年的隧道的数目将超过 3500 个（如图 1.9）。

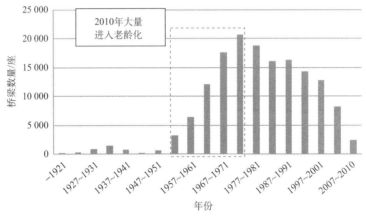

图 1.8　　日本桥梁历年建设数量

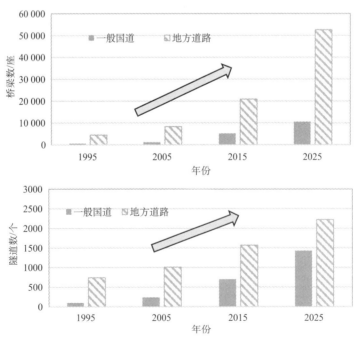

图 1.9　　日本桥梁和隧道的老龄化预测（服役 50 年以上的数目）

日本大量桥梁、隧道等的集中老龄化，同样给日本的基础设施维护带来很大问题。据日本国土交通省 2013 年统计，由都道府县及市区町村所管理的跨度 15 米以上的公路桥在日本全国约有 14.4 万座，已禁止或限制通行的危桥达 1380 座，比 5 年前增加了 1.7 倍，且其中一半以上的危桥是桥龄超过 50 年的桥梁。同时，因结构老化和自然灾害导致的损伤桥梁大约还有 6.7 万座。截至 2013 年 4 月，已经维修加固完毕的桥梁大约只有 1 万座，尚未维修加固的桥梁占地方政府所管理公路桥的 41%。上述情况导致了目前桥梁的维护费用巨大，每年接近 30 兆日元，几乎与工程建设投资预算相当。从日本的公共租赁住宅房屋与基础设施（包括道路、港湾、机场、下水道、城市公园、治水设施及海岸设施等）投资来看（如图 1.10），总投资自 21 世纪初回落，且新建结构的投资回落显著，维护管理费用快速增长并于 20 世纪 90 年代开始一直保持在较高水平，更新费用自 2000 年后显著增加，且很快成为投资的最主要部分。预计到 2036 年左右，新建结构的投资预算将缩减殆尽，日本在公共租赁住宅房屋及基础设施上的投资将只能基本满足结构的维护管理、更新与灾后的恢复重建等需要；同时，由图 1.10 可见，预计在 2037 年左右，日本这些既有结构的维护管理费与更新费将超出政府预算，形成赤字，且赤字也呈逐步增长状态，日本的公共租赁住宅房屋及基础设施等社会资本的可持续发展将遇到很大的困难。

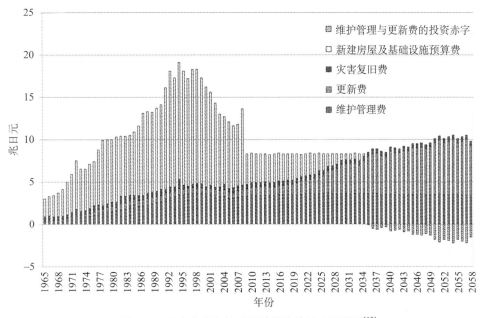

图 1.10　日本房屋与基础设施投资统计及预测图[12]

大量的基础设施老龄化不仅引起了日本政府的警惕，同时也引起了民众的强烈关注，日本的随机问卷调查显示（如图 1.11），意识到基础设施老龄化问题并为此感到不安的民众人数占大部分且呈上升趋势。日本为避免步美国的后尘，已对基础设施结构积极开展维护和管理活动，并制定了一系列法律、法规对结构的检查及维护对策等作出了规定。同时，为减缓结构短命而造成的拆除重建带来的物质和资金压力，大力提倡对结构采取适当的延命措施,并从结构的全寿命维护管理角度进一步提出结构的长寿命化设计理念,推出了用于基础设施的长寿命化的国家基本规划。2013 年日本国土交通省要求各地政府制定"桥梁长寿命化计划",目的就是在桥梁发生致命性损伤之前,发现问题并及时采取维修加固措施,延长桥梁的服役寿命。通过引入长寿命化等预防保全措施,日本在 2037 年左右房屋与基础设施的投资预算将不再出现赤字(如图 1.12),可大大缓解未来的政府预算不足的困境,此预算赤字推迟十年至 2047 年,给社会留下缓冲和解决问题的时间。

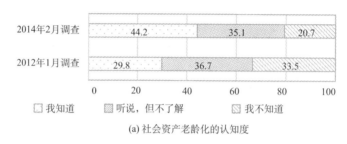

(a) 社会资产老龄化的认知度

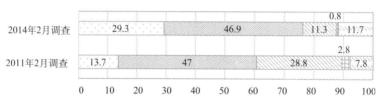

(b) 社会资产老龄化对今后产生不安的感觉

图 1.11　日本民众对社会资产老龄化的意识调查结果

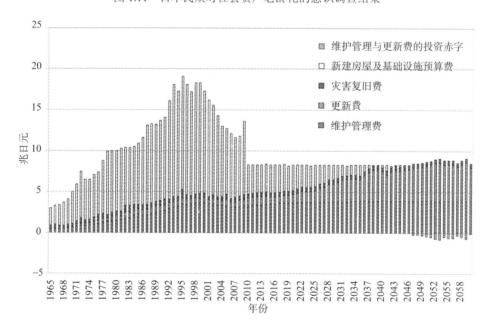

图 1.12　引进长寿命化后日本房屋与基础设施投资统计及预测图[12]

但同时也应看到，日本桥梁等土木基础设施的维护管理情况依然严峻。根据日本国土交通省公布的一项调查报告显示，在日本全国约 70 万座公路桥梁中，约有 30 万座桥梁建设时间不明，占总量的 40%以上，相关部门很难在适当的时间及时对这些桥梁进行维护管理。建设时间不明的桥梁中，有 80%以上由市区町村管理。在规模很小的地区，负责维护管理的人员很少，使得公路桥梁的维护管理十分困难。日本国土交通省于 2012 年调查了国家和地方政府管理的长度 2 米以上的约 70 万座公路桥梁，结果显示，市区町村管理的 48 万座桥梁中，有超过 25 万座桥梁建设时间不明，占全部的 52%。桥龄不明导致确定桥梁维护的顺序十分困难，若不对这些桥梁进行及时维修与管理，严重老化的桥梁很可能会突然坍塌。2012 年日本国土交通省的另一项调查也显示，91.9%的村镇和 68.1%的城市负责公路桥梁维护管理的人员均不超过 5 名，41.2%的村镇和 23.3%的城市没有任何技术人员，技术人员的匮乏已成为日本桥梁维护管理的巨大障碍。

在韩国，随着 20 世纪 70 年代的经济腾飞，其桥梁数量从 1970 年的 9322 座快速上升至 2006 年的 22 937 座。但过去韩国修建的桥梁通常只有 30 年的使用寿命，远低于发达国家 50~75 年的平均寿命（日本虽然现在通过努力已使其寿命得到了很大幅度的提升，但早期桥梁的寿命也仅为 50 年；相比之下，美国和英国为 70 年，芬兰为 75 年，瑞典为 76 年）。结构的短命意味着大量的维修加固和拆除重建活动，需要花费大量的资金，除此之外，还需要耗费其他很多社会成本，对韩国的发展造成了制约。结构的维护管理费用在结构服役期已经较长的发达国家已成为很大的问题。对于桥梁使用寿命更短的韩国，需要健全的社会基础设施支撑社会经济活动的需求和维护管理费用的制约，二者之间的矛盾将更为明显。韩国在 2006 年后期的统计分析表明，每年将有约 700 座桥梁需要重建或者彻底大修。通过开发先进的高性能材料和建造技术、提升养护管理水平等手段提高结构的使用寿命，推动结构的可持续发展已逐渐成为世界各国的共识。在此背景下，为改善结构使用寿命普遍低下的问题，韩国在 21 世纪初提出并开始实施桥梁长寿命化计划。韩国建设技术研究所（Korea Institute of Construction Technology, KICT）在 2002～2006 年开展了一项名为"桥梁 200"的项目，旨在通过开发超高强、高耐久混凝土，实现桥梁 200 年的使用寿命。自 2007 年开始，韩国进一步开展了"超级桥梁 200"的项目，拟将开发的超高强混凝土应用于斜拉桥，发展 200 年可持续使用的桥梁，在延长使用寿命的同时降低 20%左右的维护成本。同时，在日本，设计寿命 100 年的四国联络桥在引入了长寿命计划后，也提出了 200 年使用寿命的计划，并积极推动了与之相应的维护管理措施。

由此可见，发达国家的基础设施在经历集中建设期后，均会出现大量结构集中老龄化的时期，并伴随不同程度的劣化和病害，对此需进行合理的管理和规划。美国在 1967 年的 Silver 桥事故之后，对其基础设施的建设和管理进行了反思。美国国会于 1968 年颁布了《联邦政府助建公路条例》，并在 1971 年由美国联邦公路管理局和美国国家公路与运输协会合作，共同制定了"国家桥梁检查标准（NBIS）"，成为美国历史上首次为桥梁检查与安全评估建立的国家级标准。《1978 年地面运输援助法案》和《1982 年地面运输援助法案》的推出，将"国家桥梁检查标准（NBIS）"中的桥梁计划检查范围进一步扩大。目前，在美国联邦公路管理局的管理下，各州遵循 NBIS 的规定，每 2 年进行 1 次桥梁检查，全美超过 60 万座桥梁的检查数据均保管于 NBI 的数据库里。目前，美国纽约桥梁的平均运营年限是 75 年，也不乏超过 100 年的桥梁，这在一定程度上代表了美国对桥梁进行了适当维护管理的成果[13-16]。

以上的大量事实也表明，经济快速发展期高密度的基础设施建设往往容易埋入混凝土结构的耐久性隐患，早期对结构全寿命维护管理的不重视已给后面持续、健康的运营带来了严重的问题。目前，西方发达国家在大量混凝土结构维护管理上面临的问题和严峻挑战，就是在建设高峰期没有充分重视后期维护管理的深刻教训，也是我国土木工程建设的前车之鉴。我国目前仍是一个发展中国家，改革开放 30 多年来虽已取得巨大成就，但目前经济发展仍面临一些瓶颈问题。我国的大规模土建、交通基础设施的兴建相对较晚，但维护管理费用庞大且逐渐迅速攀升的压力同样存在。随着越来越多的土建结构进入老龄化，可以预见，我国将来也极有可能会像西方国家一样出现建设、维护资金不足的问题，因此，延长已有混凝土结构的使用寿命，并在新建结构中引入全寿命维护管理的理念具有更大的现实意义。只有借鉴西方国家的工程建设经验，才能避免重蹈西方国家工程建设中所犯的错误，在保障混凝土结构安全和使用性能的前提下，实现建设和维护成本的最小化。

1.3　我国土木工程面临的挑战

我国的土木工程建设从 20 世纪 50 年代起开始发展。尤其是改革开放以来，我国用 30 年时间完成了西方发达国家近百年的发展历程，所取得的成就举世瞩目，大规模的基础设施建设有力地推动了土木工程科学技术的进步。在超高层建筑、大跨度桥梁、高速公路、桥隧、大坝等工程领域的技术已经赶上甚至超过世界先进水平，在国际相关领域已占据了重要的地位。

目前，我国超过 100 米的高层建筑已超过 60 座，达到 300 米以上的超高层建筑也已有 20 余座。现阶段，全世界达到 400 米以上的超高层建筑总共有 14 座，而我国就占了 8 座，这个数量足以说明我国在超高层建筑方面的建设水平[5]。在交通设施上，我国铁路网规模位居世界第二，仅次于美国，随着近几年的大力发展，我国目前拥有着世界上总里程最长的高速铁路网，除此之外，我国高速公路总里程也位居全球第一。在桥隧建设方面，我国也取得了令世人惊叹的成就，世界最长的杭州湾跨海大桥、最大的斜拉桥——苏通长江大桥及在建的世界最长跨海大桥——港珠澳大桥，均代表了世界最先进的工程水平。种种数据表明，我国的土木工程建设无论是建设投资还是建设规模早已达到世界第一，但同时也应清醒地意识到，我国还面临着巨大的人口、资源和环境压力，整体工程技术水平与国际先进水平相比还存在一定差距，在建设、运营、管理中仍存在不同程度的工程安全问题，而地震、强风、洪水、冰雪灾害的频发和恶劣环境的影响也使土木工程的安全、耐久与防灾能力面临严峻考验。发达国家的发展经验已经告诉我们，在经过基础设施的大规模发展之后，随着大量的结构逐渐进入老龄化，结构劣化问题会日益突出，对结构进行恰当和合理的维护管理将成为我国土木结构及基础设施领域最重要的任务。

我国的土木结构及基础设施建设远晚于欧美日等发达国家和地区，大规模的建设起始于 20 世纪 80 年代，目前，大规模的建设已到达顶峰。虽然我国土木建设起步较晚，大部分结构尚未进入老龄期，但是种种问题已经开始暴露，各种恶性事故频发，结构维护管理的压力日益增大。据住房与城乡建设部 2004~2013 年工程事故快报统计，我国在此十年间的工程坍塌事故共发生 1033 起，占总事故起数的 13.68%；死亡人数为 1764 人，占事故总死亡人数的 19.28%，无论是事故数还是事故死亡人数均居于各类事故的第二位[17]。而近年来"楼歪歪"、"楼脆脆"等工程事故的频发，已开始体现我国改革开放以来"粗放式"建设弊端。我国的建筑寿命远远低于世界发达国家水平，与英国建筑的平均寿命 132 年和美国建筑的平均寿命 74 年相比，我国许多建筑的寿命都不超过 25 年。随着我国城镇住宅进入老化高峰期，今后建筑的维护加固费用将更加庞大。据保守估算，我国一年大概竣工房屋面积 12 亿平方米，按全国每平方米 750 元建筑成本计算，需花费 9000 亿元，如设计使用期为 50 年，实际只能满足 25 年的使用要求，我国每年的隐性建筑损失至少有 4500 亿元。

公路作为重要的交通基础设施在我国也得到了飞速发展。如图 1.13~图 1.15 所示，

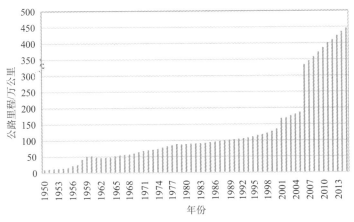

图 1.13　我国公路里程数（数据来自国家统计局）

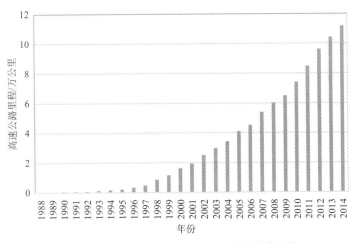

图 1.14　我国高速公路里程数（数据来自国家统计局）

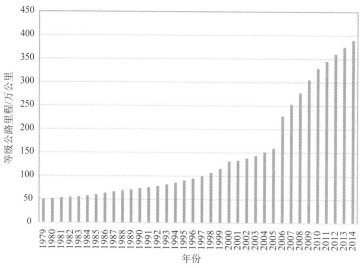

图 1.15　我国等级公路里程数（数据来自国家统计局）

到 2014 年，我国公路总里程达到 450 万公里，国家高速公路网基本建成，高速公路总里程达到 10.8 万公里，等级公路总里程达到 390 万公里，将覆盖 90%以上的 20 万以上城镇城市，二级及以上公路里程达到 65 万公里[2]。但是，经过 30 多年的建设，我国公路老化、损坏现象严重，已逐渐显现老龄化现象，维护费用不断提高。"十一五"期间，我国用于公路养护的费用共计 8011 亿元，平均每年达 1600 亿元，且未来资金投入力度将进一步加大。

　　铁路是支撑国家经济社会发展的重要基础设施，是统筹区域城乡结构、产业分布、各种大型公共设施布局科学合理、各种经济人文活动有效开展的重要纽带。改革开放以来，我国的铁路建设取得了长足的进展。如图 1.16、图 1.17 所示，20 世纪 80 年代起，我国每年建设的铁路里程数增加迅猛。截至 2014 年，我国铁路运营里程数为 11.18 万公里；尤其值得一提的是，我国铁路的电气化里程数在近 30 年间增长了几十倍，在 80 年代初只有不到 0.2 万公里，到 2014 年已达 3.69 万公里[2]。预计到 21 世纪 40~50 年代，我国铁路将进入大量老龄化阶段，届时将有上百万公里的铁路需要重点维护管理，维护费用将空前巨大。

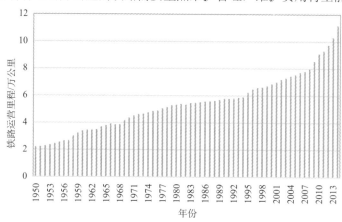

图 1.16　我国铁路历年运营里程数（数据来自国家统计局）

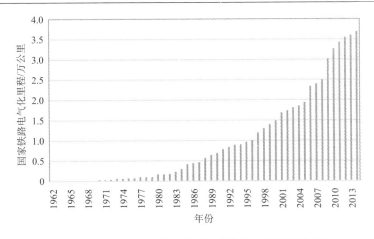

图 1.17 我国铁路电气化里程数（数据来自国家统计局）

隧道是我国基础设施建设的重要领域之一，我国第一座铁路隧道是 19 世纪末的台湾省台北至基隆窄轨铁路上的狮球岭隧道，长 261m。1950 年以前我国建成的隧道总数为 238 座，总延长 8.9 公里；而 1950~1984 年这 30 多年间，我国共建成铁路隧道 4274 座，总延长 2014.5 公里；截至 2005 年年底，我国的铁路、公路、水利水电等领域已建成近万座隧道，总延长超过 7000 公里。据 2013 年的统计，我国已有公路隧道 11 359 座，总长 9606 公里，铁路隧道 11 074 座，总长 8939 公里，而水工隧道总长超过 10 000 公里。但同时需要注意的是，我国的隧道结构状况不容乐观，有近 50% 的隧道存在各类病害劣化问题。我国预计在 21 世纪 30 年代将有 4000 多座隧道服役超过 50 年，大量隧道进入老龄化阶段，维护费用将急剧增加。

近年来，我国桥梁建设也取得了巨大的成就。1988 年，我国只有桥梁 12.4 万座，而截至 2014 年年底，我国桥梁总数超过 86 万座，跃居世界第一，其中我国公路桥梁总量超过 75 万座，总长达到 3977.80 万米，其中重大桥梁总长达到 2250.48 万米，占比 56.6%，是交通生命线工程中的关键节点；铁路桥梁超过 5 万座，城市桥梁超过 6 万座。20 多年来，我国建造的桥梁数量比世界上任何国家都要多，预计到 2025 年我国桥梁将突破 100 万座，中国已成为世界桥梁大国。然而，随着在役桥梁数量和桥龄的日益增加，在役桥梁的安全与健康形势十分严峻，危桥、病桥总量庞大，占比 15%以上，许多桥梁结构老化、事故不断，其功能难以满足经济发展的需要，甚至对公共安全产生威胁，可见，提升这些桥梁的安全与健康已成为当务之急。我国桥梁建设数量如图 1.18 所示，根据图 1.4 与图 1.8 中美国、日本等国家桥梁建设的发展情况，预计在 21 世纪 30 年代我国将进入桥梁的集中老龄化阶段，将有约 12 万座桥梁服役超过 50 年，至 2050 年将有近 28 万座桥梁进入老龄化（如图 1.19）。虽然我国桥梁建设相对于美日欧来说较晚，但是由于数量巨大，桥梁老龄化带来的影响将远超美国和日本，维护管理费用将十分巨大，对这些桥梁进行维护管理的压力和迫切性尤胜于欧美及日本等发达国家和地区。

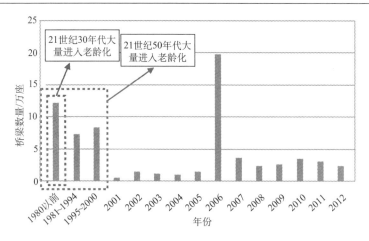

图 1.18　我国桥梁历年建设数量

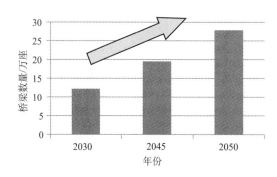

图 1.19　我国桥梁老龄化预测

同时，桥梁病害问题突出，事故频发，形势严峻。我国桥梁的设计寿命为 100 年，但主梁下挠、混凝土开裂等原因使得桥梁使用寿命远小于其设计寿命，我国约有 60%的桥梁实际寿命不足 25 年。如我国 1992 年建成的三门峡大桥，运营 10 年后主梁就下挠 220mm；1995 年建成的黄石大桥，运营 7 年后主梁下挠竟达 305mm；1997 年建成的虎门大桥，运营 7 年后下挠 223mm。主梁下挠严重影响这些桥梁的运营安全，据统计，下挠桥梁的使用寿命不超过 30 年，远低于 100 年的使用寿命。主梁混凝土开裂也是混凝土桥梁安全运营的重大隐患，表 1.2 为我国混凝土斜拉桥主梁开裂的情况统计。开裂桥梁的使用寿命从 11 年到 27 年，平均寿命不到 20 年。

表 1.2　我国混凝土斜拉桥主梁开裂的情况统计[18]

桥梁名称	位置	建成时间	裂缝数量/条			
			顶板	底板	腹板	隔板
济南黄河大桥	山东	1982 年	1386	11	52	1794
上海泖港大桥	上海	1982 年	很多	—	—	—
天津永和大桥	天津	1987 年	2	2	—	—
石门长江大桥	重庆	1988 年	23	—	84	78

续表

桥梁名称	位置	建成时间	裂缝数量/条			
			顶板	底板	腹板	隔板
宁波甬江大桥	浙江	1992 年	147	—	—	164
钱塘江三桥	浙江	1996 年	—	很多	148	—
李家沱长江大桥	重庆	1997 年	很多	很多	很多	很多
广东番禺大桥	广东	1998 年	—	—	很多	—

据不完全统计，自 2007 年至今，我国约有 40 余座桥梁垮塌，其中 13 座在建中就发生事故，共致使约 400 人伤亡。平均每年有 7.4 座"夺命桥"产生，平均不到两个月就会有一起事故。桥梁事故频发已引起了国家的高度重视，相关部门投入了大量的资金用于交通设施的维护与管理。"十一五"期间，我国投入 189.5 亿元用于危桥改造，改造危桥 16 875 座约 124.9 万延米，未来资金投入力度将进一步加大。

总体来说，我国当前土建交通工程的发展，与发达国家几十年前的土木建筑发展高峰期类似，但我国的土建结构数量更多，资产总量更大，而且建造质量问题可能更为严重，后期维护管理的压力也将更为严峻，对我国经济的可持续发展将是一个巨大挑战。发达国家建设高峰期"重建设、轻维护"的经验教训，应为我国所借鉴，大力发展工程结构的维护管理已时不我待。

1.4 国内外混凝土结构维护管理技术和实践

混凝土结构是目前世界上使用最为广泛的结构形式，但大量混凝土结构的耐久性失效已成为土木工程领域最关注的问题，因此混凝土结构的维护管理问题日益突出，已成为全世界土木工程人员共同面对的问题，基于全寿命的混凝土结构的维护管理技术已引起世界范围内广大专家学者的高度关注和重视，并从很多技术要素方面进行了研究和实践。

1.4.1 混凝土结构的安全、耐久与健康

混凝土结构的安全、耐久与健康三个概念密不可分、相互联系。安全是工程结构中永恒的主题，是工程结构最重要的性能要求，包括日常运营安全与防灾安全两种形式，主要指结构在正常使用过程中，能够承受可能出现的各种作用（包括各种荷载、风/地震作用以及非荷载效应等），并在偶然事件（如地震、撞击等）发生时和发生后，能保持必要的整体稳定性，从而不会对使用者或者周围人群的生命和财产造成威胁。由于安全性对于土木结构的绝对首要地位，各国的学者和工程技术人员围绕其进行了大量的研究，以往众多的手册、规范、标准大多也是以结构安全性为中心进行论述和记载。

混凝土结构的耐久性，指的是混凝土结构及其构件在一定的工作环境和材料内在因素条件下，在预期的服役期间抵御荷载作用、环境影响、化学侵蚀等劣化作用，在无需耗费大量资金和资源进行维修的情况下，也能保持结构及其构件的安全性、适用性及外观要求等性能要求的能力，体现了结构在长期服役过程中抵抗结构性能退化的一种性能。

混凝土结构的耐久性能是实现结构较长服役寿命的基础，也与结构全寿命周期成本等经济性能息息相关。

每年因混凝土结构耐久性的不足导致了大量结构的损伤及失效，针对其维护及维修加固的费用巨大。混凝土结构的耐久性能最先于 19 世纪 40 年代由法国工程师维卡开始进行比较系统的研究，其所著《水硬性组分遭受海水腐蚀的化学原因及其防护方法的研究》是研究海洋环境下混凝土腐蚀的首部科研著作。继 19 世纪 80～90 年代混凝土构件应用于工业建筑物之后，以美国、德国及苏联等为代表开始对混凝土的钢筋锈蚀、冻融等耐久性问题开始了较为深入的研究，并制定了如《建筑结构防腐蚀设计标准》（CH 262—63，CH 262—67）等防腐蚀设计规范和标准。在英国，早在 1920 年便成立了"水泥混凝土腐蚀与防护委员会"，美国混凝土学会（ACI）则在 1957 年成立了 ACI201 技术委员会，主要指导混凝土耐久性方面的研究[19]。1960 年国际材料与结构研究实验联合会（International Union of Laboratories and Experts in Construction Materials, Systems and Structures，RILEM）设立了"混凝土中钢筋腐蚀"技术委员会（12-CRC），标志着混凝土耐久性研究的系统化、国际化发展，其在 1974 年提出了首份关于钢筋锈蚀的现状报告，并在 1988 年发表了钢筋锈蚀的机理及一致性认识报告，后又成立了"钢筋锈蚀破坏修复对策技术委员会"，针对钢筋锈蚀破坏的修复工作进行探讨。1990 年日本土木工程师学会混凝土结构委员会提出了混凝土耐久性设计建议，1992 年欧洲混凝土结构委员则颁布了"耐久性混凝土结构设计指南"[20]。

我国幅员辽阔，气候差异显著，有东北的严寒，也有南方的湿热，特别是在南海等沿海地区，更是具有高温、高湿、高盐雾、高辐射和多台风的气候特征，大多数工程材料都易出现损伤、老化、腐蚀、破坏等病害，严重影响了混凝土结构的耐久性能，也对结构的耐久性保障提出了更高要求。我国自 20 世纪 60 年代开始对混凝土的耐久性进行了系统的研究，起步相对于发达国家稍晚，但在陈肇元院士等专家学者呼吁下，也已开始引起了重视并对此进行了一系列的努力[21]。中国土木工程学会在 1982 年和 1983 年连续两次召开了全国结构耐久性学术会议，也对混凝土结构耐久性的研究起了推动作用。1991 年 12 月在天津也成立了全国混凝土耐久性学组；2004 年中国建筑工业出版社出版了《混凝土结构耐久性设计规范》，在国内首次全面且系统地对混凝土耐久性设计与施工、维修及检测等作了介绍；2007 年由中国工程建设标准化协会颁布了《混凝土结构耐久性评定标准》（CECS220：2007），对混凝土耐久性的检测与评定作了规定；2008 年 11 月则由我国住房和城乡建设部与国家质量监督检验检疫总局联合发布了国家标准《混凝土结构耐久性设计规范》（GB/T 50476—2008），针对混凝土结构的耐久性问题作了规范和说明[22-25]。

对于土木工程结构，安全和耐久是其两个基本性能要求，而结构健康则是在安全和耐久的基础上，提出的更高层次的要求。结构健康的概念比较新颖，各国对其的定义和要求略有差异。一般来说，结构健康的概念是强调在日常运营安全保障的前提下，结构需同时具有充分的耐久性及具备可靠、少隐患、易维护、灾后可复原等特性，从宏观层面讲也可包括经济和绿色（主要是指低碳、环境友好与资源节约）两大特性。土木工程结构的健康是人类社会可持续发展的必然要求，可持续发展即要求工程结构经济耐久、绿色健康，其核心是结构的长寿命化。结构的长寿命化设计与维护，将改变以往动辄拆除重建的粗放式建设方式，通过较少的额外投入，可显著抑制结构的全寿命周期成本，节省大量的自然和社会资源，获取丰厚的经济回报和良好的社会效益。在保障安全的基础上，实现混凝土结构的长寿命化，是当今世界各国土木工程结构可持续发展的一条必行之路。对于建筑寿命，相对于美国、日本的 74 年，英国的 132 年，我国的建筑结构的平均寿命只有 30 年，远远低于发达国家的平均水准，因此迫切需要提升结构的设计、建造及维护管理的综合技术和管理水平。通过现有的技术进行合理、及时的维护管理，对于目前很多达不到设计寿命的结构，我们应该争取使其达到既定的设计寿命，而对于保养较好的混凝土结构，我们要力争使其实际使用寿命大大超出其原有的设计寿命，如对于设计寿命 100 年的桥梁，我们要争取在全寿命周期成本（life cycle cost, LCC）最小化的前提下实现 150～200 年甚至更长的使用寿命，如日本 100 年设计的四国联络桥目前已经在进行 200 年使用寿命的努力和实践。对于结构长寿命化的寿命延长程度世界各国认识并不统一，笔者认为在合理控制维护管理成本的前提下，针对原设计寿命，实现实际使用寿命倍增应成为理想目标。另外，现在的结构设计理念，需要赋予结构在承受灾害之后的复原能力，需要结构具有鲁棒性、快速修复性、冗余性和智能性等特点，这样结构在遭受地震等灾害之后，能够减轻灾害影响，快速修复并恢复运营，这也就是结构的灾后自我康复能力。

发达国家的土木结构目前大多使用寿命较长，也是通过长期的研究和不懈的努力逐步达到的，而不是一蹴而就的，且仍有继续提升的空间。日本早期的道路桥梁，虽然设计寿命有 50 年，但是由于其在二战前资源不足，以及对地震等灾害的认识不足，实际结构使用寿命通常只有 30～40 年，结构短命是普遍现象。但在二战后，随着社会的稳定和经济的发展，日本在结构的性能改善方面进行了研究并采取了一系列的措施，使其使用寿命不断提高。在 1971 年，日本对桥面板设计标准进行了更新，在 1973 年又对道路标准进行了更新，随后在 1984 年对盐蚀标准进行了更新，1989 年对碱性骨料相关条款进行了更新，2001 年对疲劳设计的标准进行了更新，同时制定了有关耐久性及寿命提升技术的各类规范与指南。这些研究进展和相应的工程措施逐渐提高了桥梁的使用寿命，使其基本能够达到 100 年，极大促进了结构长寿命化技术的发展，特别是各类耐久性和寿命提升技术的规范与指南的编制和执行在其中发挥了极其重要的作用。日本道路桥使用寿命变迁历程[11]如图 1.20 所示。同时，图 1.21 也显示了日本在实行长寿命化之后，建筑工业废弃物数量显著降低，2015 年已降低超过 20%，预计 2035 年将进一步降低 64%，这对于减少环境污染、节省资源也具有非常重要的意义。我国在耐久性及寿命提升方面其实也已经颁布了很多的规范、标准和指南，但总体上尚未达到发达国家所达到的提升效果，其中一个重要原因在于我国目前的规范、标准尚不够精细化，可操作性不强，导致制定的各项规定在实际操作中得不到很好地贯彻和落实，规范及标准等制定的精细化对于指导实践具有非常重要的意义。

1.4.2 混凝土材料的高性能化

混凝土材料的性能是影响混凝土结构安全的重要因素。由硬化水泥砂浆、骨料等多

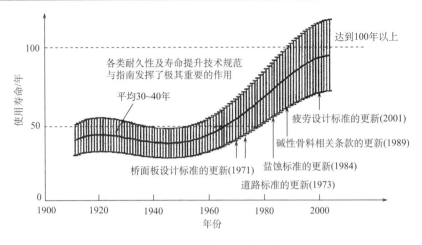

图 1.20　日本道路桥使用寿命的变迁历程

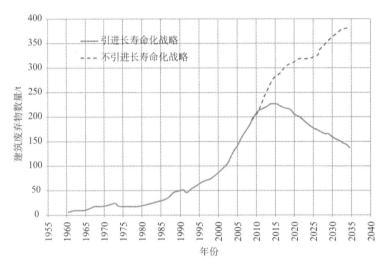

图 1.21　日本实行长寿命化后废弃物排放预测曲线

组分构成的混凝土材料是一种多相复合结构，这一结构具有非均质性和复杂的物理化学特性。由于干缩、泌水以及材料内部存在的其他各种物理化学反应的综合作用，混凝土内部微结构极其复杂，除了胶凝材料、筋材和集料外，其内部微结构还包含大量的有害孔和微裂缝等初始损伤。这样的微结构导致材料的密实度降低、渗透性增加。当受到外界作用以后，这些初始损伤会不断发展恶化，同时较低的密实度和较高的渗透性会导致混凝土耐久性在外界环境的物理、化学、生物等作用下不断劣化和削弱，从而影响材料的寿命。因此，为满足高性能、长寿命的混凝土结构的建设要求，混凝土材料已经由传统单一的以承载能力为主的结构材料，向高性能化方向发展[26, 27]。

　　混凝土材料性能提升一直是混凝土结构工程发展过程中一个重要任务，其性能的提升经历了从片面强调强度到注重强度、耐久性、工作性及经济效益、环境效益协调发展的过程。欧洲最先提出混凝土的高性能化问题，1990 年在美国由 NIST 和 ACI 主办召开的关于高性能混凝土国际研讨会上，正式提出了关于高性能混凝土（high performance concrete，HPC）的定义，并立即引起了全世界的关注，被称为"21 世纪混凝土"。高性能混凝土（HPC）的主要特点是高强度、高工作性和高耐久性能。高性能混凝土除具有较高或高的抗压强度、高的抗拉强度、较高的弹性模量外，同时还要具有高的耐久性，如抗碱-骨料反应、抗外部侵蚀和抗碳化性能都较好等[28, 29]。具代表性的几类高性能混凝土如表 1.3 所示。

表 1.3 几类高性能混凝土

高性能混凝土	性能	工程特点	效果
高强混凝土	高抗压强度 高耐久性	大跨径结构 高层结构	减小截面 增大跨径 结构轻量化
超高强无纤维混凝土	高抗压强度	高耸结构 高层结构	减小结构尺寸 减少结构自重
超高强纤维增强混凝土	高抗压强度 高抗拉强度 高韧性	大跨径结构	改善脆性提高韧性 防止突然性爆裂破坏
高流动性混凝土	高流动性 自填充性	配筋过密 断面较小	减少压实作业 保证混凝土填充可靠
超高性能 AE 减水剂混凝土 （无收缩混凝土）	高减水性 坍落度损失小	泵送混凝土 高流动性混凝土	提高混凝土浇筑性能 减小收缩裂化 提高强度 增强流动性 提高耐冻害性
膨胀混凝土	膨胀性能 收缩补偿	预制混凝土梁 预制混凝土板	减小收缩裂化 减小化学预应力 提高耐久性
高炉矿渣粉末混凝土	增加长期强度 减小水化热	盐害 冻害	抑制碱性骨料反应 提高抗盐害能力 提高抗冻害能力

混凝土的耐久性是指混凝土在自然环境、使用环境及材料内部因素作用下保持其工作能力的性能。耐久性涉及两个方面：一是引起破坏的作用力或破坏力；二是材料对破坏作用的抵抗力。两种力对抗的结果决定了材料是否耐久。如果抵抗力总是大于破坏力，则材料的耐久性始终可得到保证。常见的破坏因素可归为 9 类：冻融循环、碳酸化、钢筋锈蚀、化学腐蚀、海水侵蚀、淡水溶蚀、应力破坏、碱-集料反应和多因素综合作用；最常见的劣化过程有钢筋锈蚀、冻融循环、硫酸盐侵蚀和碱-集料反应。这些问题严重影响混凝土建筑物的寿命，混凝土结构工程的耐久性问题日益突出。如何有效地预防和抵抗这些破坏因素的破坏力，是解决混凝土耐久性问题的关键。混凝土耐久性，是混凝土

材料科学的重大研究课题。近几年高性能混凝土研究重点已经由高强度转向高的耐久性[30, 31]。

1.4.2.1　纤维混凝土

混凝土的脆性是该材料的固有特征，混凝土的开裂引起混凝土耐久性下降。为了克服这一缺陷，自从 20 世纪 60 年代后期，纤维增强混凝土（FRC）的研究日益增多。纤维增强混凝土可以看做是混凝土与相对较短的、离散的、不连续纤维复合而成。虽然混凝土的强度可能适度增加，但是总的来说纤维的掺入并不是为了提高混凝土的强度。实际上，纤维的主要作用是控制 FRC 的开裂，并在水泥基体开裂后，改善材料的性能。一旦开裂，在裂缝间，纤维通过桥接作用，为 FRC 提供了开裂后的延性。

FRC 的纤维有多种类型，主要有钢纤维、有机聚合物（基本是聚丙烯）纤维、玻璃纤维、碳纤维、石棉和纤维素等。这些纤维在几何形态和性能、效能及价格方面有明显的区别。其基本性能见表 1.4。

表 1.4　纤维和水泥基体的典型性质

纤维	直径/μm	相对密度	弹性模量/GPa	抗拉强度/GPa	破坏时伸长率/%
钢纤维	5~50	7.84	200	0.5~2.0	0.5~3.5
玻璃纤维	9~15	2.60	70~80	2~4	2.0~3.5
石棉	—	—	—	—	—
青石棉	0.02~0.4	3.4	196	3.5	2.0~3.0
湿石棉	0.02~0.4	2.6	164	3.0	2.0~3.0
聚丙烯纤维（单丝或原丝）	6~200	0.91	5~77	0.15~0.75	15
芳香尼龙纤维（开佛拉）	10	1.45	65~133	3.5	2.0~4.0
碳纤维	—	—	—	—	—
PAN 基碳纤维	7~9	1.6~1.7	230~380	2.5~4.0	0.5~1.5
沥青基碳纤维	9~18	1.6~2.15	28~480	0.5~3.0	0.5~2.4
尼龙	20~200	1.1	4.0	0.9	13~15
纤维素	—	1.2	10	0.3~0.5	—
聚乙烯纤维	25~1000	0.95	0.3	0.08~0.6	3~80
西沙尔麻纤维	10~50	1.5	13~26	0.3~0.6	3~5
木浆纤维（牛皮纸浆）	25~75	1.5	71	0.7~0.9	—
水泥基体（比较）	—	2.5	10~45	0.004	0.02

随着混凝土高性能化研究的深入，高性能的纤维混凝土材料日益成熟，例如，针对混凝土韧性不足的问题，密歇根大学的 Li 教授和麻省理工的 Leung 教授采用细观力学和断裂力学基本原理对材料体系进行了系统的设计、调整和优化，提出了超高韧性水泥基复合材料纤维增强混凝土，在较小的纤维掺量下可达到 3%以上的拉应变，且仅用常规的搅拌加工工艺便可成型。为了得到工作性良好的混凝土，开发出了自密实超高韧性水

泥基复合材料、可喷射超高韧性水泥基复合材料，并已在实际工程中得到应用。

1.4.2.2　聚合物混凝土

可以用掺加聚合物材料的方法来克服混凝土的脆性。

（1）保护层和密封剂，应用于混凝土表面来阻止潮气和有害的化学物质的侵蚀。

（2）维修加固和连接结构的黏合剂。

（3）用聚合物填入已硬化的混凝土的毛细孔（聚合物浸渍混凝土）。

（4）用聚合物乳液与新拌混凝土结合而成（乳液改性混凝土）。

聚合物浸渍混凝土许多潜在的应用只是为了改善其耐久性，并不需要大幅度提高所能达到的力学性能。浸渍导致耐久性显著提高（表 1.5），这主要是由于渗透性明显下降的缘故，因为毛细孔系统为聚合物所填充，侵蚀性化合物只能侵蚀混凝土的外表面，而不能渗入内部。再者，混凝土的外表常有一层聚合物"外壳"密封着。混凝土的部分浸渍对耐久性有类似的改进，因部分浸渍将有效的封闭混凝土的表面层，即使对力学性能改善不大时也是如此。

表 1.5　聚合物浸渍混凝土的耐久性

项目	普通混凝土	聚合物浸渍混凝土（MMA）	聚合物浸渍混凝土（苯乙烯）
冻融循环次数	740	3650	5 440
质量损失/%	25	2	2
硫酸盐侵蚀膨胀/%	0.446	0.006	0.03
侵蚀天数/d	480	720	690
耐久性（15%HCl）质量损失/%	27	9	12
作用天数/d	105	805	805
耐磨性磨耗深度/mm（in.）	1.25（0.050）	0.38（0.015）	0.93（0.037）
试件总质量损失/g	14	4	6

1.4.2.3　碳化养护混凝土

二氧化碳养护混凝土是指新拌混凝土在水化尚未完成时，由水泥熟料中的硅酸钙、铝酸钙和部分的水化产物氢氧化钙与二氧化碳发生作用，生成碳酸钙和硅凝胶的现象。随着水泥的进一步水化反应，这层由碳酸钙、硅凝胶形成的膜可以有效提高混凝土强度，增加基体的密实性，改善混凝土的耐久性。二氧化碳养护混凝土的过程如图 1.22 所示。与蒸汽养护混凝土相比，二氧化碳养护混凝土有以下几个优点：①可以将二氧化碳气体回收、利用和固定，缓解温室气体排放；②可以降低混凝土养护过程中的能耗，节省能源；③二氧化碳养护后，混凝土的后期强度发展较好，耐久性得到改善。目前，该技术在预制混凝土制品、混凝土砌块生产等方面得到了应用，获得了良好的效果[32,33]。

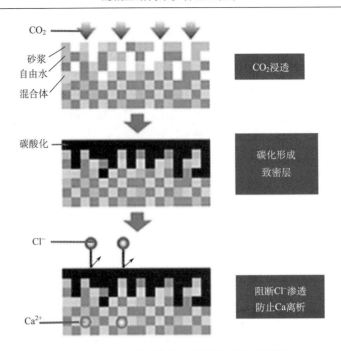

图 1.22　二氧化碳养护混凝土的过程示意图

　　研究者们在 20 世纪 70 年代就系统研究了水化和未水化硅酸钙材料在高浓度的二氧化碳环境下发生反应，消耗二氧化碳并出现强度增长。这些研究的主要目的是在早期碳化下获得急剧增长的强度，并研究碳化反应的动力学。Klemm 和 Berger[34]将混凝土的二氧化碳养护技术应用到波特兰水泥砂浆领域，其研究表明，将成型后的波特兰水泥砂浆试件立即进行二氧化碳养护，几分钟内获得的强度就可以达到标准养护条件下养护一天后混凝土试件的抗压强度。Junior 等[35]研究了碳养护技术对早强抗硫酸盐水泥的强度和孔隙率的影响，研究表明，经过一个小时的二氧化碳养护，早强抗硫酸盐水泥的抗压强度、抗拉强度均有明显的提升，且养护 1 小时的样品具有较低的孔隙率。

　　在混凝土的二氧化碳养护过程中，二氧化碳气体压力、气体浓度、气体温度、混凝土含湿量对养护效果有着较为明显的影响。对于不同的材料，通过调节相关参数，选择合适的养护制度可以提高养护效果。表 1.6 所示为碳化养护混凝土与普通混凝土的性能比较。

1.4.2.4　低收缩混凝土

　　混凝土结构在施工过程和使用过程中经常出现不同程度、不同形式的裂缝，其中，干燥收缩裂缝和自收缩裂缝一般统称为收缩裂缝，与温度变形裂缝一起在混凝土结构中较多出现。干燥收缩与自收缩都是因失水造成毛细管应力、劈张力等变化引起收缩。现代混凝土早期强度高，水化放热集中、收缩大，其收缩问题开始逐渐为人们认识并受到密切关注。

表 1.6 碳化养护混凝土与普通混凝土的性能比较

性能	普通混凝土（20 年）	CO_2 养护混凝土（100 年）
孔隙率/%	>15	<10
抗盐害（单位面积盐化率）/（kg/m^2）	0.18	0.02
耐溶解性（pH）	11.2~12.4	9.1~11.0
耐磨耗性（磨耗系数）	504	180
CO_2 排出量/固定量（kg/m^3）	267.7/20	−18.6/110
适用工程	民用工程	栈桥修复工程放射性废弃物存储

利用矿物掺合料或高性能 AE 减水剂配制低热混凝土，再结合膨胀剂的补偿收缩作用以及添加辅助抗裂材料（如吸水高分子材料、相变储热材料），能有效减少混凝土的收缩和开裂。低热混凝土有如下特点。

（1）初凝时间较普通混凝土时间长，终凝时间较短。

（2）前期强度低于普通混凝土，随养护龄期增加，后期强度超过普通混凝土。

（3）水化热明显小于普通混凝土。

中低热混凝土物理性能及水化热详见表 1.7。

表 1.7 中低热混凝土的性能比较

种类	密度/（$g \cdot cm^{-3}$）	比表面积/（$cm^2 \cdot g^{-1}$）	凝结时间/（h-min） 开始	凝结时间/（h-min） 结束	压缩强度/MPa 3 天	压缩强度/MPa 7 天	压缩强度/MPa 28 天	压缩强度/MPa 91 天	水化热/（$J \cdot g^{-1}$） 7 天	水化热/（$J \cdot g^{-1}$） 28 天	水化热/（$J \cdot g^{-1}$） 91 天
低热混凝土	3.22	3280	2-40	4-15	14.1	20.8	50.5	75.4	206	274	316
自充填混凝土	3.20	4100	2-20	3-30	22.7	30.6	60.3	81.0	260	308	338
普通混凝土	3.16	3310	2-25	3-45	28.3	42.8	59.8	67.2	326	379	399
中热混凝土	3.21	3150	2-50	4-10	21.1	30.0	55.9	72.6	269	322	362

1.4.3 混凝土结构的检测、监测以及健康监测

混凝土结构在长期环境和荷载作用下将逐渐劣化，其性能状况在全寿命期内逐步退化，并可能遭受各种自然灾害或工程灾害。为保持混凝土结构一定的性能水平，需按照一定的维护策略，对其进行检查/调查及维修加固。美国联邦高速管理局（FHWA）从实用性、功能性、使用性能和耐久性等方面对结构性能做了一些定性的要求，并收集全国桥梁结构的基本信息建立国家桥梁档案数据库以对其进行日常运行与维护管理；日本国土交通省颁布的道路法规定对全国范围内的桥梁与隧道必须每五年进行一次义务检查；我国以住房和城乡建设部的《城市桥梁养护技术规范》和交通运输部的《公路桥涵养护规范》、《公路桥梁技术状况评定标准 JTG/TH 21—2011》为指导，通过检查/调查对桥梁结构进行缺损调查及技术状态评分，再根据其重要程度进行综合评估和等级划分[36~38]。

混凝土结构的检测，是土木工程结构维护管理活动中对结构进行检查/调查的常规手

段。在各国维护管理的检测活动中，主要采用的结构检测技术可分为无损检测及半破损检测等。早期的目视及手工调查可以通过专业检查人员主观的判断，对结构主要部件的病害、损伤、变形等进行主观的定性观测，但主要是依靠检测人员经验的判断，其测量结果难以定量分析。而随着电子、光学等检测技术的发展，一些无损检测技术开始越来越多地应用于结构的维护管理的检测中。无损检测是指在不损害或不影响被检测对象使用性能，不伤害被检测对象内部组织的前提下，利用材料内部结构异常或缺陷存在引起的热、声、光、电、磁等反应的变化，以物理或化学手段，借助现代化的技术和仪器设备，对结构内部及表面的结构、性质、状态及缺陷的类型、性质、数量、形状、位置、尺寸、分布及其变化进行检查和测试的方法。随着物理、自控、仪器仪表等技术的发展，无损检测技术也在不断地得到发展，如红外线成像技术在结构缺损探伤及渗漏检测中的应用，三维超声 CT 成像技术在混凝土缺损及浇筑质量检测中的应用，图像处理技术在大范围结构裂缝探测及变形测试中的应用等。为了对结构进行便利地检测，也在开发机器人检测技术和无人机检测技术；同时，为了满足人们对检测效率的要求，也开发了集成多种检测手段、能实行快速大范围检测的集成化移动检测装置，如快速桥梁检测车、隧道检测车等。混凝土结构的无损检测能实现对结构的非破损性能检测，但有时为了更加直观和准确地把握结构内部的一些材料特性及劣化情况，采用半破损（微破损）的现场取样试验检测，这样往往更加直接而有效，因此半破损（微破损）检测方法也在实际工程中广泛使用。

利用人工与设备相结合进行结构检测是进行结构安全检查的传统手段，但结构检测技术种类繁多，现有的检测技术难以直接评价结构整体的健康程度、性能退化趋势、结构残余寿命等重要结构性能指标，检测对象较为单一、费用昂贵、检测结果的合理性和精度依然要依靠操作人员的技术素养和经验，且不具备连续监测的能力，在此背景下，需要采用一种有效的监测手段来实时监控结构的状况。因此在结构检测之外，结构的监测近年来也成为了结构检查/调查的一种手段，它是利用安装的传感器对结构进行持续性传感测试的一种方法。结构的检测和监测往往能起到一些互补作用。

随着智能化技术以及结构检查/调查技术的发展，结构健康监测（structural health monitoring, SHM）应运而生。结构健康监测是指通过传感系统感知结构在环境或人为激励的结构响应（如加速度、应变、位移等），通过信息处理技术，对结构特征参数和损伤状况进行识别并对结构性能进行评估，从而保障结构安全与实现结构预防性管养的技术。结构的健康监测是一种以监测为主，如有需要，辅以检测或者其他书面材料的一种智能化结构持续检查手段。同时，结构的健康（structural health）包含结构的安全、耐久及其他所有影响到结构安全服役与长寿命的问题，因此结构的健康监测是一种较为深入意义的结构健康诊断监测活动。因此，自 20 世纪 90 年代中期以来，结构健康监测（SHM）在国内外已得到了广泛研究应用和长足的发展，目前已形成一门独特的学科。结构健康监测已经成为了提高工程结构健康与安全、实现结构耐久、长寿命和可持续管理的最有效途径之一，并对结构维护管理的理念、流程和手段等方面产生了很大的影响[39]。

在国际上，结构健康监测也是目前的研究热点之一。1995 年，美国白宫科技政策办公室和国家关键技术评审组将智能材料和结构监测技术列入"国家关键技术报告"中；

1997 年，智能结构被美国政府列为"基础研究计划"的战略研究任务之一；日本设立了"智能结构系统"的研究计划，欧洲科学基金会设立了"智能复合材料结构损伤诊断"的研究计划。与此同时，中美、美日、美韩、美欧在结构健康监测及智能结构领域开展了国际合作研究。2002 年成立的国际智能结构健康监测协会（ISHMII）至今已十余年，同时两年一度的国际结构健康监测与智能结构会议如今已举办了七届，结构工程新进展国际论坛也将结构监测与控制列为其常年的主题之一，近年来由 IABSE、ASCE 等举办的各大会议中，健康监测也是其讨论的焦点。结构健康监测领域已是土木工程学科未来的重点发展方向之一。现在，国内外很多大型工程项目都已配备了结构健康监测系统，例如，在我国的苏通大桥和青马大桥、日本的明石海峡大桥、美国的金门大桥等千米级桥梁以及其他大型隧道、大跨度建筑、高塔等土木结构工程中，健康监测技术都起到了积极的作用[40,41]。

1.4.4 混凝土结构的维修与加固

混凝土结构的维修和加固是其服役周期内的重要活动。需通过定期检查和监测，来评估其结构性能，以进行早期防护和及时维修。对于已经劣化的混凝土结构，需要根据结构的重要性、维护管理策略等级、剩余的使用年限要求、结构的劣化机理以及劣化程度来进行加固改造。由于材料和施工工艺的不断创新，混凝土结构的修补和加固方法越来越多样化。混凝土的维修加固通常以恢复结构物的原有性能或者延缓结构劣化为目的。近年来在混凝土的裂缝灌浆材料和技术、混凝土断面修复材料、钢筋腐蚀的电化学修复以及混凝土的表面涂层技术等方面取得了很大的进展，修补材料也向高效、低碳、环保方向发展。混凝土结构的加固技术也很丰富，传统的方法有增大断面法、外包钢板法、体外预应力法等，均在实际工程中得到大量成功的应用，相关的规程与规范也已出台，如《混凝土结构加固设计规范》（GB 50367—2013）、《建筑抗震加固技术规程》（JGJ 116—2009）等[42,43]。但相对来说，这些方法的施工周期长、操作相对复杂，施工空间也受到很多限制。

近年来取得飞速发展的是基于纤维增强树脂复合材料（fiber-reinforced polymer composites, FRP）的混凝土结构加固技术。该技术始于 20 世纪 80 年代末的日本。由于隧道工程中钢筋腐蚀带来混凝土保护层脱落的事件引起了日本全社会的关注，因此日本大型施工企业联合开发了各种 FRP 筋来代替混凝土结构中的钢筋。和钢筋相比，FRP 筋比强度高、耐腐蚀强，可从根本上解决混凝土结构中的钢筋腐蚀问题。而利用外贴 FRP 纤维布或板材的加固方法则在日本阪神大地震后得到了快速的发展。该方法和传统的断面增大、外贴钢板法相比，施工简便，且不会增加结构的原有尺寸和自重，尤其在桥梁和房屋结构的抗震加固中得到了大量应用。日本、欧洲、美国、加拿大、澳大利亚等国家先后制订了利用 FRP 加固现有混凝土结构的技术规范。近年来，利用 FRP 加固钢结构领域的研究和应用也日益深入，新的加固技术（如内嵌 FRP 加固结构的技术、FRP 栅格加固技术）相继涌现，纤维的材料种类也更趋于多样化，除传统的碳纤维、玻璃纤维、芳纶纤维之外，基于玄武岩纤维、具有大应变特性的再生 PET 纤维的 FRP 复合材料也逐步得到发展和应用[44,45]。

我国针对 FRP 这种高性能纤维增强材料在新结构和加固已有结构中的研究和应用始于 20 世纪 90 年代末期，开始主要从日本引入材料和技术，经过十多年的发展后，目前材料和技术的国产化程度均已经很高，该领域也成为国内结构工程最活跃的研究领域之一。尤其值得一提的是，我国巨大的工程应用潜力大力地推动了该研究领域的发展，该领域也成为华人学者在国际土木工程学科中最活跃的研究领域之一。我国至今已举办了九次全国建设工程 FRP 应用学术交流会（每两年一次），并于 2003 年正式颁布了《碳纤维片材加固混凝土结构技术规程》（CECS 146—2003）。目前由东南大学牵头的"应用 FRP 实现重大工程结构高性能与长寿命的基础研究"国家 973 科研项目对既有结构的长寿命加固改造以及新结构的高性能长寿命设计做了系统研究。针对国家可持续发展和建立灾害最小化社会的迫切需求，持续开展以轻质高强耐久的 FRP 材料合理替代强度低、腐蚀问题严重的结构钢材，今后有望在土木工程结构的高性能与长寿命的研究领域取得重大进展。目前国际上该领域最有影响力的学术组织是国际土木工程复材学会（International Institution of FRP Composites for Construction, IIFC），该组织每两年组织一次全球范围内的 CICE 国际会议（International Conference on Fibre-Reinforced Polymer (FRP) Composites in Civil Engineering）。此外，还有以 FRP 增强混凝土结构为主要内容的 FRPRCS 系列国际会议（International Symposium on Fiber Reinforced Polymers for Reinforced Concrete Structures）以及以亚太地区为主导的 APFIS 系列国际会议（Asia-Pacific Conference on Fiber Reinforced Polymers in Structures）。

1.4.5　混凝土材料与结构的再生

混凝土结构维护管理的最后一个环节是结构的废弃或再生。环境和资源不足的问题使得混凝土结构的再生技术日益引起重视。我国目前是世界上建筑资源及能源消耗最多的国家，大规模的基础设施建设产生了大量的建筑垃圾，其中废弃混凝土占最主要的部分。据统计，我国建筑垃圾的数量已占到城市垃圾总量的 30%~40%，混凝土新结构施工过程中，建筑垃圾会产生 500~600 吨/万平方米，而拆除旧混凝土结构更会产生 7000~12000 吨/万平方米建筑垃圾。以我国现有的建筑总面积 400 亿平方米来计算，如年均建筑拆除 4 亿平方米左右，将产生建筑垃圾 4~5 亿吨，如考虑建筑施工及建筑装修等，每年产生的建筑垃圾合计约为 5~6 亿吨。目前大部分建筑垃圾未经任何处理，即被运到郊外或城市周边进行简单填埋或露天堆存，不仅浪费了土地和资源，还污染了环境[46]。同时，工程结构所需要的砂石骨料需求量不断增加，原材料的无节制开采也导致资源枯竭，严重破坏了自然环境。此外，重大自然灾害的发生也造成大量废弃混凝土。因此，用建筑垃圾制备再生骨料对于节约资源、保护环境以及工程结构的可持续发展具有重要意义。

国外对废弃混凝土合理有效利用的研究较早。二战后，欧美日等国家和地区由于资源匮乏，已开始重视资源的有效利用。目前，德国的建筑垃圾再生工厂仅柏林就有 20 多个，已加工了约 1150 万立方米再生骨料，可建造约 17.5 万套住房；美国每年根据再生骨料规范将 1 亿吨混凝土废弃物加工成骨料投入工程建设，已有超过 20 个州在公路建设中采用再生混凝土；日本将建筑废弃物视为"建筑副产品"，基于"谁生产，谁负责"

的原则，已实现90%以上的循环利用。至今，国际材料与结构研究试验联合会（RILEM）已在不同国家，以"混凝土必须绿色化"为主题，召开了五次关于废弃混凝土再利用的国际专题会议。

再生混凝土主要是利用再生骨料部分或全部替代砂、石等天然粗骨料配制而成的新混凝土。再生骨料的生产需要解决包括对废弃混凝土或钢筋混凝土块的回收、破碎、分级等一系列问题。而破碎处理后获得的再生骨料上常常附有旧砂浆层，从而导致再生骨料和天然骨料相比，具有密度偏小、吸水率高以及和水泥基体的黏结性能相对较弱等特点。过去，国外学者对如何改善再生骨料的性能及再生混凝土的配比设计、物理力学性能以及耐久性（如抗碳化、抗冻融、抗渗、徐变、收缩等）进行了大量的研究。我国对再生混凝土的研究相对较晚，但发展速度很快，主要是由于工程建设的推进，给混凝土骨料资源带来巨大压力，建筑垃圾带来的环境污染也日益严重。虽然我国对再生商品混凝土尚无完整的规范，目前主要将再生骨料配制成中低强度混凝土，将之应用于道路铺装、制造混凝土空心块等，但是越来越多的研究正致力于提高再生骨料品质，将之用于配制高性能、高强度的商品混凝土，以应用于房屋建筑的施工。

除了对基于废弃混凝土的再生骨料及再生混凝土的材料性能的研究以外，国内外对再生混凝土梁、柱、节点构件和再生混凝土结构的抗震性能等也进行了比较系统的研究，以促进除了材料之外的混凝土梁、柱及节点的构件或部件的综合回收利用。国内外已有一些研究单位在研究如何通过合理的组合结构形式将再生混凝土块体及再生混凝土构件用于新建结构中，或者改换结构的功能，将性能退化后不满足现有功能的结构降格使用，无需对构件或结构整体进行改变或只需进行轻微改变，以进一步节约资源和降低能耗。在材料与构件回收利用的基础上，也有通过改变原有混凝土结构体系进行综合利用的方法，使得原有结构在经过规模不大的改造之后能继续提供某些功能的服务。这些针对构件、部件及结构体系的再生，是一种结构再建造的过程。我国目前也正大力提倡建筑工业化理念，建筑生产过程的工业及标准化使未来的混凝土结构从材料、构件到体系再生的进化成为可能，混凝土结构的再生技术可能从建筑废料的再利用向易拆除、易组装结构以及再建造技术发展[47]。

1.4.6 混凝土结构的全寿命设计与维护管理

上述有关混凝土结构的设计、材料、修补、加固、再生等诸方面的问题应在全寿命设计和维护（life cycle design and maintenance）的理论框架下得以优化，寻求最佳方案。全寿命设计理论源于工业产品的设计，即不仅设计产品的结构和功能，还包括产品的规划、设计、生产、经销、运行、使用、维修保养直至回收再利用或处置的全寿命周期过程，以求产品全寿命周期的所有相关因素在产品初始设计阶段就能得到综合体现和优化，通常以全寿命成本（life cycle cost）来控制[48]。"全寿命"概念的提出，可以追溯至20世纪60年代，美国国防部为节约军费开支，针对武器装备系统的设计提出了全寿命周期成本的概念。近年来，土木基础设施在环境和力学的荷载作用下，过早劣化而出现耐久性失效的问题十分普遍。其原因主要在于传统的结构设计更重视力学荷载作用，而对环境荷载作用没有充分的重视，同时对服役期间的维护管理计划考虑也远远不够。考虑到土木基础设施对社会经济发展及保障民生的无可替代的作用，基于工程结构的全寿命周期（包括项目规划、结构设计、施工建造、运营管理、老化及废除的各个环节）的设计已日益被人们所接受。国际上基础设施建设领域的全寿命经济分析始于 20 世纪 60 年代末的交通领域，70 年代末引入到建筑领域，在 80 年代被用于建筑设计方案的比较，提倡在建筑方案设计中全面考虑项目的建造成本和运营维护成本的概念和思想，并逐步建立了工程项目成本划分方法、工程项目造价的数学方法模型和工程项目的不确定性风险的估算方法。在 90 年代，学者们开始探讨公益性项目（如公路）的全寿命周期造价管理的思想和方法，认为公路项目的全寿命周期造价不仅应该包括公路初始的建造成本和其后的维修、保养和更换成本，同时也应充分考虑公路使用者的使用成本，从而使社会利益最大化。英、美等国于 90 年代初在桥梁、公路、市政工程设计的有关规范和手册中也提出了全寿命的设计原理，以避免针对耐久性认识不足而带来严重的经济损失，并引入不确定性分析及折现率的概念，基于结构全寿命预期总费用趋于最小的策略来优化结构的设计。20 世纪初，一些针对桥梁、公路结构的全寿命维护管理的应用软件相继问世，并付诸实践，关于土木基础设施的全寿命周期成本管理的基本概念、理论和主要方法的框架也已基本建立。值得一提的是，美国、欧洲及日本自 21 世纪初以来，大力推广结构的长寿命设计和维护理念，在面临老龄化社会及公共设施投资逐年削减的挑战下，逐步克服了依赖基础设施投资拉动经济的弊端，通过对已有基础设施的合理管养和延命，实现社会基础设施的经济和社会效益的最大化。如日本通过混凝土学会、土木工程师学会等推行了一系列的结构（如混凝土结构、钢结构、海洋结构、道路结构等）的诊断制度，大力培养已有基础设施的维护管理专业人才，取得了较大的成功。美国土木工程师学会（ASCE）也于 2007 年出版了《2025 年土木工程远景规划实施纲要：专业规划实施路线图》，分析了当前土木工程存在的问题，如许多国家基础设施建设不完善、土木工程师极少参与公共决策过程，建议加快可持续发展及工程实践的全球化进程，指出 2025 年土木工程面临的挑战将远远超过今天，并提出了 2025 年土木工程师所需具备的素质和技能。这些工作对于我国未来土木工程的可持续发展有十分重要的借鉴意义。

目前，土木工程的全寿命化设计和维护管理的研究是结构工程领域中最有挑战性的研究课题。国际上于 2006 年成立了全寿命土木工程协会（International Association for Life-Cycle Civil Engineering, http://www.ialcce.org/），并两年召开一次国际会议。Taylor 和 Francis 出版社以出版土木工程全寿命设计和维护管理领域的最新研究内容为宗旨，创建了一本新的国际杂志《结构和基础设施工程》（Structure and Infrastructure Engineering）。国际桥梁维护和安全协会（International Associate for Bridge Maintenance and Safety, http://www.iabmas.org/）更专注于桥梁的安全和全寿命维护管理，每两年组织一次国际会议。在研究和应用的推动下，一些国家和地区的混凝土结构设计规范均已包含混凝土结构全寿命维护管理方面的内容。ISO-9001 质量管理体系也对包括土木建设行业的工业企业提出了结构质量管理的要求和标准；ISO 风险管理标准（ISO-31000：2009 risk management-principles and guidelines）也对结构建设及运行的风险管理提供了指南，规范了其过程及框架；ISO 资产管理（ISO 55000:2014, asset management-overview, principles and terminology）对资产管理作了规范，可用于对土木结构及基础设施等社会资产的管理指导和规范。其他如日本的 JSCE 的混凝土结构设计指南，欧洲的 fib 规范等对维护管理内容的建立与更新，对于工程结构的全寿命维护管理及其操作的规范标准化都起到了很大的推进作用。

我国对土木工程设施的全寿命理论的研究起步于 20 世纪 80 年代后期，从 90 年代后期起在建筑工程项目、城市轨道交通、高速公路、机场等建设工程领域中得以逐步推广和应用，但更多的是从项目管理角度，探讨了建设项目全生命周期管理信息系统的理论和方法，以解决全生命周期决策管理阶段的投资控制问题。21 世纪初，一批研究混凝土结构耐久性的学者开始从工程学的角度，探讨混凝土结构耐久性及全寿命性能；王光远院士[49]也提倡以全寿命成本最小化为原则，进行结构抗震优化设计。对于既有结构的加固改造及再建造，笔者等也一直提倡发展和应用结构的长寿命维护与设计思想。这些研究探索和应用为我国的维护管理工程学的学科确立打下了坚实的基础。

1.5　工程结构维护管理工程学的必要性

综上所述，工程结构的维护管理已成为发达国家土木工程建设领域中最主要的活动。我国土木工程建设经过改革开放后 30 多年的迅猛发展，取得了巨大的成就，在社会基础设施资产方面有着不可估量的积累。总体来说，随着城镇化的进一步深入，我国土木建筑行业还会在相当一段时间内保持中速发展，在一些发展相对滞后的地区甚至仍会保持高速发展。但另一方面，我国已面临提前进入老龄化社会的严峻挑战，建设资金投入不足已开始成为城市基础设施发展及城镇化进程中的瓶颈问题，早期建设的土木工程设施的劣化也已初现端倪，如何在有限建设资金的限制下，科学维护和管理好这些庞大的社会基础设施资产，将成为土木工程人员和全社会面临的共同问题。混凝土结构作为土木工程基础设施中最重要的组成部分，其基于全寿命的设计和维护管理的重要性不言而喻。

混凝土结构的维护管理从广义上讲是其在使用寿命期间，为满足安全、耐久、适用等性能要求而采取的一系列措施。国际标准化协会 ISO-16311《混凝土结构维护与修补》中对维护的定义为："维护是为满足结构服役性能，关于检查、结构性能评估、结构保护恢复等一系列活动的总称"。对于结构的维护管理是顺应时代潮流发展的趋势所向，是人类社会可持续发展在社会、经济与环境等方面的必然要求。我国过去对结构维护管理的认识是比较局限的，在工程实践中更多的是遇到问题时才会对结构进行检查和评估，维护管理更多的是指发现问题后的对策活动。而且，由于政策、体制上的一些制约，以及各个部门行业的工作运行机制的不同，各个部门行业对结构的维护管理的基本认识差异很大，对技术认知亦缺乏统一性，从规范建设的角度来说，较容易各自为政，较难形成针对混凝土这一类结构的维护管理技术统一规范。

值得庆幸的是，随着我国基建规模的不断扩大，各相关部门对工程结构的安全维护管理工作日益重视。比如，我国交通运输部于 1997 年颁布了《港口设施维护技术规程》，是我国第一部有关港口设施维护与管理的技术规范，填补了水运工程建设标准体系中的空白，后来交通运输部于 2007 年发布了《公路桥梁维护管理工作制度》，水利部也颁发了《水利工程维修养护管理办法》。2012 年，交通运输部又印发了《港口设施维护管理规定（试行）》。包括总则、管理职责、检测与评定、设施安全与维护、应急管理、信息管理、技术档案管理、监督管理及附则。对于混凝土结构，总体上我国已开始重视在施工过程中或在运营过程中产生疑问时而进行的监测，并根据检测和监测情况，从结构和材料的角度对工程结构进行全方位维护，进入工程维护管理技术发展和实践的新的历史阶段[50,51]。

　　工程结构基础设施的建设所消耗的能源和材料数量巨大，持续增长的建设规模对社会、环境的可持续发展无疑是巨大的挑战，同时由于缺乏全寿命设计的全方位考虑而引起的结构检查、维护和加固等费用的剧增，也会给社会经济的可持续发展带来巨大的负担。毫无疑问，建立科学的工程结构的维护管理工程学理论和技术体系，在建设初期开始从全寿命的角度寻求工程结构全寿命综合成本最优的项目方案，是顺应社会、经济、环境可持续发展的要求。工程学是通过研究与实践应用数学、自然科学、社会学等基础学科的知识，来达到改良优化各行业中的现有加工步骤的设计和应用方式的系统学科，包含一系列技术和理念，从而引导人们系统地去考虑问题，寻找最优方案。混凝土结构的维护管理工程学是专门针对混凝土结构的新型学科分支，它不仅仅是一些技术要素的堆积，更多的是需要形成和发展先进理念，系统地将结构的全寿命周期内诸如检查/调查、病害机理与诊断、性能评估、寿命预测、加固维修、解体拆除、风险控制、资产管理等各方面的内在要因、外在表现以及相关的原理、技术融合起来，从宏观与微观多个层面进行系统全面的分析和优化。混凝土结构维护管理工程学应该是一门关于混凝土结构维护管理方面的技术学科，但更是一门融合了多领域知识的交叉学科。在不久的将来，我国将从工程结构建设为主过渡到以工程结构维护管理为主的后工业化社会，对土木工程来说，大力发展混凝土结构的维护管理工程学，已成为迫在眉睫的头等大事。

　　从技术发展及人才培养的角度，建立工程结构维护管理工程学科，也是土木工程学科可持续发展的必然要求。为顺应我国社会经济发展的需求，必须培养一大批从系统掌握工程结构维护管理基本原理到实际应用所需的基础知识、具有广阔知识视野的专家和技术管理人才。土木结构工程师以结构计算为主要内容的传统知识结构，已远远不能满足未来土木工程发展新常态的需要。混凝土结构维护管理工程学作为一门新兴学科，涵盖从混凝土结构规划、设计、材料、施工、检查、维修加固到拆除重建或再生的使用寿命全过程及社会综合成本管理分析的系统内容。一个理想的混凝土结构维护管理工程师的知识结构应包括力学、物理、数学、化学、信息技术、经济学、管理学等各个方面。可以肯定的是，结构的维护管理工程学必将成为未来土木学科人才培养课程中的重要组成部分。本书虽然限于讨论混凝土结构的维护管理工程学，其基本原理及框架亦可应用于钢结构及其他各种结构形式。

2 混凝土结构维护管理工程学的基本原理

2.1 引　言

　　混凝土结构维护管理工程理论与技术体系近年来在发达国家率先提出、开始研究、应用，并得到了很好得发展，但总体来说尚处于发展阶段，许多方面尚有待于完善。而在我国，虽然广大科研工作者已经在混凝土结构维护管理方面进行了大量的研究工作，但相对来说比较分散，缺乏系统性，制约了我国混凝土结构的维护管理工作的有序、高效地开展。发达国家的经验教训已经说明混凝土结构维护管理工程学作为一个系统工程对于土木基础设施等社会资产有效维护管理的重要性。本章拟参考发达国家在混凝土结构维护管理方面的探索经验以及作者在本领域的摸索和思考，重点介绍混凝土结构维护管理工程学的基本原理，阐述混凝土结构全寿命维护管理的理念和策略，明确结构维护管理的目标和流程。同时，结合当今信息技术的发展介绍信息化的结构维护管理方式，并对土木结构作为社会资产进行资产管理的新理念进行简要介绍。

2.2　全寿命周期混凝土结构设计理念与维护管理

　　一个世纪以来，混凝土结构的设计理念已经历若干阶段的发展，由最初的容许应力设计法（allowable stress design）到极限强度设计法（ultimate strength design），再到目前被广泛应用的极限状态设计法（limit state design）。而且，传统的安全极限状态（structural safety）及使用极限状态（serviceability limit state）的设计，经过不断地发展，目前已拓展至可恢复（修复）极限状态（restorability/recoverability limit state）的设计。结构的可恢复（修复）极限是考虑结构在灾害等受损情况下，针对结构功能的恢复和资产的保全，在现有的技术和资金的允许范围内，能对结构进行恢复的极限，是属于处在安全极限与使用极限之间的一种极限状态，也是对结构设计提出的一个更高的要求。同时，对结构在极端环境、荷载作用下的耐久极限状态（durability limit state）、抗火极限状态（fire resistance limit state）及疲劳极限（fatigue limit state）等的设计也有了更多的进展。国际标准组织制定的 ISO 19338 中对上述结构极限状态进行了规定。而在极限状态设计法发展的同时，基于性能的设计（performance-based design）理念也逐渐被导入，特别是由于非线性有限元方法的高速发展以及材料、复合构件、结构体系的日新月异，设计者有了更多的灵活性，基于性能的结构设计方法尤其在混凝土结构抗震和防火设计领域得到迅速应用。近年来，由于土木工程的可持续发展及混凝土结构的耐久性日益得到重视，以及计算机技术、检测监测技术手段的高速发展，基于全寿命周期的混凝土结构性能设计（life cycle design 或 eco-design）引起了学术和工程界的广泛关注。区别于传统的设计理念，基于全寿命结构性能的设计要求考虑结构的规划、设计、服役期管理到拆除、回收的全过程，并考虑安全、维护、经济、社会、环境等诸方面的综合要求，以寻求最优方案。FIB Model Code-2010 首先提出了可持续性（sustainability）的概念，提出在性能要求中，要引入能反映结构对环境和社会影响的要求。ISO 2394 结构可靠性的一般原则（general principles on reliability for structures）在 2015 年修订以后，也明确地提出了对于结构物的性能要求的扩充，强调对社会和环境可持续发展的支持作用，并考虑后期的维护管理以及拆除等方面。图 2.1 是混凝土结构的全寿命示意图，图 2.2 则展示了混凝土结构的设计理论的变迁过程。在结构设计理论不断进化的同时，人们对于原先的极限状态设计理论进行了扩充和完善。表 2.1 则总结了结构安全极限、使用极限和可修复极限的相关内容。混凝土结构的全寿命维护管理，是结构全寿命设计的一个核心部分。目前，日本土木工程学会的混凝土结构设计规范中，结构的维护管理已成为并列于结构设计和施工的一个重要部分，同时日本也率先建立了基于性能的维护管理设计理念和方法。

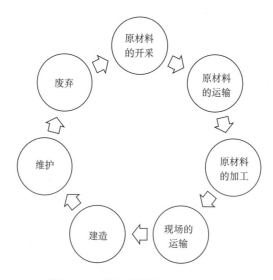

图 2.1 混凝土结构的全寿命示意图

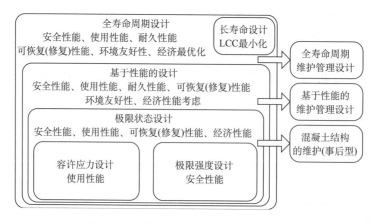

图 2.2 混凝土结构的设计理论变迁示意图

表 2.1 安全极限、使用极限和可修复极限的相关内容

承载能力极限 （安全性）	对于预计的各种作用下可能产生的破坏或大变形，不会影响到结构的整体稳定性，也不会威胁使用者或者周围人群的生命和财产安全的极限状态	
	特定作用下的极 限状态	疲劳极限状态（往复作用下产生的疲劳损伤）
		耐久极限状态（环境作用下产生的损伤）
		耐火极限状态（火灾下产生的损伤）
使用极限状态 （使用性）	对于预计的各种作用下可能产生的结构响应，不会影响结构正常使用的极限状态	
	特定作用下的极 限状态	疲劳极限状态（往复作用下产生的疲劳损伤）
		耐久极限状态（环境作用下产生的损伤）
		耐火极限状态（火灾下产生的损伤）
可恢复（修复）极 限（可修复性）	对于预计的各种作用下可能产生的损伤或局部破坏，在经济、技术、工期允许的范围内进行修复，以满足继续使用的极限状态	

对于混凝土结构全寿命性能设计而言，混凝土结构的全寿命周期或服役寿命（life cycle/service life）是一个重要的概念。混凝土结构的服役寿命是指结构从建造完成、性能退化到既定性能要求的临界点时的服役时间，而其剩余寿命则是从当前或某一时间点至结构性能退化到既定性能要求的临界点时的服役时间。工程结构的寿命包括结构本身的物理寿命、功能寿命及经济寿命三大方面。物理寿命是从结构建造竣工之日起到结构本身的结构性能不能满足要求之日的时间，主要考察的是结构的安全性、耐久性以及使用性能。但有时在一些情况下，结构虽然安全性和耐久性尚能满足，但是外界社会条件的变化等对结构的功能要求发生了变化，原有的结构无法满足新的功能要求或者原来的既定功能已无存在的必要，此时结构也将提前结束使用，这即是结构的功能寿命。另外，在结构全寿命维护管理中，经济性能是一项非常重要的指标。结构的经济寿命指的是结构由于考虑经济原因而终止使用形成的使用寿命。一般来说，结构的经济因素主要是考虑结构运行的财务等情况，以及针对结构进行的维护管理的费用等。日本的四国联络桥管理公司曾对其下辖的跨海峡公铁两用长大桥根据经济性、疲劳特性和设计荷载三个指标分别进行了服役寿命测算。按照四国联络桥建设时的经费预算规划，其在 100 年间的维护管理费预算按建设费用的 40%～45%预计，如根据至今的维护管理费用开销情况及对今后费用开销的测算，可估计其经济寿命为 440～570 年；而根据材料的疲劳强度，基于结构在 100 年间的往复荷载统计估算，可算得其主要构件的寿命约为 440～660 年；而对于荷载，以风荷载为例，如果以非超越概率 50%、200 年重现期的风荷载替代原设计的非超越概率 50%、150 年重现期的风荷载，则可算得其服役寿命为 470 年。当然，对于实际的结构，我们需综合考虑其物理、功能和经济等方面，作出比较合理的寿命预测。日本的四国联络桥管理公司在积累了多年的维护管理经验基础上引入了一些新的检查、维修加固等技术。虽然很多长大桥当时的设计使用寿命是 100 年，但目前已提出了通过先进维护管理将其使用寿命提升到 200 年的目标和计划。

需要指出的是，结构的全寿命周期不同于结构的设计年限（design service life）及设计基准期（design reference period）。结构的全寿命周期是指结构自建设开始到拆除的时间段。结构的设计年限指在正常维护条件下主要构件无需结构性修复的年限，可理解为

结构全寿命周期内第一个经济合理的使用年限。而结构的设计基准期是指结构设计时，为确定可变荷载作用取值或计算结构失效概率时选用的时间参数。混凝土结构的全寿命可由若干个经济合理的设计使用年限构成，而后来延长的使用年限可理解为结构的长寿命化（service life extension）。结构的长寿命化，对于短命结构而言，是指通过修复、提升等手段达到其既有设计寿命的第一目标；对于既有的正常结构，则是通过合理的养护管理，延缓性能的退化，甚至在一定程度上对结构性能进行提升，以实现使用寿命的延

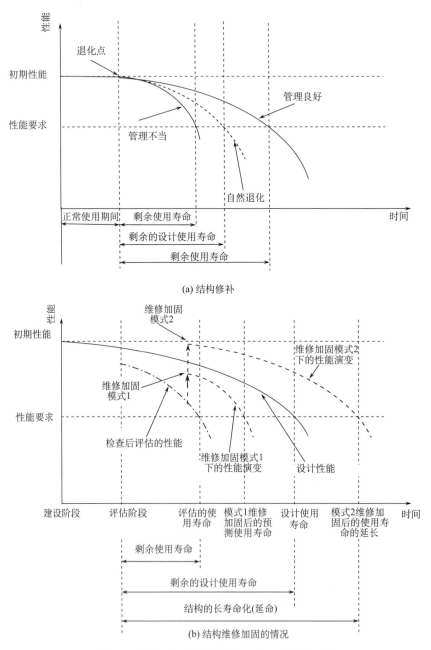

(a) 结构修补

(b) 结构维修加固的情况

图 2.3　结构全寿命/服役寿命及长寿命化关系图

长，通常可以考虑以原使用寿命翻倍为目标；对于新建结构，需要通过优化设计，保证施工质量，通过"优生"来实现 100～200 年甚至更长的设计使用寿命。目前，混凝土结构的高耐久性和长寿命化在西方国家已成为土木工程可持续发展最重要的课题，我国对混凝土结构进行长寿命化设计与管理也是势在必行。需要注意的是，在实际工程中，结构的全寿命也可能因为结构性能超出预期的快速退化、结构的不当使用或维护管理不当而短于设计寿命。图 2.3 说明结构设计年限和使用寿命之间的关系。

2.3　混凝土结构全寿命维护管理的目标

可持续性（sustainability）是指既能满足当前的需求，但又不至于损害将来或后代人满足需要的能力的一种特性，主要体现在社会、经济和环境三大方面，目前已被国际社会广为认可，并成为人类社会发展的趋势所向。土木工程建设作为人类社会活动环节中的重要一环，需顺应当前社会、经济、环境可持续发展要求，平衡混凝土结构在实现其功能所需要的在社会、经济和环境三方面的影响和支出，从资源消费的角度讲，实现最少资源最大产出，实现工程结构的可持续发展。工程结构可持续发展的三要素如图 2.4 所示：经济方面要实现工程结构的全寿命周期成本最小化以及结构的功能效益最大化，以往粗放式的拆除重建，在经济上已不可持续；社会方面要实现结构运行的安全性，在功能上满足社会的使用需求；环境方面要实现环境友好性，合理利用资源，变废为宝，如使用由工业废料制成的轻集料混凝土等，尽量减少污染，维护当地的自然生态。

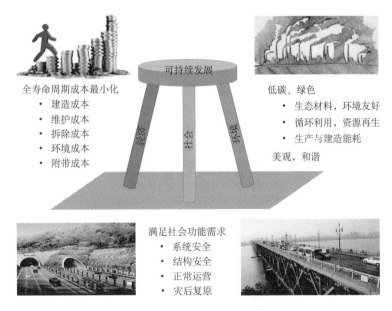

图 2.4　工程结构的可持续发展

工程结构全寿命维护管理的目标从微观上看，是要通过对结构的维护与管理，在较小的成本开支下，达到该结构的设计使用寿命或延长其使用寿命，实现其既定的使用功能。从宏观来讲，工程结构的全寿命维护管理的总目标即要实现工程结构的可持续发展。围绕上述可持续发展三大要素，需提出适用于工程结构的可持续化基本要求和具体内容，针对结构的目标性能，对诸如结构的安全性的冗余度等方面的设定，既要考虑经费支出情况，也要对环境负荷、社会影响等方面的因素进行综合平衡。随着社会与经济的发展和人们生活质量的提高，人们对工程结构已提出了更高的要求，在满足安全性、适用性及耐久性等基本性能要求，实现其既定基本功能的基础上，还进一步要求具有舒适性（如保温、隔音等）、美观性、经济性、环境友好性以及高性能、长寿命等较高层次的特性。现代社会对于土木工程结构的综合性要求也越来越高。对于工程结构来说，可结合结构的可持续化设计的具体性能要求进行考虑，在安全、经济耐久、绿色健康这三大方面进行综合考量，制定结构的全寿命维护管理方案并予以实施。其中安全性是针对结构而言属于压倒性的性能要求，具有衡量结构性能水准的一票否决特性，因此保证结构的安全性是结构设计、建造及维护管理的首要前提；反之，在考虑其他性能要求的同时，也必然已默认了结构安全性的满足。结构的经济耐久主要是考虑结构的耐久性、长寿命化以及全寿命周期成本（LCC）的最小化；结构的绿色健康则主要考虑结构的复原力、智能生命化、低碳化等。而工程结构的社会性也主要在上述三大方面得到反映和保证，因此从技术和操作性上，工程结构可持续化设计、建造及维护管理主要也是从上述的三大方面对结构提出具体要求，如图 2.5 所示。

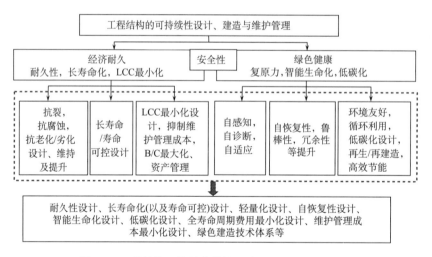

图 2.5　工程结构可持续化设计、建造及维护管理要求

1）混凝土结构的安全性与适用性

混凝土结构的安全性是指结构在正常使用过程中，能够承受可能出现的各种作用（包括各种荷载、风/地震作用以及非荷载效应等），在偶然事件（如地震、撞击等）发生时和发生后，能保持必要的整体稳定性，从而不会对使用者或者周围人群的生命和财产造成威胁。而结构的适用性则是指在正常的使用条件下，结构能保持良好的工作性能，比如说不发生过大的变形和震动，不产生让人不安的显著裂缝等。混凝土结构的安全性与适用性是混凝土结构的基本性能要求，也是实现其功能的最重要的性能要求。我国的诸

多规范与标准均对结构的安全性与适用性的设计理论、检查/调查方法以及评估方案作了详细的规定，如在《工程结构可靠性设计统一标准》（GB 50153—2008）[52]中根据结构破坏产生后果的严重性对结构的安全等级作了规定，《混凝土结构设计规范》（GB 50010—2010）[53]中指出了通过控制结构变形和裂缝宽度的方式来提高结构的适用性能。但总的来看，我国目前已经建立了一套用于结构安全的设计及评估规范、标准等，且在不断修订完善。但对于安全的保障措施，与欧美、日本等发达国家和地区相比，在施工监管、检测技术、监测标准、评估预警的及时性、维护管理及决策的科学性等方面的问题尚存在不小的差距，亟须从基础理论、设计方法、维护管理理念、养护及维修加固技术、施工工艺、新材料、新工艺等方面进行系统地研究和开发。

2）混凝土结构的高耐久性与长寿命化

根据我国《建筑结构可靠度设计统一标准》（GB 50068—2001）[54]的定义，结构的耐久性是指结构在规定的工作环境中，在预定的时期内，其材料性能的恶化不应导致结构出现不可接受的失效概率，简而言之，就是在正常维护条件下，结构能够正常使用到规定的设计使用年限。在混凝土结构的全寿命维护管理中，考虑荷载与环境作用下结构的耐久性问题（如氯离子对混凝土的侵蚀、持续往复荷载引起结构的疲劳、极限环境对结构的作用等）一直都是非常重要的方面。不久的将来，在建设规模收缩及经济考量更需精细化的时代，提高结构的耐久性、延长结构的服役年限，无疑是缓解未来矛盾的一个很好的途径，而现代材料、施工工艺、维护手段的发展使其成为可能。如当前桥梁的设计年限为100年，但是只要维护和管理得当，其真正使用寿命达到200年乃至300年的可能性很大。美国土木工程师学会提出2025年实现全寿命周期成本减半的行动纲领，其中结构的长寿命化设计与管理则是关键，是实现单位成本效益最大化的必然途径。一般来说，只要结构在其寿命期内能满足其净现值（net profit value, NPV）为正值，其服役寿命越长就越经济。提高混凝土结构的耐久性和服役寿命的理念、开发针对土木结构与基础设施的长寿命技术和系统已刻不容缓，且应将其贯彻于结构设计、施工、运营和维护管理等整个过程。

3）混凝土结构的高性能化

随着社会的发展和人们生活质量的提高，人们对结构在诸如空间、环保、建造效率等方面的要求也越来越高。如人们在建造房屋用于居住的同时，希望居住空间更大、环境更加舒适，这就要求结构构件更轻、更强，跨度更大，墙体保温、隔音等性能更好。现代社会普遍存在的少子化和老年化，造成劳动力减少，为减少浪费、降低污染、提高效率，建筑工业化已经成为当代土木工程领域的热点，混凝土结构的高性能化也是顺应这一时代的需求。

结构的高性能化实现首先需要材料的高性能化。迄今为止，混凝土仍为目前使用最为广泛的建筑材料。随着现代航空航天、电子、机械等高科技领域的飞速发展，人们也对土木工程材料提出了越来越高的期望和要求，传统的混凝土材料已不能很好满足社会发展的需要和土木工程学科快速发展的需要，混凝土由传统的、单一的具有承载能力的结构材料，向多功能化、智能化的高性能结构材料方向发展。

发展多功能、高性能的结构体系，也是实现混凝土结构高性能化的必要手段。如全预应力结构体系、部分预应力结构体系、抗震自恢复预应力结构体系等都是具有良好前景的高性能结构体系。当前，预应力技术已经不仅为了实现单纯的混凝土抗裂目的，而是体现在加强结构整体性能、改善结构受力性能、提高结构的可修复性等多个方面，合理地应用预应力技术，可以大幅度降低材料用量，降低建造成本，同时提高结构的使用性能和延长结构的使用寿命。此外，在混凝土结构上集成智能材料，利用智能材料的高性能来发展自感知、自恢复等多功能结构体系，可以延长结构寿命、降低维护成本，是混凝土结构全寿命维护管理的一条崭新途径。

4）地震作用下混凝土结构的复原力

地震荷载是结构服役过程中需考虑的最重要的偶遇荷载，对于地震灾害多发地区的结构，为避免其在灾害中的倒塌失效，在结构设计和后期的维护过程中，都应该充分保持结构的鲁棒性，使得地震来临时能最大限度地保证结构和使用者的安全。

复原力（resiliency）又称坚韧性或可恢复性，原本是指一种人体能够从逆境、不确定、失败以及某些无法抗拒的灾难中自救、恢复，甚至提升自身的能力，后来作为一种综合计量，用来描述某个系统承受异常扰动以及从扰动引起的损伤中有效复原的能力。国外研究者首先对城市提出了复原力的概念，后面更进一步延伸到土建结构。对于结构，其复原力则是指结构抵抗灾害，恢复原有性能和功能的能力。从结构可持续发展的社会需求方面来讲，结构首先需要满足既定的功能，其次要保证实现此功能的安全性、使用性等，同时还需要在遭遇损伤或灾害之后拥有可修复的结构复原能力，以保障结构能尽快恢复使用。根据 Bruneau 等人的定义，复原力包括了技术（technical）、组织（organizational）、社会（social）及经济（economic）四个层面，具有鲁棒性（robustness）、快速性（rapidity）、冗余性（redundancy）和智能性（resourcefulness）四大特性，以实现更高的可靠性（more reliability）、较低的风险（low consequence）以及快速的结构修复（faster recovery）这三大目的（如图2.6）。

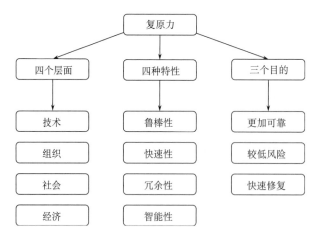

图 2.6　复原力的特性与目的

从结构灾后复原力的定义可见，结构的可恢复（修复）性是一个非常重要的特性，它是结构"基于性能设计"（performance-based design）概念中很重要的一个性能要求，是指混凝土结构在荷载及环境作用下产生损伤或局部破坏时，在技术上和经济上具有被恢复/修复的能力。诚然，对于一个结构，在一定程度的损伤或破坏后能够修复并恢复其固有功能是一个重要的性能，它可以减少人们对建筑或结构物的拆除重建，节省大量的社会资源。我国在《建筑抗震设计规范》（GB 50011—2010）的结构抗震设防目标中规定[55]：当结构遭受相当于本地区抗震设防烈度的地震影响时，可能发生损坏，但经一般修理仍可继续使用，即所谓的"中震可修"便是这个思想。如何有效提高混凝土结构的可恢复（修复）能力，是混凝土结构全寿命维护管理中需要切实考虑的一个重要问题。

　　目前在一些新的抗震设计理念中已经提出，在较大地震（甚至是强震）的作用下，仍能把损伤控制在一定范围内的抗震设计思想，为此，广大科学家也已做了很多积极的研究探索。其中的一个思路是，考虑在构件中增加一定形式的筋材，使得构件在屈服之后，产生构件较为稳定的二次刚度，从而使得结构能在一定的变形下继续承受荷载，避免结构的失效倒塌，从而获得灾后的可修复性（如图2.7）。基于二次刚度的新型损伤可控结构体系可能动地控制构件或结构屈服后的刚度（二次刚度）、震后残余变形、终局极限状况的破坏模式以及结构系统耗能机理，进而形成"小震、中震、大震"三阶段皆可定量设计与评估的损伤可控结构体系，实现在小震情况下无损伤，在中震情况下无损伤或可修复，大震情况下可修复，而到极限状态时不至于倒塌的目的。但是目前这种新型抗震设计及加固理念的实行，尚存在着二次刚度离散性比较大的问题，不利于对结构损伤的准确控制和抗震性能的把握，利用植入FRP筋材来提供稳定的二次刚度可成为一种选择。

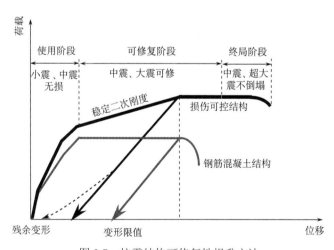

图2.7　抗震结构可修复性提升方法

　　混凝土结构的自恢复性是基于智能混凝土和全新建筑结构体系的发展孕育而生的，中国地震局工程力学研究所谢礼立院士则形象地用拟人化手段称之为结构的自康复性。混凝土的自修复性不同于通常被动的修复模式，而是着力于使其能主动、自动地对损伤部位进行某种程度和某种方式的修复，恢复混凝土结构的性能。从结构设计理念上讲，进行较为合理的结构体系设计，提高结构的延性，降低结构的残余变形，可以有效提高混凝土的自恢复性。预应力混凝土结构体系是目前应用最多的自恢复结构体系。预应力结构体系具有良好的抗裂性，可以有效地防止钢筋锈蚀等问题，提高结构的耐久性，通过预应力来实现混凝土结构的自适应调节与控制，并建立智能预应力结构，可有效提高结构的自恢复性，如目前在抗震设计中开发的抗震结构的自对中技术便是一个典型的例子。从材料发展角度来讲，通过对混凝土中掺杂一些特定功能的材料，如含有黏结剂的液性纤维等，形成智能混凝土，在结构发生损伤时，通过释放黏结剂等化学物质，来修复混凝土的开裂，实现混凝土结构的高层次可修复性和自恢复性。

5）混凝土结构的经济性

安全、舒适、高耐久、高性能和长寿命等都是混凝土结构全寿命维护管理中的具体性能目标，但建筑物的建造与运营不仅要考虑这些技术层面的性能要求，还需要降低成本来实现社会资源的节约与可持续发展。全寿命周期成本最小化就是一种近年来发展起来的基于性能的维护管理设计理念，LCC 包括混凝土结构的设计、建造、使用、维护管理以及废弃处理等建筑物全寿命周期的所有成本。LCC 的最小化可以在满足混凝土结构性能优良的同时，最大限度地减少资源的浪费和资本的流失。过去的工程实践中，通常将建筑物的设计与建造成本和后期的使用与维护管理成本分别考虑，往往会导致高额的后期维护费用。如果在结构设计阶段考虑 LCC 的最小化，可适当提高建造成本，实现结构的高性能，来有效降低结构的后期维护费用，从而降低总成本。总的来说，通过 LCC 的最小化，实现资源的合理配置和结构的可持续发展，是混凝土结构全寿命维护管理的经济目标。

6）混凝土结构的绿色低碳化、环境友好性

在当前的国民经济发展中，低碳经济越来越受到重视。联合国气候变化框架公约指出，除了自然气候变化外，人类活动可直接或间接地改变全球大气组成并导致气候改变。目前温室效应（如图 2.8）造成全球气候变暖的问题已受到人们的重视。造成温室效应的是大气层中的二氧化碳、甲烷等温室气体，而二氧化碳约占总增温效应的 63%。因此控制碳排放、实现低碳化是当代混凝土结构维护管理的一个新任务。

工程结构的低碳化主要体现在能耗和资源两个方面，其过程贯穿于设计规划、施工建设、运营维护直至废弃拆除结构的全寿命周期。在建造前期要优化方案，减少原材料用量，采用节能设计，并尽可能多采用能耗低和环保型材料，同时合理地使用高性能混凝土材料（如高强混凝土），以减少混凝土的使用并提升其性能，达到低碳目的；在施工建设期，要尽量减少材料损耗、提高材料使用效率；在运营期，要妥善做好结构维护和管理，使其服役寿命得到延长，避免出现"楼脆脆"、"桥塌塌"等短命结构；在结构拆除过程中，则要注意减少垃圾和污染。

同时，工程结构在其全寿命周期内，也必须要考虑结构对周围环境的友好性。工程结构的建设和维护，要尽量减少垃圾的产生和环境污染，避免破坏当地生态。同时，随着人们审美的需求，还需注意结构与周围环境的协调及其美观性。

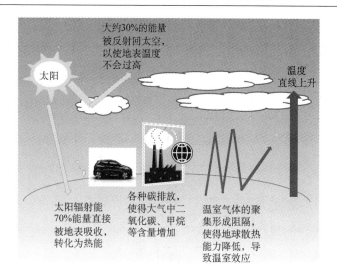

图 2.8 温室效应

可以说，绿色低碳的发展之路已为大家认可，国家一些相关政策、法规也在陆续出台。为支持环境保护工作，改善并维持生态环境质量，减少人类各项活动所造成的环境污染，使之与社会经济发展达到平衡，促进社会经济的持续发展，国际标准化组织（ISO）于 1993 年 6 月成立了 ISO/TC 3207 环境管理技术委员会，并自 1996 年起陆续颁布了《环境管理》（ISO 14000）[56]的系列标准，对工业界的环境管理进行了宏观规定，并为环境管理系统的构建提供了框架设计。后来国际标准化组织在 ISO 14000 环境管理系列标准的基础上，又延伸发展和颁布了 ISO 15656-6 和 ISO 21930，其中 ISO 15656-6 针对房屋建筑和其他建造的土木固定资产提供了环境考量的基本程序框架，而 ISO 21930 则提供了对房屋建筑产品环境申报的原则和要求。在此基础之上，2012 年开始颁布的 ISO 13315系列标准则对混凝土及混凝土结构的环境管理提出了基本规定。日本 2008 年发布了《基于钢筋混凝土建筑物环境考虑的施工指南·同解说》，对环境从资源节约、能源节约、环境污染物削减以及长寿命化等四个方面进行了考虑。同样，在我国，发展和改革委员会、住房和城乡建设部也已陆续发布了《绿色建筑行动方案》、《绿色施工导则》、《绿色建筑评价标准》、《建筑工程绿色施工评价标准》、《预拌混凝土绿色生产及管理技术规程》（JGJ/T 328—2014）等指导性文件及标准规范，用于指导建筑行业的绿色化建设。可以说，绿色低碳、环境友好将是混凝土行业发展的方向和必经之路，也是混凝土结构维护管理中应该考虑的一项重要内容[57~63]。

2.4 混凝土结构维护管理原则、流程及其要素

对于单体混凝土结构的维护管理，应根据目前已有的结构类型、重要性、设计及施工等书面资料，确定维护管理类型，合理制定维护管理计划，并且根据计划对结构进行检查和调查，在此基础上对结构劣化的发生情况进行分析，判断劣化发生的种类以及结

构发生的主要病害，用合适的评估方法对结构整体和局部的性能水平进行准确地把握，同时对其劣化机理进行分析并进一步预测今后的劣化趋势，据此对结构维护管理的计划进行合理地调整。在发现结构出现劣化和性能低下的时候，需要根据实际情况对结构采取必要的维修、加固甚至报废拆除等措施（如图 2.9）。

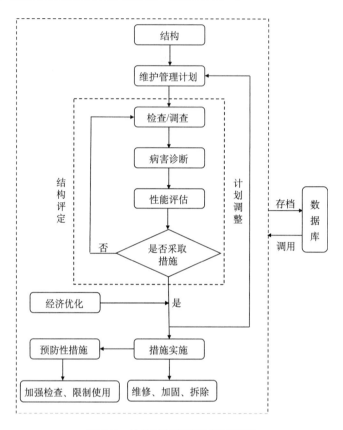

图 2.9　单体结构的维护管理流程

　　对某一地区具有特定功能的结构群体（如一个城市的交通网络），其维护管理的进行则要复杂得多（如图 2.10）。首先，结构群体中往往由多种结构组成，如城市交通结构群中，包括了道路、桥梁、隧道、轻轨等多种交通结构，其检查、诊断和维护措施的手段等都各不相同。其次，对于一个组成网络的结构群，其整体性能的分析并不是简单的各个单体结构分析的叠加，而是需要考虑不同的网络拓扑组成，分析其网络化的性能状态。另外，针对大体量的结构群，其维护管理的实施更需要考虑经济和资源配置的优化，以面对大体量维护管理中资金有限的矛盾。

　　从以上流程可以看出，混凝土结构的维护管理的要素主要包括如下几点。

　　1）维护管理计划

　　由于结构类型多种多样，使用目的各不相同，对社会的重要性各有不同，且所处的环境又千差万别，因此不可能采用一种比较统一的维护管理方法，而必须根据结构自身的特点、其所处环境中的一般劣化规律，并结合结构情况的书面资料（诸如设计资料和

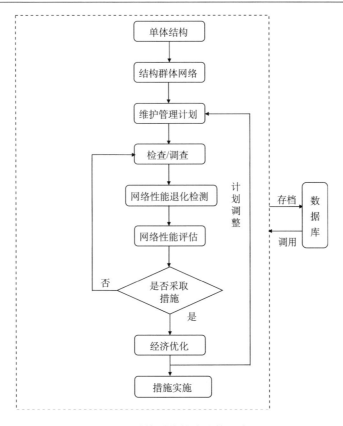

图 2.10　结构群体的维护管理流程

施工阶段的书面记录等），在对结构进行综合分析判断后，制定适合于该结构自身的维护管理计划，用于确定以后检查/调查的对象、频度、诊断方法、评估准则、应对措施等一系列具体活动。值得注意的是，结构的维护管理计划并不是一成不变的，而是需综合结构的性能变化、功能要求以及维护经费等多种因素进行动态调整。

　　2）结构评定

　　在结构全寿命维护管理中，需要根据维护管理计划和实际情形，对结构进行评定（assessment）。结构评定是对结构进行评定和判断的活动过程，包括了结构的检查/调查、病害诊断与预测、性能评估、寿命预测等一系列活动。

　　（1）检查/调查

　　人体通过体检可以知道自身身体的健康状况，与此类似，结构的检查/调查是获取结构病害和劣化情况的基本手段，混凝土结构的检查/调查需根据维护管理计划进行，具体手段包括基于书面资料调查、目测、检测和监测。结构的检测是一种传统的检查方式，是以人工介入为主，借助仪器和设备对结构进行的一种间断性的检查，在工程结构的检查/调查中占主要地位。结构的监测则是基于近二十年来发展起来的结构健康监测技术对结构进行检查的方式，它是依靠在结构上安装传感器，从而实现对结构进行持续性、智能化的监测，对于及时发现病害的发生，进行早期预警具有很大的优势。结构的检测与监测都是用以获取结构状况的手段，两者之间互相补充。

（2）病害诊断及预测

结构在荷载和环境的作用下，将不可避免出现劣化并形成病害，根据对结构的检查及调查的情况，可判断结构是否已经出现劣化，出现何种劣化，劣化的机理是什么，产生了何种病害等，并对病害在将来的发展进行合理预测，以便进行后续维护措施。

（3）性能评估

在发现结构出现明显劣化和病害，或者结构的劣化出现加速趋势，或到达了维护管理计划中对结构进行性能评估的时间点等情况下，则需对结构的性能进行评估（evaluation），以准确把握结构的实际性能状况，如有必要应及时发出安全预警/报警，并及时进行后续的维修和加固。在有些文献中，也将性能评估表述为"assessment"，为了统一起见，本书对性能评估统一使用"evaluation"进行表述。

（4）寿命预测

结构的寿命预测通常是基于长期荷载和环境作用的耐久性的考虑，在结构全寿命维护管理中，根据结构的检查和调查的结果，分析结构材料的劣化速率，以及结构的累积疲劳损伤程度，并依据结构的劣化模型以及疲劳累积模型，对结构将来的寿命进行预测。

3）记录与存档

记录与存档是贯穿于整个结构维护管理过程中一项非常琐碎但十分重要的工作，对于结构从方案设计、施工建设、维修加固直至拆除、解体的整个全寿命过程中的所有资料都要进行及时地记录并妥善保存，特别是在对结构进行维护管理过程中，结构每次的检查/调查数据与相关的计算分析报告都需要存档备份，这些资料都将是对结构的性能退化进行分析以及对剩余寿命进行预测的依据所在。

4）对策

在结构的维护管理过程中，根据结构的性能评估、劣化分析、寿命预测等，最后的一环是需要根据实际的多种因素对结构给出应对方案，包括维修和加固等的具体操作方案，以及未来养护及维护的管理方案等。

2.5　工程结构维护管理策略

混凝土结构需根据结构的重要性、构件对第三方的影响、构件的服役年限及服役环境确定维护管理等级及选取最合适的策略。混凝土结构的维护管理可分为以下四个等级。

（1）事前保全维护管理（protective maintenance）：属于最高等级的维护管理，混凝土结构在设计年限内，即使不进行维护，结构性能也不会低于设计要求性能。

（2）事后维护管理（corrective maintenance）：允许构件性能退化到低于维护管理最低限度，但仍处于结构安全最低限度以上，设计使用期内可完全停止结构使用，进行一到两次大修。

（3）预防型维护管理（preventive maintenance）：在结构损伤比较轻微，没有出现明显劣化症状时，按一定时间间隔进行多次小规模的维护，从而避免结构性能低于设计要求性能。预防型维护管理可结合目测观察等手段进行。

（4）预知型维护管理（predictive maintenance with intelligence）：根据构件的服役

环境,对服役周期内的构件性能退化进行预测,设定某一维护管理的结构性能最低限度,根据需要对结构进行不定期(由结构检查的结果来确定)的维护管理,并可结合结构的观察诊断数据,预测结构的未来劣化,从而在构件到达维护管理最低限度前进行提前维修。预知型维护管理是包括作者在内的国内外研究者根据对结构健康监测在维护管理中的作用的认识而提出,是预防型维护管理的提升策略。随着结构检查/调查手段的进步与发展,通过高性能长期监测技术、解析评估技术和智能化技术可获得结构实时的病害情况和性能状态,得到更为准确的诊断和预测结果,实现结构的现状和未来精确把握,追求效益/成本比最大化或全寿命周期成本最小化。

采用第一种维护管理策略,一般可使结构设计年限期间一直保持正常工作状态,避免出现停工损失,但建设初期投资会较高,可针对非常重要的结构进行;采用后三种维护管理策略在实施结构维护管理的过程中均可能影响到结构的正常使用,造成不同程度的直接或间接损失。一般来说,对出现明显劣化后很难采取对策的结构,可采用预防保全维护管理。此外,对不同的维护管理策略可设定不同的维护管理最低限度。结构采用事后维护管理策略时,可以用结构是否对第三方造成威胁(如混凝土保护层脱落)为限度。对结构进行事后维护管理,可能使工程初期造价相对较低,但维护管理成本可能会很高。预知型维护管理和预防保全维护管理策略相比更具客观性和经济性,但结构性能退化的预测往往比较复杂,对结构维护管理者的专业素养要求会更高。对结构中的重要部位可实行预知型维护管理,使维护管理工作有的放矢,更具有针对性。图 2.11 表示了采用各种维护管理策略的情况下,混凝土结构性能的经时变化。

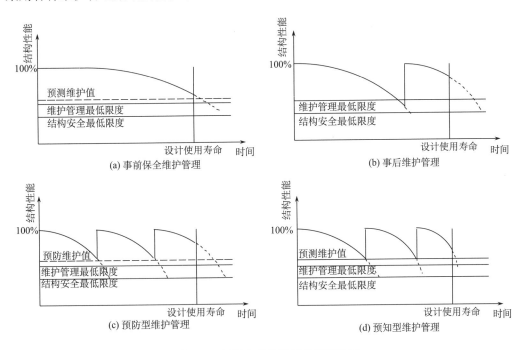

图 2.11　混凝土结构性能经时变化图

混凝土结构的最优维护管理策略可根据结构全寿命周期总成本（life cycle cost, LCC）最小化来确定。结构的全寿命周期总成本包括建设初期成本、运行和维护成本、失效/拆除成本（可扣除项目残值）。工程结构的全寿命周期成本分析在考虑经济成本的同时，需兼顾环境及社会诸因素，并需要考虑结构在服役期间的结构性能及经济环境的不确定性，其一般表达式如下：

$$C_T = C_I + \sum_{i=1}^{n} P_{F,M}\left(t_i\right)\frac{C_{M,i}}{\left(1+r\right)^i} + \sum_{i=T_1}^{n} P_{F,R,S}\left(t_i\right)\frac{C_{R,S,i}}{\left(1+r\right)^i} + \sum_{i=1}^{n} P_F\left(t_i\right)\frac{C_{F,i}}{\left(1+r\right)^i}$$

式中 C_T 为结构全寿命周期总成本；C_I 为结构建造初始成本；C_M 为结构维护费用；$C_{R,S}$ 为结构维修和加固费用；C_F 为结构失效费用；r 为折现率；P 为失效概率；n 为结构全寿命成本计算周期；$P_{F,M}$、$P_{F,R,S}$ 和 P_F 分别为结构需要维护、修缮更换及结构的失效/拆除概率。结构的修缮更新包括结构的维修与加固，结构构件的更换以及结构的拆除重建等，其费用通常包括直接工程费用、结构失效造成的人员伤亡成本、用户损失以及社会环境成本的损失。结构的全寿命周期总成本概念的导入使得人们从资产的角度，逐渐把土木工程基础设施作为社会的公共资产来进行最适化管理。

结构在全寿命维护管理过程中，需要对结构确定合适的维护管理策略，制定相关的维护管理计划，并根据实际情况确定好结构在后期维护管理中对结构进行修缮和更新的预算。结构修缮与更新的预算方法如图 2.12 所示。同时还需积极地对结构进行长寿命化考虑，通过对结构的检查与调查，掌握结构的状态及性能水平，制定结构长寿命化的

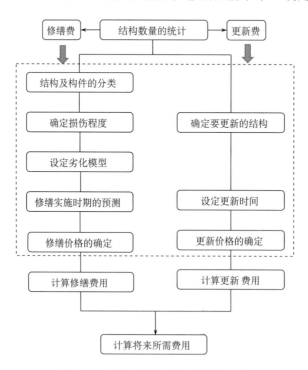

图 2.12　结构修缮与更新的预算方法

修缮计划，对有显著损伤和劣化的结构要及时按计划采取措施，对暂时无显著损伤和劣化的结构则采取预防性修缮，达到结构长寿命化的目的。结构长寿命化进行的流程如图 2.13 所示。

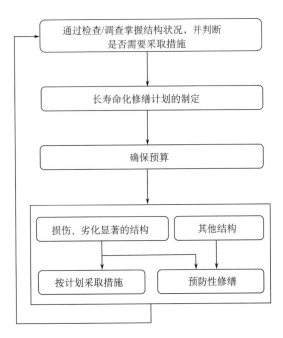

图 2.13　结构长寿命化进行的流程

2.6　混凝土结构的维护管理的信息化

2.6.1　信息化维护管理的特点

随着信息技术和信息产业的发展，它们在社会与经济发展中的作用日益加强，并已逐步开始发挥主导作用，当今的社会已步入"信息化社会"。信息化是充分利用信息技术，开发利用信息资源，促进信息交流和知识共享，提高经济增长质量，推动经济社会发展与转型的一个过程。在此背景之下，工程结构的维护管理也应摒弃封闭、落后的原始管理模式，开发和实现信息化的动态维护管理，如图 2.14 所示。

信息化的工程结构维护管理，具体可有以下几个特色。

1）结构信息的数据化

工程结构维护管理信息化的一个最大的特征是将结构的相关信息和反映结构状态、特征的指标进行数据化，不仅结构检测和监测的结果可以数据化，结构的书面资料等也可以数据化，最终结构的完整状态可以由一个大的数据库来实现。结构信息的数据化有利于结构信息的存储、访问和共享，特别是对数据的融合和挖掘，另外可以通过网络对数据进行远程的访问和控制，随时随地掌握结构真实状态。目前，随着工程结构信息化的发展，已经针对不同的结构开发了数字化平台，如针对桥梁开发出的数字桥梁（如图

2.15），针对隧道结构开发出的数字隧道等数字化平台，实现数据信息的存储、查询、三维可视化建模及虚拟浏览等。

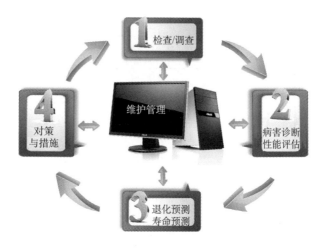

图 2.14　结构维护管理中的信息化

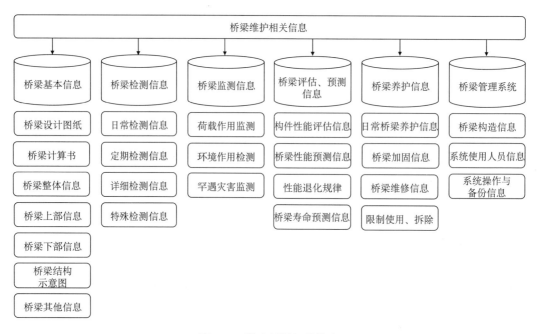

图 2.15　数字桥梁相关信息

　　值得注意的是，工程结构维护管理的信息化，其信息源并不局限于结构本身的信息，还需要考虑外界相关的其他信息，如自然环境信息、社会信息、经济信息等，随着大数据时代的来临，所有这些信息都将逐步数据化，有利于数据的融合和深层次挖掘，使得工程结构的维护管理活动能在"大数据"平台上得到优化。基于"大数据"技术的结构维护管理方法将是未来的一个发展方向。我国城镇化与城市发展领域的"十三五"规划便已提出了建立融合"大数据+规程规范+专家知识"的智慧云诊断评价方法，实现对城市桥梁运营安全的智慧分析与管理。

2）信息推演的程序化

工程结构存在着多种信息，维护管理需要根据这些信息进行综合判断和决策，仅靠直观但肤浅的表面信息是远远不够的，需要利用各种信息进行信息融合推演，以获取更为深刻和本质的信息。但信息推演本身是一项繁琐艰难的工作，依靠人工来实现信息推演是不现实的，在工程结构的维护管理实践中，需要利用管理系统实现对信息的程序化推演，最终给出合理的建议。如在结构的性能评估中，结构各种状态水平常常需要通过不同的指标来体现，这些指标往往难以用原始的数据表征，它们需要在原始的信息数据基础上进行分析推演，而信息化系统便于我们运用电子计算机运算技术对结构进行分析计算。

3）诊断决策的智能化

在获取结构状态指标之后，需要对结构进行综合诊断及性能状态的评估，同时也需要在此基础上结合外部约束条件，寻找合理解决途径。信息化的维护管理系统中的专家系统可以根据人工智能算法，考虑多种参数影响，对结构进行准确的诊断并给出合理的解决方案。

4）图形界面的可视化

结构相关的报告、记录，以及各种数据虽然真实，但是从人们的感官来说是乏味的、不直观的，维护管理的信息化可以使得结构病害发生的情况、劣化进展的情况、结构的特征信息等进行可视化，使其易于亲近。

5）管理过程的系统化

信息化的维护管理系统将所有管理要素按规则配置，有利于将整个维护管理的过程系统化，使得在维护管理过程中，可依照规定有序、规范地进行，实现高效、全面的结构维护与管理。

2.6.2　工程结构的信息化维护管理系统（BMS、TMS）

为了提高管理效率和操作的规范化，目前各国已经对大量结构进行了集成化的管理，开发出了一系列针对工程结构维护管理的信息化维护管理系统，如针对桥梁的维护管理开发并建立了桥梁管理系统（BMS）、针对隧道的维护管理开发并建立了隧道管理系统（TMS），而针对建筑结构的信息化管理开发了建筑信息模型（BIM）等。

2.6.2.1　桥梁管理系统（BMS）

桥梁管理系统（bridge management system，BMS）被 Hudson 定义为"一种合理、系统性的，能组织并实践所有桥梁管理作业的方法"，它是用于对桥梁进行系统性管理的系统[14]。桥梁管理系统的开发和应用起源于美国，其起因是由于横跨俄亥俄州河（Ohio River）长约 540 米的银桥（Silver Bridge）在 1967 年 12 月 15 日的坍塌事故，该事故造成 50 余辆汽车坠河，46 人死亡。此次重大事故促使美国对于国内的老桥和旧桥的安全性能的极大重视。1968 年，美国国会通过联邦公路法案，正式从立法的层面要求运输部门建立全国性的桥梁检查标准并进行相关技术人员的培训。美国联邦公路总署（Federal

Highway Administration, FHWA）迅速对全美桥梁资料进行搜集整理，建立了《国家桥梁档案目录》（national bridge inventory, NBI），并颁布了《国家桥梁检测标准》（national bridge inspection standards, NBIS）。在此背景下，1987 年美国 FHWA 与加州运输部（California Department of Transportation, CALTRANS）共同出资开发了美国第一个桥梁管理系统 PONTIS，并于 1991 年 12 月开发完成第一版。与此同时，美国国会在 1991 年也颁布了《陆上综合运输效率化法案》（intermodal surface transportation efficiency act, ISTEA）[64]，要求全美各州于 1994 年前制定桥梁管理系统的开发计划，并在 1998 年之前完成系统开发。这直接从立法上确立了桥梁管理系统的存在必要性。在 PONTIS 之后，美国还开发了 BRIDGIT 系统，主要是为投资决策、制定项目计划服务。

桥梁管理系统在美国被开发并应用的同时，在其他国家也相继被开发和应用，如丹麦开发了 DANBRO 桥梁管理系统，法国开发出了 EDOUARD 桥梁管理系统，英国开发了 BridgeMan 系统，瑞典开发了 BaTman（bridge and tunnel management）系统，西班牙开发了 GEOCISA BMS 系统，欧盟成立后，英、法、德、挪威、西班牙以及斯洛文尼亚等六国共同完成了 BRIME（bridge management in Europe）报告。在亚洲，日本开发了道路公用桥梁系统，韩国则开发了 SHBMS 系统。而在我国，交通部于 1986 年也开始着手进行桥梁管理系统的研究，并于 1989 年至 1991 年由交通运输部公路科学研究所开发了中国公路桥梁管理系统（CBMS），并在 1993 年由交通部立项推广桥梁管理系统。

桥梁管理系统的发展经过了几个阶段，在其发展初期，桥梁管理系统主要是基于数据库的桥梁资料归档与管理。但并不能有效地实现针对桥梁的综合性、多方位的管理，因此，在随后完善桥梁数据库的同时，也增加了桥梁检测、养护、维修加固以及状态与性能评估等内容。而后来又增加了维护决策功能，用于制定维护策略，进行维护优化等。目前，桥梁管理系统可以说是一种关于桥梁基本数据、检测监测、性能与状态评估、结构性能退化与寿命预测、经济性分析、桥梁全寿命养护与维护策略以及管理计划的计算机综合信息管理系统。桥梁管理系统的基本构成如图 2.16 所示。

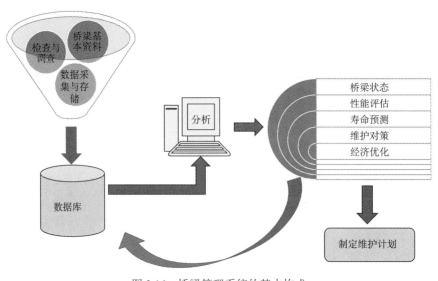

图 2.16　桥梁管理系统的基本构成

2. 隧道管理系统（TMS）

隧道的病害在各个国家和地区都普遍存在，已成为一个世界性的难题。1990 年日本公路协会对日本国内约 4300 座在役公路隧道进行了调查，发现约有 60%的公路隧道存在渗漏水病害，约 24%的隧道存在着其他这样那样的病害。在我国台湾地区，1999 年集集大地震之后，发现 57 座山岭隧道中有 49 座存在诸如衬砌开裂、衬砌混凝土剥落、钢筋混凝土外露弯曲等各种不同程度的病害。隧道结构一般长度较长，地理及结构情况复杂，安全检查数据庞大，难以快速和准确掌握隧道结构的实际情况，因此需要对隧道开发一套管理系统，以便进行有序的管理和提出合理的应对策略。

在建立隧道管理系统（tunnel management system，TMS）之前，各国工程界都做出了很多努力，制定了各种版本的隧道检查及养护指南、标准或规范，并提出了多种隧道的病害诊断及性能评价方法。法国 SNCF 铁路公司早在 20 世纪 80 年代便制定了铁路隧道养护标准，给出了铁路隧道检查及维修方法，并利用检查数据对隧道进行定性的安全评定。日本根据 1979 年和 1986 年对铁路隧道的检查结果，制定了《铁道土木构造物等维持管理标准·同解说（隧道篇）》[65]，规定了日本铁路隧道的病害检查方法、成因推断以及利用健全度对隧道结构进行评价等方法。而日本 2000 年公路协会颁布的日本《公路隧道维持管理便览》，则给出了日本公路隧道的检查方法，并定义了隧道健全度等级，同时给出了病害的诊断方法与维护策略。在美国，联邦公路管理局（Federal Highway Administration，FHWA）联合联邦公共交通管理局（Federal Transit Administration，FTA）在 2004 年制定了美国《公路和铁路交通隧道检查手册》，给出了隧道的检测方法并对其进行分级。我国在借鉴了国际上的隧道养护成功经验和先进技术的基础上，交通运输部在 2003 年颁布了《公路隧道养护技术规范》[66]，对公路隧道的检测、维护、病害诊断与对策方面进行了规定。

随着对隧道检查、养护、评价和提出对策的方法与技术日益成熟以及信息化技术的蓬勃发展，各国也开始搭建适合自己的隧道管理系统。其中，日本国铁在 20 世纪 80 年代后期开发了针对病害原因推定及健全度估计的专家系统 "Tunnel Inspection and Maintenance Expert System 1（TIMES 1）"，此系统由放置于日本铁道综合技术研究所内的主机（Micro VAX）以及分散在各个现场的微机（PC9800）终端构成，主机通过终端传来的病害数据，对病害原因进行判断，并反馈到终端。应该说 TIMES 是隧道管理系统的一种简单的雏形。2001 年，美国联邦公路管理局（Federal Highway Administration，FHWA）联合联邦公共交通管理局（Federal Transit Administration，FTA）委托 Gannett Fleming 公司开发了隧道管理系统（tunnel management system，TMS）。系统程序用 Microsoft Visual Basic 编写而成，并使用 Micorsoft Access 软件实现了数据的存储。美国 TMS 系统可以存贮和管理隧道的书面资料、检查信息、评价报告以及维护历史记录等各种信息数据，并可实现病害的诊断，以及隧道结构的健康登记评定。2003 年宫泽晋史等[11]提出了利用先进光纤传感等先进监测技术的先进隧道管理系统（advanced tunnel management system，ATMS）框架及系统设计方法；2004 年长崎大学的 Mituhiro FUJII 等人，基于地理信息系统（geographic information system，GIS）平台，根据日本道路协会颁发的《公路隧道维持管理便览》开发了公路隧道病害管养系统，可对隧道检查信息进行网络实时传输和管理，并实现远程诊断与反馈功能。瑞典开发的 BaTman 管理系统则同时包括了桥梁和隧道的管理系统。在我国，西南交通大学在 1992 年采用 Turbo-Profog 语言开发了铁路隧道病害诊断专家系统（tunnel default diagnosis，TDD），用于隧道病害诊断及隧道健全度分析。之后，各地也开发了不同版本的相关系统，如福州大学、福建省交通科学技术研究所在 2000 年前后基于客户/服务器模式（client/server，C/S）研制了公路隧道养护管理信息系统，厦门路桥信息工程有限公司开发了特长公路隧道管理与养护系统（TMMS），北京中土赛科科技开发有限公司开发了隧道养护管理系统（scan tunnel），2009 年北京新桥技术发展有限公司开发了中国公路隧道管理系统（CHTMS），2011 年重庆交通科研设计院也开发了一套隧道管理决策系统《公路隧道养护管理系统》。可见，我国的隧道管理系统至今已得到了很大的发展，目前已经开发出了多个隧道养护管理系统，但是总的来说，已有的众多系统基本上大多是在"各自为政"的状态下开发出来的，应用范围相对较窄，应用量小，有的系统仅是应某隧道的业主及相关部门的要求而有针对性地开发出来的，系统性和通用性尚有待进一步提高。

　　隧道管理系统开发的最终目的是为了更好地对隧道的状况进行掌控，并作出合理的决策，从而使其能出色完成既定的运营任务。隧道管理系统的开发，根据对象的不同，其具体功能和所需考虑的问题也各不相同，如图 2.17，对于隧道的管理者来说，主要是要能提高实际管理的有效性以及高效性，对隧道病害、事故以及灾害等能迅速作出响应、给出对策，在全寿命周期进行经济性分析及决策制定；对于检查养护部门，主要是用于确定检查的内容、检查的频率、检查的手段，以及养护、维修的内容及方法等；对于研究者，主要是对隧道进行评估、分析、维护管理方案的提出及优化等；对于使用者来说，

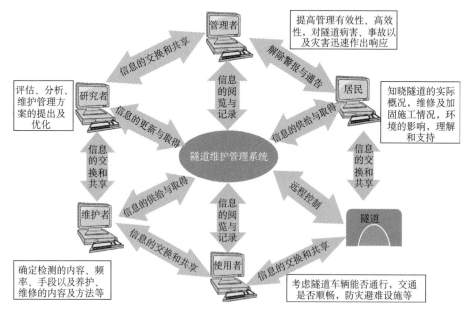

图 2.17　隧道管理系统的作用

主要是考虑隧道的基本信息，如车辆能否通行，交通是否顺畅，防灾避难设施等相关情况和资料的查询；对于区域居民来说，其功能在于从此获取与此隧道相关的信息，知晓隧道的实际概况、隧道维修与加固施工情况，了解隧道对周围环境的影响，增进相互间的理解和支持。

2.6.3　路面管理系统（PMS）

　　人类文明中一个最重要的成果就是路网的建设与公共交通的建设，这些公路路网代表了一个庞大的投资，尤其是在发达国家中，公路网线十分发达[67]。过去的路面注重养护，忽略管理。路面工程师的经验倾向于选择路面的养护和修复（maintenance and repair, M&R）技术，而忽略全寿命周期内的成本和路网中与其他路面需求相比的优先级。尤其在经济社会，随着路面设施的老化，发展一种更系统的方法去确定 M&R 需求及优先级是非常必要的。路面网络应当被管理，而不仅仅是被简单地养护。因此，路面管理系统应运而生。

　　近年来，微型电脑和路面管理技术的发展为路面的经济型管理提供了手段。路面管理系统（pavement manage system, PMS）是通过预测路面性能，为选择 M&R 需求和决定其优先级和最佳时机，提供一种系统的自适应的方法。路面养护时机选择不当的结果如图 2.18。如果在路面性能急剧下降之前，即劣化的早期执行 M&R，能节省超过 50% 的修复费用，也能避免长时间的交通封闭和绕道。美国 SHRP 计划的研究成果也表明：在路面整个寿命周期内进行 3~4 次预防性养护，可延长 10~15 年的使用寿命，节约 45%~50% 的养护费用。PMS 是提醒路面管理者路面全寿命周期关键点的重要工具[68]。

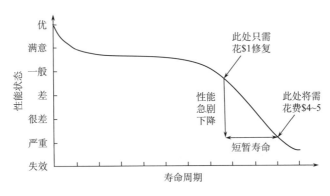

图 2.18　路面性能全寿命周期的状态图

　　路面管理系统到目前还没有一个统一的定义，但在不同文献中的定义大都类似。在美国 AASHTO 路面管理系统指南中，将路面管理系统定义为：用于辅助决策者对各种养护方案进行评价以寻求最佳投资方案的工具[69]。美国的 FHWA 将路面管理系统定义为：一系列有助于选择维持路网在一定服务水平之上的最佳效率比养护策略的工具和方法[70]。澳大利亚道路研究所对路面管理系统的定义为：用于优化利用路面养护可用资源，由信息采集、信息分析和方案决策等模块组成的管理系统[71]。简而言之，路面管理系统主要是为决策者提供信息和数据来制定更连续、低价和有效的路网维护。根据文献[72]，路面管理系统的主要组成部分如图 2.19 所示。

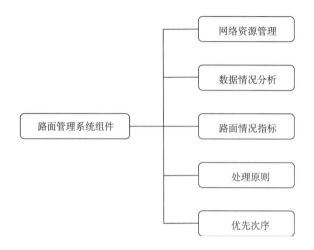

图 2.19　路面管理系统主要组成部分

　　路面管理的特殊方法通常导致路网全局性能的逐渐劣化，由此引发了未资助的主要 M&R 需求的积压增长。该方法通常在不考虑路网中其他路面需求的情况下被执行[73]。需要发展路面管理系统的方法以确保最佳的投资收益率。作为 PAVER PMS（Micro PAVER 2004）在过去近三十年发展中的一部分，出现了以下方法。该方法是一个涵盖的过程，如图 2.20 所示。其中路面网络定义是指将一个路面网络分为多个枝干和段，形成不同尺度的网络分区进行管理。

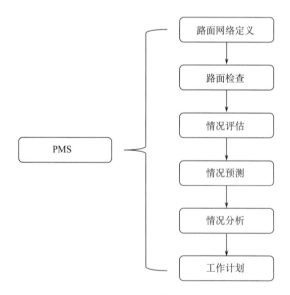

图 2.20　PMS 的流程图

　　路面管理系统的研究者普遍将路面管理系统分为网级路面管理系统和项目级路面管理系统两个层次。网级路面管理系统（network level）负责对路网进行整体规划，进行粗略的技术、经济分析，提出概略的养护计划列表，为公路管理部门提供合理分配和使用有限资金的决策依据；项目级路面管理系统（project level）负责对网级系统输出的养护计划列表中的项目进行详细的设计和经济性分析，得出最优养护方案。它在网级管理系统所确定的资金和时间约束条件下，为具体项目分析最优的养护方案，实现项目效益的最优化。

从 20 世纪 70 年代开始，美国和加拿大的地区已经逐渐开始运用路面管理系统，到了 80 年代中期，已经有大约 35 个州和省相继建成路面管理系统，其中比较典型的有以下几个。

（1）加利福尼亚州路面管理系统，其主要用于对该州的刚性路面和柔性路面进行路况监测，提供路段损坏信息及确定养护和改建对策等，同时系统能够按路面使用性能参数进行项目的优先排序，选用平整度、路面破损程度和平均日交通量三项因素作为影响排序的主要因素。此种排序方法对于网级系统来说考虑过于简单化，未能考虑项目之间的折中。因此总的说来，该系统结构功能等还不够完善。

（2）PAVER 系统，是由美国陆军建筑工程研究所开发的 PAVER 系统，该系统能够提供路面状况信息，进行路况评价、预测，确定目前和今后养护和改建的需要，选择可使资金得到最佳使用的养护改建项目和对策方案等，是服务于路面管理的较好的系统。在该系统中首次提出用扣分法来建立路面破损评价模型，该方法能够精确地计算和折算由多种损坏所导致的路面总体损害程度，至今仍得到广泛运用。

（3）亚利桑那州路面管理系统，它是在 20 世纪 80 年代初期建成并投入运营的一个供财政规划用的网级优化系统，首次成功地将马尔可夫决策过程引入网级路面管理系统。它依据路面使用性能变量（如平整度、开裂量等），把路网内的路面划分为不同的路况状态，不同时期路网内处于各种状态的路面的比例定义为路网的使用性能，管理部门为路网使用性能设定某种目标或标准。该系统的主要管理目标是确定以最低的费用保持要求使用性能标准的全路网养护和改建政策。

（4）加拿大阿尔伯塔省路面管理系统，包括省公路系统的和各个城市的，是相对比较综合、完善的系统，其开发采用分阶段建立和实施的方法，如路面信息和需求系统（PINS，1982）、改建信息和优先规划系统（RIPPS，1983）及城市路面管理系统（MPMS，1988）。其中，城市路面管理系统（MPMS）功能更完善，包括数据库管理、养护计划、路网改建计划、项目级设计和分析共四个子系统，该系统较大的特点是其提出效果的概念，并将其作为优化排序的主要指标，将路面使用性能的改善当做使用者获得收益进行考虑。

我国对于路面管理系统的研究工作开始于 20 世纪 80 年代。1984~1985 年，我国和英国开展了"沥青路面养护管理系统"技术合作，引入了英国 BSM 系统，在辽宁省营口市设试点，迈出了我国利用计算机技术进行路面现代化管理和决策的第一步。BSM 系统功能简单，技术思路明确具有一定的实用价值，但是计算机处理能力较低，只能提供沥青路面里程较少的地市级公路管理部门应用。1985~1986 年，在消化吸收 BSM 系统技术的基础之上，利用国产 GW-0520 系列计算机，开发了沥青路面养护管理系统，该系统的技术原理、评价模型、决策模型等吸取了 BSM 的技术思路，引入了汉字系统，设计了适合我国习惯的输入、输出格式，修正了评价标准和有关参数，采用了适合我国条件的养护处治对策，建成了我国第一个 PMS 系统、在江苏、云南和福建等地使用。1986~1990 年，我国确立"干线公路路面评价养护系统技术开发（CPMS）"国家重点科技攻关课题，该系统是在国家重点公关项目"干线公路路面评价养护系统成套技术"的研究基础上建立的我国干线公路路面评价养护系统，作为交通部重点推广项目，已在我国多个省市得到应用，如广东、天津等。CPMS 是一个复杂的路面决策支持系统，包含道路数据信息管理、路网评价、路况性能分析、养护资金需求分析及资金优化分配等较多的功能，其各种模型建立的特点是多数基于回归技术。另外，北京、河北、山东、河南和江西等省市的公路部门相继建立了省市级或地区级沥青路面管理系统。

2.6.4　建筑信息模型（BIM）

建筑信息模型（building information modeling，BIM）一般认为是起源于 1975 年美国卡内基梅隆大学 Eastman 教授提出的建筑描述系统（building description system，BDS）。它是为了项目的设计、建造、运营和维护管理等需要而创建并使用数字化模型的过程，可服务于建设项目的全寿命周期。一般来说，BIM 的模型信息具有完备性、关联性及一致性的特点，而 BIM 本身则具有可视化、协调化、模拟化、可优化等特性。

BIM 的发展可归因于建筑业持续低迷的生产效率，一方面建筑市场方兴未艾，其建设和保有量逐年上升（如图 2.21），但另一方面在世界生产力大幅提升的背景下的持续低下的建筑业生产效率（如图 2.22），2000 年美国《经济学家》杂志指出："由于效率不高、错误以及工程延误等原因每年给美国 6000 亿美元的建筑业投资带来 2000 亿美元的损失"。在此大背景下，人们渴望在建筑业的生产效率得以极大提升，而恰逢其时，在信息工业化下诞生的建筑信息模型 BIM 成为了突破口。不同于只能表达视觉信息的传统图形设计软件，BIM 通过参数建模，能充分表达建筑材料、建筑构造、建筑功能、结构性能等多种不同方面、不同层次的信息，使得项目的各方面信息得以有效整合，同时也彻底改变以往建筑项目各方单一的联系方式，为项目的各方提供了协同工作的平台，可为工程技术人员提供全面的信息，并为决策者提供可靠的依据，极大地提高了效率、增进了认识、减少了错误、缩短了工期和节约了成本。图 2.23 显示了以 BIM 为中心的建筑项目设计、施工、运营及维护过程，这改变了传统的单一联系和信息交换方式。在混凝土结构的全寿命维护管理中，建筑结构信息模型给信息推演提供了强大的支撑，给结构检查/调查、评估决策及后续的维修加固措施带来了极大的便利，使对结构进行多层次、多方位的考察与管理成为可能。检/监测者可以利用 BIM 系统获取结构的详细构件和材料等信息，确定检/监测方案；对于评估者，可以基于 BIM 系统的详细参数数据，对结构的性能进行复核、评估，同时由于结构充分模型化，结构的维护过程可进行较为详细的模拟，比较容易计算各种工况的全寿命周期成本并进行优化，便于决策者进行决策。因此 BIM 将在建筑结构的全寿命维护管理中带来重大的革命，成为管理者和技术人员的有力武器。

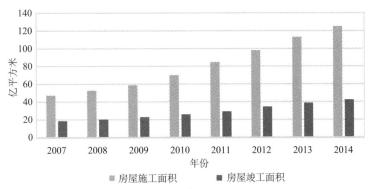

图 2.21 建筑业的发展

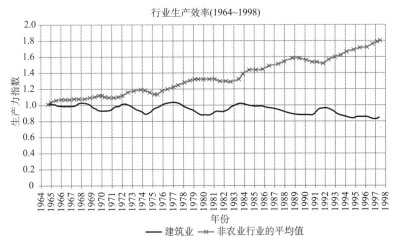

图 2.22 建筑业的生产效率持续低迷

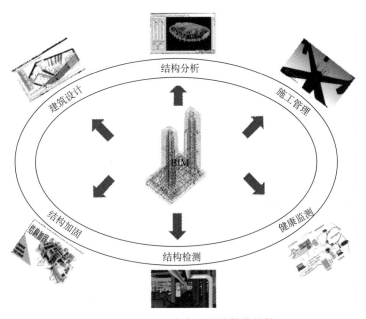

图 2.23 以 BIM 为中心的结构维护管理

因此，BIM 的建立可以说是建筑领域的一个大的革命，也是建筑业信息化发展的趋势，成为了当前建筑领域的应用和研究热点。在信息化程度较高的美国，据 McGraw Hill 的统计，工程建设行业实施 BIM 的比例，已由 2007 年的 28%上升至 2012 年的 71%。在新加坡，建筑管理署（Building and Construction Authority，BCA）2011 年发布的新加坡 BIM 发展路线规划提出要推动整个新加坡建筑业在 2015 年前广泛使用 BIM 技术。在日本，有"2009 年是日本的 BIM 元年"之说，日本的很多建筑相关企业从 2009 年便开始了 BIM 的实施，并有越来越多的企业加入。2012 年 7 月，日本建筑学会正式发布了日本 BIM 指南，对相关企业的 BIM 运用进行了指导。而在我国，香港地区在 2006 年便已开始尝试 BIM 的使用，香港房屋署在 2009 年 11 月发布了 BIM 应用标准，并提出在 2015 年在房屋署全面推行 BIM；在我国大陆，2011 年 5 月住房和城乡建设部颁发了《2011—2015 年建筑业信息化发展纲要》[74]，明确提出了建筑信息化的发展要求，在 2012 年 1 月发布的"关于印发 2012 年工程建设标准规范制定修订计划的通知"开始了《建筑工程信息模型应用统一标准》、《建筑工程信息模型存储标准》、《建筑工程设计信息模型交付标准》、《建筑工程设计信息模型分类和编码标准》等多项 BIM 标准的制定。

值得一提的是，BIM 虽然源于建筑行业，但其内涵却并不局限于建筑行业本身，其思想可延伸并运用于其他行业之中，以提高其他行业的设计、管理水平和生产效率。我国交通部在"十三五"规划针对桥梁的发展方向上，明确指出今后将"研发基于 BIM（建筑信息模型）技术的桥梁设计系统，以推动我国公路桥梁设计技术的升级换代"，"研发基于 BIM 技术的桥梁管养系统，以推动我国公路桥梁养护管理技术的发展"[75]。目前在桥梁等结构上的 BIM 应用，主要在于结构的设计及施工建造阶段，用过 BIM 信息模型，可以方便地进行 3D 及 4D 可视化展示，特别是在施工中，通过 4D 的动画，可以对施工工序、流程、工艺等作直观演示，模拟真实的施工过程，对后期的施工起到很大的指导作用。同时利用 BIM 信息模型还能对结构构件进行碰撞检查、计算结构各种材料及构件的用量，进行经济成本估算等。但应该看到，BIM 在工程结构的运行维护管理方面尚处于起步阶段，有待进一步开发与推动。

2.7　风险管理

项目风险管理最初起源于二战后的德国，是在经济学、管理学、行为科学、运筹学、概率统计、计算机科学、系统论、控制论等领域的基础上形成的管理科学。对于土木工程而言，从设计到施工到服役这个漫长的生命周期中，每一个环节都存在着潜在风险。然而任何潜在风险引发的工程品质不良或是天灾人祸，都有可能会导致巨大的经济损失，甚至重大人员伤亡。本节将主要介绍土木工程领域中风险管理的一些相关内容。

2.7.1　工程风险

由于我国幅员辽阔，地质、气象条件复杂，各种如洪涝、地震和气象灾害不断发生，加之早期建筑设计规范和施工管理制度不完善，各种自然或人为导致的灾害或事故频发。在工程结构的全生命周期中，设计、规划、施工以及后期长达数十年甚至上百年的服役维护过程中，每一个环节都不容忽视。近年来，面对工程品质不良或是天灾人祸不断出现却是不争的事实，各级部门及机构已将风险管理列为重要的研究课题。在 20 世纪中叶，法国矿学工程师 Henri Fayol 第一次在《工业管理与一般管理》一书的企业经营管理中提出了风险管理的思想，这便是风险管理的基本雏形。在项目运营中，任何项目都具有潜在的风险。因此，风险管理就是力图将风险缩减到最低程度，而不是将其完全消除。这就要求管理人员首先对存在的风险及其相关要因具有完整的认知然后才能对风险实施行之有效的管理，从而将风险控制在最低程度。2005 年国际标准组织（ISO）风险管理技术委员会开始筹划制定风险管理通用标准，并于 2009 年正式出台了风险管理标准（ISO31000:2009 Risk management—Principles and guidelines）[76]，该标准定义了风险管理中涉及的主要内容和通用准则。其中，作为风险管理标准的核心概念，将"风险"（risk）的定义归纳为"不确定性对目标的影响"。广义上，风险是指在一定条件和时期内，事件实际结果偏离预期目标的程度，不一定是指负面的。"风险矩阵图"（Risk Matrix），如图 2.24 所示，是一种有效的风险管理工具，将可应用于分析项目的潜在风险，也可以分析采取某种方法的潜在风险。

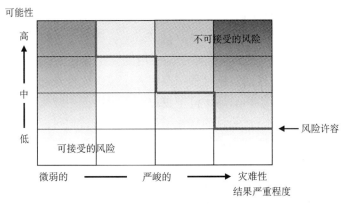

图 2.24 风险矩阵图

目前，国际学术界普遍认为工程风险管理属于一种系统工程，它涉及工程管理的各个方面，其内容主要包括风险的辩识、评价、控制和管理，其目的在于通过对项目环境不确定性的研究与控制，达到降低损失、控制成本的目的。在欧美发达国家已经对土木工程涉及的风险做了详细的分类和定义，这为我们理解和识别风险提供了良好的理论基础。从实施风险管理而言，风险管理识别到分析工程项目中的风险从而制定应对措施等一系列的过程。而识别和分析风险的主要手段是观察、实验和分析损失资料，通过概率论和数理统计等数学分析方法，研究项目中各环节可能存在的风险，并通过反复实验和总结得出控制风险的规律，进而对潜在的风险进行预测。总体而言，研究风险管理首先要理清工程风险涉及内容的从属关系，从而才能成功的预测风险。如图 2.25 所示，对于工程风险而言，需要调查风险事故的成因即风险因素，以及该风险所造成的风险损失。通过不同的风险事故、风险因素和风险损失这 3 个参数之间的关系，从而尝试建立该风险的数学模型，并不断在实际中总结和修正才能最终获得可信度高的风险预测模型。

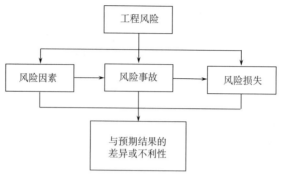

图 2.25　风险属性关系图

2.7.2　风险管理

　　20 世纪 50 年代以来，我国学者开始将风险管理和安全系统工程等理论引进我国。在八十年代初引进项目管理理论时，只引进了项目管理理论、方法与程序，未能同时引进项目风险管理。从总体上看，与西方发达国家相比，我国在项目风险管理方面有较大差距，工程项目风险管理理论研究水平还不是很高，在实际应用中成效并不显著，缺乏对项目风险的系统研究。80 年代中期以来，随着经济建设水平不断提高，国内也开始引入国外各种风险管理的理论与技术，同时逐渐应用到实际工程中。各类水力、地下工程、交通枢纽等大型土木工程项目的实施过程中都引入了风险管理理念，并制定了符合实际情况的风险管理方案，在施工和后期运营中也逐步体现出应用效果。随着我国城市化进程进一步加快，各类基建和城建项目的规模越来越大，与其相对应的工程项目出现了诸如关于新式施工技术、生态环境影响等潜在风险。针对此类问题为了将施工和管理方法规范化，在各种类型的工程结构中都相继颁布了如《城市轨道交通地下工程建设风险管理规范》、《建设工程项目管理规范建筑工程项目管理规范》、《大中型水电工程建设风险管理规范》等国家标准及行业规范。综合我国各类标准与西方发达国家在风险管理上的经验，如表 2.2 所示，风险管理相关的主要内容如下：

表 2.2　风险管理的主要内容

	目的	概要	达成目标	注意事项
风险认知	明确与风险相关的内容 共享风险相关信息	（有关人员集中会议） 集中有关人员 主负责人主导议题 公平参加	精炼不足的项目 根据风险特性适宜地区分类别	对象为一定规模以上的基础设施 确保机动性
评估	尽可能定量评价风险影响	有关人员多级评估 灵活计算风险数据	确定优先处理顺序 特定重大风险项目	客观评估 不遗漏特有的重大风险项目
风险对策	掌握最有效果的事前应对措施	依据经验提议应对措施 评估应对措施效果	针对所有项目提议应对措施 确定各项目的负责人	区分和提案短期及长期对策 考虑叠加和综合效果

	目的	概要	达成目标	注意事项
对策实施	依据事前应对，减少风险	逐个实施应急对策 计算应对效果	实施后风险降低 评估后整理意见	针对具体情况的实施计划
风险反馈	根据应对措施的实施效果，优化风险管理	确定反馈信息源 实施反馈	改良更有效果的风险管理方案	明确变更点 评估下一期方案

目前，我国虽然在工程项目风险管理中已经取得了诸多发展，但在实际操作过程中尚存在以下问题：

（1）风险管理意识薄弱

由于我国人口基数大、自然灾害种类多，一旦发生大型灾害或事故势必容易造成重大经济损失和人员伤亡，因此更应该加强风险管理意识。然而在实际工程项目决策时，往往受施工技术水平和资金问题等主观因素的影响，缺少对于风险管理的硬性要求，以致于难以调动工程项目管理人员加强实施和总结工程项目风险问题的积极性，不利于我国的土木建筑行业的整体发展。

（2）缺乏可行性高的风险管理模式

从凭直觉、凭经验的管理上升到理性的全过程的管理需要较长时间，主要表现为：

①风险识别困难：与发达国家比较，因研究费用等种种原因，我国缺乏针对土木工程风险评估和管理的专业团队和机构。加之缺乏对于项目完成后对存在和潜在的风险缺少总结与评价，不利于风险预测的数据积累。

②缺乏基本的、通用型风险评估模型：由于缺乏必要的长期基础研究，很难收集到精确的、有借鉴价值的风险评价资料。主观判断风险事故相关的因素，往往会给风险评价带来一定的误差。因此，需要先建立针对全行业的通用型风险评估模型，然后再逐渐针对各行业涉及的问题不断总结和更新，才能最终保证风险预测模型的可信度。

2.7.3 风险识别

风险识别是工程项目风险管理中的最重要一步。通过风险识别应尽可能全面地找出所有可能影响目标实现的风险因素，采用恰当的方法予以归纳分类，并逐一分析其产生根源。

在风险识别中，分析人员通过运用科学合理的方法，来系统地认识所有可能面临的各种风险以及分析风险事故发生的潜在因素，其过程包含认知和分析这两个主要环节。认知风险是指去认清项目各种可能存在的风险，而分析风险则是指找出引起这些风险背后的因素，为后面制定有效的项目风险处理措施提供基础。在风险识别中，分析人员除了要识别项目所面临的确定性风险，更重要的是如何去识别各种不确定的潜在风险。

目前，识别项目风险的方法很多，从分析的程度而言，风险分析包括定性分析，半定量分析，定量分析，或是综合上述三种方法的分析。从分析的手段而言，风险分析还可以分为专家调查法、故障树分析法、核对表法、幕景分析法等。每一种方法都有其适用范围和各自的优缺点。在实际工程中究竟应采用何种方法，要视具体情况而定，对于大型工程还需要综合运用多种方法交叉对比，才能收到良好效果。

（1）专家调查法：专家调查法，也称德尔菲法 （Delphi Method），是一般情况下普遍采用的一种风险识别方法，即在风险管理的初期阶段，由于缺乏实际的数据，难以通过数理统计方法进行充分的定量分析，因此在风险及其损失情况尚不明了的情况下，借助专家的主观经验指导实际工程中的早期风险管理工作。在实际实施过程还需要征集多方面的专家会谈，以获得相对客观的信息、意见和见解，避免单一领域中对风险认知不足的问题。

（2）故障树分析法：故障树分析法（Fault Tree Analysis，FTA）利用树枝形状的图解方法，将风险涉及的风险事故细分化，从而针对各细分的风险事故调查原因。FTA 是由上往下的演绎式失效分析法，在工程风险分析中是从结果出发，通过演绎推理的方法来调查事故原因，以便清晰的理清风险事故中诸多因素的因果关系。

（3）核对表法：核对表法（Check Method）是利用既往的风险管理经验，一一对比已经产生的风险事故，从而整理一张风险事故和处理经验的核对表。以便在下一次项目中，不断补充特定工程所面临的环境、条件等不同之处，并预测可能发生的潜在风险损失。

（4）幕景分析法：幕景分析法（Scenarios Analysis）是一种识别关键因素及其影响的方法。幕景是指决策对象未来某种状态的描述，可以在计算机上计算和显示，也可以用图表、曲线或数据来描述。它研究当某种因素发生不同的变化时，对整个决策问题会发生什么影响、影响程度如何、有哪些严重后果，类似电影镜头逐幕展现出来，供分析人员进行比较研究。

（5）项目结构分解法：项目结构分解法包括工作分解结构法（Work Breakdown Structure，WBS）与风险分解结构法（Risk Breakdown Structure，RBS）两个步骤，是在分析项目组成、各组成部分之间相互关系、项目同环境之间关系等前提下，识别其存在的不确定性及其是否会对项目造成损失。

（6）财务报表分析：财务报表分析（Financial statements analysis）是经济管理学中一种常用的方法，其内容通过分析资产负债表、损益表等营业报表及其他有关财务资料，将企业当前资产情况与财务预测、项目预算结合起来，识别项目所面临的财务责任及人身损失等风险。财务分析是在项目前期决策阶段中，对投资分析及可行性评估起着重要决策作用。

（7）环境扫描法：环境扫描法（Environment scanning）主要分析项目所处的内、外部环境及其相互关系、以及它们发生变化时，面临的潜在风险与损失因素。

2.7.4　风险管理的基本流程

一般项目管理就是一种目标管理，因此项目风险管理同样也是一种有明确目标的管理活动。风险管理的目标从属于项目的总目标，通过对项目风险的识别，将其定量化，进行分析和评价选择风险管理措施，避免项目风险的发生，或降低风险发生后的损失。项目风险管理的目标一般来说包括：（1）使项目获得成功；（2）为项目实施创造安全的环境；（3）降低工程费用或使项目投资不超预算；（4）减少环境或内部因素对项目的干扰，保证项目按计划有序进行，使项目实施过程中始终处于良好的受控状态；（5）保证项目质量；（6）使竣工项目的效益稳定。

项目风险管理同时也是一种项目主动控制的手段，它最重要的目标是使项目的投资、质量、工期等得到控制。风险管理对项目目标的主动控制体现在通过主动辨识干扰因素风险并予以分析，事先采取风险处理措施进行项目的主动控制。对于一个完整的风险管理项目，其具体的流程如图 2.26 所示。

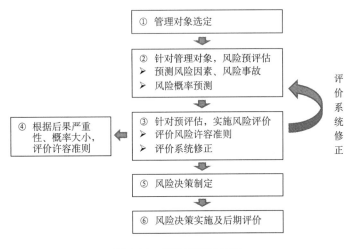

图 2.26　风险管理流程图

2.8　基础设施维护管理中的资产管理系统

土木工程基础设施的全寿命维护管理是试图把社会的土木工程基础设施作为像存款、股票、债券一样的资产，通过合理管理运用来最大限度地保全实物资产，实现其价值的最大化。按照上述理念，国民作为这些设施的股东，以交纳税金、使用费等形式通过政府向土木工程设施投资，而政府努力抑制管理费用，制定不同的维护管理策略，有效控制这些社会实体资产由于劣化带来减值的速度，通过提供优质公众服务的方式把利益返还给国民，实行公众社会资产的利益最大化。

社会资产管理，英语称为"social asset management"，有时也称为"social infrastructure management"，这个概念在 1983 年由美国交通部联邦公路管理署在"部分乡村自治区县的交通资源管理战略"（transportation resource management strategies for elected officials of rural municipalities and counties）中首次提出。上述文件包括七章内容，主要针对道路和桥梁两种交通设施，制定了七个方面的内容："规划"、"优化"、"政府合同出租"、"财政创新"、"人事资源管理"、"资产管理"以及"性能评价和报告"。社会资产管理的理念自此之后逐渐在美、日、欧等发达国家和地区内被推广。但社会资产和金融资产不同，以服务于公众为价值取向，资产的流动性很低，资产的回报率的评价比较困难。社会资产管理学也不仅是个工程学的问题，还涉及经济学、经营学、公众政治学等诸多学科，目前还处于探索、发展阶段。图 2.27 显示了管理的一些基本要素。

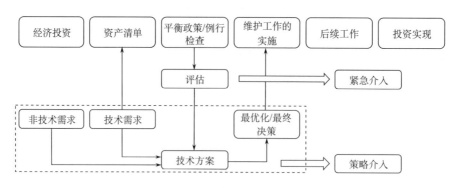

图 2.27　资产管理系统要素

　　我国土木工程设施的投资巨大，随着社会资本整备的进一步深入，我国也会和许多发达国家一样，社会经济条件会发生显著变化，也必将有庞大数量的既有设施进入老化阶段，中央及各级地方政府的财政压力也会日益增长。将来在财政预算收缩或受到各种条件限制的情况下，如何更有效率、有效果地管理运用好基础设施这笔社会财富，将是一个巨大的挑战。以城市管理为例，我国目前逐步在推动"智慧城市"的建设理念，以促进信息化技术与城市基础设施管理的有效融合，加快"建、管、养、运"的全寿命周期维护管理一体化的大数据平台建设，同时发展完善的技术体系，确保城市基础设施的运行安全、提高设施管理资金的效率，系统筹划、科学组织设施养护维修的占用时间，提升设施的服务水平，建立体系化的、覆盖面全的、相对完整的城市基础设施管理系统，对提升国内城市基础设施资产管理和服务水平具有重要意义（如图 2.28）。本书主要论述土木基础设施的维护管理工程学，是更广义范畴上的社会资产管理学的重要基础。

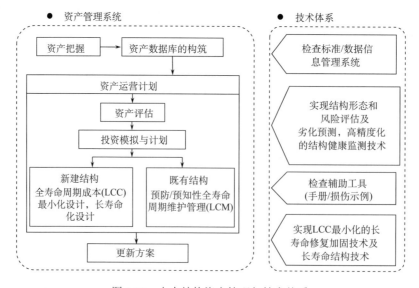

图 2.28　土木结构资产管理与技术体系

2.9　智能结构与智慧基础设施

现代土木工程发展的重要标志就是科学技术的不断发展与融入，促进工程结构向绿色、可持续发展、信息化与智能化的方向发展。随着科技的不断进步与人类社会更多的需求，智能结构及智慧基础设施将成为未来土木工程领域建设与发展的主要方向，也得到了钱七虎院士等专家学者的大力提倡，将在结构的维护管理中发挥巨大的作用。

所谓智能，一般是对某项技术、某个功能和某种仪器设备而言，指其具备了某些智能化的功能，如智能手机、智能手表等。在土木领域，智能结构是指土木结构在信息化的基础上，通过传感器、控制器、驱动器等部件在一定程度上实现了诸如自监控、自诊断、损伤自修复等某些智能化功能。进入 20 世纪以来，传感及通信技术迅速发展，出现了如传感器小型化、微型化，有线、无线以及光电通信等形形色色的技术，以满足各个领域不同的需求。随着多功能材料技术与传感技术日新月异的发展，近年来在国际上兴起了崭新的边缘交叉学科——智能结构。在 20 世纪 80、90 年代的航空航天领域，美国和日本的研究机构较早提出了智能材料及结构这一概念[77, 78]。为了提高飞机的灵活性和使用性能，美国军方研发了一种可变形的"适应性机翼"，以便随时调整机翼形态满足不同环境下的使用要求。同一时期日本名古屋大学的学者认为结构控制系统的发展方向是从"被动结构"→"主动结构"→"智能结构"。被动结构是指将传感器附加于结构，人工测量感知后通过制动器实现控制进程。而主动结构的传感器和制动器已经具备一体化，可以具备具有"感知"和"主动控制"的机能。而智能结构则是在结构设计初期已经考虑了结构控制的要求，接合"感知"和"适应"机能的功能材料，应用于如卫星的天线及太阳能电池板上，以减少"被动"及"主动"控制系统的计算过程，实现结构具备"自主适应"的功能。如图 2.29 所示，此三个层次的演化关系指出了"智能结构"需具备的基本特征。

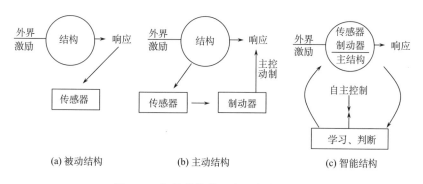

图 2.29　智能结构的三个层次演化关系

随着"智能结构"的研究在航空航天领域的逐渐深入，这一概念很快便渗入到机械自动化、土木工程等多个领域，并成为研究热点。在土木工程领域，由于人们逐渐开始认识到结构健康监测技术和长寿命维护管理的重要性[39]，工程人员也开始尝试将各种形式的智能结构应用于大型基础设施中。如亚太智能结构技术研究中心（ANCRiSST）从智能传感器（监测和评估有关）、智能材料（结构控制系统有关）两个方面[79]，积极推动智能结构在工程结构中的应用，并针对研究热点进行了分类，如表 2.3 所示。

表 2.3　智能传感器与智能材料相关的研究热点

智能传感器	智能材料
• 光纤类传感器	• 记忆合金等智能材料
• 生物计量类传感器	• 半主动控制设备：MR 阻尼器、可调刚度阻尼器、半主动馈能阻尼器、被动耗能减震装置
• 机电类传感器	• 微震阻尼器：压电、磁致伸缩
• 地下传感装置	
• 微米、纳米级传感器	
• 无线传感器及网络	
• 压电类传感器	

受益于通信及集成技术的迅速发展，智能传感技术较早的开始应用于智能结构的研究中。在早期的研究中，针对技术相对成熟的无线传感技术，研究人员提出了在结构关键节点处安置小型、轻质的传感装置，并通过无线传输技术建立大型传感网络系统，以期达到掌握结构实时变化的目的。以美国为例，面对日趋严重的结构老龄化问题，美国政府及研究机构也在积极寻找有效的解决途径。2009 年，在 I-35W 密西西比河大桥崩塌仅一年半后，美国标准与技术研究院（NIST）等机构拨款资助一系列"技术更新项目"（technology innovation program），其中密歇根大学主持的智慧桥梁项目（获资 1900 万美元）就是利用无线传感技术，建立桥梁与管理者之间双向的信息渠道。该项目旨在加速结构健康监测领域技术发展，并最终提高桥梁等基础工程设施的安全性能。在提出的智慧桥梁项目中，使用了 4 种不同的传感器以获得桥体水平和垂直方向不同的数据参数，并结合车载传感设备，监测车桥耦合响应，特别是大型车辆通过时动态响应，以期达到预测桥梁寿命的目的。另外，在桥体的关键点涂覆了一种新型碳纳米管材料，以实现肉眼直接观测裂缝和腐蚀，该技术有望大幅度提高现有桥梁检测的可操作性和实用性。该项目的特点是通过无线传输技术，结合多种检测和监测手段，构建桥梁与管理者之间的"对话"平台，在一定程度让结构拥有了"智慧"仿佛会说话一样，让管理者与结构进行互动，以期达到掌握实时运营状态的目的。

除了以上的无线网络技术，工程技术人员还根据其他诸如有线网络、电信网络、互联网、物联网等网络技术，针对不同的结构形式提出了"智慧桥梁"、"数字桥梁"、"数字隧道"等多种多样的信息化管理理念。这一系列的管理理念都是为了更有效的掌握结构状态信息，为制定有针对性的维护管理方案提供数据支撑。但归根结底，首先需要解决"感知"结构状态的问题。对于基础设施而言，由于体量大、结构形式复杂等原因，单一的局部或整体的检测或监测手段，难以反映结构损伤程度以及对结构性能的影响。加之结构性能劣化是一个长期缓慢变化的过程，传统的检测和监测的传感手段难以满足综合反映结构使用性能和安全性能的要求。在这一背景下，孕育而生了一种满足感知结构自身变化，并且根据外界响应实现自我控制的智能材料。在以下的章节，将介绍这一类的智能材料和基此建立的智能结构。

而所谓智慧，则一般是对大系统和巨系统而言，如智慧基础设施、智慧城市等。智慧基础设施具体又可包括智慧桥梁、智慧隧道等，但它的含义已经不是桥梁和隧道等单纯的信息化和智能化，而是通过现代信息技术，运用大数据手段实现的一种深度整合和智能化的大型系统。智慧基础设施是包括土木基础设施建设及运营服务的信息化高级阶段，是智能化土木工程建造技术和新兴的信息技术相结合的产物，它利用系统集成的方法，将智能型计算机技术、通讯技术、信息技术与建筑艺术有机的结合，通过对设备的自动监控，对信息资源的管理、信息服务及其功能与结构的优化组合，适应了信息社会的需要，具有安全、高效、舒适、便利和灵活等特点。

安全是土木工程基础设施设计和维护的基本要求，同时为了土木工程基础设施的长寿命安全服役，需要确保其健康。土木工程基础设施长寿命化主要任务是延长既有设施的服役寿命和对新建设施进行长寿命设计，而土木工程健康监测是确保土木工程长寿命安全服役的最有效手段。土木工程健康监测贯穿土木工程的各个方面及整个全寿命周期，主要包括：工程施工监测、基础设施运营监测、结构健康监测以及工程灾害监测（如图2.30）。

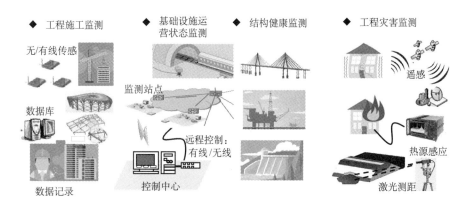

图 2.30 土木工程健康监测

智慧基础设施的建成首先要采用先进的传感技术对基础设施进行全面传感、透彻感知，同时进行基础设施在多团队协同设计、施工、维护管理等相关信息的数字化，再利用物联网、互联网、云计算以及信息安全等技术实现信息互联和交互，通过对数据的融合与深层挖掘，提供基础设施的智能化服务。其中透彻感知是智慧基础设施实现的前提条件，利用无处不在的智能传感器，可以对结构、环境、设备和人及其状态实现全面、综合的感知和运营状态的实时感测；而数字化技术可以实现全部工程信息数据的融合、无缝链接与自动传输，使得设计工程师、施工工程师等不同背景人员，都可以利用集成数据对整个工程结构在建设过程或工作状态进行模拟仿真及分析，以便及早发现缺陷，对结构未来运营的安全性与可靠性进行预判；通过物联网将所有传感器全面连接，可利用互联网实现感知数据智能传输和存储的全面互联，并将多源异构数据整合为一致性数据，实现工程结构建设和运营全图；最后在智慧信息数据基础上，利用云计算这种新的服务模式，构建一种新的能提供服务的系统结构，基于大数据技术，对海量感知数据进行并行处理、数据挖掘与知识发现，为土木基础设施在全寿命周期内提供不同层次、不同要求的高效率智能化服务（如图 2.31）。可见，智慧基础设施的建成将使得基础设施的透彻感知和深入理解得以实现，有助于对结构及结构群的正确维护和高效管理，对结构维护管理活动将起到极大的推动和支撑作用。

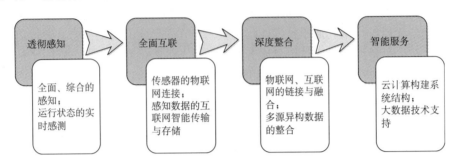

图 2.31　智慧基础设施的构建

3　混凝土结构的检查/调查

3.1　引　　言

　　类似于针对人体健康状态把握的体检及对症检查，对于结构也需要进行"体检和对症检查"，即需要对结构进行必要的、不同程度的检查和调查。结构的病害检查与诊断、性能及状态的评定，乃至其退化与寿命的预测都需要通过对结构实施不同的体检或对症深入调查等活动来分析获得，因此结构的检查/调查是工程结构全寿命维护管理中重要且基础性的一环。美国 1971 年制定的美国桥梁检查标准（national bridge inspection standards，NBIS）就明确规定，长度超过 20 英尺的桥梁每两年必须要进行至少一次检查，各州将结果上报美国联邦公路署（FHWA），作为 FHWA 分配维护费用的主要依据。

　　对于结构的"体检"，除了查阅相关的书面材料之外，我们一般是采用结构检测、鉴定性试验、监测、健康监测等手段来进行。结构的检测主要是间断性的对结构进行测试和分析的过程和行为，人工干预性比较大；鉴定性试验是通过构件或结构的现场实体试验评判结构状况的行为；结构的监测是辅助检测进行的，是利用传感器获取数据进行分析的行为；而结构的健康监测，则一般为持续性地对结构进行传感并通过分析获取相应结构特征的过程和行为，其主要特征是自动化和智能化程度比较高，人工介入少，并可提供实时的数据和分析结果，以便进行实时预警和掌控。但总体来说，它们都是结构检查/调查的手段，服务于结构性能及状态的分析和评估，为后者提供分析和判断的数据来源和依据，虽然执行方式有所区别，但目的相同，在结构"体检"活动中具有很强的互补性。

　　工程结构的检查/调查贯穿于结构的整个寿命周期，从结构物的建造、交付、运营使用、维修加固，到最终废弃的整个过程，都需要通过具体的书面材料调查、目测、检测和监测等手段来对结构进行体检和对症检查，从而对结构的性能和状态作出准确的评估。随着我国土木工程结构的迅猛发展，新建结构如雨后春笋般涌现，而在建设高峰期之后，大量结构维护与管养的时代很快会到来。此外，既有工程的改建、扩建，以及维修、加固也时有发生，工程结构的检查/调查技术正日益显示出其突出地位和重要作用。

3.2　检查/调查类型

　　混凝土结构的检查/调查是指为了评定混凝土结构的质量或者其性能状态等对结构实施的一种检查测试及调查分析活动。值得注意的是，"检查"一词的含义是广泛的，它不仅仅包括常见的基于仪器、设备等进行的检测，以及采用布设传感器对结构进行的监测，还包括对资料的调查、对结构的观察，并据此进行相关的分析和评价等活动。对于结构的"检查"在国内也有一些地方使用"检测"一词，为统一起见，在本书中统一使用"检查"一词来进行描述，而本书中使用的"检测"则主要表征结构检查/调查的一种手段（详见本书 3.3 节）。在对结构进行检查的过程中，可根据结构的材料劣化及性能退化规律，以及结构破坏特征、病害产生及发展趋势，针对工程结构检查评估的不同层次目的，对工程结构制定相应的检查/调查方案并予以实施。为了使得检查/调查方法更加完善和切合实际，通常可在制定检查/调查方案之前，会针对结构进行初步调查，包括勘查现场、搜集和分析历史资料以及向有关人员进行咨询等。在检查/调查的过程中，如对结果有存疑之处时，还需要进行复检和补充检查，以提高检查的准确性。对于结构的检查/调查的一般流程如图 3.1 所示。

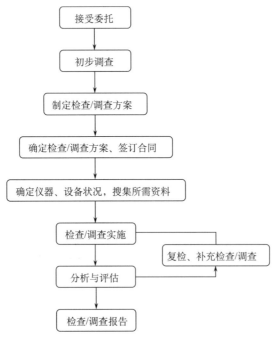

图 3.1　结构的检查/调查的一般流程

工程结构的检查/调查根据结构类型和功能不同，及各管理方和管养单位的地区差异，及其历史传统和习惯的不同，在分类上会有一些细微差异，但在总体上类似。表 3.1 列出了几个主要的土木结构检查/调查的分类。日本将结构的检查/调查分为初期检查（initial inspection）、日常检查（routine inspection）、定期检查（periodic inspection）、临时检查（extraordinary inspection）和紧急检查（emergency inspection）五大类，其分类的标准主要是依据检查/调查进行的时间和目的；而在欧洲（如英国、瑞典等），检查/调查根据其覆盖程度分成四大类：粗略检查（superficial inspection）、一般检查（general inspection）、基本检查（principle inspection）和特别检查（special inspection）。其中粗略检查是用于探测将导致结构发生安全危险或导致高昂维护费用的明显缺陷；一般检查则是对部分代表性构件进行视觉检查；基本检查是对结构所有可见部位进行的近距离检查；而特别检查则是对结构的某特定区域、部位进行的近旁细致检查，此时的检查一般会聘用专业的检查公司用专门的工具进行。欧洲的分类相对比较粗略，其前三类的检查/调查都是属于简单操作的检查，而最后一类则相当于我们的详细检查。国际 ISO 16311标准中[13]，则是将检查根据评估类型而简化成两大类：①针对初步评估（preliminary assessment）的初步检查（preliminary inspection）；②针对详细评估（detailed assessment）的详细检查（detailed inspection）。初步检查以书面材料和视觉检查为主，详细检查则包括了其他物理、机械和化学的测试。但是在每一类中，它针对结构的安全性、功能性和耐久性等性能均给出了检查的具体建议。而在美国，NBIS 和 AASHTO 针对桥梁则将检查/调查分为了初期检查（initial/inventory inspection）、例行检查（routine/periodic inspection）、损伤检查（damage inspection）、深层检查（in-depth inspection）、关键杆件检查（fracture critical inspection）、水下检查（underwater inspection）及特殊检查（special/interim inspection）七类。ISO 16311 主要是针对混凝土结构，包括了土木结构及房屋建筑等，适用范围较广，因此其针对检查/调查的类型划分偏向于基础和宽泛，主要是基于后面评估层次而划分的简单分类。基于基础设施的维护管理需求，欧、日、美等国家和地区主要考虑了桥梁等土木结构。欧洲对结构检查/调查的分类主要是根据层次深化进行划分，日本的分类则主要考虑检查/调查的流程，而美国对检查/调查的分类则更多地考虑了不同情景下相应的检查/调查类型，相对来说更加具体。同时也可看出，日本对结构的检查/调查，专门设定了针对灾害、事故发生时的检查/调查，而其他国家的规范尚未对此作出特别的分类和规定。本书综合考虑了检查/调查的时间流程和特定情景，从而将工程结构的检查/调查分为初期检查、周期性检查、详细检查，以及特殊检查四大检查类型，其中周期性检查属于一种例行检查，具体又可分为日常检查、定期检查。如在初期检查、周期性检查和特殊检查时发现问题需要进一步检查确认和评估时，则需进行详细检查。因此详细检查是一种在技术层面更深层次的检查。日本也有详细检查，但将其置于五大类检查类型之中，而未单独设为一类。

表 3.1 土木结构检查/调查的分类

ISO	EU（英国、瑞典等）	日本	美国
1.初步检查（preliminary inspection） 2.详细检查（detailed inspection）	1.粗略检查（superficial inspection） 2.一般检查（general inspection） 3.基本检查（principle inspection） 4.特别检查（special inspection）	1.初期检查（initial inspection） 2.日常检查（routine inspection） 3.定期检查（periodic inspection） 4.临时检查（extraordinary inspection） 5.紧急检查（emergency inspection）	1.初期检查（initial/inventory inspection） 2.例行检查（routine/periodic inspection） 3.损伤检查（damage inspection） 4.深层检查（in-depth inspection） 5.关键杆件检查（fracture critical inspection） 6.水下检查（underwater inspection） 7.特殊检查（special/interim inspection）

3.2.1　初期检查

工程结构的初期检查是工程结构建成或加固改造后，结合相关技术档案、交/竣工检查资料、施工人员口述和现场检查等，详细分析工程结构各构件的技术状况，标示结构已存缺陷或损伤，指出关键结构构件及养护注意事项的活动，其目的在于获取工程结构的初始性能、状态并对后期管养作出指导。结构的初期检查按照不同的情况一般有几层意思：对于新建的结构，初期检查就是工程竣工后，在交付使用之前进行的检查，用于检查新建结构的建造质量和结构性能，为以后性能评估留下参照依据，在大多数情况下，初期检查也就是结构的竣工检查；对于既有的结构，其初期检查指的是在维护管理期间第一次进行的结构性能及状态检查，主要用于判断既有结构在维护管理初期的性能，为后期检查评估留下参照；另外还有一种情况，是针对既有结构在进行重大维修或加固补强后进行的结构检查，以用于获取结构维修或加固补强后的新的性能状态，并作为后期检查评估的参照。结构的初期检查一般在结构建成或加固、改造完成之后立即进行实施，如果由于实际情况等不能马上进行，则一般也应该在 2 年之内完成。

结构物的初期检查包括以下几个方面：①利用巡视目测、锤击法、无损检测，甚至荷载试验等去获取结构特性；②调查工程结构所在地的环境情况（如当地的气候状况、含盐程度等）；③收集整理使用工程材料的情况，以及设计和施工的相关资料。工程结构的相关资料，特别是其设计资料和施工记录，在日后的维护管理中非常重要，因此在初期检查期间要尽可能多的收集并予以整理、归纳和存档。

对于已发现存在或疑似存在结构劣化、结构损伤及内部缺陷等现象，需进行详细调查，主要采用无损检测或者钻孔取样等方法详细测定结构性能状态。另外，当工程资料缺失或不全，一些重要资料、参数等需要重新考察时，也必须进行初期检查。

3.2.2　周期性检查

初期检查之后，在工程结构的运营期，对结构还必须进行周期性检查，以及时发现问题、解决问题。在此期间，根据检查的频率、内容和程度的不同，周期检查又可以分为日常检查和定期检查。

3.2.2.1　日常检查

日常检查是针对结构体系、结构部件、结构附属设施（包括各种电器、标志标识等配套设备）及结构相关保护区域内的施工作业等，为了准确、及时地获取工程结构的劣化、损伤、初期缺陷、设备故障、不安全因素等情况，以及它们的危险程度等情况，而进行的例行性、经常性检测。日常检查一般具有检查手段相对简单、实施周期短的特征。日常检查主要是通过目测、拍照、摄像、望远镜观望、触摸、锤子敲击等手段，或者通过乘坐车辆等对结构及其附属设施等进行观察，大致确定相对比较明显的结构异常情况、不安全因素，以及损伤和病害等。对人员容易接近的部位，可以采用步行等方式靠近检查部位进行查看；对人员难以到达的部位则可借助望远镜等工具进行查看。

日常检查应该按照结构的类型、级别、技术等级等分别制定巡检周期。对于重要的工程结构和基础设施，或者在恶劣天气、汛期、冰冻等特殊环境下，应相对缩短日常检查的检查周期。同时，对于工程结构中不同的部位和构件，也需按照其各自的重要性和易损性，制定合适、有针对性的巡检。日常检查根据进行时间的不同，分为白天巡检和夜间巡检。对于工程结构的维护管理来说，白天巡检和夜间巡检通常需结合进行，但频度根据实际情况各有不同。一般来说，对于重要桥梁结构，白天巡视至少每天一次，夜间巡视至少每周一次。白天巡视一般主要观测与工程结构相关的环境情况，记录温度、天气、风力、能见度等，观察结构有无明显病害（如结构的裂缝、破损等）和异常（如悬索桥的缆索异常振动等）、周围情况有无明显安全隐患和障碍、附属设施（如桥梁的护栏和栏杆等）是否完好、主要设备是否工作正常等。而夜间巡视主要关注工程结构相关的照明系统、指示系统、周围环境、障碍物、结构的异常情况等。

日常检查的检查记录需定期整理归档，妥善保存，并作出相应的评价。在日常检测中发现的结构安全隐患、结构损坏、设施故障等，应及时采取相应的维护措施，并立即向主管部门报告。

3.2.2.2 定期检查

定期检查是为了检查并跟踪工程结构的劣化、损伤、初期缺陷、病害及其发展情况等，对结构整体作出安全和技术综合评价，并为结构的维护管理提供可靠依据，而定期对结构体系、结构部件，以及附属设施等进行全面检查。定期检查一般应接近检查部位进行检查，通常可采用目测、拍照、触摸、锤击打音等方法作为基本手段，在必要的时候，应结合无损探伤仪器、钻孔等局部取样等方法进行细致调查。

工程结构的定期检查状况，一般涉及结构的整体性能状况检查、结构的构件性能状况检查、结构的附属设施检查这三大方面。结构定期检查工作的开展具体包括以下方面。

（1）对照结构的资料档案，现场校核结构的基本数据和状况；

（2）对需要实施的各个项目进行检查，并做好记录，保存数据；

（3）通过材料取样试验确认材料特性、劣化程度和劣化性质；

（4）分析判断结构性能退化、病害及损坏情况并分析原因；

（5）评估材料的劣化对结构性能和耐久性的影响，并及时提出维修建议；

（6）对难以判断病害或损坏的程度和发生原因的构件，应进行更为深入的详细检查；

（7）当病害和损坏较严重或者危害安全的时候，应立即停止运营并进行维修；

（8）最后，根据当时结构的技术状况，制定以后的检查计划，确定下次检查的时间。

工程结构的定期检查频率，要根据工程结构类型、结构物及其部位、材料等的重要性、设计使用年限、残余使用年限、环境条件、经济性等各种因素综合考虑后制定一个比较合适的周期。对于土木工程结构来说，一般几年检查一次，如我国桥梁的定期检查通常为：Ⅰ类养护城市桥梁 1～2 年，Ⅱ～Ⅴ类城市桥梁 6～10 年。在日本，对于港湾结构，定期检查周期一般为 1～5 年，工厂结构物约 5～10 年，道路桥约 5 年，铁路设施约 2 年。

3.2.3　详细检查

工程结构的详细检查是在对结构进行日常检查和定期检查的基础上，在必要的时候对结构进行的更为详细和专业的检查，以便对结构进行更加深入和准确地把握。在日常检查中，如果发现病害或异常，在以下情况下需进行更为仔细的详细检查。

（1）病害或异常比较显著；

（2）病害和异常的原因不清楚；

（3）结构性能实际退化情况和预测结果差异较大。

在对工程结构进行日常检查发现这些情况时，必须马上进行详细检查，以便对结构作出准确、及时的判断，而不是等待以后的定期检查。此时，将由专门的技术人员对结构实施详细检查。

同样，在工程结构的定期检查中，如果发现：

（1）劣化结构或构件的劣化机理不清楚或与预测的不一致；

（2）结构劣化的发展情况与预测有较大的出入；

（3）病害和结构出现的异常情况已被确认，但是原因尚不明确；

（4）虽然没有确定是否存在病害和异常，但是结构物的使用条件、承载力、环境条件等已经发生显著变化。

在这些情况下，也需要随后实施详细检查，及时对结构物性状做进一步了解和评估。

3.2.4　特殊检查

不同于日常和定期检查，对于工程结构还存在另一种检查，即结构的特殊检查，一般根据其发生原因和情况不同细分为应急检查和普查检查。结构的应急检查是在出现地震、台风、洪水、海啸等自然灾害，或者是出现火灾、重物（车辆或船等）撞击等情况下，为了对灾后或者事件过后的结构性能状况作出判断和评估，以减少二次灾害或对第三方造成不良后果而进行检查。在应急检查过程中，需要设立警示标志，必要时需部分甚至是全面暂停运营，以确保检查中的安全。

对于工程结构的另一种特殊检查是针对某类结构病害，在其被发现或已造成事故之后，对行业内的类似结构进行的一种普查性紧急应对检查。如在我国 2008 年 5 月汶川大地震中，很多学校及其他公共楼房坍塌造成大量人员伤亡。之后便在全国展开了相似楼房的抗震检查，对不符合新规或有质量问题的楼房及时进行维修和加固，以避免类似情况的再次发生。同样， 2012 年 12 月 3 日，在日本中央高速公路上行线笹子隧道距东京方向出口约 1.7km 处，约 100 米长的混凝土天花板塌落，造成 9 人死亡。在此恶性事故之后，日本迅速对类似隧道结构展开相关检查，以发现安全隐患，规避风险。可见，这种检查是在结构物已经造成损害的情况下，为了避免再次发生类似情况而对类似结构进行的普查性检查。

3.2.5　各类检查的作用

结构物建设完成后，一般通过竣工检查来检验结构的建设质量，是否满足设计要求，通过竣工检查可确定结构在初始状态下的状态。在维护管理计划制定后，首先进行初期检查/调查，目的是掌握结构在维护管理开始时的性能状态，并了解从竣工验收到当前时期的结构状态变化情况。在工程实际操作中，结构的初期检查通常可由结构的竣工检查来代替。在此之后，需根据维护管理的计划对结构进行周期性检查，包括以目测等简单手段为主但频繁进行的日常检查，以及以手段相对复杂的检测为主但频度相对较小的定期检查。与此同时，当灾害、事故等意外事件发生后，需对结构进行特殊检查，包括针对特定结构的应急检查和对同类结构的普查检查。结构的详细检查是在以上各类检查基础之上发现问题需进一步检查确认时进行的更为详细深入的检查。各类检查/调查在维护管理中的具体作用如图 3.2 所示，由于详细检查是以上各类检查之后更为深入的检查，因此图中没有再叙述详细检查。

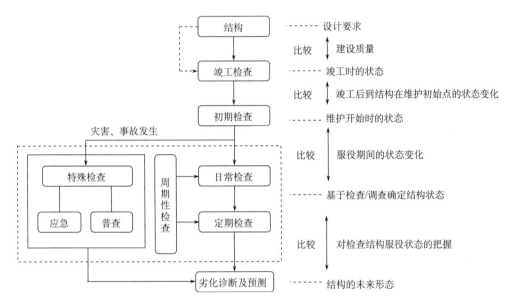

图 3.2　各类检查/调查在维护管理中的作用

3.3　检查/调查方法

对结构的检查，主要包括书面材料的搜寻和调查、目测、运用测试手段对结构进行的检测、对现场构件或结构进行的实物鉴定性试验、辅助检测并基于预先安装在结构上的传感系统对结构进行的监测，以及以持续传感分析为主的结构健康监测这六大方面，如表 3.2 所示。其中书面调查是指对结构的各种相关书面资料进行搜集、整理和归纳，并进行讨论分析；目测是指用目视观察结构的表观特征，在有些文献里也将其作为检测的一种；检测是指借助于一定的工具、设备和仪器对结构进行的试验、测试和探测；而监测则是指为了提高检测的全面性和准确性对某些设定的项目，利用传感系统对结构进行的持续性测试；结构健康监测则是以传感系统长期持续性监测为主，对结构健康状态进行分析的结构检查方式。

表 3.2　结构检查的基本手段

结构检查/调查（structural inspection/investigation）					
书面调查（document search and review）	目测（visual inspection）	检测（detection、examination、testing） ➤ 无损检测 ➤ 半破损检测	鉴定性试验（diagnostic test）	监测（monitoring）	结构健康监测（structural health monitoring）

3.3.1　书面材料调查与存档

工程结构的书面调查主要包括以下方面：①调查工程结构的基本情况、建设背景、设计资料及选用的荷载标准和相应的规范等；②调查结构的施工资料，包括材料的选用、采用的施工工艺等；③调查结构物的交/竣工资料；④收集当地的气候状况、含盐成分等环境条件数据；⑤调查历次的工程结构检查记录和报告（包括结构病害的跟踪、材料劣化的发生和发展过程）；⑥以往的维修、加固情况。通过这一系列书面调查，可以让工程技术人员对结构的过去、现在和将来的情况作出大致的判断。

为了日后的检索调用和信息推演，书面材料需进行信息化处理，通过电子数据库进行保存和存档；同时对结构在全寿命维护管理中涉及的数据，也应进行及时保存，尽可能全的保存所有数据，以便日后调用分析。保存的数据主要包括维护管理相关组织机构及其成员的情况、结构物的相关信息、结构检查/调查信息、病害诊断、性能评估、寿命预测，以及对策措施等各个环节的具体信息数据，具体内容如表 3.3 所示，需要注意的是，表中内容并不局限于结构被检查与调查部分，而是包括整个结构维护管理记录存档的概览。

3.3.2　目测及手工调查

目测判断和手工调查是技术人员可采用的最基本的手段，也是最简便最常用的较低层次的检查方式。其内容主要包括：结构管养技术人员巡视过程中，用目视来查看结构体系、结构构件、细节部位有无明显病害或者异常以及结构材料有无明显的劣化迹象；查看工程结构的附属设施是否完备及工作良好；查看结构相关保护区域内的作业情况；查看结构有无不安全因素。

在目视检查时，大多采用人眼直接观察，在距离较远的情况下，可采用望远镜等工具进行观察，同时辅以拍照、摄像等手段（如图 3.3）。目视调查视范围广，实施效率高，容易发现很多结构明显的症状，对于外表不明显的病害和异常情况，还需辅以手工调查。手工调查主要包括用手触摸、用锤子敲击、用扳手等扳动等方法进行初步检查，来发现细部损伤、结构内部病害等情况，或者进一步确认目视检查中发现的问题。

表3.3 结构维护管理信息存档项目概要

			记录及存档的项目	
结构维护管理	基本信息		管理单位（部门）及责任人	工程结构物的业主、直管单位、维护管理实施单位等，维护管理主要人员信息（姓名、职称等），包括技术管理人、技术责任人、专业技术人员、检测责任人、监测责任人等），评估诊断业务委托人（技术责任人、专业技术人员等）
			结构物的基本信息	结构物的名称、功能、荷载、结构设计图纸、结构计算书、结构施工图纸、周围环境及作用情况、维护管理计划与实施、预计使用年限等
	检查/调查		检查/调查种类	初期检查/调查、日常检查/调查、定期检查/调查、详细检查/调查、特殊检查/调查
	检查/调查的技术手段和方法	书面调查及目测	书面调查的记录与报告	书面资料的整理、分类、分析、讨论等形成的记录及调查报告
			目测项目	裂缝、蜂窝、麻面、掉角、锈迹、变色等
			目测时间	目测进行时间、频度
			目测位置	目测位置
			目测结果	目测项目的观察结果
		检测	检测项目	检测的具体实施项目
			时间	实施日期、检测频度
			位置	检测对象结构物、检测构件材料、检测详细位置
			方法	检测项目实施方法（非标方法另行详细叙述）、抽样方法
			结果	检查项目的结果、各种试验结果的判定
			存档	检测数据收集，数据编码形式，检测数据的分类、存档、存储方式
		监测	传感系统	传感器的种类、传感器的数量、传感器的布设位置、传感方式、传感器的参数、传感系统的系统架构
			数据采集系统	数据传输方式、数据采集设备型号及其参数、数据的保存
			时间	监测系统搭建时间，监测系统使用年限，连续监测、间接监测频度
			监测与预警	监测项目，监测数据处理方法，预警阈值
			监测系统	监测系统的系统架构、运行软件、硬件配置、监测系统的管理、监测数据的访问、存贮与备份、监测系统的维护
	病害诊断		诊断方法	表观诊断、指标诊断
			病害种类	氯离子侵蚀、中性化、碱骨料反应、冻融、蠕变、疲劳、老化、变形、预应力损失、强度不足、蜂窝、麻面等
	劣化预测		预测方法	劣化预测，根据多年检查/监测性能退化模型
			预测结果	潜伏期、进展期、加速期、劣化期的预测结果
	性能评估		性能评估与判断的方法	结构物的性能计算方法、评价标准
			劣化的状况结果	结构物的劣化状况，构件材料以及结构物的评价和判定结果
	对策与措施		责任人姓名	维护管理人（技术管理人、技术责任人、专业技术人、检测责任人），业务委托人（技术责任人、专业技术人员等）
			对策与措施的种类	维护管理计划的调整，检测与监测的强化与深化，针对结构的加固、修补、结构体系转换、限制使用以及拆除等
			对策与措施的执行	执行方法、施工图、施工时间、竣工图、报告、经验总结
			对策实施效果	对策实施后的效果分析及数据、报告等

图 3.3　目测及手工检查（图片来自网络）

3.3.3　结构检测

结构的检测是土木工程结构维护管理活动中对结构进行检查/调查的重要手段，它是指由专业技术人员利用特定的仪器、设备对结构某些方面的特性或性能进行测定的一种行为。结构维护管理的检测主要包括无损检测和半破损检测。

3.3.3.1　无损检测技术

混凝土无损检测技术是以电子学、物理学、计算机技术等学科为基础的测试方法，是指直接在材料或结构物上，非破损测量与材料力学特性及结构质量有关的物理量。借助材料学、应用力学、数理统计和信息分析处理等，确定和评价材料和结构的弹性模量、强度、均匀性与密实度。由于无损检测对结构不产生额外损伤，因而受到工程界的一致欢迎，在混凝土结构的维护管理实践中，已得到广泛应用。表 3.4 罗列了一些常规的无损检测项目、检测方法及其基本原理。

表 3.4　常用无损检测项目、方法及其基本原理

检测项目	检测方法	基本原理
混凝土强度检测	回弹法	利用弹簧驱动的重锤，以回弹值作为强度相关的指标
	超声法	通过超声波速度和频率，来判断混凝土强度
	回弹超声综合法	基于混凝土波速 v、混凝土回弹值 R 与强度之间较好的相关性，建立测强曲线推算测区混凝土的强度
混凝土内部缺陷检测	锤击打音法	通过锤击打音声，感官判断出结构内部存在的缺陷
	超声波检测法	通过测量混凝土中声速、波幅和主频等声学参数及其相对变化，分析判断混凝土的缺陷
	冲击回波检测法	利用人工或机械装置敲击被检测混凝土构件产生一个脉冲声波信号，从时域、频域综合分析确定应力波的反射位置
	声发射检测法	通过由结构内部缺陷本身随应力释放而发出的应力波，检测结构动态发展的缺陷
	射线探伤法	利用射线穿过结构时的强度衰减，检测其内部结构的不连续性
	探地雷达检测法	发射频率介于 $10^6 \sim 10^9$Hz 的高频电磁波，由不同反射物的波反射强度的差异判断
	红外检测法	利用红外对温度的敏感性，判断缺陷区热发射强度变化

检测项目	检测方法		基本原理
混凝土的裂缝检测	塞尺		根据厚度的合理组合塞入裂缝缝隙，根据插入裂缝的钢片的总厚度测出裂缝的宽度
	裂缝显微镜		利用放大倍数的显微镜直接观测裂缝宽度
	基于图像处理的裂缝检测		通过摄像头等图像获取设备拍摄裂缝图像，并放大显示进行人工判读或仪器识别
	超声波裂缝检测	单面平测法	结构裂缝部位只有一个可测表面且不大于500mm时，以不同的测距，按跨缝布置测点
		双面斜测法	当结构的裂缝部位具有两个相互的测试表面时，采用双面穿透斜测法进行检测
		钻孔对测法	结构进行钻孔和测点布置，逐级下沉换能器，波幅达到最大并基本稳定所对应换能器下沉位移为裂缝深度值
	弹性波裂缝检测		基于力锤等在结构上施加激励产生冲击弹性波，考察波发生、传播、发射及相关的振动特性而进行的裂缝检测
混凝土耐久性能检测	钢筋锈蚀检测	电化学法	通过半电池原理测定钢筋的电位或运用极化电极原理测定钢筋锈蚀电流、混凝土的电阻率，判断钢筋的锈蚀情况
		物理方法	测定与钢筋锈蚀密切相关的诸如电阻、电磁、热传导、声波传播等物理特性的变化，推算钢筋的实际锈蚀状况
	保护层厚度检测	电磁感应钢筋探测仪检测法	由单个或多个线圈组成的探头产生电磁场，通过钢筋或其他金属物体位于该电磁场时磁力线的变形情况判断钢筋位置
		雷达仪检测方法	通过雷达天线发射的电磁波与从混凝土中电学性质不同的物质，如钢筋等的界面反射回来的电磁波来检测反射体的情况

1）混凝土强度检测

混凝土的强度直接影响了混凝土结构的承载能力和使用性能，因此对混凝土的强度进行检测极其重要。混凝土强度的现场无损检测方法（如图3.4）主要包括回弹法、超声波法、超声回弹综合法、压痕法、超声衰减综合法、射线法、落球法等，其中回弹法、超声回弹综合法在实际工程中应用最广。

（1）回弹法

回弹法是利用回弹仪中弹簧驱动的重锤，通过弹击杆（传力杆）弹击混凝土表面，测出重锤被反弹回来的距离，以回弹值（反弹距离与弹簧初始长度之比）作为强度指标，来推定混凝土表面硬度，并结合混凝土碳化深度间接测定混凝土强度。该方法是一种表面回弹测定法，其基本原理是考虑混凝土表面硬度与混凝土极限强度存在一定的关系，同时，回弹仪弹击重锤已定弹力打击在混凝土表面后的回弹高度和混凝土表面硬度也存在着一定对应关系。因此通过回弹仪获得回弹高度，便可确定混凝土的表面硬度，继而确定混凝土的强度。

回弹法具有对结构无损、设备简单、操作方便、测试速度快、测试费用低等优点，因此被广泛应用于国内外工业与民用建筑、桥梁工程和其他结构的混凝土强度及匀质性的评定。我国最早于1985年颁布了《回弹法检测混凝土抗压强度技术规程》（JGJ 23—85），后

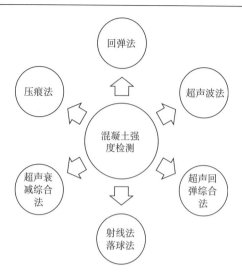

图 3.4　混凝土强度无损检测方法

来分别于 1992、2001 和 2011 年陆续又出台了《回弹法检测混凝土抗压强度技术规程》（JGJ/T 23—92）、《回弹法检测混凝土抗压强度技术规程》（JG J/T23—2001）和《回弹法检测混凝土抗压强度技术规程》（JGJ/T 23—2011）[80]。

　　然而回弹法在实际应用中也存在着不少问题。回弹法测试的精度不高，不适用于表层与内部品质有明显差异或内部存在缺陷的混凝土结构的检测。回弹仪（如图 3.5）最适合在光滑表面（最好是模制面）上使用，对于非模制面和不同的弹射角度，回弹值是不相同的，应加以修正。另外，回弹法测试的影响因素很多，如水泥品种、骨料粗细、骨料粒径、配合比、混凝土碳化深度等。因此，对需要测试的每一种混凝土，都应通过试验标定其回弹值与强度的对应关系。回弹法虽然偏差大，但由于其测试迅速方便，在检验大批成品及比较其质量优劣时仍具有很大的实用价值。

图 3.5　回弹仪（图片来自网络）

（2）超声法

1949 年加拿大的切斯曼（Cheesman）、莱斯利（Leslide）和英国的加特费尔德（Gatfield）和琼斯（Jones）首先把超声脉冲技术应用于结构混凝土的检测，开创了超声检测的新领域。超声波早期被广泛应用于混凝土的内部缺陷检测，并在许多国家已经形成了较为成熟的标准。后来随着超声研究的不断深入，超声检测在混凝土强度检测中也有了很大的发展，目前我国在混凝土超声测强领域已处于国际领先地位。图 3.6 为一种超声波检测仪。

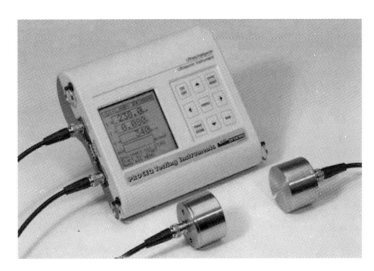

图 3.6 超声波检测仪（图片来自网络）

在混凝土中传播的超声波，其速度和频率反映了混凝土材料的性能、内部结构和组成情况。混凝土的弹性模量和密实度与波速和频率密切相关，超声波的速度和频率随着混凝土强度增大而增大。因此，可以通过测定混凝土声速来确定其强度，这是超声波测试混凝土强度的基本原理。

超声弹性波的特性与混凝土弹性模量及强度具有较好的相关性，因此混凝土强度测量（简称"测强"）精度与超声声速读取值的准确与否密切相关。超声声速一方面会受到与混凝土结构性能无关的某些因素的影响；另一方面，更会受到混凝土材料组分与结构状况差异等其他许多因素的影响。因此合理规避和正确评估这些外在因素的影响至关重要。超声法对混凝土强度测试结果受以下参数影响：横向尺寸，温度，湿度，粗骨料品种、粒径及含量，钢筋，水灰比及水泥用量，混凝土龄期和养护方法，混凝土内部缺陷等。因此，超声波检测法的技术要求相对较高，在实际工程应用中不如回弹法广泛。

（3）超声回弹综合法

综合法是运用两种或两种以上的无损检测方法，获取多种参数，从不同的角度综合评价混凝土强度的一种方法，其中超声回弹综合法是综合法中最具代表性、应用最广的一种方法。超声回弹综合法的基本原理是基于混凝土波速 v、混凝土回弹值 R 与强度之间较好的相关性。混凝土强度越高，波速在其中传播越快，同时表面强度也越大，回弹值也就越高。超声回弹综合法采用低频超声波检测仪和标准动能为 2.207J 的回弹仪，在结构或构件混凝土同一测区分别测量声时及回弹值，利用已建立的测强公式推算测区混凝土强度。超声回弹综合法较单一的超声或回弹非破损检验方法具有精度高、适用范围广等优点，从而受到检测单位和广大检测人员的欢迎，是目前国内外使用较广的一种非破损混凝土测强检测方法。图 3.7 示一种超声回弹测试仪。

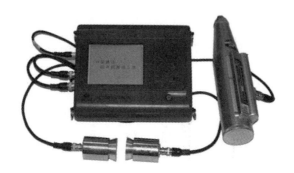

图 3.7　超声回弹测试仪（图片来自网络）

超声回弹综合法在 1966 年由罗马尼亚建筑及建筑经济科学研究院首先提出，并编制了有关技术规程；1976 年被我国引进并在国内推广应用，1988 年中国工程标准化协会批准发布我国第一部《超声回弹综合法检测混凝土强度技术规程》（CECS02：88），并于 2005 年进行了修订（CECS02：2005）[81]。

超声回弹综合法主要有以下几个优点。

① 减少含水率和龄期的影响

一般来说混凝土的含水率和龄期对超声检测与回弹法检测的结果有着相反的影响：如果混凝土含水率偏大，则超声波声速偏高，推算强度偏高，相反回弹值会偏低，其推算强度下降；如果混凝土的龄期偏长，则超声波声速的下降，推算强度下降；相反回弹值则因混凝土碳化程度增大而提高，推算强度偏高。因此，二者综合起来测定混凝土强度就可以部分抵消含水率和龄期的影响，使得结果偏于正确。

② 弥补相互不足

回弹值主要以表面砂浆的弹性性能来反映混凝土强度，当构件截面尺寸较大或内外品质差异较大时，回弹值很难反映结构的实际强度；超声波声速则是以整个截面的动弹性来反映混凝土强度。混凝土强度较低、塑性变形较大时，回弹法反应不够敏感；混凝土强度较高时，超声波测量其声速随强度变化的幅度不大。因此采用结合法综合测定，内外结合，在较低或较高的强度区间相互弥补重视的不足，较全面地反映结构混凝土的实际质量。

③提高测试精度

大量试验已证明综合法测试能减少一些因素的影响程度，较为全面地反映混凝土整体质量，从而明显提高无损检测混凝土强度的精度。

2）混凝土内部缺陷检测

在混凝土结构施工过程中，由于施工工艺、施工方法、质量管理等多种原因，造成混凝土存在内部缺陷，如内部孔洞、疏松或分层等。这些现象往往存在于混凝土内部，难以及时发现和给予修补，给混凝土结构带来了安全隐患。因此，对混凝土内部进行缺陷检测也是混凝土工程结构维护管理的一个重要项目。混凝土内部缺陷检测方法按原理可大致分为锤击打音法、射线探伤法、超声波检测法、冲击回波检测法、声发射检测法、探地雷达检测法，以及红外检测法七类，其原理各有不同，具体应用情况也不尽相同。根据其测试精度以及检测效率，这七种检测方法的对比如图 3.8 所示。

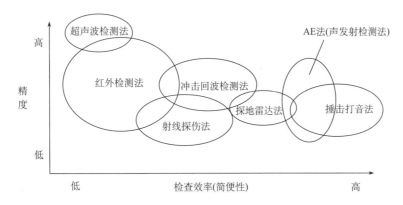

图 3.8　常用的混凝土缺陷检测方法及其应用情况

（1）锤击打音法

锤击打音法在结构巡检中应用最广泛，是最为简便的一种检测手段。该方法通过用锤子敲击结构表面，根据结构发出的声音特性来判断结构性能状况（如图 3.9）。一般来说，如果结构完整性好、密实度高，则敲击声音比较清脆，而如果结构内部出现破损，或者表面混凝土出现脱壳等情况，则敲击声会变得比较沉闷。同时，如果混凝土内部比较松散，强度和弹性模量较低，敲击声音也比较沉闷。因此，根据敲击声音的特性，可

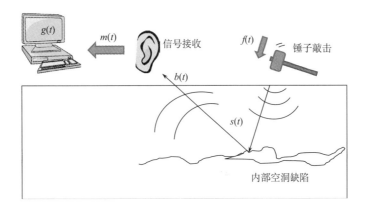

图 3.9　锤击打音法检测原理

得知混凝土内部是否出现缺陷及其大致质量状况。锤击打音法一般用于定性判断，具有简单、易用的特点，但在判断缺陷的性质、位置、大小时，需要通过如超声法等更为精确的方法进一步探测确定。

（2）超声波检测法

利用超声波对混凝土内部缺陷进行检测是一种相对成熟和可靠的非破损检测方法，在工程缺陷检测中应用非常广泛。其基本原理是利用脉冲波在混凝土中传播的时间（或速度）、接收波的振幅和频率等声学参数的相对变化，来判定混凝土的缺陷。为了统一检验程序和判定方法，提高检验结果的可靠性，中国工程建设标准化协会于 1990 年 9 月推出了《超声法检测混凝土缺陷技术规程（CECS 21:90）》，并在此基础上，采纳了国内外最新成果和经验，于 2000 年 11 月进行了修订（CECS 21:2000）[82]。

基于超声的混凝土内部缺陷检测，采用带波形显示的低频超声波检测仪和频率为 20～250kHz 的声波换能器，通过测量混凝土的声速、波幅和主频等声学参数，根据这些参数及其相对变化分析判断混凝土缺陷。其主要目的在于查明混凝土缺陷的性质（如混凝土开裂、混凝土空洞和不密实，以及新老混凝土质量等）、范围及尺寸。超声波检测法简单、易用，而且比较准确，其检测流程如图 3.10 所示。

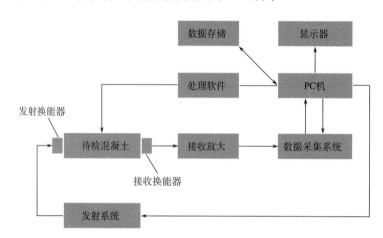

图 3.10　超声波检测流程图

用超声波法检测混凝土时，由于正常混凝土是连续体，超声波在其中正常传播。如果混凝土中存在缺陷，当换能器正对着缺陷时，由于混凝土连续性中断，缺陷区与混凝土之间界面（空气与混凝土）的存在，使得界面上超声波的传播发生反射、散射与绕射，从而引起其声时（或波速）、振幅、频率和波形等声学参数发生的变化（如图 3.11）。一般而言，当超声波传播路径上有缺陷时，超声波穿过缺陷内介质（如空气、水、非正常混凝土杂质等）时，其声波速度降低，从而使传播时长增长；而当超声波绕过缺陷界面沿正常混凝土的界面传播时，绕过缺陷的传播路径比直线传播的路径长，从而同样使得超声波传播时长增加。由于缺陷对声波的反射或吸收比正常混凝土大，所以当超声波通过缺陷后，衰减比在正常混凝土内大，因此超声波的振幅会减小。另外，对接收到的超声波信号进行频谱分析，考虑到不同质量的混凝土对超声波中高频分量的吸收、衰减不同，在存在缺陷的混凝土中，其接收波会出现高频分量相对减小而低频分量相对增加的现象，造成主频率值的下降。最后，由于混凝土内部缺陷，超声波的传播路径将会变得非常复杂，混凝土中的直达波、绕射波等各种波相继到达并叠加，其多径效应使得波出现畸变。因此综合考察这些声波参数的变化情况，可以比较准确的推断出混凝土的内部缺陷情况。目前，对混凝土内部缺陷造成波形畸变的研究还不充分。因此，利用超声波检测混凝土内部缺陷的结果只是半定性的参考。要与相同技术条件（混凝土的原材料、配合比、浇筑工艺及构件类型、配筋情况、测试距离、耦合状态等）下，测量的声学参数进行比较才有意义。所以检测一个工程时，测试技术条件应始终保持一致，保证测得的数据具有可比性。

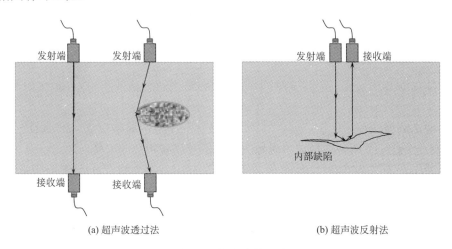

(a) 超声波透过法   (b) 超声波反射法

图 3.11 超声波检测法

（3）冲击回波检测法

冲击回波法是基于应力波的一种检测结构厚度、缺陷的无损检测方法，早在 20 世纪 80 年代中期由美国康奈尔大学 Sansalone 博士首次提出，并在 1992 年研发了首款现场检测仪器，随后被广泛应用到钢筋混凝土结构构件质量检测中。冲击回波检测法的原理是：利用人工或机械装置敲击被检测混凝土构件，在混凝土内部产生脉冲声波信号，当信号遇到混凝土内部缺陷（如空洞、剥离层、疏松层、裂缝等）表面或底部边界时将发生反射，被检测面的表面反射回内部，从而再一次被构件内部缺陷表面或底部边界反射，多次来回反射产生瞬态共振条件，置于敲击面的传感器可以接收这些反射到检测面的信号，并将它们进行记录、处理分析，即可获取被检测构件厚度、内部缺陷等特征（如图 3.12）。

冲击回波法是一种对混凝土构件进行无损检测的有效方法。该测试方法不仅符合美国 ASTM Standard C1383—2004[83]混凝土构件厚度确定标准的有关要求，也符合美国 ACI 228.2R—98[84]确定孔洞、蜂窝、裂缝、分层等缺陷标准的有关要求。相对超声检测方法，冲击回波法有以下优点：

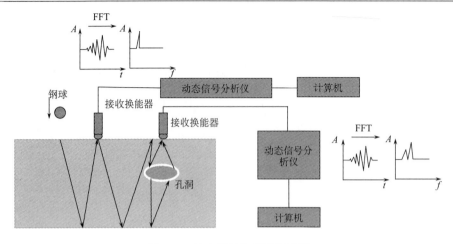

图 3.12　冲击回波检测法示意图

① 冲击回波法只需一个测试面,而超声波方法需两个测试面,这在很多情况下很难做到。

② 冲击回波法使用比超声波更低频的声波(频率范围通常在 2～20kHz),这使得冲击回波方法避免了超声波测试中遇到的高频信号衰减和杂波干扰问题。

③ 冲击回波法不需耦合剂,单手即可操作,标定后每个测点直接得出结构厚度或缺陷位置、深度信息。而超声波方法需耦合剂,使用两个探头加大了操作的难度。同时需大量数据对比才能确定缺陷的位置,且不能确定缺陷深度。

④ 冲击回波法最深可测 180cm 的结构,而超声波方法测试同样厚度将非常困难,特别是两个测试面不易接触的情况下。

目前,冲击回波法的一个很大的局限是其测试频率较低。一般来说,普通的冲击回波法系统每小时可测 30～60 个点,这就限制了该方法只能用于测试尺寸较小、非常关键的部位。应对这种情况,工程界开发了扫描式冲击回波法,将固定的单个传感器变为滚动传感器,从而极大地加快了测试速度。利用扫描式冲击回波法,每小时可测多达 2000～3000 个点,可进行大面积普通检查,提高了检测效率。同时,扫描式冲击回波法可沿直线以数厘米的间隔进行快速测试,通过后处理对多条测试线分析,可以获取混凝土的三维成像图,直观显示结构的厚度变化、缺陷位置及程度。

(4)声发射检测法

材料中局部区域应力集中,快速释放能量并产生瞬态弹性波的现象称为声发射(acoustic emission,AE),有时也称为应力波发射。材料在应力作用下的变形与裂纹扩展,是结构失效的重要机制。材料中直接与变形和断裂机制有关的弹性波发射源,被称为声发射源。1941 年的 Obert 和 1942 年的 Hodgson 最早在工程材料方面对声发射进行了研究,他们不仅提出了声发射检测的基本思想,且研究发现了破裂点的定位技术。使用声发射技术对混凝土进行无损检测始于 20 世纪 50 年代其检测原理如图 3.13 所示,学者对此进行了大量的研究,主要研究内容集中在:①对混凝土材料声发射的基本属性的研究,如配合比、水灰比、骨料特性、加载方式等对声发射行为的影响;②对混凝土结构中的裂缝产生、扩展规律及混凝土的失稳模式与声发射之间的关系研究；③混凝土裂缝缺陷定位研究；④对凯塞效应及其在混凝土材料中的应用研究等四个方面。

声发射检测是一种动态无损检测方法，可用来判断混凝土缺陷的性质、发展情况及混凝土结构的损伤程度。与其他诸如超声检测等需要外部激励源的无损检测不同，声发射检测无需外部输入，它是由结构内部缺陷本身随应力释放而发出的应力波，因此声发射检测不能用来探测静态的缺陷，而是用来检测动态发展的缺陷。利用声发射技术可以长期连续地监视缺陷的发展和结构的安全性，这是其他无损检测方法所难以实现的。另外，结构内部的缺陷，即使其性质、大小完全相同，但当它所处的位置和受力状态不同时，对结构损伤程度也不同，在声发射特征上也将呈现出不同的特性，因此基于声发射检测，还能进一步地分析结构的损伤程度，以及监测其劣化发展过程。

声发射技术由于独具动态、实时、可测、方便等特点，应用范围正在越来越广泛。但同时也需看到，声发射检测其本身也存在一些局限性，主要在于：①声发射特性对结构材料非常敏感，同时又非常容易受到机电等噪声干扰，因此对检测需要较丰富的现场经验；②声发射检测一般需要适当的加载过程；③声发射的不可逆性使得其难以通过多次加载重复获得；④声发射检测所发现缺陷的进一步定性定量分析，往往还需要其他无损检测方法共同工作。由于声发射检测基础理论研究的相对滞后，使其应用和发展受到严重束缚。从而需要不断寻求新的理论依据，探求新的研究　　方法。

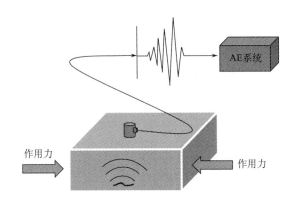

图 3.13　声发射检测原理示意图

（5）射线探伤法

射线检测就是利用射线（X 射线、γ 射线、中子射线等）穿过材料或构件时的强度衰减，检测其内部结构不连续性。穿过材料或构件时的射线由于强度不同，在感光胶片上的感光程度也不同，由此生成内部不连续的图像，根据显示的图像即可判断出钢结构损伤程度，如图 3.14 所示。

射线探伤的优点是可以直观显示缺陷的形状和大小，以判断缺陷的性质，而且对被探物的体积性缺陷有很高的灵敏度，不需要大的拆卸适用于结构物件的原位无损检测。但其缺点是，对裂纹面与射线垂直的情况很难检查出，对微小裂纹检测的灵敏度较低，同时射线对人体易造成伤害，检测人员必须采取一定的防护措施。此外，射线探伤工作周期较长，难以实时得到结果，其只适用于对物体内部结构探伤，不适用于表面探伤。

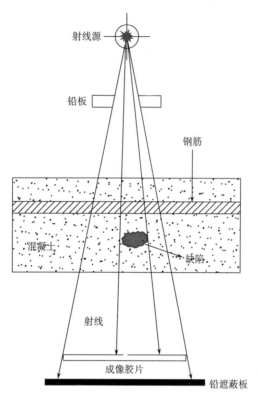

图 3.14　射线探伤检测法

（6）探地雷达检测法

探地雷达（ground penetrating radar，GPR）又称透地雷达、地质雷达，它是由发射天线向地下或结构物发射频率介于 $10^6 \sim 10^9$Hz 的高频电磁波来确定地下介质分布的一种无损探测方法。探地雷达发射的电磁波在地下或结构物介质中传播时遇到介电常数不同的分界面时发生反射，通过接收天线可接收反射回来的电磁波，然后根据接收到的反射电磁波的波形、振幅和时间的变化等特征推断地下及结构物内部介质的空间位置、结构、形态和埋藏深度等。探地雷达检测法（图 3.15）作为一种无损检测的技术，其最早主要用于地球物理的勘探。近年来，在混凝土结构方面也得到了广泛的应用，尤其是在地下结构、水工结构、桩体结构等方面得到了很好的应用。混凝土结构中的钢筋、孔洞等都与混凝土具有截然不同的介电常数，入射的电磁波在这些介质的界面发生反射，并通过对反射波的数据分析，最终可发现并定位混凝土中的钢筋、孔洞和开裂等情况，也能实现从混凝土单侧进行混凝土结构厚度的测量的功能。这种检测方法简单、快速，但由于反演分析和数据挖掘技术上的限制，在基于检测信号获取高质量图像及对目标大小、性状和性质作出准确的定性、定量分析方面，尚存在一些亟待解决的问题。目前，探地雷达虽然能比较准确地检测出混凝土结构中的钢筋数量及其分布情况，但尚无法准确测出钢筋的直径，虽然能测出混凝土的厚度，但是尚无法测出混凝土的密度，也无法得知混凝土的强度。

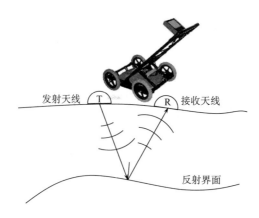

图 3.15　探地雷达检测法示意图

（7）红外检测法

红外检测技术是主要利用红外对温度的敏感性对目标物进行检测的技术。普朗克定律表明温度、波长和能量之间存在着一定的关系。红外总能量会随着温度的增加而迅速增加，峰值波长随温度的增加而减小。斯蒂芬·玻尔兹曼定律则进一步显示当温度变化时，红外总能量与绝对温度的四次方成正比。红外对温度变化非常敏感，物体温度的很小变化都将引起红外总能量的很大变化，通过红外变化就能测出物体温度的　变化。

红外检测技术最早使用于电力行业，近年来主要在建筑的节能保温方面得以应用，在混凝土结构方面的应用还相对局限，仅用于裂缝探测、装饰贴面黏结情况检测、结构渗水检测方面。

开裂是一种混凝土结构常见的病害，当混凝土表面开裂后，其裂缝处温度会异于其他部位，特别是在渗入雨水后，温度变化更加明显。对于细小的裂缝，常规检测很难检测出细小裂缝，而通过红外成像则可以快速、简便地将其检测出。

混凝土结构物表面常常装有很多饰面，或贴或挂，这些装饰面层如安装不良，或其粘贴面随时间老化，便会出现松动、裂开、脱落等现象，从而埋下安全隐患。而不同于常规的检测手段，红外检测可捕捉细微的温度变化从而检测出贴面黏结问题。目前很多建筑物，特别是一些重要的建筑物都开始使用红外热像仪进行定期检查。

红外检测技术在混凝土结构中的另一个重要应用是渗漏检测（如图 3.16）。红外检测技术可以找到结构中渗漏、受潮的部位，并可通过细微的渗水痕迹，追根溯源到渗入点，以便进行及时修补；同时，可根据温度变化，通过红外像仪检测出土木结构中的各种管道情况。

红外检测技术在土建领域中的另一项最为广泛的应用是对结构保温性能的检测。借助红外热像仪，可以判断建筑结构的热导性、房间的气密性，并找出建筑结构中的热桥。

（a）裂缝检测　　　　　　　　　　　　　（b）渗漏检测

图 3.16　红外检测（图片来自网络）

3）混凝土的裂缝检测

裂缝对于混凝土结构来说是一项非常重要的考察指标，混凝土结构物出现裂缝后，其本身的抗剪强度、抗拉强度、抗弯刚度都会降低，且有可能导致结构内部应力重分配，造成进一步的破坏。同时，裂缝的存在会加速混凝土中性化，加快氯离子渗透及钢筋锈蚀，对有防水要求的结构也会因渗水、漏水而造成其他的破坏，缩短结构的寿命。另外，裂缝现象严重时，可能会使构材掉落而造成危害。

混凝土裂缝成因复杂，与结构设计、施工、使用环境、荷载作用及材料本身特性等有关，但可归纳为两大类：结构性裂缝和非结构性裂缝。结构性裂缝是由结构承载力不足引起的；非结构性裂缝则主要是由变形引起的，如混凝土收缩、温度变化等。工程结构的维护管养，需要对裂缝进行检测分析、评定和处理。裂缝检测内容主要包括裂缝的位置、形态、分布特征、宽度、长度、深度、走向、数量、裂缝发生及开展的时间过程、是否稳定、裂缝内是否有渗出物、裂缝周围混凝土表观质量情况等。我国《混凝土结构设计规范》（GB 50010—2002）[85]。对于混凝土结构中的裂缝作出了规定，指出对允许在使用阶段出现裂缝的钢筋混凝土构件应验算其裂缝宽度，并对最大裂缝宽度作出了限制。如对处于年平均相对湿度小于 60%的地区，其最大裂缝宽度不应超过 0.4mm；对处在室内正常环境的一般构件不应超过 0.3mm；对于屋架、托架、重级工作制的吊车梁，以及露天或室内高湿度环境，最大裂缝宽度不应超过 0.2mm。我国的《公路桥梁承载力检测评定规程》[86]则对公路桥梁结构的裂缝限值作了明确规定，如表 3.5 所示。

混凝土裂缝是一种最为常见的混凝土病害，且往往预示着结构的损伤、破坏和性能退化。裂缝检测对于结构安全具有很重要的实际意义。因此，将对混凝土裂缝检测方法进行单独介绍。

表 3.5 桥梁裂缝限值表

结构类别	裂缝部位			允许最大缝宽（mm）	其他要求
钢筋混凝土梁	主筋附近竖向裂缝			0.25	—
	腹板斜向裂缝			0.30	—
	组合梁结合面			0.50	不允许贯通结合面
	横隔板与梁体端部			0.30	—
	支座垫石			0.50	—
全预应力混凝土梁	梁体竖向裂缝			不允许	—
	梁体横向裂缝			不允许	—
	梁体纵向裂缝			0.20	—
A 类预应力混凝土梁	梁体竖向裂缝			不允许	—
	梁体横向裂缝			不允许	—
	梁体纵向裂缝			0.20	—
B 类预应力混凝土梁	梁体竖向裂缝			0.15	—
	梁体横向裂缝			0.15	—
	梁体纵向裂缝			0.20	—
砖、石、混凝土拱	拱圈横向			0.30	裂缝高小于截面高一半
	拱圈纵向			0.50	半裂缝长小于跨径 $\frac{1}{8}$
	拱波与拱肋结合处			0.20	—
墩台	墩台帽			0.30	不允许贯通墩台身截面的一半
	墩台身	经常受侵蚀性环境水影响	有筋	0.20	—
			无筋	0.30	—
		常年有水，但无侵蚀性影响	有筋	0.25	—
			无筋	0.35	—
		干沟或季节性有水河流		0.40	—
		有冻结作用部位		0.20	—
备注	表中所列除特殊要求外适用于一般条件；对于潮湿和空气中含有较多腐蚀性气体等条件下的缝宽限制应要求严格一些				

（1）塞尺

塞尺（如图 3.17 所示）又称测微片或厚薄规，是用于检验间隙的测量器具之一，也是混凝土结构裂缝检测的最简便的工具。塞尺由一组具有不同厚度级差的薄钢片组成，一般最薄为 0.02mm，最厚为 3mm。在 0.02～0.1mm 间，各钢片厚度级差为 0.01mm；在 0.1～1mm 间，各钢片的厚度级差一般为 0.05mm；在 1mm 以上，钢片的厚度级差为 1mm。使用塞尺进行裂缝测量的时候，将塞尺的薄钢片塞入裂缝缝隙之中，必要的时候可将塞尺的钢片取下，根据厚度合理组合塞入裂缝缝隙，即可测出裂缝的宽度。测试过程中，塞尺与被测表面的松紧程度需由检验者合理把握，做到松紧适中，不可硬塞。总的来说，塞尺测缝法操作简单，但测试精度低，只适用于粗测。

图 3.17　塞尺（图片来自网络）

（2）裂缝显微镜

裂缝显微镜检测由一定放大倍数的显微镜（如图 3.18 所示）直接观测裂缝宽度，读数精度一般为 0.02~0.05mm，需要人工近距离调节焦距并读数和记录，有些还需另配光源，测试速度慢，测试工作量大，且有较大的人为读数误差。

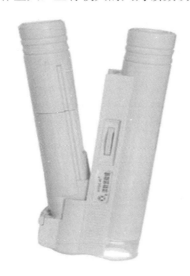

图 3.18　裂缝显微镜（图片来自网络）

（3）基于图像处理的裂缝检测

对于工程结构的表面裂缝，也可以通过图像处理分析获取裂缝的长度、宽度等指标。这种方法通过摄像头等拍摄裂缝图像，并放大显示在显示屏上。早期的方法是通过显示屏上的刻度进行人工判读，得到裂缝宽度。目前基于图像处理的裂缝检测一般都是对裂缝图像进行处理和识别，执行特定的算法程序自动读出裂缝宽度。这类测试仪器一般具备拍摄裂缝图像并自动读数以及显示、记录和存储功能，使得检测实时、快速、准确。目前国内外已经开发出很多此类型的裂缝探测仪（如图 3.19），其裂缝识别精度一般可达 0.01mm。

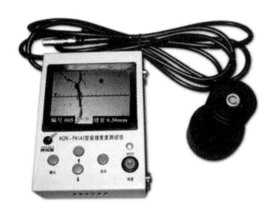

图 3.19　裂缝探测仪（图片来自网络）

（4）超声波裂缝检测

超声波检测不仅可以检测混凝土结构的内部缺陷，也能检测混凝土表面的裂缝，并基于超声测试获取裂缝的深度。中国工程建设标准化协会推出的《超声法检测混凝土缺陷技术规程》（CECS 21:2000）[82]对混凝土表面裂缝检测做出了技术规定，而英国的超声波测试标准 BS-4408[87]也有类似规定。

不难理解，由于裂缝产生的界面介质突变对超声波发生反射，通过超声波的入射波和反射波特征来探测裂缝的存在，这一点与前述的混凝土内部缺陷探测相同。同时，采用合理的测试方法，通过对测试信号的深层挖掘，则可以测得混凝土裂缝的深度。根据裂缝深度范围、构件几何特征、测点布置等情况，对混凝土的裂缝测试有以下三种方法。

① 单面平测法

当结构的裂缝部位只有一个可测表面，且裂缝深度不大于 500mm，可采用单面平测法（图 3.20）。平测时应在裂缝的被测部位，以不同的测距，按跨缝和不跨缝布置测点，并注意避开钢筋。

在跨缝测量中，当在某测距发现首波反射时，可用该测距及两个相邻测距的测量值用以下公式计算：

$$h_{ci} = l_i / 2 \cdot \sqrt{(t_i^0 v / l_i)^2 - 1}$$

式中，h_{ci} 为第 i 点计算的裂缝深度（mm）；l_i 为不跨缝平测时第 i 点的超声波实际传播距离（mm）；v 为不跨缝平测的混凝土声速（km/s）；t_i^0 为第 i 点跨缝平测的声时值（μs）。

在计算裂缝深度时，计算 h_{ci} 值，并计算 n 点 h_{ci} 的平均值 m_{hc}：

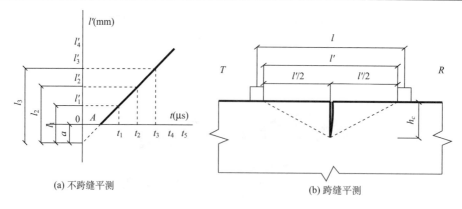

图 3.20　单面平测法

$$m_{hc} = 1/n \cdot \sum_{i=1}^{n} h_{ci}$$

将各测距 l_i 与 m_{hc} 相比较，如果测距 $l_i < m_{hc}$ ，或者 $l_i > 3 m_{hc}$ ，则应剔除该组数据，然后用余下的 h_{ci} 数据重新计算平均值，作为裂缝的最终深度。

② 双面斜测法

当结构的裂缝部位具有两个测试表面时，可采用双面穿透斜测法进行检测。测点的位置如图 3.21 所示。

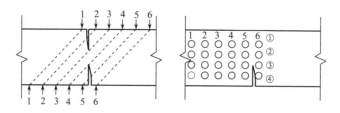

图 3.21　双面斜测的测点布置图

当发射（T）和接收（R）换能器的连线通过裂缝，根据波幅、声时和主频的突变可以判定裂缝宽度是否在断面内贯通，从而确定裂缝深度。

③ 钻孔对测法

单面平测法由于发射和接收换能器在同一平面，信号接收效果差，传播距离有限，当裂缝深度超过 500mm 时，其首波信号变得非常微弱，使得深度检测极为困难。因此，对于超过 500mm 深度的混凝土裂缝，一般采用钻孔对测法（如图 3.22）进行测试。

测点布置与钻孔方式如图 3.22 所示，测试时先在孔中注满清水，然后发射和接收换能器分别放于两个孔中，以等高程、等间距从上至下同步移动，同时逐点记录测试数据。随着换能器位置的下沉，测试波幅将逐渐增大，当换能器下降到某一位置后，波幅达到最大并基本稳定，这个位置即是所对应的裂缝深度值。

（5）弹性波裂缝检测

弹性波检测是通过激励在混凝土结构内部产生一种弹性波，根据弹性波在结构中的传播特征，可以探测到结构表面的裂缝及其深度。严格意义上讲，超声波探测也是一种弹性波检测，只不过通常所称的弹性波检测是指基于力锤等工具，在结构上施加激励产生的冲击弹性波，通过考察其发生、传播、发射及相关的振动特性进行的裂缝检测。基于弹性波的裂缝检测一般有表面波法、传播时间法及相位反转法三种方法。

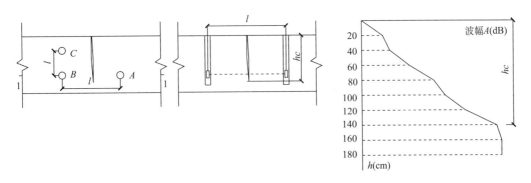

图 3.22　钻孔对测示意图

4）混凝土耐久性能检测

混凝土结构的耐久性是指在预定作用和预期的维护与使用条件下，在长期使用过程中，结构及其部件因服役环境外部因素和材料内部原因造成的侵蚀和破坏下，仍能在预定的期限内维持其所需的最低性能要求。早在 1998 年美国土木工程学会指出：美国当时已有 29%以上的桥梁和 1/3 以上的道路老化，有 2100 个水坝不安全，其修缮费用约 1.3 万亿美元；在英国，也有 1/3 的桥梁需要修复，耗费巨大。我国自 20 世纪 80 年代以来，各种建筑和基础设施大量新建，目前已进入大规模维修改造阶段，混凝土结构耐久性不足的问题日趋严重，成为当前亟须解决的问题。

耐久性决定了混凝土结构在整个服役过程中的安全性能，所以结构耐久性不足所造成的后果是非常严重的。目前，混凝土结构耐久性重点检测的内容有：钢筋锈蚀检测、混凝土中氯离子含量检测、混凝土保护层检测、混凝土碳化深度检测及渗透性检测等。

（1）钢筋锈蚀检测

混凝土结构由于多种外界环境因素的共同作用，在长期使用过程中往往会发生混凝土内部钢筋锈蚀的现象。钢筋锈蚀会使得钢筋实际截面积减小，极限拉应力减小；其次，钢筋锈蚀会使得钢筋表面疏松、分层和剥离，从而使得混凝土与钢筋之间的黏结遭到破坏，不能共同受力；最后，钢筋锈蚀会产生锈胀效应，使该处的混凝土产生拉应力而开裂。钢筋锈蚀将极大地降低混凝土结构的承载能力，而及时发现和准确诊断混凝土结构中钢筋锈蚀，可以准确地掌握结构耐久性能退化的实际情况，是钢筋混凝土结构耐久性评定、剩余使用寿命预测和确定维修加固方案的重要前提，因此对混凝土结构的钢筋锈蚀进行检测非常重要。

目前，钢筋混凝土中钢筋锈蚀的无损检测方法主要可以分为综合分析法、电化学法和物理法三大类。其中综合分析法是通过检测包括裂缝宽度、混凝土保护层厚度、混凝土强度、混凝土碳化深度、混凝土中有害物质含量及混凝土含水率等多重因数，根据综合情况判定钢筋的锈蚀状况。综合分析法是一种间接分析钢筋锈蚀的方法，相比之下，电化学法和物理法则更为直接，在实际运用中也更为广泛。

① 电化学法

钢筋锈蚀检测的电化学法通常是通过半电池原理测定钢筋的电位，或运用极化电极原理测定钢筋锈蚀电流和混凝土的电阻率，从而判断出钢筋的锈蚀情况。这三种方法分别被称为半电池电位法、锈蚀电流法和电阻率法。除此之外还有交流阻抗法、线性极化法等，其检测方法的比较可见表3.6。

表3.6 常用电化学检测方法的比较

	自然电位法	交流阻抗法	线性极化法	恒电量法	电化学噪声法	混凝土电阻法	谐波法
应用情况	最广泛	一般	广泛	较少	较少	一般	较少
检测速度	快	慢	较快	快	较慢	较慢	较慢
定性/定量	定性	定量	定量	定量	半定量	定性	定量
适用性	实验室,现场	实验室	现场	现场	俱差	俱差	俱差

电化学方法的优点是测试速度快、灵敏度高、可连续跟踪和原位测试，是目前比较成熟的测试方法，但存在容易受到天气条件干扰、测得的指标单一、只能单点测量等缺点。电化学方法在钢筋锈蚀检测中应用甚广，特别是其中的半电池电位法和电流密度法，常在工程结构现场使用。我国《建筑结构检测技术标准》（GB/T 50344—2004）[88]附录D对其实际应用作出了具体的规定。

a 半电池电位法

半电池电位法通常又称为自然电位法，它将混凝土中的钢筋看作半个电池组，与合适的参比电极（铜/硫酸铜参比电极或其他参比电极）连通构成一个全电池系统。参比电极的电位值相对恒定，而混凝土中的钢筋因锈蚀程度不同将产生不同的腐蚀电位，从而引起全电池电位的变化，因此根据混凝土中钢筋表面各点的电位判断出钢筋的锈蚀状态（如图3.23）。

半电池电位法的应用标准最早见于美国ASTM C876—77。我国《建筑结构检测技术标准》（GB/T 50344—2004）[88]和其他标准中规定的检测方法与锈蚀状况判定准则与之基本相同。除此之外，日本、德国、英国、印度等国家也制定了相应的标准，这些标准，对钢筋腐蚀的判别上略有差异，具体如表3.7所示。

b 腐蚀电流法

半电池电位法通过对钢筋腐蚀电位的测试，能够较准确地把握钢筋所处的锈蚀阶段，但是钢筋腐蚀电位无法定量反映钢筋锈蚀速率，为评价钢筋锈蚀程度带来了困难。而腐蚀电流密度直接反映了腐蚀速度，可以定量地描述腐蚀状况。20世纪70年代以来，欧美等发达国家一直致力于将线性极化技术用于钢筋锈蚀电流的无损检测。线性极化法是Stern和Geary于1957年提出的一种快速有效的腐蚀速度测试方法，以过电位很小时（$\eta<10mV$）

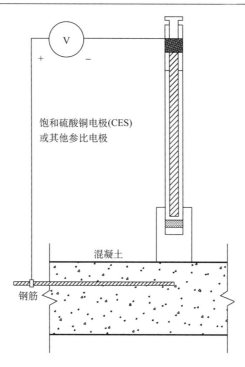

图 3.23 半电池电位法检测原理

表 3.7 美、日、德、中等国家自然电位法判别标准的比较

标准名称	测试方法	判别标准
ASTM C876	单电极法	>−200,95%腐蚀;−200~350,50%腐蚀;<−350,5%腐蚀
日本锈蚀诊断草案	单电极法	>−300,不腐蚀;局部<−300,局部腐蚀;<−350,全部腐蚀
印度	单电极法	>−300,95%腐蚀;−300~450,50%腐蚀;<−450,5%腐蚀
中国冶金部部颁标准	单电极法	>−250,不腐蚀;−250~400,可能腐蚀;<−400,腐蚀
中国冶金部部颁标准	双电极法	两电极相距 20cm,电位梯度为 150~200 时，低电位处腐蚀
西德标准	双电极法	两电极相距 20cm,电位梯度为 150~200 时，低电位处腐蚀

过电位与极化电流呈线性关系为理论根据。根据过极化曲线可以计算出 Tafel 斜率和极化电阻 Rp，从而计算出 Stern Geary 常数 B，进而求出钢筋的腐蚀电流，然后根据法拉第定律获取钢筋的损失量，得到其腐蚀程度。同时，由于钢筋腐蚀电流是由钢筋得失电子造成的，通过腐蚀电流可以计算出一定时间内钢筋得失电子的数量，从而也可得出钢筋的腐蚀速率。表 3.8 为我国《建筑结构检测技术标准》（GB/T 50344—2004）[88]所列出的锈蚀电流与钢筋锈蚀速率及构件损伤年限的判别对照表。

② 物理方法

钢筋腐蚀无损检测的物理方法主要是通过测定与钢筋锈蚀密切相关的诸如电阻、电磁、热传导、声波传播等物理特性的变化，来推算钢筋的实际锈蚀状况。比较常用的方

表 3.8 钢筋锈蚀电流与钢筋锈蚀速率及构件损伤年限的判别[88]

序号	锈蚀电流 $i_{corr}\left(\mu A/cm^2\right)$	锈蚀速率	保护层出现损伤年限
1	<0.2	钝化状态	—
2	0.2~0.5	低锈蚀速率	大于 15 年
3	0.5~1.0	中等锈蚀速率	10~15 年
4	1.0~10	高锈蚀速率	2~10 年
5	>10	极高锈蚀速率	不足 2 年

法有电阻棒法、涡流探测法、射线法、声发射探测法、红外线热成像法、基于磁场检测和分析的方法、超声波检测法、冲击回波法等检测方法。物理方法的优点是操作方便、易于现场的原位测试、受环境的影响较小；但物理方法存在的较大问题是在测定钢筋锈蚀状况时容易受到混凝土中其他损伤因素的干扰，而且建立物理测定指标和钢筋锈蚀量之间的对应关系比较困难，这使得物理检测方法对钢筋的锈蚀程度一般只能提供定性的判断，难以定量分析。

（2）保护层厚度检测

混凝土内部钢筋保护层厚度检测标准为《混凝土结构工程施工质量验收规范》（GB 50204—2002）[89]和《混凝土中钢筋检测技术规程》（JGJ/T 152—2008）[90]。通常采用电磁感应钢筋探测仪检测法和雷达仪检测法。

电磁感应钢筋探测仪检测法（如图 3.24）：由单个或多个线圈组成的探头产生电磁场，

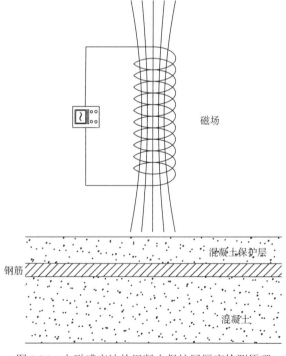

图 3.24 电磁感应法的混凝土保护层厚度检测原理

当钢筋或其他金属物体位于该电磁场时，磁力线会变形，金属所产生的干扰导致电磁场强度的分布改变，被探头探测到，并通过仪器显示出来。如果对所检测的钢筋尺寸和材料进行适当的标定，则可以用于检测钢筋位置、直径及混凝土保护层厚度。

雷达检测方法（如图 3.25）：通过雷达天线发射电磁波，从钢筋等与混凝土中电学性质不同物质的界面反射回来，并再次由混凝土表面的天线接收，检测反射体的情况。

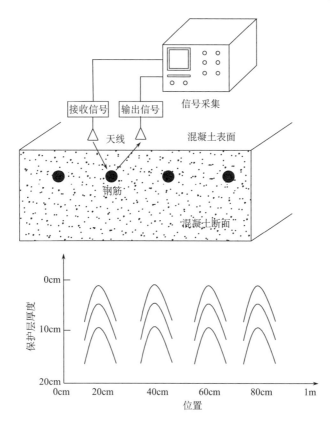

图 3.25 混凝土保护层厚度的雷达检测法

超声波检测法亦可应用于混凝土中钢筋保护层厚度的检测，其原理与缺陷检测相同，根据钢筋反射波与混凝土构件底面反射波的时间历程不同，可以算出钢筋在混凝土中的位置，从而确定混凝土的保护层厚度，其检测原理如图 3.26 所示。射线法在钢筋保护层厚度的检测中比较直观，且容易得到钢筋的直径、钢筋的间距等信息，但是需较复杂的设备，且射线本身对人体有害，因此在实际工程中很少应用。

3.3.3.2 局部取样半破损检测

混凝土结构的无损检测能实现对结构的非破损性能检测，但有时采用微破损的现场取样试验检测，则往往更加直观和准确，因此微破损（半破损）检测方法也在实际工程中广泛使用。我国《混凝土强度检验评定标准》（GBJ 107—87）[91]中规定："当对混凝土试件强度代表性有怀疑时，可采用从结构中钻取试样的方法或采用非破损检验的方

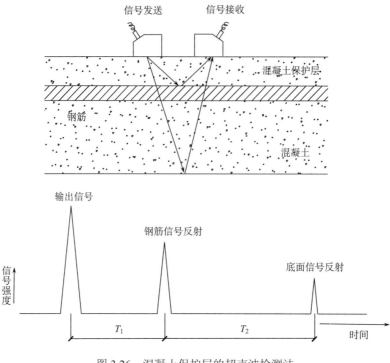

图 3.26 混凝土保护层的超声波检测法

法，按照有关标准的规定对结构或构件中混凝土的强度进行推定"。从结构中钻取试样的方法即是局部取样破坏试验的一种，除此之外在实际应用中常用的还有拔出法、射击法、剪压法等。

可以说，局部取样的半破损试验方法贯穿于整个结构的检测项目之中，但一般来说，对于无损检测可以比较精确判定的项目还是以无损检测手段为主进行检测，毕竟半破损试验虽然破损程度很低，但终究对结构产生了损伤。事实上，目前在混凝土结构检测中，半破损试验应用最广泛的是针对混凝土劣化及耐久性能的检测，因为无损检测通常难以准确地检测出混凝土的劣化现象，且对其劣化程度也很难有定量的判定。表 3.9 列举了针对结构强度和耐久性半破损检测的几个具体检测方法。

表 3.9 几种常见的半破损检测方法

检测目的	检测方法	基本原理
混凝土强度的半破损检测	钻芯法	利用专用钻机和人造金刚石空心薄壁钻头，在结构混凝土上钻取芯样来检测混凝土强度
	拔出法	在混凝土结构中预埋或钻孔装入一个钢锚固件，用拉拔装置拉出，测试拔出时的拉力来推算混凝土立方体抗压强度
	射击法	利用驱动器将钢钉高速射入混凝土中，通过钢钉贯入深度与混凝土的力学性质的关系，确定混凝土的贯入阻力
	剪压法	对混凝土的边缘施加压力，根据混凝土边缘的承压力来测试混凝土的抗压程度

检测目的		检测方法	基本原理
结构耐久性半破损检测	氯离子含量	组分氯离子计算法	根据混凝土的实际配比，计算各组分材料中氯离子的含量总和
		指示剂显色滴定法	通过将氯离子用硝酸银进行滴定沉淀，通过消耗硝酸银的量来计算氯离子的含量
		电位滴定法	通过硝酸银滴定，测量滴定过程中电池电动势的变化带来的电极电位的突跃来指示滴定终点
		氯离子选择电位法	根据能斯特方程中电压与氯离子浓度的关系制定出氯离子浓度–电压标准曲线；制备待测溶液，测定待测溶液的电压，与标准曲线对比后确定
	碳化深度	化学药剂测定法	利用酚酞酒精溶液遇碱即变红的特性，用游标卡尺或碳化深度测定仪进行碳化深度的测定
		回弹法	取单个构件30%的回弹测区设置碳化深度测点
	钢筋锈蚀	剔凿法	在钢筋上进行剔凿去除锈蚀的部分，然后直接测定钢筋的剩余直径
	混凝土的渗透性检测	抗水渗透 逐级加压法	通过逐级施加水压力来测定以抗渗等级来表示的硬化混凝土抗水渗透性能
		渗水高度法	测定硬化混凝土在恒定水压力下的平均渗水高度来表示混凝土抗水渗透性能
		抗氯离子渗透 快速氯离子迁移系数测定法	用非稳态迁移试验获取氯离子迁移系数
		电通量法	测定混凝土构件的电通量为指标来确定混凝土抗氯离子渗透的性能

1）混凝土强度检测

（1）钻芯法

钻芯法是利用专用钻机和人造金刚石空心薄壁钻头在结构混凝土上钻取芯样，以检测混凝土强度或观察混凝土内部质量的一种检测方法。钻芯法是一种半破损的现场检测手段，经过实物取样检测，可用于检测混凝土的强度、受冻及火灾损伤深度、接缝及分层处的质量状况、裂缝的深度、离析和孔洞等缺陷，应用范围较广。

钻芯取样已广泛应用于混凝土结构的质量管理和养护管理。图3.27是台北翡翠水库大坝建造时，钻芯测试混凝土抗压强度的芯样。2008年1月1日我国正式颁布了《钻芯法检测混凝土强度技术规程》（CECS 03：2007）[92]，用于指导行业规范使用。钻芯法检测混凝土强度主要用于下列情况。

① 立方体试块抗压强度的测试结果有疑问；

② 材料、施工或养护不良而发生混凝土质量问题；

③ 混凝土遭受冻害、火灾、化学侵蚀或其他损害；

④ 检测经多年使用的结构中混凝土强度；

⑤ 需要施工验收辅助资料。

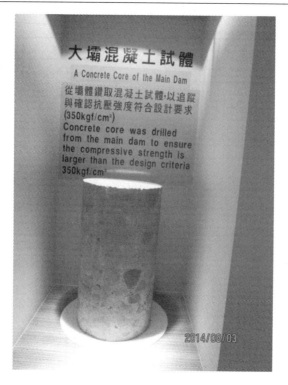

图 3.27　台北翡翠水库大坝芯样

钻芯取样时需注意安全。混凝土强度、粗骨料种类、钻头的直径大小、磨耗程度都会对钻进程度产生影响，因此在钻芯时，应注意钻速合理，避免钻机发生振动、钻头偏斜、切口变宽、磨削面凹凸增大、粗骨料和砂浆的黏结力降低等情况，从而损伤芯样试件的强度。一般在同一钻孔过程中保持速度一致，得到光滑完整的芯样表面。带有明显缺陷和加工不合格的芯样不能作为混凝土强度检测试件。钻芯检测法宜与其他混凝土强度检测方法配合使用，形成钻芯验证法和钻芯修正法，也可单独使用推定结构或单个构件的混凝土强度。

值得注意的是，混凝土结构钻孔取芯后，结构承载能力降低，且内部混凝土遭受侵蚀和损伤，因此在钻芯检测后应及时进行修补。修补前，孔壁应尽量凿毛，清除孔内污物，保证新老混凝土的良好结合，可采用合成树脂为胶结料的细石聚合物混凝土，也可采用微膨胀水泥细石混凝土。修补的混凝土应比原设计提高一个等级，并在修补后进行养护。除了混凝土现浇修补，也可预制混凝土圆柱体试件，放入钻孔中，然后用环氧树脂或植筋胶灌满缝隙。

（2）拔出法

钻芯法因其自身缺点，由于边界条件、尺寸效应等因素，不能反映混凝土的实际强度。因此研究人员也在探索各种不同的混凝土测强方法，拔出法便是其中之一。

混凝土强度拔出试验法是指在混凝土中预埋或钻孔装入一个钢锚固件，用拉拔装置拉出一锥台形混凝土块，测试拔出时的拉力以推算混凝土立方体抗压强度的一种方法。由于在拉拔时也将造成局部混凝土的破损，因此和钻芯法一样，也是属于一种半破损的混凝土测强方法。早在 20 世纪 30 年代，苏联便已经开始研究混凝土强度拔出试验法，该方法到 70 年代开始受到一些国家的重视。混凝土的拉拔试验表明，当混凝土达到极限拉拔力时，混凝土将沿一定的拔出夹角产生开裂破坏，最终会有一个圆锥体脱离混凝土母体。大量的试验资料表明，在特定的条件下，拔出试验的极限拉拔力和混凝土的抗压强度之间存在较好的线性相关关系。不过，拔出法检测的破坏机理目前尚未明确。

混凝土强度拔出试验法按照锚固件的安放时间，可分为预埋拔出法和后装拔出法。在浇筑时预埋锚固件的方法叫预埋拔出法，又称劳克试验（Lok test），等混凝土达到一定强度或龄期时，安装拔出仪，通过拉出试验检测混凝土强度。预埋拔出法一般适合于混凝土质量的现场控制，例如，拆除模板或加置荷载的适当时间，施加或放松预应力的适当时间，吊装、运输构件的适当时间，停止湿热养护或冬季施工时停止保温的适当时间等。在已硬化混凝土中钻孔安装锚固件的方法叫后装法，又称凯普试验（Capo test），钻孔内裂法也属该法。一般来说，预埋法试验效果较好。1983 年，国际标准化组织（ISO）提出了该方法的国际标准草案《硬化混凝土拔出强度的测定》（ISO/DIS 8046）。对既有结构的混凝土强度检测需用后装拔出法，即在既有结构混凝土上钻孔、磨槽、安装锚固件后用拔出仪做拔出试验（如图 3.28），根据测定的抗拔力推算混凝土的抗压强度，具有测试结果可靠、适用范围广等特点。我国在参照国外标准及总结国内实践经验的基础上，结合我国国情制定了《后装拔出法检测混凝土强度技术规程》（CECS 69:94）[93]，并于 2011 年修订颁布《拔出法检测混凝土强度技术规程》（CECS 69:2011）[94]，对利用圆环式或三点式拔出仪检测混凝土抗压强度作出了规定。

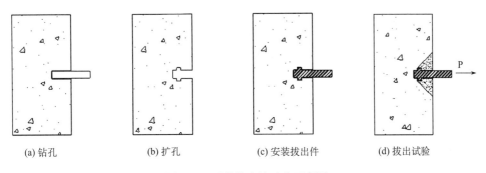

(a) 钻孔　　(b) 扩孔　　(c) 安装拔出件　　(d) 拔出试验

图 3.28　后装拔出法试验示意图

后装拔出法检测结构或构件混凝土强度可采用以下两种方式。

① 单个构件检测：主要是指对单个柱、梁、墙、基础等的混凝土强度进行检测，其检测结论不能扩大到未检测的构件或范围。

② 按批抽样检测：适用于同楼层、混凝土强度等级相同、原材料、配合比、成型工艺、养护条件基本一致且龄期相近、构件所处环境相同的同种类构件的检测。

大型结构按施工顺序可划分为若干个检测区域，每个检测区域作为一个独立构件，根据检测区域数量，可选择单个构件检测，也可选择按批抽样检测。

（3）射击法

射击法，又名射钉法或贯入法。射钉试验，或称贯入阻力试验，国外称为 Windsor

Probe 试验。美国于 1964 年最早研制检测仪器，1975 年美国材料试验学会推荐其为确定混凝土贯入阻力的暂行试验方法（ASTM C803—75T），如图 3.29 所示。其基本原理是利用驱动器对准混凝土表面发射子弹，弹内火药燃烧释放出来的能量推动钢钉高速射入混凝土中，当钢钉的长度、直径、子弹内的火药量及射击速度为固定时，钢钉贯入混凝土中的深度取决于混凝土的力学性质，因此测量钢钉外露部分的长度即可确定混凝土的贯入阻力，建立贯入阻力与混凝土抗压强度的经验关系式，对混凝土强度作近似估计。

射钉法是一种半破损检测方法，其设备简单、无需电源、操作简便、测试迅速，特别适用于现场硬化混凝土的质量检验。

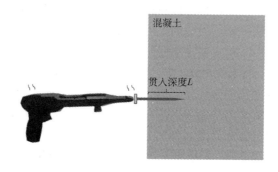

图 3.29 射击法示意图

（4）剪压法

剪压法检测混凝土的强度也是当前使用较为广泛的检测混凝土强度一种方法。剪压法利用剪压仪器，在混凝土结构构件的直角边边缘施加压力，使其产生局部剪压破坏，从而根据混凝土边缘的承压能力推算混凝土的抗压程度（如图 3.30）。我国《剪压法检测混凝土抗压强度技术规程》（CECS 278:2010）[95]给出了剪压法测强回归曲线，如表 3.10 所示。

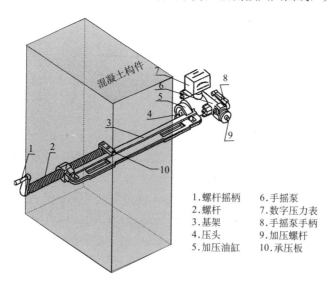

1.螺杆摇柄　6.手摇泵
2.螺杆　　　7.数字压力表
3.基架　　　8.手摇泵手柄
4.压头　　　9.加压螺杆
5.加压油缸　10.承压板

图 3.30 剪压法示意图

表 3.10　剪压法检测混凝土抗压强度测强回归曲线

剪压法测强曲线	强度范围	相关系数
$f_{cu,i}^c = 1.4N_i$	7.5~60.0	0.91

剪压法测试混凝土强度虽然不受钢筋间隙限制，但也存在一些问题。它只能对一些截面尺寸较小的构件进行强度检测，并且其测试强度范围也有一定的限制。剪压法也受结构或构件截面形状限制，只适合检测方形截面构件，不适合检测圆形截面构件；同时，剪压法也不适用于内外部质量有明显差异或内部存在缺陷的结构或构件。当现场检测条件与测强曲线的适用条件有较大差异时，应从结构或构件中钻取混凝土芯样进行测试修正，考虑到修正系数的准确程度与试件数量有关，我国《剪压法检测混凝土抗压强度技术规程》（CECS 278:2010）[95]规定钻取的芯样应不少于 4 个。

2）结构耐久性半破损检测

在 3.2.3.1 节介绍了工程结构混凝土耐久性的重要性及其无损检测方法，本节主要介绍在实际中广泛应用的混凝土结构耐久性半破损检测方法。

（1）氯离子含量

钢筋锈蚀是混凝土耐久性问题中一个非常普遍且严重的问题，而氯离子的侵蚀则是引起钢筋锈蚀的主要原因之一。特别是近海、沿海地区，氯离子侵蚀对钢筋混凝土结构的破坏严重，由此引发的维修、加固费用极为高昂，因此受到了各国政府部门和工程界的高度重视。美国在 20 世纪 90 年代初，因使用除冰盐引起钢筋锈蚀破坏而需要限载通车的公路桥数，占全部 57.5 万座钢筋混凝土桥的 1/4，维修费高达 900 亿美元。英格兰岛中环线快车道上有 11 座高架桥由于冬天使用除冰盐，两年后就发现钢筋腐蚀引起的混凝土胀裂，使用 15 年中所消耗的维修费用（4500 万英镑）已达到初始造价（2800 万英镑）的 1.6 倍，且预计 15 年后还要耗资 1.2 亿英镑，累计金额将为初始造价的约 6 倍。日本运输省曾检查过 103 座混凝土海港码头，发现使用 20 年以上的码头都有相当严重的钢筋锈蚀现象。在我国，由氯离子侵蚀引起的钢筋锈蚀情况同样不容乐观。20 世纪 80年代对我国浙江沿海部分水工钢筋混凝土构筑物进行了调查，发现在选取的 22 座水工结构（21 座水闸和一个翻水站）中，因损坏严重而弃用的有 3 座，因构件损坏严重需大修的有 8 座，发生局部损坏的 8 座，基本完好的仅有 3 座；在共 967 根调查的构件中，损坏或局部损坏的有 538 根。我国内陆北京的混凝土立交桥梁（如原西直门立交桥、三元桥、东直门立交桥等）的检测结果也显示氯离子的侵蚀是造成结构破坏的最主要原因。氯离子侵蚀带来的腐蚀问题已成为世界性难题，我国是氯盐大国，更应引起高度重视。

氯离子在混凝土中扩散至钢筋位置，当累积浓度达一定程度后，将导致钢筋表面的钝化膜发生局部破坏和钢筋锈蚀，引起混凝土保护层开裂、钢筋有效截面的降低、钢筋混凝土黏结强度的降低以及结构承载力和安全性能的下降。此外，我国《预拌混凝土》（GB/T 14902—2012）[96]、《混凝土质量控制标准》（GB 50164—2011）[97]、《混凝土结构耐久性设计规范》（GB 50476—2008）[22]和《混凝土结构设计规范》[53]（GB 50010—2010）也对混凝土中允许的初始氯离子浓度作出了规定。同时，各国对混凝土的生产原料中所允许的初始氯离子含量也作出了严格的规定。我国《通用硅酸盐水泥标准》（GB 175—2007）[98]规定了水泥中氯离子含量；《普通混凝土用砂、石质量及检验方法标准》（JGJ 52—2006）[99]对砂中的氯离子含量作了规定；而《海砂混凝土应用技术规范》（JGJ 206—2010）[100]则对海砂中氯离子含量作了规定。表 3.11 为各国对水泥中初始氯离子含量的规定。

表 3.11　各国对水泥中的氯离子含量的规定

国家	水泥中氯离子含量的规定
欧洲	小于 0.1%，用于预应力混凝土场合时，应更严格控制
日本	普通硅酸盐水泥小于 0.035%，早强、超早强、中热、低热、抗硫酸盐水泥小于 0.02，其他未规定
中国	所有水泥品种中氯离子含量不大于 0.06%

在混凝土结构耐久性半破损检测中，混凝土中氯离子含量的常用确定方法有以下四种。

① 组分氯离子计算法

组分氯离子计算法需要根据混凝土的实际配比，计算各组分材料中氯离子含量的总和，除以水泥用量，计算出相应百分比，我国《预拌混凝土》GB/T14902—2012[96]标准中便采用了这种方法，这种方法简单直观但必须预先知道混凝土的配比以及各材料中的氯离子含量，给实际工程应用带来很大困难。

② 指示剂显色滴定法

指示剂显色滴定法是用硝酸银进行滴定沉淀，通过硝酸银的消耗量来计算氯离子的含量。该方法以指示剂的颜色突变作为判定依据。按照指示剂的不同可分为 3 类：以铬酸钾作为指示剂的莫尔法、以铁铵矾作为指示剂的倭尔哈德法、以吸附剂作为指示剂的法杨司法（常用的吸附剂为有机酸）。建筑行业最常用的是莫尔法，通常使用在中性至弱碱性范围试样的氯离子测试。用硝酸银作标准溶液滴定氯离子生成氯化银，由于氯化银的溶解度小于铬酸银的溶解度，溶液中的氯离子将首先被完全沉淀析出并呈白色，当砖红色铬酸银沉淀出现，表明银离子已稍过量，已达滴定终点，可结束测试。指示剂显色滴定过程中，随着滴定剂加入量的增加，被测溶液变得浑浊，因此颜色变化不是很明显，滴定终点时颜色难以辨认，有时还会出现滴定终点反复等问题，使得最终测试结果精确度不高、人为误差较大。我国《水运工程混凝土试验规程》（JTJ 270—1998）[101]采用莫尔法测定砂中的氯离子含量及混凝土中砂浆的水溶性氯离子含量，采用倭尔哈德法测定混凝土中砂浆的氯离子总含量。

③ 电位滴定法

氯离子的电位滴定法同样是通过硝酸银滴定并根据其消耗量来计算氯离子的含量，与指示剂显色滴定法不同，电位滴定法通过滴定过程中电池电动势的变化带来的电极电位的突跃来指示滴定终点。在等当点（在滴定分析中，用标准溶液对被测溶液进行滴定，当反应达到完全，两者以等当量化合时的点）前滴入硝酸银会生成氯化银沉淀，插入溶液中原电池的两电极间电势变化缓慢；但当氯离子全部生成氯化银沉淀时（即到达等当点），此时滴入少量硝酸银溶液即会引起电势的急剧变化，指示出滴定终点。电位滴定法基于电极电位的"突跃"代替指示剂对终点进行判定，它不受色度、浊度等方面的影响，能确保终点的判断客观、准确；其缺点是银电极的本身结构不稳定，造成重复性较差，电极的维护比较困难，操作比较繁琐。我国的《建筑结构检测技术标准》（GB／T 50344—2004）[88]采用了电位滴定法，并在附录C（混凝土中氯离子含量测定）中给出了计算混凝土氯离子含量的公式。

④ 氯离子选择电位法

氯离子选择电位法的原理是采用氯离子选择性电极与标准甘汞电极测定出两个不同浓度的氯离子标准溶液的电压，根据能斯特方程中电压与氯离子浓度的关系制定出氯离子浓度-电压标准曲线，然后将混凝土拌合物按设计的试验步骤制备成待测溶液，用氯离子选择性电极测定待测溶液的电压，与标准曲线对比后即可获得混凝土拌合物的氯离子含量。氯离子选择电极法所得数据标准偏差较小，能简捷快速、经济、准确地测定混凝土中氯离子的含量。我国的《水运工程混凝土试验规程》（JTJ 270—1998）[101]和《普通混凝土配合比设计规程》（JGJ55—2011）[102]中即采用了氯离子选择电极法来快速测定混凝土拌合物的氯离子含量。与测试硬化后混凝土中氯离子的方法相比，时间大大缩短，有利于配合比设计和控制。

混凝土氯离子含量的测定通常包括混凝土拌合物中的氯离子检测、硬化混凝土中的氯离子检测以及既有混凝土结构的氯离子检测。我国关于氯离子检测的最新规程《混凝土中氯离子含量检测技术规程》（JGJ/T 322—2013）[103]对上述不同情景下的氯离子含量检测都作了比较详尽的规定。一般来说，对于混凝土拌合物，可直接取样测试，推荐检测方法为氯离子选择电极法和基于莫尔法的指示剂显色滴定法。对于硬化混凝土的氯离子检测，取样一般为龄期28d的标准养护试件，并针对硬化混凝土中的水溶性氯离子和酸溶性氯离子分别推荐了检测方法。而针对既有结构的混凝土氯离子含量检测时，如存在相同条件下养护的混凝土试件时，则用其进行测试。否则，需要从既有混凝土结构或构件上钻取混凝土芯样以进行氯离子含量的检测。混凝土芯样需取自结构部位中具有代表性的位置，相同混凝土配合比的芯样为一组，每组取样数量不少于3个，特别是当结构部位已经出现钢筋锈蚀、顺筋裂缝明显等劣化现象时，每组芯样的取样数量应增加一倍，同一结构部位的芯样也需要分为一组。氯离子含量的检测即可从芯样中取样，然后针对混凝土的水溶性和酸溶性氯离子分别进行测试检验。

（2）碳化深度

混凝土碳化又称混凝土的中性化，是混凝土的一种化学腐蚀。当空气中二氧化碳气体逐步渗透到混凝土的内部，与碱性物质反应生成碳酸盐和水，使得混凝土碱度降低，导致混凝土中钢筋的脱钝和锈蚀，造成混凝土结构性能的劣化。

混凝土的碳化深度检测可采用化学药剂进行测定，一般可在混凝土测区钻或挖出一个直径适中的孔，利用酚酞酒精溶液遇碱变红的特性，在孔洞的表面滴酚酞酒精并用游标卡尺或碳化深度测定仪进行碳化深度的测定（如图3.31）。我国的《建筑结构检测技术标准》（GB/T 50344—2004）[88]规定混凝土的中性化（碳化或酸性物质的影响）深度可用浓度为 1%的酚酞酒精溶液（含 20%的蒸馏水）进行测定。由于混凝土的碳化对混凝土的回弹测强影响较大，因此我国的《回弹法检测混凝土抗压强度技术规程》（JGJ/T 23—2011）[80]中对混凝土的碳化也有相应规定，该规程指出混凝土碳化深度可采用喷射酚酞或彩虹试剂进行测试，当仅检测混凝土碳化深度时，单个构件测点数不应少于 3 处，取测点的平均值作为碳化深度的代表值。当混凝土碳化深度检测与回弹法测强相结合时，单个构件 30%的回弹测区代表性位置均应设置碳化深度测点。此外，我国的《混凝土结构耐久性评定标准》（CECS220：2007）[23]对混凝土碳化深度的检测区域及测孔布置作了更为明确的规定，要求同环境、同类构件中含有测区的构件数宜为 5%~10%，且不少于 6 个，当构件数不足 6 个时应逐个测试；每个检测构件应不少于 3 个测区，且测区应布置在构件的不同侧面，每个侧面应尽量布置在钢筋附近，对构件角部钢筋宜测试钢筋处两侧的碳化深度；每个测区应布置 3 个测孔，且呈"品"字形排列，孔距应大于 2 倍孔径。

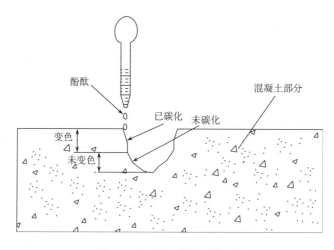

图 3.31　混凝土碳化深度检测

　　（3）钢筋锈蚀检测

　　在实际工程中，剔凿法广泛应用于钢筋锈蚀的检测。《建筑结构检测技术标准》（GB／T 50344—2004）[88]对此进行了规定。剔凿法需要在钢筋上进行剔凿去除锈蚀的部分，然后直接测定钢筋的剩余直径，因此是一种半破损的检测方法（如图 3.32）。剔凿法可直接对钢筋的剩余直径进行测定，测试方法简单，在测试处的检测精度也相对较高。剔凿法通常可与钢筋锈蚀的无损检测方法相结合，通过无损检测手段大概确定钢筋锈蚀程度后，在某些地方再进一步用剔凿法精确测定。

　　（4）混凝土的渗透性检测

　　混凝土的耐久性问题与混凝土的抗渗性能相关，因此混凝土的抗渗性能是评价混凝土劣化及长期性能的一个重要指标。混凝土抗渗性能的试验方法包括水压力试验法、抗氯化物渗透试验法及气体渗透性试验法等。

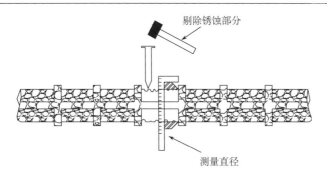

图 3.32　剔凿法测量钢筋锈蚀后的剩余直径

① 抗水渗透

鉴于混凝土抗水渗透性能的重要性，为规范混凝土的抗渗性能的检测，我国《普通混凝土长期性能和耐久性能试验方法》（GBJ 82—85）[104]对利用混凝土抗渗仪采用逐级加压法（也称为抗渗标号法）测试混凝土性能试验作出规定，同时，对应用较为广泛的混凝土抗渗测试仪也出台了相关的标准《混凝土抗渗仪》（JG/T 249—2009）[105]。2009年我国颁布了《普通混凝土长期性能和耐久性能试验方法标准》（GB/T 50082—2009）[106]，将 85 版标准中的抗渗标号改成了抗渗等级，用于表征混凝土的抗渗性能。国外比较倾向使用渗水高度和相对渗透系数来评价混凝土的抗渗性。我国在这方面也积累了较多经验，且相关的设备质量和技术水平也有了较大提高；另外，我国交通、电力、水利等行业的最新标准，如《水工混凝土试验规程》DL/T 5150—2001[107]和 SL 352—2006[108]、《公路工程水泥及水泥混凝土试验规程》JTG E30—2005[109]、《水运工程混凝土试验规程》JTJ 270—1998[101]等均列入了渗水高度法和相对渗透系数法。ISO 标准和欧盟 EN 标准中的渗水高度法对试件个数没有明确的规定，我国和前苏联常采用 6 个试件为一组进行测试。逐级加压法适用于抗渗等级较低的混凝土，渗水高度法适用于抗渗等级较高的混凝土。

《普通混凝土长期性能和耐久性能试验方法标准》（GBJ 82—85[104]和 GB/T 50082—2009）[106]规定了混凝土抗水渗透的测试方法，但大多是基于实验室的测试，其试件通常在实验室浇筑，龄期为 28d，且针对既有混凝土结构的抗渗测试和检测鲜见。我国《混凝土结构现场检测技术标准》（GB/T 50784—2013）[110]在《普通混凝土长期性能和耐久性能试验方法标准》（GB/T 50082—2009）[106]的基础上，规定了现场取样检测的方法，在结构每个受检区域进行取样且不少于 1 组，每组由不少于 6 个直径为 150mm 的芯样构成，获得试样后用上述试验标准进行测试分析。

② 抗氯离子渗透

混凝土中的氯离子侵蚀将引起混凝土中钢筋腐蚀，从而使得承载力大幅下降。混凝土抗氯离子渗透的性能是混凝土抗渗性能中的一项很重要的指标，直接影响混凝土受氯离子的侵蚀程度，进而影响混凝土结构的使用寿命。抗氯离子渗透性能越好，侵蚀的速度越小。

目前国际上主要采用快速氯离子迁移系数测定法和电通量法两种方法测定混凝土抗氯离子渗透性。快速氯离子迁移系数测定法（RCM）用非稳态迁移试验获取氯离子迁移系数，不能和别的方法（如非稳态浸泡试验和稳态迁移试验等方法）测得的氯离子扩散系数进行直接比较，其试验原理和方法最早由唐路平等人在瑞典高校 CTH 提出，称为 CTH 法（NT Build 492—1999.11）。NT Build 492 已被瑞士 SIA 262/1—2003 标准和德国 BAW 标准草案（2004.05）采纳，由 CEN TC51（CEN TC 104）/WG12/TG5 讨论形成欧盟 EN 标准。该方法在我国也积累了大量经验并得到了一定的应用，同时成功开发了相关试验设备，并制定了《混凝土氯离子扩散系数测定仪》（JG/T 262—2009）[111]。我国《普通混凝土长期性能和耐久性能试验方法标准》（GB/T 50082—2009）[106]中对此方法进行了具体的规定。

电通量法是通过测定混凝土构件的电通量指标来确定混凝土抗氯离子渗透的性能，通常也常称为直流电量法、库伦电量法或导电量法等。电通量法是根据美国材料与试验协会（ASTM）推荐的混凝土抗氯离子渗透性试验方法 ASTM C1202 修改而成。此方法目前是国际上应用最广泛的混凝土抗氯离子渗透性试验方法之一。实践证明，此方法适用于大多数混凝土结构，且与其他电测法有较好的相关性。在大多数情况下，电通量测试结果与氯离子浸泡试验方法的测试结果之间有很好的相关性。另外，根据 ASTM C1202 规定，此方法也适用于和长期氯离子浸泡试验方法之间建立相关性的各种混凝土，但不适用于掺有亚硝酸盐和钢纤维等良导电材料的混凝土抗氯离子渗透试验。我国《普通混凝土长期性能和耐久性能试验方法标准》（GB/T 50082—2009）[106]中对电通量法也进行了具体的规定，其测试设备也有相关的标准《混凝土氯离子电通量测定仪》（JG/T 261—2009）[112]。对于既有混凝土结构的检测，可根据《混凝土结构现场检测技术标准》（GBT 50784—2013）[110]进行取样检测。

3.3.3.3　混凝土结构检测技术的现状与发展

为了判断混凝土结构的实际状态、衡量其性能水平，以确保安全、规避风险，并对结构进行更好地维护，结构的检测技术是一项非常关键的技术。应该说，结构的检测是围绕混凝土结构全寿命维护管理应用最多最广的一项活动，并对结构性能的评判和维护管理起到了非常大的作用。即便是最简单的目测和锤击打音法，也在混凝土结构的实际维护及保养过程中发挥了不可忽视的作用。在检测过程中，出于对结构的保护，一般应尽量避免破坏性的测试方法，而尽可能采用半破损检测方法，和不会对结构造成损伤的无损检测方法。对于混凝土结构，本章已介绍了一些常用的检测方法，这些方法在实际工程中得到了大量的运用，起到了很大的作用，但同时也应看到，目前有些方法虽已在实验室取得成功，但在现场应用中尚存在很多局限和弊端，因此更为简便可靠的新检测手段尚待开发，检测技术的发展尚有着巨大的空间。

对于混凝土结构的检测，日本在 2014 年 6 月做了一项非常有趣的问卷调查[113]。该问卷调查的网址通过邮件向登录"结构诊断师"系统的人群发出，问卷返回的人群实际包括了咨询师、预应力混凝土专业及综合建设公司的专业人士、施工单位人员、设计单位人员、研究单位、教育单位，以及仪器开发人员等多种具有一定土木背景的人员。根据问卷调查统计，对于混凝土本身特性及损伤检测，在实际工程中的应用情况如图 3.33 所示。可以看出，对于混凝土强度、弹性模量等本身特性的检测，最常用的还是回弹法，且占绝对主要地位；对于裂缝的检测，则以超声波检测居多；而对于混凝土内部缺陷的检测，应用最广泛的仍是最简单的锤击打音法，且应用比率远超其他方法。

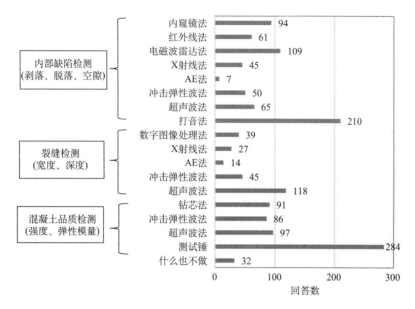

图 3.33　混凝土特性及损伤检测应用情况调查

图 3.34 显示了混凝土劣化检测的应用情况，可以看出：中性化的检测都是采用半破损检测法，而对于盐害的检测更多采用的是半破损检测法。值得一提的是，混凝土的劣化虽然重要，但尚有约 40%的回答者对此没有进行过任何检测。

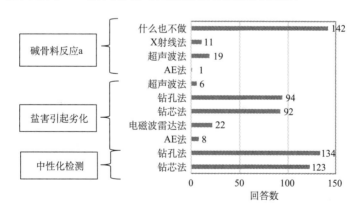

图 3.34　混凝土劣化检测应用情况调查

另外，图 3.35 显示的是针对预应力混凝土结构的钢筋、钢索、预应力孔道及预应力损失方面的调查情况，结果显示对于钢筋位置和保护层厚度的检测，主要采用了电磁感应法和电磁波雷达法，钢筋的锈蚀检测主要采用自然电位法，预应力孔道灌浆质量检测主要采用的是纤维内窥镜法。

从图 3.36 中还可以看出，大部分的调查者在过去 3 年中感觉到各种检测方法在实际工程中的应用得到了明显增加，其中涉及电磁波雷达法、电磁感应法、数字图像检测法、冲击回波法的应用最多。而图 3.37 则显示了基于数字图像的非接触检测方法是大家最感兴趣的检测方法，可对裂缝、结构的变形等进行检测。

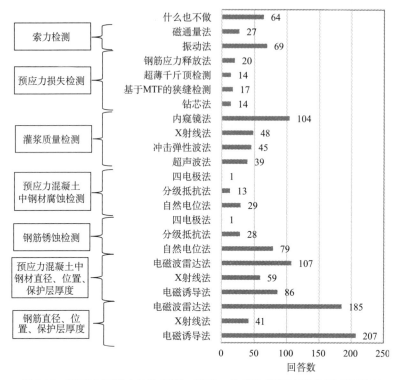

图 3.35　预应力混凝土结构钢筋、钢索、孔道注浆等检测应用情况调查

　　根据调查（如图 3.38），对于无损检测技术，大多表示希望在检测精度方面得到加强，可以看出随着人们希望对结构能更好地把握，人们对检测精度的要求也在不断提高。但同时从某个侧面也显示，当前的无损检测精度总体上尚不能令人满意，尚有待提高。

3.3.4　结构实物加载和振动试验调查

　　对于结构真实性能状况判断的最好的方法是通过实物加载，即静力和动力的试验方法来进行测试。

3.3.4.1　结构的静载试验

　　结构性能的衡量和评判，最简单、直观的方法是静力荷载试验。它是基于物理力学方法，对结构基本构件（梁、板、柱、砌体等）乃至整个结构施加拉、弯、压、剪、扭等基本作用力，测定和研究构件或结构的反应，分析和判定构件或结构的工作状态和受力情况。根据试验观测时间长短的差异，可将静载试验分为短期试验和长期试验。为了快速获取试验成果，通常采用短期试验，但其无法反映荷载作用与变形发展的时效问题，特别是对时效问题显著的预应力混凝土结构的徐变、预应力损失以及裂缝开展等，必须进行长期试验观测。

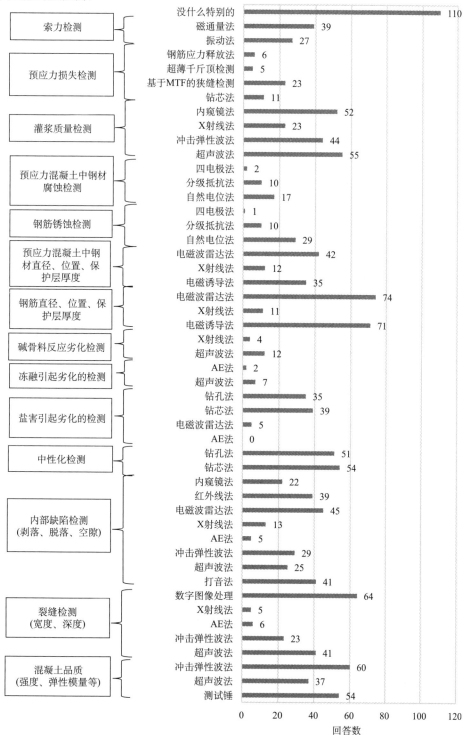

图 3.36 应用增加的检测项目

图 3.37 希望了解的检测项目

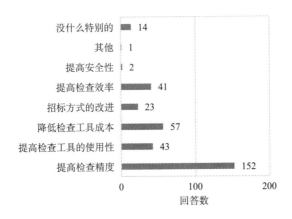

图 3.38 更希望加强的检测要求

结构静载试验中最常见的是单调加载静力试验，是在短时间内对试验对象进行平稳施加一次或若干次荷载，直至最大荷载或构件出现明显的塑形变形、裂缝甚至破坏，其主要目的是研究结构承受静荷载作用下构件的承载力、刚度、抗裂性等基本性能和破坏机制。图 3.39 显示了某城市桥梁荷载试验的加载情况。

图 3.39 某城市桥梁荷载试验现场

3.3.4.2 激振器动力激振试验

工程结构的动力试验分析，是保证结构在动荷载作用下能够正常工作，确保一定可靠度的重要手段。其试验目的在于研究动荷载作用对工程结构的影响，为抵御和减弱这些影响提供必要的数据支持。激振器动力激振试验是通过激振器产生的激振力使被激构件获得一定形式和大小的振动量，来进行结构动力激振试验（如图 3.40）。激振器可以根据不同的加载目的，产生单向的或多向的、简谐的或非简谐的激振力，其工作流程主要是将信号发生器产生的信号，通过功率放大器进行放大传给激振器来产生相应的激振力，并将其作用在结构上；通过测振传感器将位移、速度、加速度等机械运动参数传递给测振放大器进行信号放大，最后再由测振记录仪进行数据的采集和记录。按照激振器的激励形式不同，可分为惯性式动力激振、电磁式动力激振、电液式动力激振、气动式动力激振和液压式动力激振等。目前在小型试验中应用最多的是电磁式动力激振试验，它的频率范围由几赫兹到十几赫兹，推动力由几百牛顿到几千牛顿，重量轻、操作方便，可根据给定信号产生各种波形的激振力。但在大型试验中，电磁式激振试验激振力不足，多采用惯性式动力激振、液压式动力激振等。

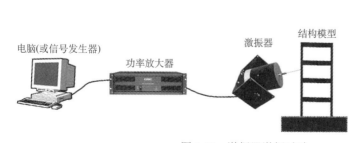

电脑(或信号发生器)　　　功率放大器　　　激振器　　结构模型

位移计

激振器

加速度
速度计

图 3.40 激振器激振试验

3.3.4.3　环境振动试验

环境振动试验是测试结构动力性能的一种重要研究手段，其试验目的是测量结构在服役荷载作用下的动力响应。其中的服役荷载包括风荷载、水流荷载、汽车或人行荷载等。环境振动试验实施过程中通常涉及试验条件的归纳和制定、仿真分析、传感器布置等。其最大的优势在于无需施加额外的激励，因此在测试过程中一般不影响结构的正常使用，但它是一种随机振动，分析比较复杂。在一般的工程问题中，大多把环境振动假设为平稳的白噪声过程。图 3.41 是桥梁承受交通荷载、风荷载等环境荷载的一个示例。

图 3.41　环境荷载作用下的桥梁（图片来自网络）

3.3.4.4　拟静力与拟动力试验

拟静力试验又称低周反复荷载试验，是指对结构或构件施加多次往复循环作用的静力荷载，在正反两个方向重复加载和卸载的过程，用来模拟地震时结构的受力和变形特点（如图 3.42）。它的实质是用静力方法模拟结构振动时的效果。拟静力试验在各种结构及构件中应用非常广泛，它的加载速率很低，故对于试验结果的影响很小。其本质是通过确定结构构件恢复力的计算模型，并用得到的试验滞回曲线求得结构的等效阻尼比、初始刚度及刚度退化等参数。从强度、变形和耗能等三个方面来判定结构的抗震性能。

如图 3.43 所示，拟动力试验的计算原理是通过反复实现"计算位移－施加位移－实测结构恢复力－再计算位移……"的循环过程，模拟结构试件在地震中的实际动态反应过程。取某一时刻的地震加速度值和试验中前一时刻实测的结构恢复力，用逐步积分振动方程的动力反应分析方法得到地震反应位移，将其叠加到结构上，如此反复循环。拟动力试验中一般存在两个难点：一个是阻尼矩阵问题，由于很难通过试验来得到较为客观的阻尼分析，目前的阻尼矩阵大部分都是由振型阻尼比通过数值积分转化得到，具有一定的主观性和近似性；二是利用集中荷载替代分布荷载的问题，对于分布力的简化方法目前研究还不完备，得不到较为精确的简化模型。针对以上两点问题，需要对拟动力试验进行一定的改进和重点研究，以达到模型的适用性。

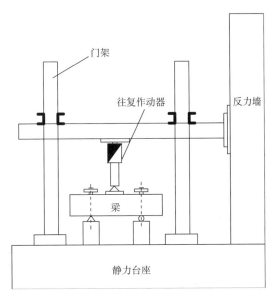

图 3.42　拟静力试验原理

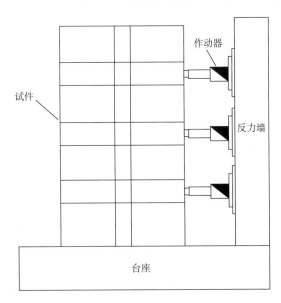

图 3.43　拟动力试验原理

3.3.5　基于机器人的检测技术

机器人是能自动执行工作的机器装置。它既可以接受人类指挥，又可以运行预先编排的程序，也可以根据以人工智能技术制定的原则纲领行动。它的任务是协助或取代人类的工作，如生产业、建筑业或是其他危险的工作。

在土木工程结构的检查中，人工实地检查往往受很多限制且有很多缺陷；一是很多地方人无法到达，如桥梁的塔顶；二是较危险或需耗费大量额外人力、物力和财力。由机器人代替人工去进行结构项目的检查，将带来很大的便利。利用机器人的检测技术严格上应隶属于结构的无损检测范畴，考虑到这是采用近几年才出现的新技术，因此单独作简要介绍。

近年来，利用机器人的结构检测已经在实际工程上逐步得到了应用，无人机检查便是一个很好的例子（如图 3.44）。目前所开发出来的无人机已经具有控制性好、稳定度高、摄像系统像素高且能全方位拍摄、便于发现结构的裂缝和劣化等性能，可查看到很多隐蔽部位，已在桥梁检查得到实证。

图 3.44 利用无人机的结构检查（图片来自网络）

中铁大桥局武汉桥梁科学研究院新研发成功的"探索者-III"斜拉索全自动无损检测机器人在武汉长江二桥斜拉索无损检测中得到成功应用。机器人沿着斜拉索匀速上升，操作终端实时显示当前斜拉索的外观 PE 损伤及内部断丝缺陷。该机器人集机械构造、机电设备、电子通讯、无线传输、自动控制、缆索结构评定及修复等多功能为一体；通过集成先进的步进驱动系统、视频系统、雷达系统、测速系统、陀螺防翻转系统，实现了全时四驱、爬升返回、自动导航、定向定位，确保了该机器人高空检测的准确性及安全性；同时搭载了高清分辨率数字式摄像头和磁通量缆索无损断丝检测系统，可评判缆索外部及内部损伤缺陷，未来还可同时搭载缆索自动缠包系统、缆索外观缺陷修补系统等，建立缆索结构的检测、评估、维修一体化安全维护平台。

对于桥梁、大坝等结构，其水下部分的检测非常重要。一般来说，水下部分由于长期浸泡在水中及受流水冲刷，其劣化现象比较严重，往往造成结构缺损。目前，国内对桥梁等结构的地面部分检测已经比较成熟，即使是 0.01mm 的裂缝也能发现。但水下部分的检测尚处于探索阶段，主要是通过潜水员携水下摄像设备人工检测，整个过程非常繁琐，这时候采用水下检测机器人就会带来很大的方便（如图 3.45）。以一座规模不大的常规公路桥为例，水下机器人 8 小时就能完成十几个桥墩的检测，但人工检测则需好几天，还易出现因潜水员与公路专业人员沟通不充分而遗漏病害的情况。

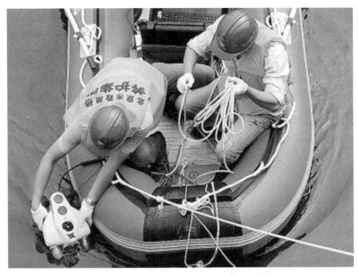

图 3.45　水下机器人的水下检测[114]

3.3.6　基于传感技术的结构健康监测

随着信息、电子、控制、仪器仪表等多学科的发展，传感技术已经成为当今世界发展最迅猛的技术，是现代信息产业的基石，智能社会将是大势所趋。目前，传感技术已渗透到社会和国民经济的各个领域，在工农业生产、科学研究及改善人民生活等方面具有重要作用。借助传感系统获取结构性能和状态的各项具体情况和数据，对结构实现远程、自动化式检测和监测，已逐渐成为结构检测领域研究和应用的热点。一般来说，传感技术主要包括传感器单元、系统组成、数据处理与分析等几个基本部分；传感器单元主要是将结构的某个物理量直接转化为某种容易测定的信号，是摄取信息的关键器件；系统组成主要是将传感器以及相关辅助部分，如软件、硬件等，综合形成一个系统，实现系统内的协同工作；数据处理与分析主要是基于传感层面的一些基本的处理，如数模转换、信号调理、数据统计以及可视化等。这些技术的进步，推动了结构监测的应用发展，并逐步向结构健康监测过渡。随着结构健康监测的发展，以全面监测为主的监测手段越来越受到关注，目前已在很多工程上得到应用。同时，各相关的国际、地方及行业的智能部门也陆续制订了一系列的规范、标准等。但我们也应该看到，目前很多地方所谓的结构健康监测，其实还只是停留在结构监测的层面，只是结构健康监测的一种初级阶段，后续还需要广大科技工作者继续大力开发和推广。

3.3.6.1　结构传感与监测

传感系统中的传感器是实现检测和监测控制的首要环节。在工程中的传感器一般是将待测物理量按照一定规律转换成可用输出信号的器件或装置。现代传感器通常由敏感元件和转换元件等组成（如图 3.46），以满足信息的传输、处理、存储、显示、记录和控制等要求。当一个传感器的输入和输出完全呈线性关系的时候，这个传感器就是一个理想传感器。同时，理想传感器还应该遵守以下原则：只受被测因素的影响；不受其他因素的影响；传感器本身不会影响被测因素。

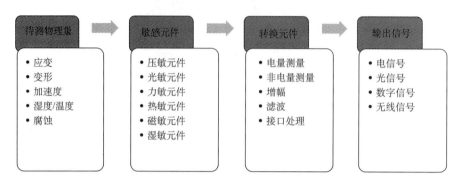

图 3.46　现代传感器的组成

　　结构需要测量的物理量主要有：与结构构件参数有关的（如梁柱构件变形和倾角、钢绞线和拉索内力及地基沉降等），与结构短期以及长期变形有关的（如应变、位移、加速度和裂缝宽度等），以及内部与外界环境有关的（如结构锈蚀、化学条件、温度和湿度等）。对混凝土结构的常见监测内容与传感方式简要介绍如下。

　　1）应力/应变监测

　　在健康监测领域最常见的监测项目就是应力/应变监测，它可以最直接、准确的反映结构相应位置的应变状态，在测得杨氏模量的基础上，可以换算得到结构在该处的应力值。测量结构平面主应力的时候，可通过由三个或多个按一定角度关系排列的应变传感器组成的应变花来进行测试，应变花的组成方式一般有图 3.47 所示四种。

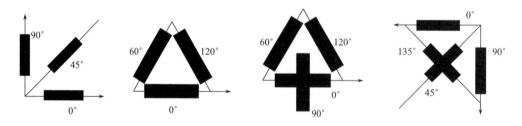

图 3.47　应变花的组成方式

　　应力/应变监测中常用的传感器有电阻应变计、振弦式应变计、光纤类应变计等。传感器根据不同的监测目的和工程要求、传感器技术、环境特性进行选取。电阻应变计将监测构件的尺寸变化转换成电阻变化来测得应变。将电阻应变计安装在构件表面，构件在受荷载作用后表面产生微小变形，应变计的敏感栅随之变形，应变计的电阻就发生变化，其变化率和应变成比例。根据此关系可以算出构件表面的应变。按敏感栅的材料，电阻应变计可分为金属电阻应变计和半导体应变计两类；按工艺可分为粘贴式（又称应变片，出现最早，应用最广）、非粘贴式（又称张丝式或绕丝式）、焊接式、喷涂式等。

振弦式应变计是以拉紧的金属弦作为敏感元件的应变传感器。当弦的长度确定之后，其固有振动频率的变化量可表征弦应变的大小，变形通过前、后端座转变成振弦的变形，改变了振动频率，从而测出结构物内部的应变量。其耐久性、稳定性较电阻应变计好，适用于长期埋设在水工结构或其他混凝土结构内测量应变量。

光纤类应变计主要有两大类：光纤布拉格光栅（FBG）和基于布里渊散射原理（BOTDA/BOTDR）的分布式光纤。其中，FBG 利用在光纤上刻入的栅区随结构的变形，其中心波长发生改变，利用应变与反射光的波长变化间的关系来进行应变测量。基于布里渊散射原理（BOTDA/BOTDR）的分布式光纤是利用应变与光纤中布里渊散射光频率间的关系来进行测量，通过测量光纤中受布里渊散射光的频率变化，获得光纤轴向各点的应变信息。总的来看，光纤类应变计与前两种相比，不受电磁干扰影响，耐久性、耐腐蚀性好，性能稳定。相比较而言，FBG 精度更高，适用于动态测试，而基于 BOTDA 和 BOTDR 的方法可以实现分布式测量，各有优缺点。三类应变传感器具体对比如表 3.12 所示。

表 3.12 应变监测传感器特性对比

特性	电阻应变计	振弦式应变计	光纤类应变计
零漂	较高	小，适宜长期测量	小，适宜长期测量
灵敏度	高	较低	较高
抗电磁干扰能力	低	较高	高
对绝缘的要求	高	不高	无需考虑
动态响应	好	差	好
精度	高	较高	较高
测试范围	点式	点式	分布式、准分布式

根据应变传感器传感的范围，又可分为点式传感器和长标距传感器。点式传感器顾名思义只能测得某一点的应变信息，传统的应变传感器基本上都是属于这种类型。长标距应变传感器与点式传感器的区别在于，它通过两端锚固而中间保持能自由滑动状态而能测量某一较长标距内的平均应变，从而可以很容易地捕捉到标距范围内的应变变化情况，对于裂缝探测等具有很大的优势。图 3.48 是作者等人基于光纤光栅开发的一种长标距传感器，它能探测到标距内的平均应变变化，是一种区域传感的传感器。

利用多个传感器组成的阵列，可进行准分布或分布式传感测试。对于点式传感器，可通过安装传感器阵列，获得点式准分布传感，或通过布里渊散射原理，实现布里渊分布式传感器，这些都属于传统的准分布类型。对使用长标距传感器的分布，不仅可通过阵列布设实现准分布，还能针对大型结构和结构群根据设定的重点区域，实行长标距区域传感，而针对重大结构对象，还能实现全覆盖，提高传感及后期评价的准确性。传统准分布与长标距分布的类型和区别对比如图 3.49 所示。

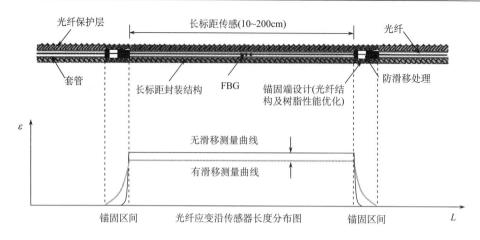

图 3.48　长标距光纤光栅传感器

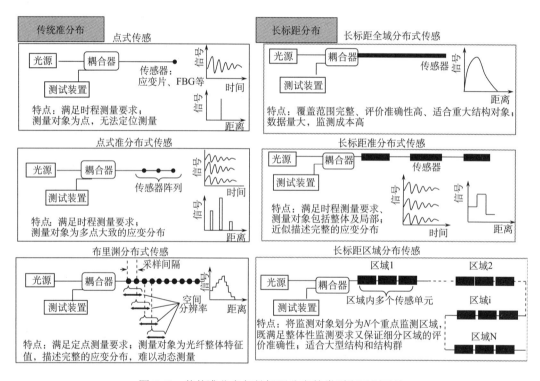

图 3.49　传统准分布与长标距分布的类型和区别对比

2）加速度监测

加速度监测一般主要用于结构的振动测试和动态分析。通过监测到的加速度信号，可以了解结构的振动幅度和频率，更为主要的是，可以据此获取结构本身的特性，如通过模态解析，获取结构的固有频率和固有振型、结构的幅频响应特性等。此外，加速度的监测也是目前结构抗震、减震和隔震中的一个关键项目。因此，加速度的监测在结构的动态监测中应用最为广泛，为大量的桥梁、高层建筑、地铁车站等结构采用。

加速度测量可选用力平衡加速度传感器、压电加速度传感器、压阻加速度传感器。

力平衡加速度计利用惯性原理，即用电磁力去平衡加速度引起的惯性力，可以得到加速度和电流的关系，达到测量加速度的效果。其优点是静态精度和线性度高、滞后小、重复性好、灵敏度高、阈值小、低频响应好、动态测量范围宽。

压电式加速度传感器又称压电加速度计。它是利用某些物质如石英晶体的压电效应，在加速度计受振时，质量块加在压电元件上的力也随之变化。当被测振动频率远低于加速度计的固有频率时，力的变化与被测加速度成正比。具有结构简单、灵敏度和信噪比高、受外界干扰小的特点。压电材料受力产生的电荷信号不需要任何外界电源，是最广泛使用的振动测量传感器。虽然压电式加速度传感器的结构简单，商业化使用时间很长，但因其性能指标与材料特性、设计和加工工艺密切相关，因此在市场上销售的同类传感器性能的实际参数及其稳定性和一致性差别非常大。

压阻加速度传感器是利用单晶硅材料的压阻效应和集成电路技术制成的传感器。单晶硅材料在受到力的作用后，电阻率发生变化，通过测量电路就可得到正比于力变化的电信号输出。相比压电式传感器，其信噪比不高，且结构复杂，但经济耐用且频率响应好，所以也有较广泛的应用。

在监测结构构件加速度时，需要注意测点的布置。用于结构模态分析时，要注意避开模态节点。测点应根据结构的振动特性、设防烈度、抗震设防类别和结构重要性、结构类型和地形环境进行布置，且在布置时应选在工程结构振动敏感处，尽可能反映结构振动。

3）变形监测（挠度、位移、桥梁线形）

所谓"变形"，是指工程建筑物由于某种原因而产生的位置、形状、大小的变化，被观测的工程建筑物称为"变形体"。而"变形监测"则是利用专门的仪器对变形体的变形进行持续的观测和分析的过程。建筑物在施工和运营中的变形量在一定的范围内是允许的，如果超过了规定的范围，那么它的安全问题就会受到考验，甚至会威胁人们的生命财产安全。尤其是像大跨结构、桥梁等这类大型建筑物，必须对其在运营过程的变形进行监测。例如，位于帕劳共和国的 Koror-babeldaob 桥于 1978 年建成，主跨 240.8m，全长 385.6m，是当时最大的后张预应力箱梁桥，建成后下挠严重，在 1990 年的检查中发现混凝土蠕变引起的跨中下挠高达 1.2m，最终于 1996 年 9 月坍塌，如图 3.50 所示。

变形监测可分为挠度监测、位移监测、桥梁线形监测等。根据监测仪器的种类，监测方法分为：机械式测试仪器法、电测仪器法、光学仪器法及卫星定位系统法等。在实际结构监测中，应根据结构或构件的变形特征确定监测项目和监测方法。

变形监测可选用机械式测试仪器、电测仪器、光学仪器、卫星定位系统等进行监测。机械式测试仪器法可选用百分表、拉线式位移计、收敛计等测试仪器；电测仪器法应选用电子百分表、位移传感器、静力水准仪等；光学仪器法应选用水准测量方法、三角高程测量方法等方法。前三种方法技术成熟、通用性好、精度高，能提供变形体整体的变形信息，但野外工作量大，不容易实现连续监测。而新兴的卫星定位系统法可实现测量全自动化，如测量机器人，以及结合 GPS 接收机的超测量机器人，减轻了观测人员的工作量，提高了变形监测的能力，同时可以在不影响结构正常使用时，实现全天候测量。

图 3.50　倒塌的 Koror-babeldaob 桥（图片来自网络）

当使用传统手段进行监测时，布置传感器的原则在于如何使量测信息最丰富且满足量测目标。应使传感器实测值的连线勾画出结构的整体空间（即主要的横剖面和纵剖面）。一般而言，各类变形监测都是根据水平位移监测和竖直位移监测两种基准参数监测方法演变而来的。

水平位移监测主要是确定变形体在水平面上位移随时间变化的关系，通过对其不同时期的平面坐标进行描述，对比变化前后的平面坐标，确定变形的距离和方向，采用的方法主要有基准线法和导线法。其中基准线法衍生出了视准线法和引张线法等测量方法。竖直位移监测主要是用来观测变形体在垂直方向上的变形，也被称为沉陷观测或者沉降观测。其主要表现形式为高程随着时间的变化，即高程关于时间的函数。在结构服役期间，定期通过精密水准测量等方法对测点进行观测，从而确定其高程，通过对不同时期同一测点高程的比较来确定高程随时间的变化量，即沉降值。而挠度监测和倾斜监测其实也就是水平位移和垂直位移的综合体，它们都可以通过对水平位移和垂直位移来表示。

4）环境作用监测（温度、湿度、风、地基沉降等）

环境作用监测涉及广泛，主要涉及温度、湿度、风、地基沉降等几个方面（如图 3.51），目的均是为了监测结构物所处环境及其健康状态。环境作用的长期影响是结构不断劣化的根本原因，且结构检/监测及性能评估中，环境因素对检测与监测量及损伤指标都有很大的影响，因此对环境作用的把握非常重要，以下是需要监测的几种主要环境作用。

温、湿度监测主要包括环境及构件温度监测和环境湿度监测，特别对于大体积混凝土结构尤其需要进行温度监测，相关细节可参考《大体积混凝土施工规范》（GB 50496—2009）[115]。在进行温度监测时，测点一般布置在温度梯度变化较大的位置，且对称均匀，以反映结构竖向及水平向温度场变化规律，同时在相对独立的空间、面积或跨度较大、构件应力变形受环境温度影响大的位置增加测点。长期监测时，监测结果通常包括日平均温湿度、日最高和最低温湿度等。

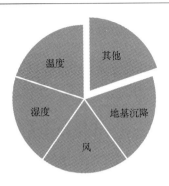

图 3.51　环境作用监测

对风的监测一般只对风敏感的结构进行，如高层、高耸、大跨等柔性结构，其主要监测参数应包括风压、风速、风向及风致振动响应，当对桥梁结构进行监测时还应测量风攻角。风压监测宜选用可测正负压的压力传感器，也可选用专用的风压计，同时注意传感器的安装不影响结构外立面。其测点的布置在无风洞试验的情况下，可根据风荷载分布特征及结构分析确定。在进行风速风向时，风速测量装置宜成对设置，且尽量采用频率高的风速仪，不应低于 10Hz。风致响应监测应对不同方向的风致响应进行测量，其测点可布置多种传感器来量测不同物理量。

地基沉降的监测目的是控制结构的安全稳定性，其监测原理和方法与监测位移变形相仿，不同之处在于其监测的是结构物与地基的相对变形，需注意基准点的确定以提高监测的精度。

5）腐蚀监测（阳极梯电气化学监测，基于光纤、光栅的锈胀物理监测）

当结构所处环境氯离子含量较高（如沿海环境、受腐蚀影响较大的区域或有设计要求时）需进行腐蚀监测，以避免结构内部钢筋或者钢结构材料大范围腐蚀而导致结构性能下降，造成人员财产的损失。

钢筋混凝土中钢筋锈蚀是一个电化学过程，混凝土的 pH 降低，钢筋表面钝化膜遭到破坏，在水和氧气的共同作用下开始发生锈蚀（如图 3.52）。钢筋锈蚀产物的体积膨胀，对周围混凝土产生压力，使混凝土产生环向拉应力进而产生变形和裂缝，因此监测其电化学锈蚀的过程、锈蚀环境及锈蚀后的物理化学变化都可推断钢筋锈蚀过程。

目前，国内外监测钢筋电化学锈蚀过程主要采用电化学方法，如锈蚀电位法、线性极化电阻法等。但是，这些方法不能实现实时监测、自动预警，且检测参数单一、不稳定，通常只能对钢筋锈蚀较为严重的情况进行定性检测，抗电磁干扰能力差、耐久性不好。而基于光学方法的光纤和光栅腐蚀传感器，则有望克服传统锈蚀监测方法的缺陷。国内外学者已经开发出很多基于光纤、光栅的腐蚀监测传感器，其中一大类是基于钢筋锈蚀后体积膨胀的原理，利用光纤传感器感知钢筋锈胀作用以此来进行锈蚀监测，具有精度高、质量轻、抗强电磁干扰、耐腐蚀、耐高温、集信息传输与传感于一体等优点。还有一类是通过监测钢筋锈蚀所处环境参数的变化来间接测出钢筋锈蚀的情况，例如，利用光纤光栅对折射率的高度敏感性而对锈蚀环境参数进行监测。但实际中引起钢筋锈蚀的环境参数众多，如钢筋表面湿度、氯离子浓度及 pH 等，这些因素相互影响，使得钢筋锈蚀无法建立单一的数学关系，必须综合监测这些参数的变化，建立多参数评定系统，才能比较合理地判断钢筋锈蚀的情况。从本质上讲，此类方法测得的环境参数变化是钢筋锈蚀引起的间接变化，属于间接测量钢筋锈蚀，并不能从本质上反映钢筋锈蚀情况。

图 3.52　钢筋混凝土结构中钢筋锈蚀（图片来自网络）

3.3.6.2　结构健康监测

结构监测与结构健康监测虽然都是利用传感系统对结构作传感监测，但两者在结构检查和调查活动中的地位与应用方式不同。结构监测主要还是结构检测活动中的辅助手段，给予结构检测一些必要且较为客观的结构信息，但总体上是以结构检测为主的传统检查/调查手法。结构健康监测与之不同，在结构检查和调查活动中，是以结构的监测活动为主，在必要的时候，辅之以结构检测或书面材料，对结构进行持续、智能化监测与诊断的方法。结构健康监测是近几十年发展起来的一种新型的结构检查/调查的手段，也给结构的维护管理模式带来了深远的影响，由于其技术的特殊性和长足的发展性，目前已经形成一个独立的学科。

结构状况的基本资料通常是通过结构检查和调查活动获取，检测是最为传统、常见的手段，但其需要具有一定经验的技术人员亲临现场进行作业，还需准备好场地、器械、仪器设备等相应条件，整个过程耗时长，人力、物力开销大，有时还会妨碍结构物的正常运营。因此，土木结构的健康监测技术应运而生（如图 3.53）。通过传感器的布设和安装，可实现对结构自动、实时且长期的连续监测，以监控结构整体及局部的病害发生、性能退化情况及其发展趋势，为预防型及预知型维护管理提供依据，以便进行灾害控制和管理。同时，它还能探明损伤原因，评价维护管养后的性能恢复情况等，如桥梁或隧道管理系统。健康监测系统主要目的是对结构的健康状态进行监控，内容包括损伤识别、状态及性能评估等，但一般不涉及养护管理、维护管理策略、经济性等方面。因此，它只是桥梁或隧道管理系统的一部分，与这些系统中的结构检测起到相辅相成的作用。

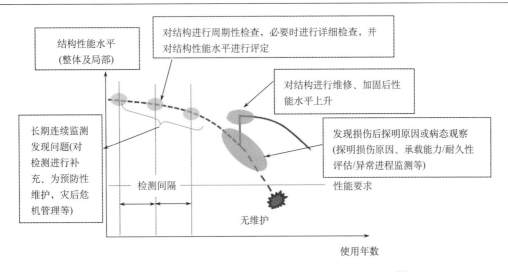

图 3.53 结构健康监测在混凝土结构全寿命管理中的作用[39]

结构健康监测是一种拟人化的称呼，其概念来自人体的健康监测。人体结构经过成长期、成年期和老年期等不同阶段，而各个阶段具有各自独有的特征。类似地，土木工程结构的整个寿命周期也分为结构设计与施工阶段、运营前期以及接近或超过设计周期的运营后期阶段。这一层次的类似关系决定了人体监测和工程结构监测具有相同的工作基础（如图 3.54 所示）。与人体结构的健康监测类似，土木工程结构的健康监测也存在事后性监测和预防性监测两个方面。在人体发生疾病时，可以采取望、闻、问、切等手段及各样的医疗设备检查身体相应器官，找出病因，进行针对性治疗，这种方法属于事后性检查。同样的，对于土木工程结构，在发生锈蚀或裂纹等病害及性能退化或发生剧烈撞击等突发事件后，可迅速安装监测系统或利用原有监测系统对病变结构进行事后性监测，评估结构现有性能及后续继续使用的可能性或指定相关维修方案。关于预防性

图 3.54 人体健康监测与结构健康监测[37]

监测，针对人体健康，我国医书中很早就有"不治已病治无病"的说法，即在日常生活中通过脉搏、血压、心跳等的实时监测对身体进行预防性保健，提早发现和防止病症。这种预防性监测对土木工程结构的安全服役与长寿命同样具有重要意义。通过安装传感器在结构表面或埋入结构，使结构本身具有自传感、自监测的特性，从而可实现结构的智能监测，提前探测到或预防结构病变的发生[39]，用于指导结构的预知型维护管理。

　　相对而言，结构的监测是一种笼统、相对比较低层次的监测活动。而结构的健康监测，则特指通过对结构的状态的感知，利用信息处理技术，对结构特征参数和损伤状况进行识别，并对结构性能进行评估，从而保障与促进结构安全、耐久与长寿命，实现结构预防型乃至预知型维护管理的技术。因此相对而言，是一种更为深层意义上的，以结构"健康"为目标的监测活动。

　　结构健康监测系统由传感系统、信号传输与存储、基于监测数据的状态参数与损伤识别、结构性能评估与紧急预警等几部分构成，如图 3.55 所示。传感系统是结构健康监测系统的基础，包含各类传感器，如加速度计、应变计、温度传感器等，用以采集结构的响应数据。传感器监测的信息通过传输系统传输并存储到所建立数据库。利用观测数据对所测量结构进行分析和性能评价，用以支持结构的日常维护与管理决策。在整个结构健康监测系统中，传感系统提供结构健康所需要的最基本、最直观的信息，是整个系统的硬件支持。而数据分析和评估系统是整个系统的"大脑"，对收集的错综复杂的信息进行梳理和分析，并对结构的健康状况进行分析和评价，为结构的管养和维护提供必要数据。

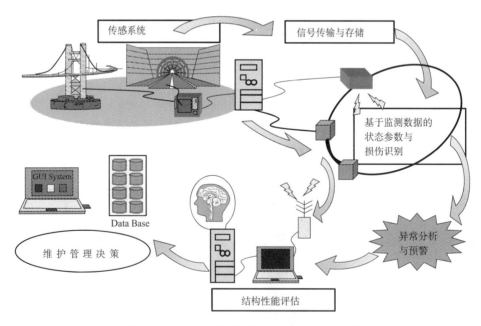

图 3.55　结构健康监测系统（SHM）的构成[39]

　　早期的结构健康监测往往只是针对一个单体结构，监测系统之间缺乏必要的联系和反馈。然而，对于城市乃至全国基础设施的管理系统，最终还需要进行结构群体的一体化综合、宏观管理。针对城市基础设施目前所面临的安全性要求高、信息化程度低、突发事件预警与应急控制能力差、服役性能退化严重、维修费用巨大等问题,通过多学科交叉融合和高新技术集成,研究并开发了基于互联网的城市基础设施结构群安全性及应急保障的健康监测系统构建技术,实现信息共享和互动与协同处理,并对结构进行损伤及安全预警和寿命预测。图 3.56 为基于互联网的城市基础设施集群综合健康监测系统概念图。

图 3.56　城市结构集群综合健康监测系统

在基础设施结构集群搭建健康监测系统的时候,不同的结构类型也有不同的系统搭建方式。作者等提出采用区域传感理念,将结构或结构群按照一定的原则分成若干个区域,每个区域进行传感监测,最后汇入总网进行综合管理。针对不同的结构分布特征,可采用单体结构、连续结构群及分散结构群的区域传感监测组网方案。对体量小且相对独立的结构,可采用单体结构的区域监测方案。道路、轻轨或隧道等较长距离的线形结构,可采用连续结构群的区域监测方案;而分散在城市各方的众多零散结构,则采用分散结构群的区域传感监测方案。不同分布特征基础设施的健康监测系统的组网搭建形式可如图 3.57 所示。这种针对基础设施集群的健康监测思想及系统设计方法已经被江苏省地方规范《光纤传感式桥隧结构健康监测系统设计、施工及维护规范》(DB32/T 2880—2016)[116]等规范或标准所采用。

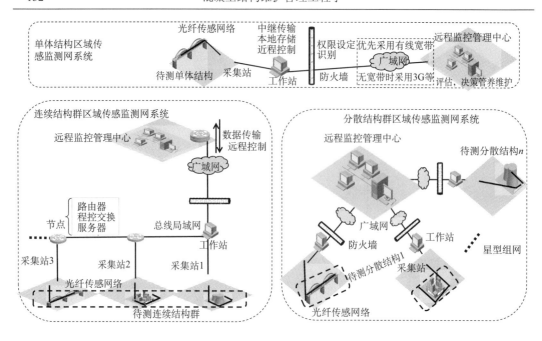

图 3.57　不同分布特征基础设施的健康监测系统组网搭建形式

3.3.6.3　结构健康监测手法

目前，在土木结构的健康监测中，根据传感的方式不同可主要分为局部传感监测、宏观整体响应监测及区域分布传感监测三种手法。

1）结构局部传感监测

局部传感监测是基于点式传感而对结构的局部进行监测并获取结构局部物理量特征的一种监测手法。点式传感是指传感器只能获取结构上较小范围内结构状态的传感方式，只表征安装传感器某点位置的状态特征，主要包括应变计、应变片、阳极梯等传感器。

局部监测手法便于对结构局部进行详细而精确的测试监控，但却存在一定的局限性，只能获得结构很局部的状态，不能得到结构整体的特征，使得其在结构的损伤识别中存在很大的问题。结构的应变是对损伤非常敏感的变量，然而"点式"的传感方式只能在布置的位置准确测出裂缝，甚至由于结构的内力重分布，导致裂缝附近位置的应变反而变小。如果裂缝超出传感器量程，会导致传感器破坏而失去传感功能。

2）结构宏观整体响应监测

结构宏观整体响应监测是一种对结构整体响应进行监测从而获取结构整体性特征的一种监测手法。比较常用的有结构的模态监测、位移监测等。结构宏观整体响应监测虽有利于获得结构的整体状态，但却无法精确到局部范围，造成其对损伤识别的敏感度偏小，无法实现结构细微损伤的识别。

基于结构加速度传感的模态监测是结构宏观整体响应监测的典型例子。其测试的精度非常高，但只反映了结构宏观和整体的状态，对结构的损伤非常不敏感。早期基于振动的结构损伤识别拟通过识别结构固有频率和固有振型的变化来探测结构的损伤，但由于局部损伤很难反映到结构的宏观物理量中，而常常无法较好地进行识别。如一根混凝土梁，通常即使梁底出现深度超过梁高一半的很大裂缝，其对混凝土梁的固有频率也只能造成约 10%的变化。显然，由损伤引起宏观变量的细微变化，较易被噪声影响而无法识别。为了解决这个问题，曲率模态等方法被相继开发出来，以提高对结构损伤的敏感性，但由于整体监测物理量的宏观本质特性，往往识别效果仍不够理想。

3）结构区域分布传感监测

随着芯片技术的发展，精度更高、体积更小、能耗更低的无线传感器被开发并应用到传感系统中。同时由于硬件价格的持续下降，无线传感器变得越来越便宜，使得大规模应用成为可能。局部监测精度高但范围小，可采用大量的无线传感器分布到结构的各个部位，从而获取比较全面的结构信息，通过传感器之间的通信和网络协议，使得传感系统能协调、协同处理，增强了结构的传感能力。

分布式无线传感的大量布设改进了局部监测的局限性，但由于局部监测和宏观整体监测的内在特性，使得传感器的大量布设并不能从根本上解决结构损伤识别中存在的问题。基于此，能兼顾局部与宏观的区域分布监测应运而生。

分布式区域传感主要可通过基于光纤和光栅的传感技术来实现。光纤根据解调技术不同，可分 BOTDR、BOTDA 等多种传感方式，但本质是针对光纤上一定的间隔点的传感来实现的。通过光纤传感，可实现大范围、长距离的分布式传感，但由于其解调技术的限制，采样频率较低，测试精度也不高，主要还是应用于静态或准静态结构的状态监测。为此，东南大学开发了基于光栅的长标距应变传感器来实现区域分布传感监测。长标距应变是结构在一定长度之内的平均应变，而传统的"点式"应变反映的是结构某一点的应变。标距内的结构应变变化都将反映到长标距应变中，随机裂缝的出现和扩展所带来的应变变化将能在长标距应变中得到准确的反映，从而被准确地捕捉。通过对结构长标距应变的动态分析，可同样获得结构的模态特征；通过结构长标距应变的分布，也可获得结构的挠度等变形特征。可见，长标距应变的监测，可对结构同时进行宏、微观的分析和识别，且长标距应变本身就是一个局部物理量，对局部损伤非常敏感，非常适用于结构的监测与健康监测。

长标距应变传感器的布设，可以实现对结构的覆盖性传感，需较多传感器，成本较高。故可在病害检查和结构易损性分析的基础上，确定结构易产生病害和损伤的区域，重点针对结构的关键区域进行区域分布监测，实现结构的高效监测与健康监测（如图3.58）。

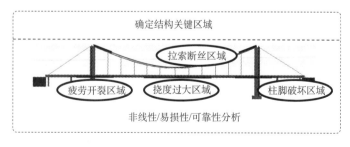

图 3.58　区域分布监测示意图

3.3.6.4 结构健康监测对结构维护管理的促进

混凝土结构在服役期间的性能退化是一个时变过程，在特殊情况和突发事件下，还可能出现性能的突然下降，结构健康监测可为结构持续地提供各方面的状态参数和性能水平信息，且在对结构劣化进行实时监测的同时，对结构的劣化进展进行比较准确的预测，不仅为预防型维护管理和事后型维护管理提供决策依据，更能为结构的预知型维护管理提供强大的技术支撑和决策依据，使得预知型维护管理成为可能。改善以往随结构使用年限的增长，综合成本快速增高而可靠性快速降低的问题，使结构的可靠性能维持在较高水平，综合成本却维持在相对较低水平，从而能够更好、更合理地对结构进行维护与管理（如图 3.59）。

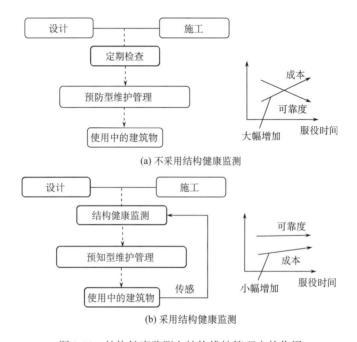

图 3.59　结构健康监测在结构维护管理中的作用

结构的健康监测与结构的检测是相辅相成的，两者手段不同但目标一致，如桥梁跨中的挠度，可根据分布式应变监测而获得实时动挠度，也可采用激光挠度仪等仪器进行检测。监测数据和检测数据可以相互验证，且很多检测项目采用健康监测手段可节省一些费用。因此，常将结构监测与检测两者并用实现对结构的检查，结合持续性的监测与间断性的检测对维护管理工作提供依据和支撑。随着健康监测技术的进一步发展，由结构健康监测完全替代结构检测的检查方式也很有可能，其将使结构检查更具自动化和智能化，为结构的高效维护管理建立基础。日本土木学会混凝土结构健康监测委员会就提出了两种健康监测方式，一种是以健康监测技术为绝对主导，全面利用健康监测技术对结构进行监测及评价的监测法（如图 3.60）；另一种是考虑结合结构健康监测技术与常规的结构检查/调查技术，对结构进行监测、测试与评价的监测法[117]（如图 3.61）。

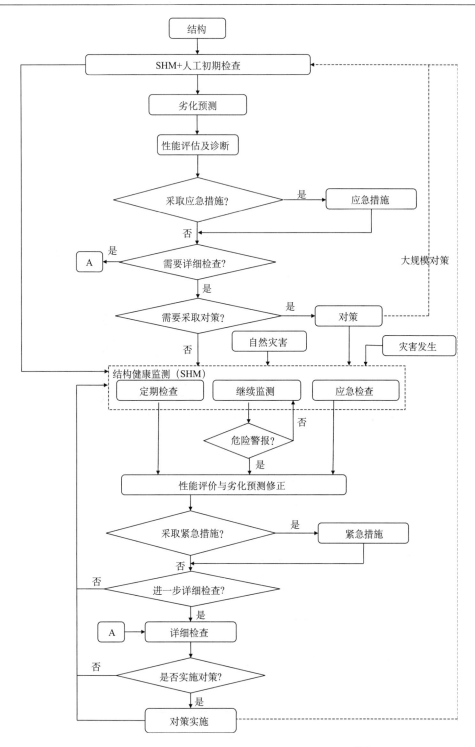

图 3.60 全面利用结构健康监测技术的监测方法[117]

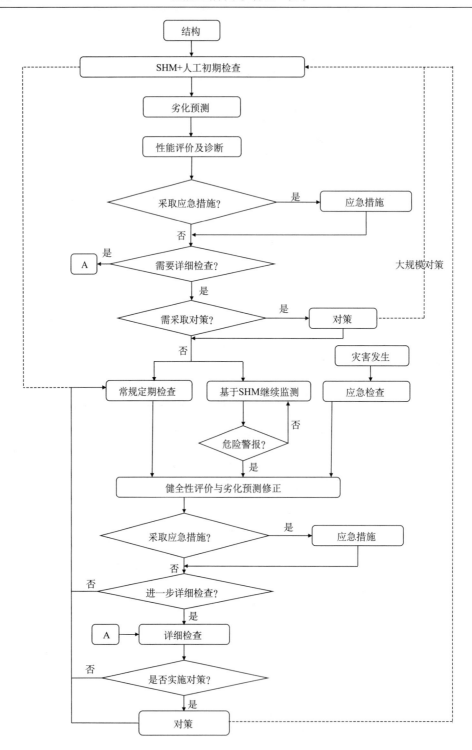

图 3.61　结合常规检查/调查技术与健康监测技术的监测方法[117]

　　结构健康监测经过几十年的发展，目前已经取得了长足的进步，并已在土木工程中得到较为广泛的应用。正如前面所述，在结构全寿命维护管理中，结构的健康监测与结构检测各有所长，互为补充，相得益彰。但相对来说，结构的检测实践时间较长，而结构健康监测与之相比，在工程界的认知程度还远远不能与其相提并论。但是结构的健康监测为我们提供了结构维护管理的新手段、新理念，其提倡的智能化、自动化更符合当今时代的发展潮流。

　　诚然，当前的结构健康监测技术尚有许多地方不尽如人意，存在着这样那样的不足之处，例如，传感器本身的耐久性和稳定性与结构长期监测之间的矛盾，传感器的传感指标与结构损伤灵敏度之间的矛盾，持续的监测与海量数据存储、处理之间的矛盾等，这些问题都需要我们逐步去解决。结构健康监测不仅仅是在结构建成后，而应在结构设计阶段就被列入考虑范畴，同时还要考虑其监测系统的搭建、导线的布设、传感器的安装、仪器的摆放位置、日后针对健康监测系统本身的维护等，推动和发展新的传感技术，开发基于监测数据的性能评估和预测的分析评估手段，推动结构健康监测技术在结构维护管理中的应用。可以预见，在不远的将来结构健康监测将大有可为。

3.3.7　荷载与环境的作用

　　混凝土工程结构在荷载及复杂环境作用下将出现不同情况的性能退化，以至于结构抗力衰退、耐久性能下降。混凝土结构的劣化过程在其劣化性质、劣化速率等方面根据实际受荷及环境条件的不同而不同。因此为了对混凝土结构的劣化程度、劣化速率等情况进行准确把握，以及对结构劣化的进程作出科学预测，有必要尽可能地对结构的荷载及环境情况进行详细和准确地调查，表 3.13 以病害特征为分类，列出了一些常见的影响因素和调查内容。（混凝土诊断技术—基础篇）

表 3.13　常见的影响因素和调查内容

病害影响	荷载条件	气象条件	土壤条件	盐分情况	其他情况
裂缝	1. 受拉 2. 受压 3. 剪切	1、气温 2、湿度 3、降水量 4、风速、风向	—	—	—
中性化	—	1、气温 2、湿度 3、降水量 4、酸性物质含量	酸性物质含量	—	雨水状况
盐害	—	1、气温 2、湿度 3、降水量 4、风速、风向	—	1、海水、飞沫 2、海水飘来的盐分 3、防冻剂的使用量	1、雨水状况 2、水分供给量

续表

病害影响	荷载条件	气象条件	土壤条件	盐分情况	其他情况
冻害	—	1、气温 2、日照量 3、冻融循环次数	1、含水率 2、地下水位	—	1、雨水状况 2、水分供给量
化学侵蚀	—	气温	侵蚀物含盐量	—	侵蚀溶液接触状况
碱骨料反应	—	1、气温 2、湿度	1、含水率 2、地下水位	1、飘来盐分含量 2、海水、飞沫 3、防冻剂的使用量	雨水状况
疲劳	往复荷载	风致振动	—	—	—

（1）荷载条件：根据工程结构的不同，确定其控制荷载和关键荷载。对于静力荷载，主要是考虑工程结构的自重、安装的设备、铺设的装饰层、附属结构等。工程结构的动力荷载一般包括行人等活动荷载、风荷载、车辆荷载等；对于动力荷载，特别是风荷载和车辆荷载，需进一步作比较详细的统计，获取其相关规律。

（2）气象条件：需要记录工程结构所在地的气温、湿度、日照情况及降水量等，在记录的时候，需要按照不同的时间点尽可能详尽地记录，比如，温度在一天内变化就可达十几摄氏度。

（3）盐分情况：空气和水中的盐分含量对混凝土结构的耐久性有很大的影响，因此应详细记录工程结构所在地的含盐情况、离海洋等的距离、从海洋飘来的盐分含量、海水的影响等；在严寒地区，需要统计该地区防冻剂的使用以及用量、持续时间等情况。

（4）土壤条件：土壤的具体情况将对混凝土结构的基础产生很大的影响，因此需对地基土层的含水情况、土壤的盐分情况等进行详细调查。

（5）其他情况：包括工程结构的给、排水情况，防水层，排水设备等情况；另外还需记录工程结构周围的化工厂分布、空气污染情况等，记录河水及地下水的 pH，土壤的污染情况，酸雨、酸雾等的发生情况。

基于详细的环境情况记录，可以对结构的耐久性和劣化情况作出比较科学的分析和预测。对于环境条件的调查，并不需要全部由自己完成。有些项目的调查可通过其他机构来获取相关数据，如工程结构所处的气象条件，可以通过气象局获取该地区每天的气温变化及风力、风向、降雨等。

4 混凝土结构的劣化机理及分析预测

4.1 引　　言

全面把握混凝土结构、构件及材料的性能退化规律是对其进行科学维护管理的前提。混凝土结构基础设施的服役时间一般都较长（如一般至少为 50 年），在此期间需承受各种各样的自然荷载（如风、雨、雪、浪、地震等）和人工荷载（如疲劳、冲击、振动等）的反复作用。不同形式的混凝土结构均具有自己的独特性，即使结构形式相同，每个混凝土结构也有自己独特的服役环境和荷载历史。因此，需针对不同类别的钢筋混凝土结构性能退化的共性机理以及个别结构的特殊损伤现象及过程，进行深入的理解和分析，方能制定出全面合理的工程维护管理策略。

混凝土和钢筋是迄今为止使用最为成功的施工材料，作为一种理想组合，被广泛应用于土木工程建设中。从力学观点来看，混凝土材料的抗压能力和钢筋的抗拉能力相得益彰；从耐久性观点来看，混凝土在各种服役条件下对钢筋提供保护，混凝土中的碱性环境可使钢筋表面钝化膜而防止钢筋锈蚀；钢筋和混凝土的膨胀系数也十分相似，如果混凝土的配合比和施工控制得当，在普通服役环境下，钢筋混凝土结构的性能退化过程应该比较缓慢，事实上几十年前建造的大量钢筋混凝土结构在其设计寿命中并没有出现明显的性能退化。但是，在恶劣服役环境（如海洋环境）或在设计阶段没有充分预计到的荷载作用的情况下，钢筋混凝土结构的耐久性随时间发生迅速退化甚至发生耐久性破坏，这就常常成为问题。我国目前正经历经济发展的高速阶段，西方国家的经验已经表明：在经济发展高速时期由于施工速度快，混凝土的施工质量往往难以得到充分保证；而一些不合格施工材料的使用（如海砂的不正确使用）更加深了钢筋混凝土结构的隐患，使其在服役期间无法满足所要求的安全和使用性能。

钢筋混凝土结构的性能退化除了和钢筋、混凝土本身的性能（如强度、密实度、水泥用量、水灰比、氯离子含量、碱含量、外加剂的使用等）及施工质量有关，还和许多外部因素作用有关。这些外部因素大致可分为三大类：环境因素、力学荷载因素、环境和力学的耦合作用因素。环境因素中往往包括多种环境因素的共同作用。混凝土和钢筋材料的劣化则可分为物理、化学、生物作用引起的劣化，这两种材料的劣化现象亦是相互关联，相互影响。图 4.1 显示了钢筋混凝土结构从设计阶段开始可能存在的劣化要因以及其和材料劣化、结构性能退化的关系。

钢筋混凝土结构建设伊始，便受到外部服役环境（如当地的宏观气候环境以及不同结构部位所受到的微观环境）的影响。混凝土的配合比设计、施工材料及施工方法的选用也需因地制宜。这些内、外因素的综合作用会对钢筋混凝土结构的长期耐久性和服役期间的性能退化产生重要影响。如何认识不同混凝土结构（如素混凝土结构、普通钢筋混凝土结构、预应力混凝土结构）及不同结构形式（如桥梁、电站、大坝、护岸、管道、房屋建筑等）的劣化特征，甄别其性能退化的症状及内在机理，以及在正确理解机理的基础上进行材料劣化和结构性能退化的准确预测，是本章所要阐述的主要内容。

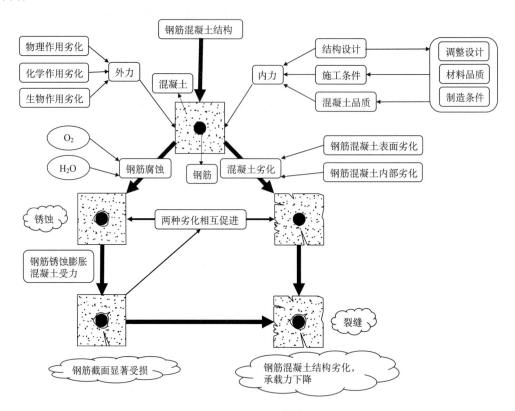

图 4.1　钢筋混凝土结构的劣化过程

　　本章的内容主要包括以下两个部分：（1）混凝土结构的各种典型劣化症状介绍及主要原因分析；（2）钢筋混凝土结构的劣化机理及与结构性能退化的关系。

4.2　钢筋混凝土结构的典型劣化症状及主要原因

4.2.1　初期缺陷

　　混凝土结构的初期缺陷包括混凝土中的初期裂缝、蜂窝、麻面、冷缝、预应力的灌注不充分等。混凝土的初期非结构性的裂缝则可能由于水泥的水化热、混凝土的干缩、浇筑模板的变形、地基沉降等各种各样的原因引起。基于对裂缝的发生位置、裂缝宽度和形态的准确把握，可以判定裂缝是否是因为初期缺陷而引起。表 4.1 和表 4.2 分别表示日本土木工程学会钢筋混凝土结构设计示方书中所概括的混凝土结构中裂缝产生的原因以及混凝土裂缝形态和诱因之间的关系。

表 4.1　混凝土结构中裂缝产生的原因

大类别	中类别	小类别	原　因
材料	混凝土原材料	水泥	水泥的异常凝结、水化热、异常膨胀
		骨料	骨料中含泥、低品质的骨料、反应性骨料、骨料中的盐分超标
	混凝土	—	混凝土中骨料的下沉、混凝土的泌水、混凝土的干燥收缩
施工	混凝土	计量	称重错误
		搅拌	搅拌不均匀、搅拌时间过长
		运送	运送过程中配比的改变
		浇筑	浇筑顺序的错误、过分快速浇筑
		抹面	抹面不充分
		养护	混凝土养护不充分
		连续浇筑	连续浇筑方式不合适
	钢筋	配筋	配筋失误、保护层不足
	模板	模板	胀模、脱模过早、模板漏水
		模板支撑	模板支撑的下陷
服役环境	物理的	温、湿度	构件两面的温湿度差、冻融循环
		磨耗	表面的磨耗
	化学的	化学作用	酸、盐的化学作用；碳化、氯离子渗透引起的钢筋锈蚀
结构/荷载	荷载	恒载	混凝土早期强度较低时的力学作用
		活载	超过设计值的外部荷载作用
		偶然荷载	超过设计荷载的外部作用
	结构设计	—	截面配筋量不足
	支座条件	—	结构物的不均匀沉降、冻土
	其他		其他

表 4.2　混凝土结构中裂缝形态和诱因之间的关系

裂缝形态		原　因				
		骨料的不恰当使用	水化热	收　缩	施　工	结构性问题
发生形状	不规则	○	×	×	○	×
	规　则	×	○	○	×	○
	网　状	○	○	○	○	○
发生时期	早龄期	○	○	○	○	×
	一定龄期以后	○	×	○	×	○

注：○表示相关；×表示不相关。

混凝土蜂窝是指混凝土的局部疏松，砂浆少、石子多、石子之间出现空隙而形成的蜂窝状孔洞。其形成原因有细骨料比率不足、工作性差、集料太大等。混凝土麻面是指混凝土浇筑后，由于空气排除不干净，或是由于混凝土浆液渗漏造成的混凝土表面有凹陷的小坑和表面不光滑、不平整的现象；混凝土冷缝指上、下两层混凝土的浇筑时间间隔超过初凝时间而形成的施工缝，由于施工不当或在施工过程中由于某种原因，在先前浇筑混凝土初凝后，继续浇筑混凝土，使前后混凝土连接处出现一个薄弱的结合面。此外，在后张法的预应力混凝土结构中，灌浆不充分往往也容易成为结构的初期缺陷。预应力孔道的灌浆对预应力筋有防腐保护作用，灌浆不充分往往是预应力筋锈蚀的原因，发现后须进行灌浆。表 4.3 描述了混凝土的早期劣化损伤和制造、施工环节的关联性。

表 4.3　混凝土结构的劣化损伤现象和施工环节的关联性

劣化损伤现象	制造施工阶段及环节								
	配合	制造	运输	支模	绑钢筋	浇筑	振捣	抹面	养护
裂缝	○	△	△	○	○	○	○	○	○
剥离	—	—	—	○	—	△	△	△	—
蜂窝	○	—	△	—	△	○	○	—	—
麻面	○	—	△	—	△	○	○	—	—
冷缝	—	—	○	—	—	○	○	—	—
跑浆	○	—	—	○	—	—	—	—	○
气/水泡	○	—	—	○	—	○	△	—	—
掉角	—	—	—	○	△	—	—	—	—
强度不足	○	—	○	—	—	△	○	—	○
保护层松动	○	—	—	△	○	○	—	—	○

注: ○表示高度相关; △表示普通相关; —表示弱相关性。

4.2.2　服役期间的损伤及劣化

　　混凝土结构服役期间的劣化原因有很多，总体可分为混凝土的劣化和钢筋的劣化两大类（如图 4.2）。混凝土材料的劣化有物理原因引起的劣化（包括干燥收缩、温度变化、疲劳、冻害和表面磨耗）、化学原因引起的劣化（包括化学侵蚀、碱骨料反应等）、生物原因引起的劣化（包括细菌侵蚀）。钢筋劣化的主要原因有混凝土的碳化和氯盐的侵蚀，混凝土劣化的表现形式大多为裂缝。混凝土保护层的剥落、混凝土的损蚀、水泥水化物的溶解析出及钢筋断面的减小，将造成结构力学性能的降低。上述因素中对结构性能影响较大的是混凝土的碳化、盐害、冻融破坏、化学腐蚀、碱骨料反应（alkali aggregate reaction, AAR）、疲劳及表面磨耗。值得注意的是，混凝土结构在地震、冲击或者超过预想的外力作用下，也容易出现裂缝或者保护层剥落，需在弄清损伤发生原因后，将这些偶然荷载作用下发生的损伤劣化和混凝土的常规劣化区分开来。表 4.4 为服役期间混凝土结构的劣化损伤现象和各种诱因之间的关联性。

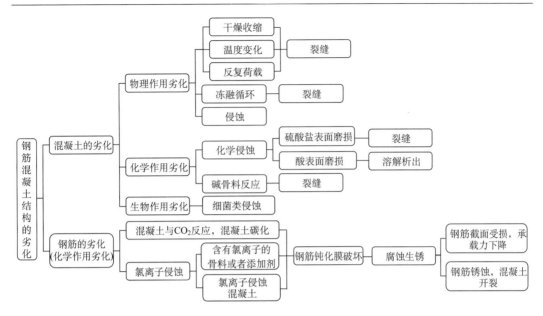

图 4.2　钢筋混凝土结构的劣化及因素

表 4.4　混凝土结构的劣化损伤现象和服役阶段中作用机理的关联性

劣化损伤现象	服役阶段的作用机理									
	盐害	碳化	碱骨料反应	冻融	化学腐蚀	疲劳	超载	热作用	沉降	地震
裂缝	○	○	○	○	○	○	○	○	○	○
表面剥离	○	○	○	○	○	△	—	△	△	△
剥落、掉角	○	○	○	○	○	△	—	△	△	△
钢筋腐蚀	○	○	△	—	○	△	—	—	—	—
钢筋断裂	△	△	△	—	○	○	—	—	△	△
钢筋锈迹	○	○	△	—	○	△	—	—	—	—
钢筋露出	○	○	—	—	—	—	—	—	—	—
漏水	—	—	—	—	—	△	△	○	△	△
材料品质劣化	△	—	○	○	○	—	—	—	—	—
变位、变形	△	△	○	—	—	△	○	△	○	○

注: ○表示高度相关; △表示普通相关; —表示相关性很弱。

4.3　钢筋混凝土结构的劣化机理判断和性能退化预测

4.3.1　概述

混凝土结构(构件)的性能退化速度会因劣化机理不同而大不相同。因此,需对混凝土结构的劣化机理进行恰当的判断和合理的推测。对结构劣化机理的判断,需结合设计资料、施工材料的使用、施工管理和检查的记录、结构的服役环境及使用条件等诸方面认真分析，并结合定期检查或长期健康诊断的结果来进行。对结构的劣化预测是基于已知的检查结果对未知的性能劣化进行预测，并根据结构服役期间需要的性能，来判断将如何采取合适对策。当劣化预测结果和实际观测到的劣化过程不吻合时，需要根据后期的若干次定期检查及长期健康诊断结果，重新对劣化预测进行修正。

钢筋混凝土结构的性能退化，是从混凝土和钢筋的材料劣化开始。所以，对结构性能退化过程预测的前提是对混凝土和钢材的劣化全过程的准确把握。当然，考虑到荷载、环境影响的复杂性，对上述全过程进行定量预测具有相当的挑战性，仍需进行大量的研究。但定性而言，对于所有的劣化机理，钢筋混凝土的结构性能退化可分为潜伏期、进展期、加速期及劣化期四个阶段，对不同的阶段需采取不同的劣化理论模型，对各个阶段的时间间隔及劣化状态分别进行预测。混凝土结构的劣化主要由下列因素引起。

混凝土碳化：是指当空气中 CO_2 扩散到混凝土内部，消耗水泥水化产物中的氢氧化钙（Ca（OH）$_2$），生成碳酸钙（$CaCO_3$）和水，导致混凝土的 pH 值持续下降，继而引起钢筋表面脱钝，钢筋发生锈蚀及体积膨胀，致使混凝土保护层开裂、剥离最终导致结构使用性能和承载力的下降。

盐害：是指混凝土中氯离子浓度超过某一临界值引起保护层钢筋的锈蚀，导致混凝土保护层开裂，使混凝土结构的使用性能和承载力下降。混凝土中的氯离子来源于混凝土的原材料（如含盐的海砂）以及外部的环境（如海水、海雾、海风及除冰盐等）。

冻融破坏：是指混凝土结构中的自由水分在低温下结冰而体积膨胀，在冻结和融化的反复作用下，使混凝土从表面开始劣化，产生微裂缝，从而引起表面胀裂及剥落。

化学侵蚀：是指硫酸盐、氯盐、腐蚀性气体等酸性物质接触混凝土后，分解混凝土的水化产物或者生成膨胀型化合物的劣化现象。在普通服役环境中一般不会发生，但位于温泉或酸性河流地区的结构（如下水道、化学工厂等）会有化学侵蚀问题。酸蚀会引起水泥水化产物的分解、混凝土的软化、砂浆基体和骨料界面的黏结能力丧失，造成混凝土表面部位水泥砂浆的流失和粗骨料的暴露及脱落，从而引起混凝土断面的减少。

碱骨料反应（alkali aggregate reaction, AAR）：是指混凝土中的碱性细孔溶液和骨料中的反应性矿物组分产生反应，从而引起混凝土的不均匀膨胀，导致混凝土的开裂破坏。AAR 形成的裂缝一般在骨料周围沿 120° 方向分布，裂缝发展会相连成龟甲状。在配筋混凝土结构中，由于钢筋对裂缝的约束作用，AAR 引起的裂缝许多情况下会有明显的方向性。

疲劳破坏：是指混凝土结构在反复荷载作用下引起损伤积累及破坏。混凝土结构中的疲劳破坏更多情况下受钢筋的疲劳所控制。混凝土结构的疲劳劣化和构件的类型以及反复作用的荷载种类、大小、频率有关。尤其是公路桥的钢筋混凝土桥面板在重复荷载作用下容易产生裂缝扩展，最终导致结构性能的疲劳劣化。

表面磨耗：混凝土结构的表面磨耗包括机械磨耗、冲刷磨耗及空蚀磨耗等。道路铺装、机场跑道、河流桥墩、港口设施、大坝以及其他一些水利设施，在车轮的长期机械摩擦或水流冲刷的作用下，混凝土断面会出现缺损状态。水工混凝土排洪结构物受水流速度和方向改变形成的空穴冲击作用会造成混凝土表面空蚀磨耗。

　　混凝土结构在表层或内部劣化后，水分和氧气会加速进入混凝土结构内部，导致钢筋锈蚀。另一方面，钢筋一旦劣化，钢筋锈蚀量的增加会导致钢筋周围膨胀压力的增大，从而在混凝土中产生裂缝，裂缝的产生又进一步导致了有害物质的侵入，这样的恶性循环将导致钢筋的腐蚀和混凝土结构力学性能退化的加速进行（参照图 4.1）。

4.3.2　劣化机理的推定

　　在发现混凝土结构劣化症状时，通常从外部原因、变化特征以及劣化指标来进行劣化机理的推断。劣化指标可用来评价劣化的进行程度，是结构的详细调查中必须进行的项目。表 4.5 列举了混凝土结构在不同劣化原因下所需评价的劣化指标。

表 4.5　混凝土结构劣化的机理、原因及劣化指标的关系

劣化机理	劣化原因	劣化指标
碳化	CO_2	碳化深度；钢筋腐蚀量
盐害	Cl^-	Cl^- 浓度；钢筋腐蚀量
冻害	冻融循环	冻害深度；钢筋腐蚀量
化学侵蚀	酸性物质，硫酸根	酸性物质；硫酸根的渗透深度；碳化深度；钢筋腐蚀量
AAR	反应性骨料	膨胀量；裂缝
RC 板的疲劳	车辆的反复荷载	裂缝的密度；板的变形
表面磨耗	磨耗	磨耗量；磨耗速度

　　即使是新建钢筋混凝土结构，也需要根据将来可能发生的劣化机理来制定相应的维护管理方法，劣化机理的预测可以从结构的外部服役环境来确定（表 4.6）。

表 4.6　钢筋混凝土结构的外部服役环境及推定的劣化机理

结构外部环境		推定的劣化机理
地区划分	沿海地区	盐害
	寒冷地区	冻害；盐害
	温泉地区	化学侵蚀
服役环境及使用条件	干湿循环	AAR；盐害；冻害
	除冰盐的使用	盐害；AAR
	疲劳荷载	疲劳；表面磨耗
	CO_2	碳化
	酸性水	化学侵蚀
	流水、车辆行走	表面磨耗

　　已有的钢筋混凝土结构一般可从外部环境断定结构的劣化机理，但有时也需要从结构内部找原因。在过去的结构设计中，对耐久性设计的认识不足，使用材料的规定可能没有现在严格。因此，需要结合当时混凝土材料的配合比、设计规范及施工方法综合判

断结构的劣化，同时还要检查当时的施工记录，查看混凝土的浇筑、养护、保护层厚度是否达到设计要求，这些可能存在的混凝土内部缺陷也会引起结构性能的劣化。

在对结构劣化的外部原因进行宏观分析以及对内在原因的详细调查的基础上，可进一步比较劣化的症状，从而确定劣化的机理，为材料性能劣化及结构性能退化的预测打下基础。常见劣化机理对应的混凝土劣化的外观症状如下。

（1）碳化：混凝土顺筋开裂、混凝土保护层剥离；

（2）盐害：混凝土顺筋开裂、有锈斑、混凝土或钢筋截面缺损；

（3）冻害：混凝土中微小裂缝、表面脱落、表面鼓出、变形；

（4）化学侵蚀：混凝土变色、混凝土剥离；

（5）AAR：混凝土膨胀裂缝（龟壳形状或沿约束方向裂缝）、变色、反浆；

（6）钢筋混凝土板的疲劳损伤：格子状裂缝、角部混凝土脱落、出现游离石灰；

（7）磨耗：砂浆的缺失、粗骨料的露出、混凝土截面缺损。

4.3.3　混凝土碳化引起的劣化

4.3.3.1　机理

正常情况下，混凝土具有防止钢筋锈蚀的能力，因为普通水泥水化后形成的 $Ca(OH)_2$ 是强碱性物质，其 pH 在 12 以上，在此环境下，钢筋表面形成一层稳定而致密的钝化膜。该钝化膜对腐蚀性的介质具有有效的隔离作用，使钢筋得到有效保护。但是，当外界因素使混凝土的 pH 向 8.5~10 区段接近时，已生成的钝化膜开始进入不稳定状态并逐渐开始破坏，钢筋表面出现"脱钝"现象，逐渐丧失对内部钢筋的保护作用。

如图 4.3 所示，混凝土碳化的过程就是空气中 CO_2 通过扩散进入混凝土内部孔隙，消耗水泥水化产物 $Ca(OH)_2$ 生成 $CaCO_3$ 的过程。碳化专指由于碳酸造成的，由其他酸性物质引起的碳化，常常归于化学侵蚀范畴。混凝土碳化的反应方程式如下：

$$Ca(OH)_2 + CO_2 \longrightarrow CaCO_3 + H_2O$$

由于 $Ca(OH)_2$ 的持续消耗，混凝土的 pH 持续下降，到一定的程度时将引起钢筋表面的脱钝。通常情况下，钢筋表面的电位是不均匀的，沿钢筋长度方向具有电位差。当混凝土保护层被完全碳化后，空气中的氧气通过溶解渗透作用达到钢筋的铁基体表面，形成电化学作用，诱发钢筋锈蚀，造成破坏。这种破坏模式的反应式如下：

阳极反应：　$Fe \longrightarrow Fe^{2+} + 2e^-$

阴极反应：　$O_2 + 2H_2O + 4e^- \longrightarrow 4OH^-$

总反应：　　$Fe + O_2 + H_2O \longrightarrow Fe(OH)_2$

钢筋的锈蚀产物可因氧化程度不同呈现不同的化学组成，如 $Fe(OH)_3$、$Fe(OH)_2$、Fe_2O_3、Fe_3O_4、$Fe(OH)_3 \cdot 3H_2O$ 等，这些产物形成后体积均会膨胀，对周围混凝土造成很大的膨胀力，即通常所谓的钢筋锈胀作用。钢筋锈蚀通常从局部点蚀开始，数量逐步增多并扩展，最终形成大片的钢筋锈蚀，钢筋保护层剥落（如图 4.4），结构承载力降低。通常情况下，当环境相对湿度处于 70%～80% 时最利于电化学反应发生。

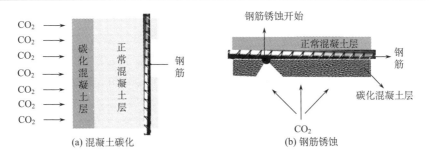

图 4.3 混凝土碳化及引起的钢筋锈蚀机理示意图

图 4.4 混凝土碳化引起钢筋锈蚀的照片

4.3.3.2 混凝土碳化的影响要因素

混凝土碳化的速度取决于混凝土保护层的厚度、混凝土的抗渗性、混凝土的含气量、空气湿度、二氧化碳浓度等多种因素，混凝土自身的抗渗透性对碳化速度具有决定性的影响。除了混凝土自身的品质外，混凝土的碳化还受气温、湿度、除冰盐等诸多复杂因素的影响。从材料角度来看，用高炉矿渣水泥时，随着矿渣使用含量的增加，火山灰反应会消耗混凝土中的 $Ca(OH)_2$，从而使混凝土的碳化反应增加；当使用透气性较高的骨料时，CO_2 的扩散速度加快，也会造成混凝土碳化速度的增加。当混凝土保护层较厚或者有表面保护处理的情况下，CO_2 的渗透会受到抑制，混凝土碳化会比较困难。而当混凝土中有孔洞、蜂窝及冷缝的情况下，混凝土的碳化则会得到促进。混凝土碳化的主要原因是 CO_2 通过混凝土中的孔隙（直径 2nm～1μm），当混凝土用水量越大，就会有更多的粗孔，因此水灰比越大，混凝土的碳化就越容易。从混凝土的外部环境来看，在气温和湿度比较高的地区，海洋环境下及使用除冰盐的场合，混凝土的碳化也比较容易发生。碳化的速度在湿度为 50%~60%时最高，湿度的进一步升高会减小碳化的速度，而气温的升高会增加碳化的速度。飞来盐分也会消耗混凝土中的 $Ca(OH)_2$，使混凝土内部 pH 降低，所以在海洋环境及使用除冰盐的地区，混凝土碳化的进行速度会增快。随着混凝土碳化的进行，水泥水化产物中固化的盐分会溶解在混凝土孔溶液中，变成自由氯离子，而向混凝土内部扩散；向内部扩散的自由氯离子在碱性环境中重新固化，但随混凝土碳化又变成自由氯离子向内部扩散，上述过程的循环使混凝土中氯离子浓度发生浓缩现象，从而加速盐害的进展。

4.3.3.3　混凝土碳化引起钢筋锈蚀的过程和预测方法

预测碳化引起的劣化需要基于观察的结果。如果没有观察结果，预测则需要根据混凝土的质量记录和结构的服役环境进行，并考虑合适的安全度。混凝土碳化主要引起内部钢筋的锈蚀，关于碳化引起的混凝土强度或干缩带来结构损伤的现象鲜有报道。碳化引起的钢筋锈蚀及结构劣化过程可分为 4 个阶段：初始阶段、发展阶段、加速阶段及劣化阶段。在初始阶段，混凝土碳化至钢筋位置，其时间长度主要取决于碳化的速度；发展阶段指钢筋的起始锈蚀到混凝土表面裂缝的产生，其时间长度计算依赖于钢筋的锈蚀速率以及腐蚀引起混凝土裂缝中的锈蚀物的数量；加速阶段指裂缝引起锈蚀速度的加快，其时间长度计算依赖于开裂混凝土中钢筋的锈蚀速度；劣化阶段指钢筋的锈蚀引起了结构承载力和其他性能的显著降低，其时间长度和锈蚀后结构性能综合评估有关。由于每一阶段对应于结构的某一状态，劣化的预测需估计每一阶段的发展时间。图 4.5 显示了一般混凝土碳化过程及规律。

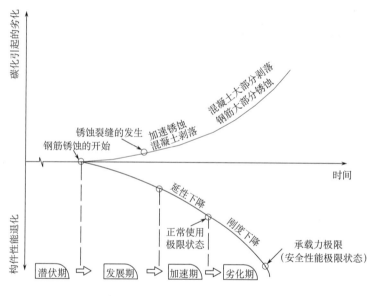

图 4.5　混凝土碳化过程及规律

混凝土碳化到钢筋表面后，钢筋表面钝化膜发生破坏，当有氧气和水分存在时，钢筋开始锈蚀，其力学性能开始变化，钢筋的承载能力与钢筋的腐蚀量关系最为密切。关于钢筋腐蚀量的计算，有两种模型：一种是基于电化学原理的理论模型；另一种是通过对试验资料拟合得到的经验公式。一般而言，理论模型原理上较为合理，而经验公式应用上更为方便。钢筋锈蚀试验表明：混凝土中钢筋的锈蚀速度与结构所处的环境、混凝土保护层厚度、混凝土强度及钢筋直径有关。目前钢筋腐蚀的电化学快速测定方法以及红外检测技术已有了较大的发展。

钢筋锈蚀到一定程度后，锈蚀产物产生的膨胀压力将会使混凝土保护层发生顺筋开裂，从而使钢筋的锈蚀速度进一步加大，钢筋和混凝土之间的黏结强度降低。因此，钢筋锈蚀引起混凝土顺筋开裂的临界锈蚀量是一个关键量。混凝土顺筋开裂时临界锈蚀量的确定方法，可分为弹性力学法、断裂力学法、有限元法和实验统计法。一般认为，混凝土顺筋开裂的临界锈蚀量与混凝土抗拉强度、混凝土保护层厚度及钢筋直径有关。

目前发展相对成熟的是钢筋表面脱钝的时间预测，而混凝土碳化深度的经典预测方法是基于 Fick 第一扩散定律的碳化模型，这一模型认为混凝土的碳化深度与时间的平方根成正比，目前已被大量室内试验和工程现场调查资料所证实，式（4.1）是预测混凝土碳化深度的一般表达式：

$$x_c(t) = W(t) \cdot k \cdot \sqrt{t} \tag{4.1}$$

公式中，$x_c(t)$ 为时间 t 时的混凝土碳化深度（mm），t=碳化时间（year），$W(t)$ 为气候影响系数（如考虑混凝土表面的干湿变换），k 为考虑混凝土材料特性、施工质量、混凝土湿度等的影响系数，有学者[118]将其表示为

$$k = \sqrt{2k_e \cdot k_c \cdot R^{-1}_{NAC,0} \cdot C_s} \tag{4.2}$$

公式中，k_e 为环境影响系数（无量纲），k_c 为混凝土执行系数（无量纲），C_s 为空气中的 CO_2 浓度，$R^{-1}_{NAC,0}$ 是根据 t_0 时间的碳化深度反算出的有效碳化系数 [（mm^2/year）/（kg/m^3）]。

由于混凝土碳化是个随机过程，且受很多参数的影响，也有学者建立有关混凝土碳化的专家系统和大型数据库，旨在通过已收集的大量试验、工程调查数据，利用人工神经网络原理来模拟专家分析问题和处理问题的方法，模拟混凝土的碳化过程和规律。

4.3.4 盐害

4.3.4.1 机理

混凝土结构中的盐害是指混凝土中积累的氯离子浓度达到一定值后，钢筋表面的钝化膜遭到破坏（如图 4.6）。由于锈蚀产物的体积膨胀使混凝土中产生裂缝从而导致混凝土保护层脱落、钢筋直径减少（如图 4.7）。使钢筋发生腐蚀的混凝土中的临界氯离子含量受很多因素（如混凝土的孔溶液的化学环境、矿物添加料、阻锈剂的使用、钢筋混凝土之间的界面条件等）的影响，可以用游离氯离子含量、总氯离子含量、[Cl⁻]/[OH⁻]或[Cl⁻]/[H⁺]来表示。世界各国标准一般对混凝土中界限氯离子浓度均有规定。我国《混凝土结构设计规范》[53]及《混凝土结构耐久性设计规范》[22]根据环境等级不同，规定了设计使用年限为 50 年的混凝土最大氯离子含量（用单位体积混凝土中氯离子与胶凝材料的重量比表示）对普通钢筋混凝土的构件取值在 0.1%～0.3%，而对预应力混凝土结构要求则更为严格，取值为 0.06%。对于设计年限为 100 年的混凝土结构，则要求按相应环境及用途将耐久性作用等级提高一级设计。

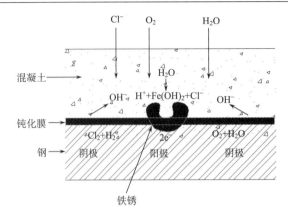

图 4.6　盐害机理

图 4.7　盐害实例

4.3.4.2　混凝土盐害的影响要因

　　混凝土的盐害往往和含有氯离子骨料（如海砂）的不当使用、海洋环境下的氯盐以及除冰盐的使用有关。从材料角度看，水泥、骨料、掺合料中的氯离子超标时，盐害的程度会更为严重。而高炉矿渣水泥的使用往往使混凝土的孔隙结构更致密，抗盐害能力较强。从施工和设计角度来看，混凝土保护层厚度的设计不当和混凝土表面处理不当是混凝土盐害产生的原因。对混凝土实施表面涂层保护以及增大混凝土保护层厚度可以帮助混凝土抑制氯离子渗透，使盐害发生的可能性降低。施工中混凝土的不当养护或冷缝的不当处理亦会使混凝土存在初始缺陷，从而促进氯离子的渗透。混凝土水灰比较大时，混凝土的致密性会变差，混凝土中氯离子的扩散会变得更容易。海上有飞来盐分及使用除冰盐的地区会更容易发生盐害。值得注意的是，混凝土的盐害和混凝土的碳化及冻害存在复合劣化的可能。

4.3.4.3　氯离子渗透引起钢筋锈蚀的过程和预测方法

　　钢筋混凝土的盐害劣化通常分为以下四个阶段（如图 4.8）。

　　（1）潜伏期：指钢筋位置的混凝土中的氯离子浓度尚未到达引起钢筋腐蚀的临界值的阶段。在结构外观上看不出劣化症状，钢筋位置的混凝土中氯离子浓度在临界值以下。

（2）进展期：钢筋的锈蚀开始到混凝土表面腐蚀裂缝发生的期间，从外观上仍然看不到劣化症状，钢筋位置的混凝土中氯离子浓度在临界值以上。

（3）加速期：混凝土表面腐蚀裂缝发生，造成钢筋腐蚀速度增加。在前期看到腐蚀裂缝的发生以及锈迹，后期会看到裂缝的增加以及部分混凝土保护层的剥离和剥落。

（4）劣化期：钢筋腐蚀的增加带来构件承载能力的下降阶段。腐蚀裂缝进一步增多，裂缝宽度进一步增大，钢筋锈迹四处可见，在混凝土保护层剥落的同时，构件的变形增加。

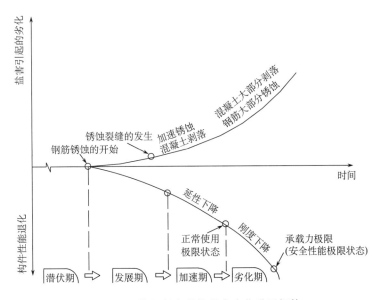

图 4.8　钢筋混凝土结构盐害劣化进展规律

目前，对于潜伏期时间段的预测的工作开展最多。通常是基于 Fick 第二定律，用以下的公式来预测混凝土内某一位置混凝土中氯离子（Cl⁻）浓度：

$$C(x,t) = C_0 \left(1 - erf \left(\frac{0.1x}{2\sqrt{D_{ap}t}} \right) \right)$$

公式中，$C(x, t)$ 为距离混凝土表面 x 位置在 t 时刻的氯离子浓度（kg/m³）；C_0 为混凝土表面的氯离子浓度（kg/m³）；x 为计算点到混凝土表面的距离（mm）；D_{ap} 为氯离子的名义扩散系数（cm²/year）；t 为结构从服役开始到检测时的时间间隔（year）；erf 为误差方程：

$$erf(s) = \frac{2}{\sqrt{\pi}} \int_0^s e^{-\eta^2} \, d\eta$$

公式中，s 代表积分到的分值；η 代表积分变量。

实际工程中亦可采用钻芯取样的方式，获得混凝土中氯离子浓度分布图，从而根据上述方程回归出表面氯离子浓度和名义扩散系数，用来预测结构调查以后的氯例子扩散情况。由于混凝土内部微结构随时间发生变化（如水泥水化的发展），已有研究者[31]用下述表达式考虑扩散系数的时间依存性：

$$D(t) = D_0 \left(\frac{t_0}{t} \right)^m$$

公式中，$D(t)$ 为 t 时刻的混凝土扩散系数；D_0 为 t_0 时刻的扩散系数；m 为老化系数。考虑上述扩散系数的变化，混凝土中氯离子浓度分布可用如下方程表示[30]：

$$C(x,t) = C_s \left[1 - erf \left(\frac{x}{2\sqrt{\dfrac{D_0(t_0)^m}{1-m}\left((t)^{1-m} - (t_{ex})^{1-m}\right)}} \right) \right]$$

公式中，t_{ex} 为混凝土开始暴露的时刻。

　　此外，表面氯离子浓度并不是恒定值，亦可能随混凝土的表面结构及应力水平的变化而改变[119]，当考虑表面氯离子的时间依存性时，求解则更为复杂，一般需要利用分部求解的方法。当考虑氯离子渗透的随机不确定性时，可使用蒙特卡罗方法来获得钢筋位置到达临界氯离子浓度的概率[120]。

4.3.5　冻融对混凝土结构的劣化破坏

4.3.5.1　机理

　　冻融破坏（冻害）是在寒冷的地区，混凝土在外部温差及日照的反复作用下，其内部水分在负温条件下，发生冻结膨胀而引起混凝土开裂及剥离的现象。如图 4.9 所示，混凝土受冻破坏的原因是水分结冰膨胀以及伴随的水分迁移形成的渗透压作用。通过孔隙进入混凝土内部的水分，在冻结时，会产生约 9% 程度的体积膨胀，当混凝土内部孔隙不能吸收上述体积膨胀时，会对水分的膨胀产生约束，这种约束力会引起混凝土的开裂、剥离、脱落（图 4.10）。当水分中含有盐分时，冻害破坏作用会显著加剧。冻害所产生的混凝土表面裂缝是由混凝土自身膨胀引起，和混凝土的碳化及盐害中钢筋腐蚀产生混凝土裂缝的机理不同。

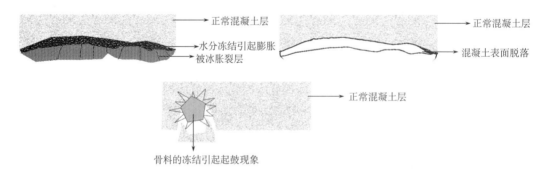

图 4.9　混凝土结构的冻融破坏机理

图 4.10 混凝土结构的冻融破坏

4.3.5.2 冻融破坏的影响因素

低气温及水分的供给是混凝土冻融破坏发生的主要原因。从材料角度来看，使用吸水率高的骨料会更容易产生冻融破坏。混凝土添加剂若不能产生合适的孔隙间距，就不能缓和水分冻结所带来的膨胀压力，冻害也容易发生。当混凝土采取表面保护防止水分的侵入时，冻害风险可大大减少。在混凝土硬化过程中，如果没有正确养护，温度的降低会对冻害产生显著影响。混凝土中的冷缝的不当处理也会促进水分的渗入，从而加剧冻害的进程。从环境来看，最低气温、日照量以及水分的供给是冻害发生的原因。零度以下的气温、干湿循环频繁的场合，冻害发生的可能性升高。混凝土的冻害和碱骨料反应可能会形成复合劣化，碱骨料反应和冻害的复合作用初期会在混凝土中产生裂缝，从而使混凝土内部水分的供应更加容易，水分的移动会促进复合劣化。

4.3.5.3 冻融破坏进展过程及预测

混凝土的冻害从进展期开始变的突出，混凝土裂缝、剥离、剥落、松动等异变开始发生，其劣化进展规律如图 4.11 所示。

（1）潜伏期：劣化症状尚未显现的时期。混凝土虽然遭受冻融作用，但性能并未降低，结构初期性能的健全性仍旧保持；有轻微的混凝土裂缝（裂缝宽度在 0.2 mm 以下），仅仅混凝土表皮发生一些轻微剥落。

（2）进展期：混凝土的表面劣化进一步进展，但钢筋尚未腐蚀的阶段。冻害深度较小，构件刚度几乎没有变化，钢筋也未发生腐蚀，但混凝土美观受到影响，裂缝等症状开始显著，混凝土的酥松扩展到约 10～20mm 的深度。

（3）加速期：粗骨料露出、剥落等混凝土的劣化严重，钢筋开始发生腐蚀并加速的时期。混凝土冻害深度增大，混凝土保护层剥落等对第三方有影响，钢筋附近的混凝土发生裂缝、松动、剥落、软化，混凝土的疏松扩展到30mm 的深度。

（4）劣化期：混凝土的冻害劣化深度超过保护层厚度，混凝土的剥离变得显著，脆弱部位也变深，构件承载力下降显著，钢筋腐蚀严重，危及结构的使用和安全性能的阶段。

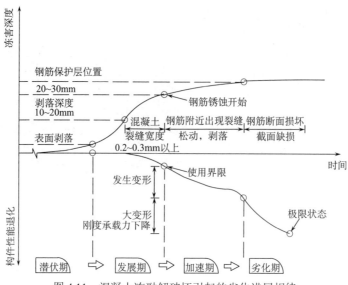

图 4.11　混凝土冻融解破坏引起的劣化进展规律

4.3.6　化学腐蚀

4.3.6.1　机理

化学腐蚀是指伴随腐蚀性碳酸、硫酸、硫酸盐等成分引起的化学反应、水泥水化物出现分解以及膨胀性化合物的生成，引起混凝土由表至里的劣化现象。前文提及的混凝土碳化事实上也是一种化学腐蚀现象，但由于它和钢筋腐蚀有直接的关联，混凝土的碳化程度也是钢筋腐蚀的重要判据，所以一般单独考虑。硫酸所引起的劣化，是污水管道中或者温泉地的土壤中含有的硫磺成分在空气中氧化，在细菌的促进作用下形成硫酸，使水泥水化物分解以及粗骨料露出，随着劣化的进行，骨料会出现脱落的现象。硫酸根引起的劣化，在有海水的浪溅区或者有飞来盐分作用的海岸线防护设施，与含硫酸盐较多的土壤接触的结构物中比较常见。硫酸根会和混凝土中的 $Ca(OH)_2$ 起反应，生成具有膨胀性能的钙矾石，引起混凝土的剥离及剥落（如图 4.12）。

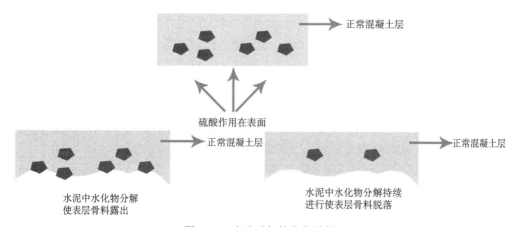

图 4.12　硫酸引起的劣化过程

　　硫酸盐腐蚀混凝土的过程比较复杂，但总体上看，主要由硫酸盐和混凝土中的 Ca（OH）₂反应生成石膏（硫酸钙）的过程以及石膏和水化铝酸钙反应生成水化硫铝酸钙（钙矾石）的过程两部分构成，其中又包含了许多次生的过程（如图 4.13）。

　　混凝土发生硫酸盐腐蚀破坏表现的特征为表面发白，损害从棱角处开始，随后裂缝开展并造成混凝土表面剥落，最终使混凝土成为一种易碎，甚至松散的状态（如图 4.14）。硫酸盐腐蚀的速度随其溶液的浓度增大而加快。如果混凝土处于干湿循环的状态，将有利于生成物的溶出和反应物的渗入，干缩湿胀的作用则会加剧硫酸盐腐蚀。

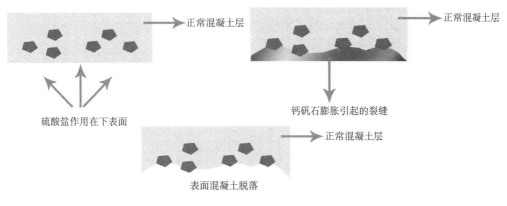

图 4.13　硫酸盐引起的劣化过程

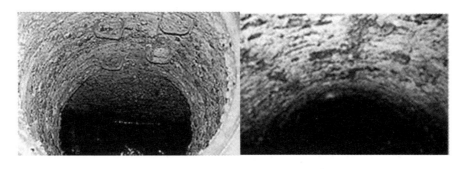

图 4.14　硫酸盐腐蚀现象

4.3.6.2　化学腐蚀的影响因素

　　从材料角度来看，水泥和骨料的成分是化学腐蚀发生的原因。水泥中含铝酸三钙的成分越多，膨胀性的钙矾石的生成量就越多，化学腐蚀的程度就越严重。使用石灰岩骨料的场合，容易发生酸解，从而增大化学腐蚀的影响。混凝土的表面防护以及增大保护层厚度可以抑制腐蚀性物质的侵入，从而减少化学腐蚀的影响。混凝土的麻面或者冷缝会加速化学腐蚀物质的侵入，化学侵蚀性物质一般是通过混凝土中直径为 2nm～1μm 的孔隙进入，混凝土的水灰比增大会带来侵蚀速度的增加。从环境因素来看，腐蚀性物质的浓度及温度越高的场合，化学腐蚀的速度越快。有温泉地、酸性的河流、酸性土壤的地区容易发生化学腐蚀。

4.3.6.3　化学腐蚀过程及预测

化学腐蚀在进展期间劣化逐渐显现，出现截面缺损、挠度和变形增加等症状，其劣化进展规律如图 4.15 所示。

（1）潜伏期：劣化症状还没有显现的时期。混凝土保护层受到化学腐蚀作用开始变质，但混凝土本身的品质没有实质性变化，混凝土的美观受到影响。

（2）发展期：混凝土表面劣化进行，但钢筋尚未腐蚀的时期。部分混凝土可能发生缺损，构件的承载力及整体性开始降低。

（3）加速期：混凝土的劣化进一步加剧的时期。钢筋的腐蚀得到发展，钢筋断面受损增加，混凝土的断面缺损开始变得显著，构件的延性降低。

（4）劣化期：混凝土截面缺损以及钢筋的截面减少的时期。构件的承载力显著降低，混凝土化学腐蚀深度超过混凝土保护层厚度，钢筋的腐蚀使结构的使用和安全性能受到影响。

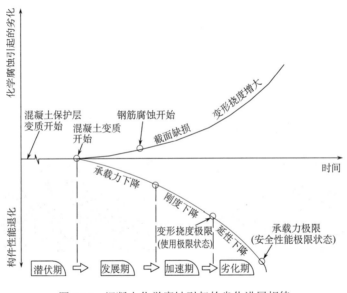

图 4.15　混凝土化学腐蚀引起的劣化进展规律

4.3.7　碱骨料反应

4.3.7.1　机理

碱骨料反应是混凝土原材料（主要是水泥、活性掺合料和外加剂）携带的在混凝土细孔溶液中的可溶性碱，在有水的作用下和骨料中含有的碱活性物质（包括蛋白石、玉髓、方石英、石英等典型的硅矿物）或火山灰间发生的反应（如图 4.16）。这种反应会在骨料界面，有时也可能在裂隙内，生成可吸水膨胀的硅碱凝胶或晶体，使混凝土发生膨胀开裂（如图 4.17）。一般把碱骨料反应分为两类：一类是碱-硅酸反应，是指碱和骨

料中的活性 SiO_2 发生反应，生成碱硅凝胶，吸水后导致混凝土膨胀或开裂。另一类是碱-碳酸盐反应，是指碱与骨料中的微晶白云石反应生成水镁石和方解石晶体，使骨料膨胀，进而使混凝土膨胀开裂、剥落。

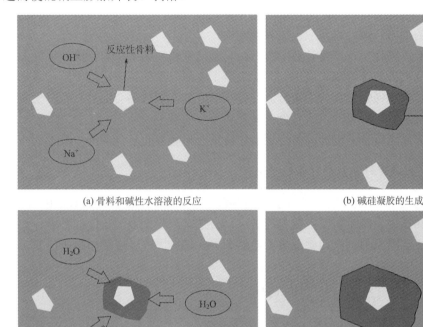

(a) 骨料和碱性水溶液的反应　　　　　　　(b) 碱硅凝胶的生成

(c) 碱硅凝胶吸水膨胀　　　　　　　(d) 膨胀压力引起混凝土中裂缝的发生

图 4.16　混凝土碱骨料反应机理

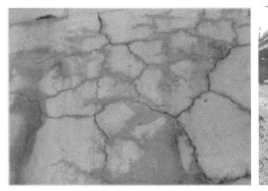

(a) 混凝土碱骨料反应　　　　　　　(b) 碱骨料反应引起混凝土桥墩劣化

图 4.17　混凝土碱骨料反应引起的劣化

4.3.7.2　混凝土碱骨料反应的影响因素

我国在 20 世纪 80 年代后期，作为利用工业废料和节能措施，将高碱窑灰掺入水泥中作为一项先进措施在全国推广，使我国国产水泥含碱量大大增加，而且部分地区的水泥熟料含碱量较高。特别值得注意的是，我国自 20 世纪 70 年代后期以来使用硫酸钠作为水泥混凝土早强剂，而除冰盐则多采用硝酸钠、亚硝酸钠、碳酸钾等，这些盐类中的可溶性钾、钠离子将大大增加混凝土的总碱量，从而加剧碱骨料反应对工程结构的损害。在海砂利用较多的地方，碱骨料反应也更容易发生。

从材料角度看，碱骨料反应是骨料中含有带有碱活性物质的安山岩、流纹岩等火山岩系列角岩以及硬质砂岩等堆积岩而引起。对混凝土表面保护的越好，越能防止水分和碱离子的侵入以及抑制碱骨料反应的进行。混凝土冷缝等初期缺陷会促进碱骨料反应的进行。从环境角度来看，水分的供给是促进碱骨料反应的最主要原因。此外，碱骨料反应引起的裂缝会促进氯离子的侵蚀，需注意碱骨料反应和盐害的复合劣化作用。

4.3.7.3　混凝土碱骨料反应的过程及预测

在碱骨料反应发生时，目前混凝土的膨胀程度以及今后其膨胀速度对选取相应的对策起到至关重要的作用。碱骨料反应的急速进展，会带来混凝土裂缝宽度的扩大、数量的增加，从而造成混凝土的剥离和剥落等变异的产生，其劣化进展规律如图 4.18 所示。

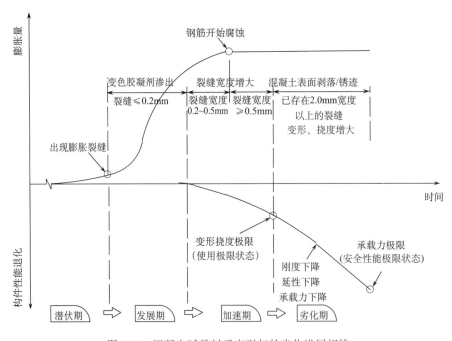

图 4.18　混凝土碱骨料反应引起的劣化进展规律

（1）潜伏期：混凝土膨胀还没有出现的时期。在外观上看不到碱骨料反应发生的迹象。

（2）发展期：在水分和碱的供给下，膨胀持续进行的时期。碱骨料反应导致混凝土裂缝的发生、变色以及化学物质渗出。

（3）加速期：混凝土膨胀速度达到最快的时期。碱骨料反应导致混凝土裂缝的进一步发展，裂缝的数量、宽度、密度都增加。

（4）劣化期：混凝土的剩余膨胀量几乎为零的时期。发生了很多混凝土裂缝，结构表面出现段差、错位；混凝土保护层出现部分剥离、剥落；钢筋的腐蚀开始进行，能看到锈迹，结构的变形增大。

4.3.8　表面磨耗破坏

4.3.8.1　机理

水泥的水化产物在水中并非是不溶物质，当混凝土长期接触水时，水泥水化产物中的钙离子等也会溶解析出，当混凝土表面的钙离子析出后，由于内外的浓度差，混凝土内部的钙离子也会慢慢向外部移动，最终接触水而发生溶解。这样的过程反复发生，混凝土中的钙离子逐渐流失，混凝土的结构会因此变得疏松而发生截面缺损。上述过程十分缓慢，但如果伴随着水流中的土砂冲刷或水位落差的冲击等外部力学作用时，混凝土截面的磨耗现象会加速，劣化过程如图4.19所示。发生磨耗的混凝土结构，在初期阶段，表层的浆体会流失，内部的粗骨料会露出。当劣化进行后，粗骨料发生脱落，当磨耗进一步加剧后，钢筋会露出并锈蚀，结构截面减少（如图4.20）。

图4.19　磨耗引起的劣化过程

图4.20　混凝土表面磨耗

4.3.8.2　混凝土表面磨耗的影响因素

混凝土的磨耗和水流的接触时间、水流的速度、水流的落差、水的含砂率及泥砂粒径等因素有关。从材料角度看，摩擦力较弱、强度低或致密度不够的混凝土比较容易发生磨耗。当使用高炉矿渣水泥时，混凝土的内部结构会很致密，因此耐磨性会改善。从环境来看，混凝土接触水（尤其是软水）的时间越长，钙离子越容易析出。水流的速度越快，含砂量越多，水流的落差越大，混凝土的磨耗越严重。在碳化或者盐害环境的混凝土结构物中，混凝土磨耗后会促进钢筋的腐蚀，需要考虑采取耐久性保护措施。值得注意的是，对混凝土中钙离子析出引起的磨耗，许多研究单位做了很多调查，但对劣化机理的理解尚不充分，对劣化部位进行诊断和修补的有效方法还没有确立。值得注意的是，我国一些地区的混凝土结构会暴露在强风地带，强风携带的砂粒也会对混凝土结构产生严重的冲蚀磨耗，造成混凝土结构耐久性的降低，工程中可使用环氧树脂等涂层进行表面防护处理，也可使用钢纤维增强硅粉等高性能混凝土来提高其耐磨性能。

4.3.8.3 混凝土表面磨耗过程及预测

混凝土磨耗引起的劣化在进展期逐渐变得显著，会发生粗骨料露出和脱落的现象。河流中的桥墩以及大流量隧道的转弯部位很容易产生严重的磨耗。在通常的矩形截面混凝土渠道中，磨耗现象不会太严重。如图 4.21 所示，混凝土表面磨耗引起的劣化可分为四个阶段：

（1）潜伏期：混凝土磨耗尚未显现、外观没有变化的阶段。

（2）发展期：混凝土表面的砂浆部分发生磨耗、表层的粗骨料露出的阶段。

（3）加速期：粗骨料露出并开始发生磨耗的阶段。混凝土的截面缺损开始显著，缺损深度到达钢筋位置，钢筋开始腐蚀。

（4）劣化期：混凝土构件断面承载力降低的阶段。混凝土粗糙度系数增大、钢筋的腐蚀程度显著、构件变形和挠度增大。

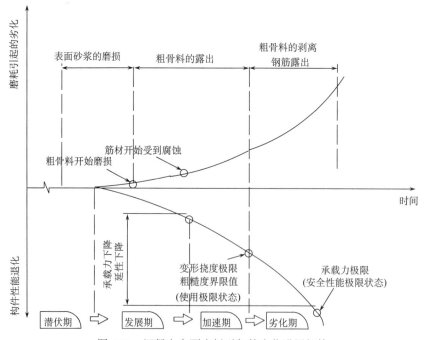

图 4.21　混凝土表面磨耗引起的劣化进展规律

4.3.9 钢筋混凝土桥面板的疲劳损伤

4.3.9.1 机理

钢筋混凝土桥面板服役过程中的疲劳破坏是混凝土桥梁结构中最常见的破坏形式。混凝土桥面板承受的车辆活载远远大于恒载，而且车辆荷载应力循环次数在使用期内可能会超过亿次，因此桥面板的使用过程实质是疲劳损伤积累的过程。混凝土结构中高强混凝土和高强钢筋的使用也会使结构自重减轻，循环动载所占的比例会相对增大。一般来说钢筋混凝土桥面板在设计上由弯矩支配控制，可用弹性设计方法来计算钢筋及混凝土材料使用状态的应力，保证其在疲劳状态下的安全。但疲劳裂缝的扩展，会导致钢筋混凝土板的有效截面不断减少以及钢筋和混凝土之间的相互作用减弱，使钢筋混凝土桥面板在车辆轮压作用下最终可能发生冲剪破坏（如图4.22）。

图 4.22　混凝土桥面板的疲劳破坏

4.3.9.2 疲劳破坏的影响因素

钢筋混凝土桥面板疲劳破坏的发生有几个主要原因：①交通荷载的显著增加，超过了当初设计值；②钢筋混凝土板的浸水状态降低了混凝土的疲劳寿命，尤其是路面除冰盐的使用，更加剧了桥面板中钢筋的锈蚀，降低了疲劳寿命。桥面板的疲劳破坏依赖于材料（如混凝土的强度和干缩）、设计和施工（如板的厚度、混凝土强度、箍筋的配置、板的剪跨比等）以及使用条件（如交通荷载和环境荷载、板上的积水情况）等因素。

4.3.9.3 疲劳破坏过程及预测

目前国内外采用的疲劳损伤寿命预测的方法主要包括：基于 *S-N* 曲线的疲劳寿命评估、基于线弹性断裂力学的疲劳寿命评估、基于损伤力学的疲劳寿命评估。疲劳累计损伤理论主要包括：线性疲劳累积损伤理论、双线性疲劳累积损伤理论、非线性累积损伤理论等。而最为广泛使用的是 Miner 的线性疲劳累积理论（如图 4.23）。上述疲劳损伤的评估前提是基于钢筋的疲劳破坏机理。而钢筋混凝土桥面板的疲劳破坏最终往往以混凝土的破坏来主导，因此很多学者也尝试基于有限元模型，考虑混凝土的疲劳损伤本构，来进行钢筋混凝土板疲劳性能的预测。

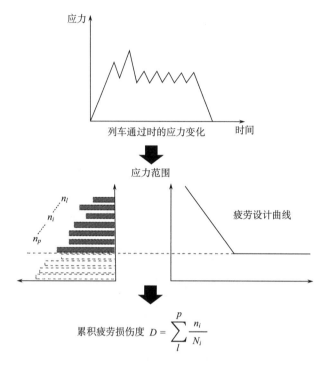

图 4.23　RC 桥面板的疲劳损伤预测

RC 桥面板的疲劳破坏可分为四个阶段（如图 4.24）。

（1）初始阶段：由于荷载或混凝土干缩作用，少部分裂缝顺筋产生。根据支撑梁的约束情况，也可能出现干缩或支撑梁的温度变化引起的横向裂缝。

（2）发展阶段：随着弯曲裂缝沿轴向的发展，横向裂缝也开始发展，形成网状裂缝，虽然裂缝密度明显增加，板仍然保持整体连续性。

（3）加速阶段：裂缝相互连成一片，形成细网结构，并在反复张开和闭合过程中有错动效应，混凝土开始变得松散，沿截面高度不能保持整体性能，截面有效高度及板的承载力下降。

（4）劣化阶段：裂缝贯穿板的截面，板的连续性丧失，板变成一系列的独立梁来承担荷载，截面承载力由贯穿裂缝的间距、混凝土强度及配筋率控制。

图 4.25 为 RC 桥面板在疲劳破坏不同阶段典型的裂缝分布形态。

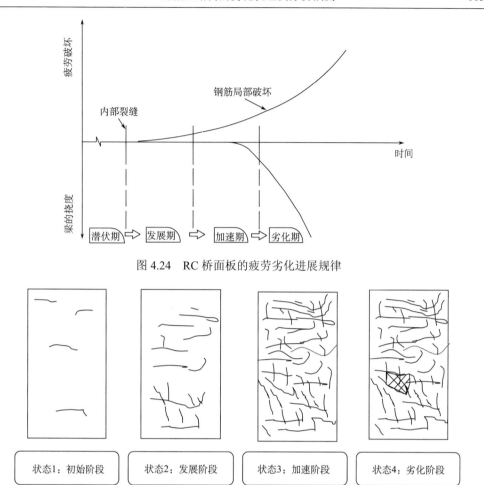

图 4.24 RC 桥面板的疲劳劣化进展规律

图 4.25 疲劳破坏不同阶段 RC 桥面板底部混凝土的裂缝形态

5   混凝土结构的性能评估与健康诊断

5.1   引   言

工程结构的性能评估及诊断是工程结构维护管理中的重要一环。工程结构的性能是指结构针对特定的目的或者要求，能够发挥其作用，实现其固有功能的能力。工程结构的维持管理即是要在结构的建造、使用、拆除以及废弃的整个全寿命周期内，综合考虑结构的技术状况、社会形势、环境条件、经济情况等多种因素，针对结构的实际情况采取相应措施，使结构在役期间能确保实现其既定功能。工程结构的维持管理活动应是在对结构病害的产生及其劣化机理正确理解的基础上，通过合适的检查手段来确定当前结构的性能状态，并对结构使用期间内未来的性能进行预测，从而对工程结构进行管理、养护、维修和加固等活动。其中，对工程结构的性能进行合理评估，对其病害及劣化状态进行准确诊断和把握，并提出对策和相应措施，是贯彻于结构全寿命周期内维持管理的核心内容。工程结构的管理方和养护单位需要根据结构性能评估及诊断的实际情况对结构维护管理计划进行合理制定，在必要的情况下要及时调整，并对结构进行必要的养护、维修及加固等措施。

5.2   结构性能评估的类型

结构的性能评估通常伴随着结构的检查和调查进行，在结构检查/调查中如果发现有明显损伤、劣化或性能退化的现象，或者发现结构劣化程度和劣化速度明显高于预测值，则在结构检查/调查之后需要对结构进行进一步的性能评估；另外，在一些特殊情况下，如结构的使用条件、使用状况和使用目的、周围环境等发生了变化，或是发生一些特殊事件（如地震、车撞事故等），也要及时进行结构的性能评估诊断，以便作出正确、迅速的应对方案并采取措施。根据结构检查的分类，结构的性能评估也可作如图 5.1 所示的分类。

结构性能的初期评估是在实施工程维持管理的起始时间点进行的性能评估，一般由结构在竣工验收时进行的评估代替，是结构性能评估的起始点，也是以后进行性能比较分析、判断结构劣化及发展进程的基点。结构性能的初期评估对于结构的维持管理方案的制订有着非常重要的作用和意义，对于一些重要的结构和基础设施，应尽可能进行比较细致、全面、定量的分析和评估，并留下详细的书面记录、分析报告等资料。

结构性能的定期评估包括一般定期的例行性评估，以及在结构周期性检查/调查过程中发现存在进一步性能评估必要时所进行的性能评估。结构服役期间，在荷载和环境长期作用下，结构将发生劣化现象，并逐渐加深，导致结构性能退化。因此为了保证结构

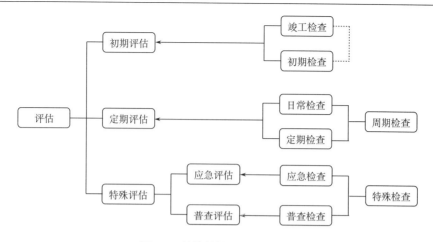

图 5.1 结构的性能评估与检查

的安全和健康，需要定期对结构进行评估。定期评估首先应根据之前设定的维护管理计划按期进行评估；同时，若结构在周期性检查（包括日常检查和定期检查）中发现问题，也要根据实际需要进行评估，但这种评估需视实际情况而定，没有固定的时间规定，但一般时间间隔较长，因此也归类于定期评估。在结构的定期性能评估中，一方面需要对结构的性能状况进行评定，对结构出现的损伤、缺陷以及劣化的有无作出判断，并进一步对其程度进行评定；另一方面需要对结构出现损伤、缺陷及劣化的原因进行分析，找出其病因，并进一步分析其在特定环境下的劣化机理。结构性能的定期评估基于结构的周期性检查/调查而进行，一般需要由专业技术人员使用专业手段来进行，以比较准确地获得结构状态信息和量化结构性能水平。

结构的性能评估的另一种形式是特殊评估，其应用背景与结构的特殊检查相对应。在结构遭遇地震、洪水、强台风等自然灾害或是某些恶性事故之后，需要进行应急性评估，以确保结构自身安全以及运营安全。这种应急性评估对于一些重要的建筑或基础设施在发达国家或地区已经成为常态，如日本的新干线，在每次地震后都会对其结构进行应急性检查，并进行状态和性能评估。结构在遭受自然灾害或事故后，即使不发生大规模破坏及倒塌，结构损伤和性能下降的几率也大幅增加，致使结构的安全性下降和运营风险增加，这时需及时对结构作出评估，并迅速作出反应。如结构性能仍满足要求，可立即开放运营，否则需及时停止使用，进行人员疏散及结构和附属系统的维修、加固等。

特殊评估的另一种情况是在某些结构发生某种破坏并造成较大危害后，在该地区或其他类似风险地区对同类结构进行重新评估，以免类似的事故危害发生。我国在汶川地震后对地震活动比较活跃地区的学校教室、宿舍等建筑进行了抗震性能的普查，对不满足抗震要求的，及时作出维修与加固处理。在日本发生隧道顶部混凝土掉落事故之后，日本也曾要求相关单位对所有隧道进行了类似的普查、评估。

5.3　结构的性能要求

结构的性能要求（performance requirement）是指为实现结构的既定功能，结构所必须具备的性能。结构物的种类不同，应用情景、时间不同，其要求结构性能也各不相同，其维护管理方案也不相同。在对具体结构进行性能要求设定或考量的时候，要综合结构的特性（如重要性、特殊功能等）和要求，结合后期的维护管理策略，提出合适的性能要求水准，但对于有强制性规范要求的，也必须首先满足规范的要求。目前，已有规范对结构的性能要求分类也略有不同。表5.1是ISO、EU和日本对结构主要性能要求的基本分类情况。可见，ISO分类比较简单，大致分为安全性与使用性、耐久性及可修复性等；日本进行了相对较为全面的分类，将主要性能要求分为了六大类，即在常规的安全性、使用性和耐久性三大性能要求之外，增加了可修复性、第三方影响性和美观与景观性，可见日本在结构本身的技术要素外，也考虑了结构对第三方的影响和环境美观方面的要求；而欧洲的分类更为细致，性能要求被分为了六大类进行考察，并且将经济性、社会性等特征也列入了混凝土维护管理的考察范围，这符合当代维护管理可持续发展的理念。在本书中，正如前面所述，经济性在结构全寿命维护管理已成为一个重要的考量因素，因此在本书中的性能要求上，我们综合了各家的具体要求及其分类，对混凝土结构提出了安全性、使用性、耐久性、复原性、经济性、第三方影响性，以及美观性等七大主要基本性能要求。

表 5.1　结构的主要性能要求

ISO	EU	日本
1.安全性与使用性（safety and serviceability）	1.使用寿命及耐久性（service life/ durability）	1.安全性（safety）
2.耐久性（durability）	2.结构稳定与安全性（structural stability/ safety）	2.使用性（serviceability）
3.可修复性（restorability）	3.实施性（execution）	3.可修复性（restorability）
	4.环境因素与可持续性（environmental factors and stability）	4.第三方影响性（third party effect）
	5.经济性（economy）	5.美观与景观性（aesthetics）
	6.其他（社会性、美观性、政治性等）（others such as social, aesthetics/appearance, political, etc.）	6.耐久性（durability）

1）安全性

人们建造的各种工程结构为正常生活提供了条件和方便，对于土木工程结构，其本身的安全直接关系到人民的生命和财产的安全，因此，工程结构的安全性能是结构维护管理性能要求中最重要的性能指标。工程结构的安全性能是结构防止破坏及倒塌等的能力，它在设计和建造阶段主要决定于结构的设计与施工水准，但在结构的服役使用阶段，则主要取决于结构维护和管理。

结构的安全性能从结构的破坏模式来分，可分为承载力性能、疲劳性能和稳定性能三个方面。结构的承载力性能是指结构能承受荷载的能力，这些荷载包括结构的自重、结构的正常使用荷载，偶发的地震、海啸、台风等自然灾害荷载，以及突发的冲击、车辆船舶等的碰撞等荷载。结构的疲劳性能是指结构抵抗疲劳荷载作用的能力，在疲劳荷载作用下，结构内部损伤逐步累积，致使承载力下降，安全可靠性降低。土木结构在交通荷载和风荷载等反复荷载作用下，极其容易引起疲劳破坏，造成安全隐患。而结构的稳定性能则是指结构在存在外部荷载扰动的情况下维持其原有平衡状态，保持某种几何形式不变性，抵抗其成为机构而丧失承载的能力。值得一提的是，对于安全性能，除了结构本身的安全性能之外，还包括诸如保障车辆安全行驶等附加功能。

2）使用性能

工程结构的使用性能是指工程结构实现其设计功能，并保障适用性（变形、水密性、透水性、防潮性）和舒适性（如使用者的舒适感、建筑的保温与隔音等）等的能力。工程结构在满足安全性能要求的同时，还必须具有较好的使用性能。如房屋的建造是为了给人们提供居住和生活的空间，即使结构承载力足够，安全没有问题，但如果存在其他因素也可能造成结构不能正常使用。譬如，墙面抹灰过厚造成开裂严重；梁刚度不足，致使挠度过大或梁底开裂；高层结构整体刚度不足造成结构风振振幅和速率过大，使人产生不适感和恐慌感等。除了这些结构主体本身的问题而引起的使用性不足之外，结构附属部分也将对结构的使用性产生很大影响，如房屋给排水系统、供电系统、照明系统、排风系统等一旦出现故障或容量不足，也将导致结构的使用性能下降。对于结构来说，其使用上的舒适性和适用性是互相关联的。

3）耐久性

结构的使用期限通常长达几十年甚至上百年。结构的耐久性是指结构抵抗其随时间逐步产生劣化致使性能低下的能力，也指服役期间结构在正常的工作环境和维护条件下，不需要进行大修就能完成预定使用功能的能力，它是结构在使用期间衡量安全性、使用性、第三方影响性、美观等多种性能水平的一种综合判断指标。结构的耐久性在维护管理活动中，需要根据各种检查和调查，来确定结构的性能状态，并且需要在此基础上，对将来结构性能下降作出评估和判断。结构的耐久性能也是实现结构长寿命化的一项关键性能指标，是推动社会资产可持续化发展极其重要的性能要求。

引起结构和材料耐久性能低下的原因既有外部的环境作用，如水、气、风化、冻融、化学腐蚀、磨耗等，也有内部的环境影响，如碱骨料反应、体积变化、吸水性、渗透性等。对于混凝土结构来讲，其耐久性能一般体现在其抗渗性、抗冻性、抗侵蚀性等几个方面。

4）第三方影响性

结构的第三方影响性能主要是体现由于结构的使用和一些意外事件而对第三方人员造成影响及其程度的一种性能指标。工程结构服役期间，一方面由于工程结构的运行使用，会给第三方人员产生一些影响，如地铁和轻轨的使用，会给周边的居民带来振动、噪声和低频公害等；另一方面随着工程结构的使用而逐渐产生劣化，结构本身也有可能产生一些意外事件而伤害其他的人员或设施等，如桥梁的塌落造成航道的阻塞等。总体来说，结构的第三方影响性能主要是与安全相关的，主要针对第三方的人或物，而非结构本身，因此，其性能调查评估的手段也与结构本身的性能评估不同，往往需区别分析。

5）美观和景观性

工程结构的美观和景观性主要体现在建筑物的外形、体量、风格、周围环境的协调性，或是否能成为当地的特征性地标。在结构的维护管理中，不仅需要关注由于结构劣化产生的裂缝等病害、钢筋生锈产生的锈斑，而且需要关注使用过程中结构上残存的脏污及过大变形引起人们的不愉快感。

6）经济性

工程结构在全寿命管理中的经济性主要考虑其建设费用、维护管理费用、加固拆除费用，以及结构病害及失效带来的风险损失等多方面情况。作为社会资本的土木结构设施保有量巨大，因此所需维护管理的费用也十分巨大。比如在日本，目前用于维护管理的资金就已超过用于社会结构设施的投资额。在工程结构的全寿命维护管理中，经济性将成为衡量结构性能、制定管理决策的一个很重要的因素，需尽可能进行方案优化，以达到全寿命周期成本（LCC）的最小化。

7）复原性

复原性主要是考虑工程结构在灾害或突发事件遭受损伤后的可修复性和自恢（康）复性，旨在使得结构在灾后或事故之后可以被修复，而不至于只能拆除重建，从而节省大量的建设费用。1998 年出版的 ISO2394 标准（《结构可靠性总原则》，general principles on reliability for structures）中明确提出了结构复原性的要求，2014 年的 ISO 19338《结构混凝土设计标准的性能和评定要求》（performance and assessment requirements for design standards on structural concrete）也提出了可修复性（restorability）的性能要求。在日本，由于地震频发，提出复原性的要求更多，但早期都是在结构设计要求中提出，如 2002 年日本国土交通省出版的《土木建筑设计基本要求讨论委员会报告》、2004 年日本铁道综合技术研究所发布的《铁道构筑物等设计标准·解说-混凝土构筑物性能照查手册》以及 2007 年日本土木学会制定的《混凝土结构标准设计与维护管理篇》都提出了结构设计中的可修复性要求。而随着可修复性的重要性开始受到重视，日本在 2013 年修订的《混凝土结构标准设计与维护管理篇》中已经明确将可修复性作为维护管理的一个重要性能要求提出。总的来说，结构的复原性在全寿命维护管理中已逐渐开始被人们认识并接受，但是在国内重视程度尚不高，笔者等专家学者正在倡导将结构的复原性作为结构的一项重要的性能要求进行设计与维护管理。

5.4　混凝土结构的性能评估

5.4.1　结构性能评估的目的与需求

大型工程结构在环境侵蚀、材料老化和荷载的长期效应、疲劳效应以及突变效应等灾害因素共同作用下，将不可避免出现病害和性能退化现象，因此在结构维护管理过程中，对结构的性能作出准确判断是一项非常重要的任务。

对于混凝土结构来说，其性能评估的主要目的应有以下几个方面。

（1）准确把握结构的当前性能水平，以便及时进行合适的结构养护和管理，对于性能水平低下的结构需及时进行维修和加固。

（2）除了考察当前的结构性能状态之外，还需综合考察结构性能下降的程度和速率，分析其性能退化规律，对结构性能的远期状态及使用寿命作出预测。

（3）根据结构性能状况的近期和远期评估与寿命预测，及时调整结构的维护管理计划及具体的管养、维修以及加固措施。

既有结构的性能评估是对结构要求性能实际达到程度的评价，总的来说，应该包括安全性能、使用性能、耐久性能、第三方影响性、美观和景观性及经济性等六个方面，结构性能评价也应当是对上述具体性能要求的综合评价，当然这些性能要求在不同情况下又各有侧重。一般来说，由于结构安全直接涉及人民财产甚至生命的安全，结构安全性能都处于最重要的地位，其评估一般在以下几种情况下进行。

（1）结构出现明显损伤或病害；

（2）结构出现明显劣化或性能退化；

（3）工程结构的定期评估；

（4）工程结构的特殊评估；

（5）结构设计规范变更；

（6）结构使用状况及使用范围发生变化；

（7）通过监测系统发现结构出现异常，需要进一步诊断。

结构的性能评估要充分运用包括结构检测、书面材料和结构健康监测等多种手段，其中结构检测是对结构状况获取的一种比较传统的方式，而结构健康监测是最近20～30年发展起来的基于自动传感技术的获取结构状况的手段，相对于传统的检测，健康监测减少了人工干预，节省了人力资源消耗，同时获取结构状况的频度得以大幅提升，目前甚至可以做到实时监测。当然由于其过度依靠自动传感技术，对于一些定性指标的判断尚无法与专业工程师的鉴定相比，其本身也存在诸如传感器测试精度、长期测试的稳定性、传感器本身耐久性、海量数据的处理等一系列问题，有待各国科学家继续完善。另外，结构性能评估的最终目的，还是要回归于结构的维护与管理，根据性能评估的结果，制定对策，及时进行相应的养护和维修等活动，并对下一步管理计划进行适当的调整。

5.4.2 结构性能评估的内容与指标

结构的性能评估可针对结构的几个基本性能要求进行考察并综合评估，结构性能水平的衡量一般是基于结构的检测数据、监测系统中传感器的响应数据和其他书面资料获取的各状态参数的情况来反映，具体可落实到一些独立或综合性的指标来体现。表5.2为混凝土结构性能评估的常用考察内容及指标，其中有些指标可通过结构检/监测直接测试获得，如振动加速度、应变、塔顶位移等，而有些指标可基于相关检/监测原始数据，通过对结构进行参数识别或分析演绎来获取，如结构的固有模态、变形等。这两种获取方法在不同的方面各有优势，但并不矛盾且互为印证，有些指标即可直接测试获取，也能通过识别分析获取，如桥梁在荷载作用下的挠度，即可通过激光位移计等测试工具直接测量，也能基于分布式应变通过算法计算得出，因此在实际应用中可根据具体情况进行合理选择。

表 5.2　混凝土结构性能常用评估指标

混凝土结构性能要求	考察内容及指标
安全性能	断面承载力，包括弯矩、轴力、剪力、扭矩等
	疲劳承载力
	结构稳定性
	构件的延性
	结构裂缝
	地震响应特性
	风振响应特性
使用性能	结构位移
	结构变形
	裂缝
	路面平整度
	路面坡度
	隧道漏水
耐久性能	抗渗性
	抗冻性
	抗侵蚀性
	抗疲劳性
第三方影响性	结构的剥离和掉落
	附属设施倒塌
	河道通航受桥梁结构的限制
	交通运营振动及噪声
	隧道开挖及运营对附近地基影响
美观和景观性	结构裂缝
	结构锈迹
	结构外表脏污
	与周围人文、环境等的匹配融合度
经济性	建设造价
	养护费用
	加固费用
	检测费用
	监测费用
	管理费用
	全寿命周期成本
	资产净现值
	结构或构件失效引起的直接及间接经济损失

正如前面所说，结构的检测与监测目的一致，手段略有不同，针对结构的性能评估，在技术层面，主要针对结构的安全性、使用性和耐久性三大方面进行相关的测试分析，对于混凝土结构，其具体的测试项目一般可如表 5.3 和 5.4 所示，其中表 5.3 列出了针对结构性能要求的一些常用检测项目，而表 5.4 则列出了一些针对结构性能要求的常用监测项目。

表 5.3 结构性能的常用检测项目

检测项目	安全性	使用性	耐久性	其他
荷载强度及加载频率	○	◎	○	—
盐离子	◎	—	—	—
干湿循环（盐蚀）	◎	—	—	—
温度（ASR、盐蚀）	◎	—	—	—
冻融循环	◎	△	—	—
水（ASR）	◎	—	—	—
化学作用	◎	△	—	—
施工记录、图纸（水泥浆种类、骨料产品密度、水灰比、钢材种类）	◎	◎	○	—
混凝土物性（强度、弹性模量）	◎	◎	○	—
盐离子含量	◎	—	—	—
钢材腐蚀（截面欠损率、自然电位）	◎	◎	—	—
中性化深度	◎	△	—	—
残存膨胀量	◎	—	—	—
混凝土覆层	◎	○	△	—
配筋	△	◎	△	—
内部缺陷	◎	◎	◎	—
设计基准	○	◎	◎	—
截面尺寸	◎	◎	○	—
裂缝情况（宽度、深度）	◎	◎	◎	◎
刚度（变形量）	—	◎	◎	—
振动特性	△	—	○	—
支撑情况	—	◎	○	○
补修记录	◎	—	◎	—
路面凹凸度	—	△	◎	◎
游离石灰	○	—	△	◎
漏水	◎	—	△	◎
混凝土表层浮起	◎	—	△	◎
混凝土剥落	○	—	△	◎
表面变色	◎	—	△	◎

注：◎为必须实施项，○为建议实施项，△为可实施项。（参考《维护管理工学》，丰福俊泰，2009）

表 5.4　结构性能的常用监测项目

监测项目	安全性	使用性	耐久性	其他
结构应力、应变（静、动）	◎	◎	○	—
结构刚度	○	◎	△	—
结构变形（静、动）	◎	◎	—	—
结构位移（线位移、转角位移）	◎	◎	—	—
结构裂缝	◎	◎	◎	—
荷载作用	○		○	
结构沉降	◎	○	△	
结构固有频率	○	△	—	
结构固有振型	○	—	—	
结构阻尼	○	—	—	
结构其他动态特性	△	—	—	
环境（温度、湿度、风速等）	○	△	◎	
腐蚀深度	◎	—	◎	
其他				

注：◎为必须实施项，○为建议实施项，△为可实施项。

5.4.3　结构性能评估层次

对于结构的性能评估，通常采用分解法进行，即将一个大而复杂的评估问题，划分为若干个不同层次的评估目标进行评估分析，目的是简化实际评估活动中的复杂度，强化评估的可操作性。目前，各国或组织间的评估手法不尽相同，评估的层次也不尽相同，但总体来说大同小异。国际标准组织 ISO 将结构的评估按照结构评定层次分为初步评估（preliminary evaluation）和详细评估（detailed evaluation）相对应的两个层次。初步评估是对结构进行的一种简单评估，采取一些较为简单手段的检查，如对文档的查阅、对结构的目测等，如果尚未发现问题，则暂时到此为止，但如发现问题，则需采用一些准确性较高的检查手段进行详细评估确认。日本在性能评估层次分类上与之类似，只不过将初步评估定义为了基于视觉检查结果的评估，从而实际评估手段更为单一。美国对混凝土结构的性能评估也是按照初步评估和详细评估两个层次来划分，但是其初步评估所包含的内容稍多。在初步评估中，不仅有 ISO 标准中涉及的一些简单检查，还包括了材料层面的评价、成本影响（cost-impact）分析等工作。而欧洲则将其分为了简要评估（simplified evaluation）和详细评估（detailed investigation）两个层次（CONTECVET）。值得注意的是，欧洲标准虽然也是将其分成两个层次，但其含义和 ISO 标准及美国标准略有不同。根据欧洲的标准，简要评估是指基于损伤分类方法和结构简化损伤指标的一种定性评估方法，而详细评估则是指考察劣化对结构构件影响的一种定量评估方法，可见其主要以结构损伤为判定划分依据。而欧洲的英国将结构性能评估层次定义得相对细致，根据分析评估的手段不同一共分为五大层次，具体可见表 5.5。

表 5.5　土木结构的性能评估层次

ISO	美国	日本	欧洲	英国
两大层次：	两大层次：	两大层次：	两大层次：	五个层次：
（1）初步评估（preliminary evaluation）	（1）初步评估（preliminary evaluation）	（1）初步评估（preliminary evaluation）	（1）简要评估（simplified evaluation）	（1）基于简单分析和标准/规范的评估（evaluation using simple analysis and codified requirements and methods）
（2）详细评估（detailed evaluation）	（2）详细评估（detailed evaluation）	（2）详细评估（detailed evaluation）	（2）详细评估（detailed investigation）	（2）基于更高一级的评估（evaluation using more refined analysis）
				（3）基于荷载与结构抗力值的评估（evaluation using better estimates of bridge load and resistance）
				（4）基于特定目标可靠度的评估（assessment using specific target reliability）
				（5）基于全概率可靠度的评估（evaluation using a full probabilistic reliability analysis）

　　与工程结构检查由简到难的理念一致，对性能的评估层次进行了等级划分，不管从技术上还是经济上看，两次评估的层次划分是比较合理的，这在实际应用中也更具有操作性、更易被人们接受，因此在本书中对于结构的性能评估将沿用两层次评估法，其具体操作流程如图 5.2 所示。

　　对于房屋建筑的抗震评估，大多数国家也采用类似的两层次评估，如我国的抗震鉴定就采用了两级鉴定的办法，第一级鉴定主要是针对抗震措施，而第二级鉴定则是基于抗震验算的较为详细而深入的鉴定。日本也采用了预备评估与详细评估的两层次评估，但详细评估又具体分为三个水准进行。

5.4.3.1　结构性能初步评估

　　在结构性能要求基本满足，或发现一定程度的性能低下但并不严重，一般可对结构性能先作初步评估，这种评估相对比较粗糙，但是力求简单和快捷，以能尽快获取结构的大致性能状况，其评估结果的准确度和可靠性相对较差。结构性能的初步评估一般只在主体结构部分进行，而不进行结构的全面评估，所采用的手段既有书面资料基础上的审查和诊断，也有基于表观检查的性能评估，以及基于结构健康监测系统所进行的简单评估。这些书面资料主要包括结构的设计方案书、计算书、施工图纸、材料参数表、材料检测报告、结构的竣工报告以及历次的结构检测报告书等。在进行结构检查时，通常对主要结构的表观情况进行判断，有时甚至只用目测检查混凝土表面有无裂缝、裂缝宽度和数量的情况、表面有无蜂窝和麻面及在表面所占的比例、混凝土有无铁锈的锈迹、是否预示钢筋腐蚀等等。结构的表观病害症状与其可能的成因大致可如表 5.6 所示。

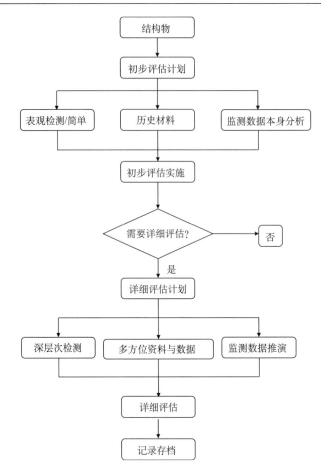

图 5.2　结构性能评估操作流程

表 5.6　表观病害症状与其可能的成因

症状 ＼ 原因	干缩	钢筋腐蚀	冻裂	碱骨料反应	溶析	硫酸盐侵蚀	酸类侵蚀	盐类侵蚀	温度作用	塑性收缩	塑性沉降	高固化温度	新混凝土冻结	铸件缺陷	超载
剥落		●		●				●	●						●
沿钢筋方向的剥落		●													
分层	●	●	●					●	●						
瓦解/风化			●			●	●	●	●				●		
沿钢筋方向的开裂		●													
对角/斜向裂缝															●
任意位置裂缝	●			●					●	●	●		●		●
横向裂缝												●			●
黑潮裂缝					●	●									
微裂缝	●			●	●		●	●	●	●					

续表

症状＼原因	干缩	钢筋腐蚀	冻裂	碱骨料反应	溶析	硫酸盐侵蚀	酸类侵蚀	盐类侵蚀	温度作用	塑性收缩	塑性沉降	高固化温度	新混凝土冻结	铸件缺陷	超载
风化裂缝		●		●	●										
盐霜风化					●										
锈蚀风化		●													
凝胶风化				●											
蜂窝														●	
挠度/变形														●	●
位移/沉降														●	●
卷边/卷曲	●														●
压碎															●

表 5.7　性能初步评估的常见依据

性能	评估依据		
	文档查阅	感官检查	监测数据
安全性 与 使用性	历史资料、记录 ・基本信息 ・设计图、施工图 ・设计计算书 ・材料强度 ・质量控制记录 ・设计荷载 ・运行荷载	劣化和变形 ・开裂 ・挠度，沉降，倾斜 ・剥落 ・蜂窝，麻面 ・空洞	数据特征： ・数据突变、跳跃 ・数据大幅偏离常规监测值 结构直接特征参数： ・应变 ・位移 ・倾角 ・沉降
耐久性	历史资料、记录 ・保护层厚度 ・混凝土强度 ・混凝土材料及混合比例 ・混凝土的养护 ・建成年数 ・温度、湿度 ・距离海岸的距离 ・下雨等潮湿情况	劣化和变形 ・开裂 ・剥落 ・蜂窝，麻面 ・空洞 ・锈迹 ・变色 ・物质析出、挤出	

性能	评估依据		
	文档查阅	感官检查	监测数据
美观和景观性	历史资料、记录 ·结构设计图纸、效果图	劣化和变形 ·开裂 ·剥落 ·蜂窝，麻面 ·空洞 ·锈迹 ·变色 ·物质析出、挤出	结构变形 ·位移
第三方影响性	历史资料、记录 ·周围建筑相关材料（建筑种类、数量、基础埋深、高度、结构类型等） ·历次对第三方影响的评估报告	振动及环境影响 ·振动幅度 ·噪声强弱	
经济性	历史资料、记录 ·建造费用 ·历次维护费用		

虽然在初步评估中，一般仅用结构的表观检查/调查，如用目测对结构的裂缝、变形等做基本检查，但显然在很多情况下据此检查结果的准确性不高，因此又逐渐扩展到一些其他的简单检查活动，如敲击打音法等。但不管如何，此阶段的检查只是容易操作，无需太多人力物力的检查活动。在利用结构健康监测所获得的信息进行评估中，同样出于简便、快速的目的，在初步评估中一般只利用监测数据本身的信息来判断，如测到的数值是否超过某个限值，是不是在某个预先设定的合理区间之内等，而不对监测数据进行较为详细的推演。对结构各性能进行初步评估的常见依据可如表5.7所示。

5.4.4.2 结构性能的详细评估

为了更好、更准确地对结构性能做出评估，在结构性能预评估的基础上，还需对结构进行更深层次的评价估计，即结构性能的详细评估。它是一种动态的性能分析评估，主要依靠结构当前的测试数据以及历史资料等对结构状态进行准确评估，同时对结构在不同条件下的性能状况，并对如弹性极限状态到破坏极限状态的安全幅度等其他指标进行预测评估。与结构的初步评估不同，结构的详细评估是为了得到更为全面、更为准确的结构性能状态信息，因此在评估过程中，简单的检查手段已不能满足详细评估的需要，这时需进行一些实验室及现场测试，包括结构材料、构件，甚至是整个结构的试验检查，而评判的依据也远不止表观简单的诊断，而是基于多种信息、多种指标、利用一些特殊评价方法的综合诊断。在结构健康监测过程中，将对监测数据进行推演，获取一些反映结构深层次性能的指标，并借助某些算法和专家系统进行自动诊断。对结构的性能进行详细评估的主要依据可如表 5.8 所示。

表 5.8 详细性能评估的基本依据

性能	性能评估的依据			
	资料收集及分析	感官检查	检测	监测
安全性 与 使用性	历史资料、记录 ·结构计算方法 ·计算正确性 ·地形、地势 ·土层情况 ·地下水位 ·其他初步检测没有涉及的信息	劣化和变形 ·开裂（开裂状态、宽度、深度等） ·剥落（区域、深度等）	混凝土特性 ·混凝土强度 ·钢筋位置、根数 ·预应力损失 ·变形、挠度 ·应力、应变	结构的特征参数 ·中和轴高度 ·损伤指标 ·模态特征 ·其他初步检测没有涉及的参数、指标
耐久性	历史资料、记录 ·质量控制记录 ·结构检查记录 ·结构维护记录 ·地下土层情况 ·地下水位 ·风荷载 ·海水冲刷 ·周围盐分 ·其他初步检测没有涉及的信息	劣化、老化和变形 ·开裂（开裂状态、大小等） ·剥落（区域、大小） ·锈迹（面积、区域） ·变色（面积、区域） ·物质析出、挤出	混凝土特性 ·保护层厚度 ·混凝土强度 ·混凝土成分与掺和比例 ·碳化深度 ·氯离子含量 ·氯离子渗透（深度、速率） ·钢筋腐蚀 ·温度、湿度 ·二氧化碳集中 ·降雨量等 ·开裂（开裂状态、宽度、深度等） ·剥落（区域、深度等） ·锈迹（面积、区域） ·变色（面积、区域） ·物质析出、挤出（厚度、硬度）	结构的特征参数 ·应力幅 ·应力循环 ·钢筋腐蚀 ·温度、湿度等环境条件
美观和景观性	历史资料、记录 ·周围人文特征 ·结构设计图纸、效果图 ·美观性相关的历次检测/监测及调查的记录和相关报告	劣化和变形 ·开裂 ·剥落 ·蜂窝，麻面 ·掉角 ·锈迹 ·变色	结构变形 ·位移 ·线型 结构劣化 ·开裂 ·剥落 ·锈迹 ·变色	结构变形 位移

续表

性能	性能评估的依据			
	资料收集及分析	感官检查	检测	监测
第三方影响性	历史资料、记录 ·周围建筑相关材料（建筑种类、数量、基础埋深、高度、结构类型等） ·历次对第三方影响的评估报告	振动影响 ·振动幅度 ·噪声强度	振动及功能等的影响 ·振动特性 ·噪声强度 ·桥梁对船舶的通行影响	振动影响 ·振动特性 ·噪声强度
经济性	历史资料、记录 ·建造费用 ·历次检测费用 ·历次监测费用 ·历次维护费用		费用成本 ·检测费用 ·维护费用 ·全寿命生命周期成本	费用成本 ·监测费用

　　结构的详细评估需由一些专业检测机构，对现场及实验室测试数据、结构的监测数据进行分析判断。试验和测试对象涉及结构、构件和材料等方面，以及荷载和外界环境作用等，以获得较为精准的性能评估结果，并结合历史建设资料、历史检测报告进行宏观分析、评估和预测。

5.5　性能评价方法

　　结构的性能评估，从结构后期的维护管理角度，原则上需进行定量评价，以准确把握结构性能。另外，对于结构的性能评估，不仅要评价结构当前的性能，也需要根据当前及以往的结构及构件检测情况和性能变化情况，对未来性能进行预测。结构性能评估随着评估目的和情景不同，其侧重点也略不相同。一般来说，结构的性能评估侧重于结构的安全性、适用性和耐久性这几个方面。结构性能评价主要有以下几个方法。

5.5.1　根据结构表观进行性能评价

　　混凝土结构的劣化、病害以及功能性缺陷会通过结构外在特性表现出来，如裂缝、结构倾斜、混凝土隆起、结构沉降等结构性病害，以及渗水、漏水、表面不平整、振感、噪声等功能性缺陷，这些结构的表观性能都在一定程度上反映了结构性能的水平。基于结构表观观察的性能评价，主要依据人工观察和感官感受，其判断具有主观性，缺乏准确性，只能是一种比较粗略定性的评价，作为结构性能的大体评估。但其具有操作简单、评估迅速等优点，对于一些无需非常精确，但需及时、迅速评估的情况颇具优势。如地震、台风等灾害后，对结构进行应急性能评价，可作出及时的粗略判断，根据需要疏散人群或安置灾民等。

　　结构表观的性能评价作为一种定性评价手段，无需建立和使用精确的数理模型，但一般会根据同类结构的多年检测与评估经验，对某一类结构建立结构性能优良状况分级对应表，使得结构表观状态与结构性能有一个粗略的对应关系。根据技术人员的表观观测结果，就能比较客观地得到结构性能的优良等级。由于结构表观观察有很大的主观性，需要有经验的技术人员进行观测评估，使得结果相对统一。另外，结构的劣化与表观状态关系也需梳理，建立结构劣化过程中不同的劣化时期（如潜伏期、发展期、加速期与劣化期），以及不同的劣化程度下的结构表观的显现特征，探究其内在机理，为较准确的性能评价打下基础。

5.5.2　基于结构检算的性能评价

基于结构表观的性能评价是一种粗略的性能评价方法，大多只需进行结构简易评价。为了比较准确地反映结构的真实性能，需结合各种试验检测并进行计算，获取客观、真实可靠的性能评价方法。考虑到目前结构的设计大多采用基于性能的结构设计方法，其性能水准及推算方法也成为既有结构性能评价的一个重要的参考方法。根据结构检算进行性能评价是通过对既有结构进行采样，获取当前结构、构件、材料等多方面的性能参数，代入到结构性能设计计算公式，也可根据测得的参数形成检算系数、折减系数等折算系数，然后利用结构的设计理论及计算方法，推算出当前结构的性能状态和水平。比如说，一个简单的混凝土梁设计时，需根据结构所需的性能水平来计算并设定梁的截面形状、截面尺寸、混凝土标号、钢筋型号及配筋数量等。反之，结构服役后，通过各种测试方法来测定梁的几何尺寸、混凝土强度、有效钢筋截面等参数，同样可得到结构承载力、刚度等性能水平。此评价方法简单实用，且真实可靠。基于结构性能设计公式性能评价方法的原理和流程如图 5.3 所示。

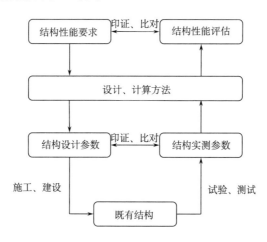

图 5.3　结构检算基本原理和流程

在运用结构检算进行结构性能评价时需要注意以下几个方面。

1）理论公式建立的假定条件及应用范围

结构计算分析中，需要对复杂情况进行简化，以便简单、迅速、准确地进行计算，几乎所有的理论或经验计算公式都有其假定条件和应用范围。如弹性阶段均匀、规则的梁结构，在计算其承载力、挠度等的时候，往往假设其满足平截面假定，其中性轴在其形心位置（如长方形截面的中性轴在其半高位置）。对于轻微劣化的结构，依然认为其满足这些基本假定，根据测定的混凝土强度及混凝土有效截面面积（锈蚀等原因导致其减小）等参数，可按照性能计算公式计算出当前梁结构的承载力水平，与真实值较为接近，误差在可容许范围内。但当劣化严重或损伤较严重时，这些基本假定很可能得不到满足，如梁底出现结构性裂缝，则中性轴上移。此时如仍按原公式计算，则计算结果将出现很大偏差，使评价失去参考价值。

2）结构支承条件、荷载、环境作用等的变化

结构在设计阶段，很多情况做了理想化假设，如结构的支承条件。一般认为活动铰支座能完全自由转动且能在某一方向上自由移动，但实际上，在桥梁经过长时间使用后，支座处由于出现生锈甚至断裂等情况，与理想情况相差甚远，因此进行性能计算时，需要考虑这些因素，必要时使用系数进行调节。另外，结构进行性能反算时，结构的荷载情况也值得进一步考察。一般来说，结构经过长期服役后，其运营环境将会不可避免地发生一些变化，从而导致荷载与原设计值不符。目前很多桥梁每天都在超负荷运营，其车流量往往远大于原先的设计值，而在高额利润的诱惑下，货运卡车的超载现象也屡见不鲜，北京怀柔宝山寺白河桥的超载事件便是一个极端的例子；再如地下隧道结构，由于附近隧道开挖等原因，造成局部土压力大幅变化。此外，环境持续动态荷载作用下，往复动力作用对结构产生的疲劳效应等，这些都使得结构的实际荷载与环境条件和当初的设计大相径庭，利用性能设计公式进行性能计算时，也需充分考虑这些情况。

3）结构试验的取样与分析

在运用结构性能设计公式进行结构性能评价过程中，通过试验、测试、检测等手段获取结构、构件及材料的准确参数，是准确获得结构性能水平的重要保障。对于既有结构，大面积进行取样测试并不可取，大量采样会增大工作量和经济成本，而且大面积地进行半破损测试会对结构造成不同程度的损伤，因此需要对采样测试拟定优化方案，重点在材料劣化区域，并确定最合适位置进行采样、试验。采样和试验的方法可充分结合无损检测和半破损检测的方法，对结构和材料性能参数进行测定，如混凝土强度可通过回弹法无损检测，在必要的位置也可以采用钻芯法取样测试，回弹法测试较为简单，且不会对结构本身产生损伤，而钻芯法由于在结构中进行取样使得测试结果更为真实和准确，但其钻芯本身对结构有一定损伤。因此在检测过程中，要充分结合各种测试方法，考虑其优点，综合使用。

在测定结构物理状态参数时，另一个问题是结构采样和试验的样本数较少带来数据分析困难。由于无法进行大量采样和试验，在分析时只能依靠少量的测试数据，通常离散性较大，这就使参数的准确估计很困难，在利用测试数据推定结构物理、状态参数的时候，要充分运用统计的方式合理计算。

4）性能计算的安全系数

结构性能设计时，一般通过设定安全系数来确保结构性能水平。在既有结构的性能水平的评价过程中，由于采用实际的结构物理、状态参数，推算出的性能水平更为真实，某些安全系数可按规范或甚至略低于规范的要求选取。在安全系数设定时，需考虑结构

检测的方法、手段及其测试准确性、数据离散度等，以及结构及构件的重要性、构件部位、材料的劣化程度等多种因素综合设定。

5.5.3 利用非线性有限元分析进行性能评价

严格来说，真实的土木工程结构都具有不同程度的非线性特征，但为了计算分析和设计过程的便利，在结构无损伤或损伤较小的时候，往往将其当成线性结构进行分析处理。而混凝土结构在持续荷载作用及环境侵蚀下，将逐渐发生劣化、损伤，出现各种病害。当结构劣化、损伤达到一定程度时，在材料和结构上都将出现明显的非线性特征，实际情况与设计方案出现明显偏差。如果继续套用设计时的性能计算公式会出现较大误差，无法得到可靠结果。要得到准确可靠的性能指标，需尽量接近结构的实际情况，考虑结构和材料的非线性特征来进行分析计算。即使是健康的结构，较小荷载作用下虽可近似为线性系统，但某些性能评价的指标计算分析，也需考虑塑性变形和局部屈服的情况，从这个角度看，基于非线性的分析是必需的。

20世纪中叶，基于有限元的数值计算及分析方法随着计算机的迅猛发展而得到了蓬勃发展，美国学者早在1967年就将有限元的分析方法应用到了钢筋混凝土的抗剪分析中。而后有限元分析逐渐从线弹性分析发展到了非线性分析，同时很多大型商用软件的开发，使得有限元在土木结构分析中得到了广泛的应用。利用非线性有限元分析对结构进行性能评价主要可有以下几个优势。

1）分析更准确，评估更可靠

正如前面所述，非线性有限元可更真实地模拟结构的实际状态和特性，更加准确地反映结构性能水平。在建立结构模型的基础上，对各种工况下的结构进行模拟分析，充分考虑材料劣化、结构开裂、混凝土徐变等复杂情况。结构的非线性问题通常包括材料非线性、几何非线性和边界非线性这三个方面。非线性问题用有限元法求解的时候其步骤与线性问题基本相同，但是求解时需要多次反复迭代，在单元分析形成单元刚度矩阵时，对于单纯非线性材料问题使用材料的非线性本构关系，对于单纯几何非线性问题，在计算应变位移转换矩阵时需考虑位移的高阶微分影响，而同时具有材料和几何非线性的问题，还需考虑耦合效应。

在对既有结构进行性能评价时，首先要构建正确合理的数值模型。①对于整体模型的建立，需要在对结构进行分析的基础上抽出结构的主要特征，抽取合适的计算模型，用于简化计算和分析；②构件模型的建立，要注意既有结构的各种参数和条件都将不同于设计阶段，要尽量根据结构检测所获得的参数建立模型，而不是将设计模型照搬使用。另外，还需考察当前状态下的支承条件、荷载及环境作用等，尽量使模型趋于真实。③对于材料模型，需要充分考虑其劣化程度、疲劳，以及混凝土和受腐蚀钢筋界面的黏结、滑移等影响。在建立混凝土模型的时候，需要考虑由于腐蚀、冻融等材料劣化导致其力学性能的退化情况，并建立钢筋与混凝土的黏结性能退化模型，同时也可以采用考虑多种因素的各向异性模型来代替各向同性模型。对于钢筋（材）建模，需要考虑钢筋（材）的腐蚀及腐蚀产生的有效截面减小、钢筋（材）的弹性模量、屈服强度及延性指标的变化等。

2）减少对大量试验的依赖

基于非线性有限元数值模拟可以得到全结构的应力、应变等物理状态参数，这样我们就无需在结构上进行大量采样、测试，从而可以大大减少结构检测的工作量。也可通过反复的模型计算，模拟不同荷载、不同环境下的结构响应和性能水平，减小结构对大量试验的依赖。在利用有限元对结构进行分析时，首先要验证结构模型的准确性，如果建模不准确，则得出的结果必定出现很大误差，因此在计算时，要对结构的有限元模型进行修正优化，尽量逼近真实状况。另外，基于有限元的数值模拟，可以提供一种对结构进行破坏性模拟仿真的方法。在真实结构上我们无法做的试验，可以通过有限元模拟来分析，如结构出现塑性铰之后的性能状况分析、结构的倒塌分析等。

3）方便对结构远期性能预测

利用非线性有限元对结构进行性能分析评价的又一个优势是可以模拟分析结构的性能水平的变化规律。结构在不同劣化种类、程度以及劣化之间的相互作用都可以通过非线性有限元来模拟。因此结构的长期性能状态预测，乃至结构的寿命预测，都可借助非线性有限元来实现。

5.5.4　结构性能的层次分析与分级方法

工程结构的性能评价往往很难通过某一个定量指标对结构进行准确评价，因此在实际评价过程中，往往可通过对结构进行层次划分，各部件由各评价指标进行评价，然后根据一定的权重对结构进行综合评价（其流程见图5.4）。在对结构部件、构件以及结构整体的综合评价中，大多是按结构或其部件、构件的具体状况进行分级评定，确定其等级。结构整体的等级评定中的权重系数应根据不同的结构特征、部件或构件类型、评价背景和目的等合理设定。

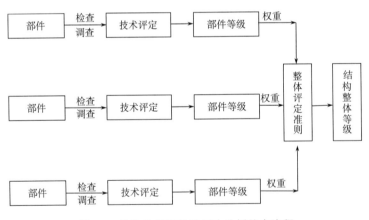

图 5.4　结构性能评价的层次分析基本流程

结构的各个部件应该根据其在结构中的作用和功能，区分为主要部件和次要部件，在性能评价中应对结构整体、结构主要部件和结构次要部件分别进行分级评价，其评定等级及其对应的性能状况可分别由表 5.9、表 5.10 和表 5.11 确定[116]。

表 5.9　结构整体性能评定等级

等级	总体评价	性能状况描述
1	完好	全新状态,功能完好,在设计荷载和监测荷载作用下,结构稳定,所有构件的内力、变形均小于设计值且满足现行规范
2	较好	有轻微损伤,对结构使用功能无影响
3	中度损伤	有中等损伤,尚能维持正常使用功能
4	损伤严重	主要构件有大的损伤,严重影响结构使用功能
5	危险	主要构件存在严重损伤,不能正常使用,结构处于危险状态

表 5.10　结构主要部件性能评定等级

等级	总体评价	性能状况描述
1	完好	全新状态,功能完好,在设计荷载和监测荷载作用下,结构部件稳固,内力、变形均小于设计值且满足现行规范
2	较好	功能良好,部件出现有局部轻微缺损或污染
3	中度损伤	部件有中等缺损,或出现轻度功能性病害,但发展缓慢,尚能维持正常使用功能
4	损伤严重	部件有严重缺损,或出现中等功能性病害,且发展较快,结构变形小于或等于规范值,功能明显降低
5	危险	部件严重损伤,或出现严重功能性病害,且有继续扩展现象,关键部位的部分材料强度达到极限,变形大于规范值,结构的强度、刚度、稳定性不能达到安全通行的要求

表 5.11　结构次要部件性能评定等级

等级	总体评价	性能状况描述
1	良好	全新状态,功能良好,部件有轻度损伤
2	中度损伤	部件有中等损伤,但不影响使用功能
3	严重损伤	部件有严重缺损,出现功能降低,进一步恶化将不利于主要部件
4	危险	部件有严重损伤,失去应有功能,严重影响正常交通

在结构及其部件的分级评定中,最初一般是基于混凝土结构或其部件的表观特性而进行判定,如结构/部件的裂缝、蜂窝、麻面等,目视是最基本的检测手段。但随着分级评定准确性要求的提高,目前在工程应用中,除了基本的表观特性外,又增加了许多非表观的特性,如混凝土的保护层厚度、混凝土中钢筋的腐蚀等,检查手段也从基础的目视检查,拓展到其他多种检测手段,如钢筋的腐蚀电位测定等。混凝土构件分级评定标准既有定性的标准,如构件的漏、渗水情况,混凝土的碳化情况等,也有定量的标准,如钢筋的腐蚀电位、孔洞和空洞的面积占比、混凝土强度等。但总的来说,在分级评定中采用的检/监测技术大多是便于工程现场操作的较为简单的技术。

5.5.5　结构性能的可靠度分析方法

考虑到实际工程中不确定性,基于可靠度的结构评价分析已成为评估领域中的一大热点。自 20 世纪 20 年代起，国际上就开展了结构可靠性基本理论的研究，并逐步扩展到结构分析和设计的各个方面；70 年代，可靠度设计方法在结构设计规范中的应用成为可靠性研究的一项重要内容。国际标准化组织于 1986 年颁布了《结构可靠性总原则》（ISO2394）[121]，1998 年又颁布了该标准的修订版本，为推进世界各国结构可靠度设计起到了重要作用。我国自 1982 年开始工程结构可靠性的系统研究，并取得了丰硕的成果，1984 年起，我国先后完成了第一层次的《工程结构可靠度设计统一标准》（GB 50153—92）[122]和第二层次的建筑、港口、水利水电、铁路和公路工程结构可靠度设计统一标准的编制工作，并完成了结构设计规范的修订。

按照现行结构可靠度设计标准，结构可靠度的定义为结构在规定的时间内和规定的条件下完成预定功能的概率。结构可靠度理论的研究，起源于对结构设计、施工和使用过程中存在不确定性的认识，以及结构设计风险决策理论中计算结构失效概率的需要。工程结构设计与稳定性评价采用概论意义上的可靠度方法是设计思想和评估方法的进步，且已得到国际上的一致公认。最初开始研究的结构可靠性理论及目前各类规范所采用基于可靠概率的结构设计方法是针对静荷载及其作用下的结构。研究承受动荷载作用的结构动力可靠度问题则是始于 1945 年美国学者 Rice 对随机动力反应过程与某一固定界限交叉问题的研究。桥梁等土木结构所承受的荷载，除自身恒载外，不管是罕遇的地震荷载还是常遇的大量车辆荷载、风荷载，都是一种随机动力干扰，因此结构的动力可靠性分析更具实际意义。对此国内很多专家对动力可靠度和时变可靠度都进行了很多的研究。

在结构可靠度分析中，需要考虑构件和体系两个层次，分别计算构件可靠度和体系可靠度。构件可靠度一般可采用一次二阶矩 FORM 法（first-order reliability method）、二次可靠度 SORM 法（second-order reliability method）、国际结构安全性联合委员会（JCSS）推荐的 JC 法，以及蒙特卡罗（monte carlo）法等方法进行计算分析。一次二阶矩 FORM 法计算简便，常采用中心点法和验算点法来进行一次二阶矩计算。其中，中心点法是将非线性功能函数在随机变量的平均值（中心点）处作泰勒级数展开并保留至一项，然后近似计算功能函数的平均值和标准差，计算简便，但结果较为粗糙，一般用于对可靠度要求不高的构件；验算点法能够考虑非正态的随机变量，在计算工作量差不多的条件下，可对可靠度指标 β 进行精度较高的近似计算，求得满足极限状态方程的"验算点"设计值，其计算精度较高。二次可靠度 SORM 法是在一次二阶矩 FORM 基础上的一个拓展，对于结构功能函数的非线性项影响较大时，一次二阶矩方法的计算结果与精确度相差过大，采用二次二阶矩可以较好地解决这个问题，它通常引入数学逼近中的拉普拉斯渐进方法研究结构的可靠度问题，计算结果更加准确，更能反映实际情况。JC 法是将服从各种分布的基本随机变量转化到标准正态空间内，用结构在设计验算点处的切平面代替极限状态曲面，可靠指标表现为标准正态空间内坐标原点到切平面的最短距离，在符合一般工程精度的要求下，计算量不大，同时可以得到设计验算点的值，便于工程设计，适合编制程序，利用计算机运算。蒙特卡罗法结构可靠性分析是通过随机模拟和统计试验来求解结构可靠性的近似数值方法，可以不考虑功能函数的复杂性，且收敛速度与随机变量维数无关，极限状态函数的复杂程度与模拟过程无关。

对于体系可靠度，一般可采用界限估算法、串并联及混联体系法、概率网络估算法、分枝界限法等方法进行计算分析。界限估算法是根据主要失效模式的安全方程计算失效概率并由主要失效模式的失效概率综合计算系统失效概率及其上、下界的问题。串并联及混联体系法是将结构体系分为各原件串并联的形式，其基于简单的串联模型和并联模型，将各原件进行串并联复杂体系，通过概率统计计算以及串并联模型的特点可以看出，以串并联模型为基础的混联体系具有更好的可靠度和工程稳定性。概率网络估算法是基于网络系统的概率估算方法，将网络的可靠性分为抗毁性、生存性、有效性和完成性四个方面，把结构体系进行网络划分和建模，通过对各节点单元的性质进行概率统计估算，来评价结构体系的可靠度。分支界限法是对系统承载力进行追踪分析，找出破坏概率较大的构件，并求其失效概率，再用树状搜索图描述系统的失效过程，最后由各分支的串并联关系求出系统总失效概率的上下界，该方法能够较快确定系统的失效模式，且失效过程直观、明了。

5.5.6 利用专家系统对结构进行性能评价

专家系统是一个或一组能在某些特定领域内，应用大量的专家知识和推理方法求解复杂问题的一种人工智能计算机程序。从 20 世纪 60 年代开始，专家系统的应用便产生了巨大的经济效益和社会效益，俨然已成为人工智能领域中最活跃、最受重视的领域。专家系统的功能在于基于大量先验知识，通过训练和逻辑推理，得出准确的结构性能状态，甚至对此进行决策。结构作为一个有机的整体，影响因素众多，且互相作用，单纯地从某一参数获取结构的性能极为困难，专家系统可以通过计算机程序进行对先验样本进行训练，找出系统的规律和内在的联系，然后得出更为可靠的综合性能状态和水平。

将智能算法融入专家系统可以使专家系统更加高效和智能化。近年来，结合神经网络、小波变换、支持向量机等算法进行专家系统的智能化改进成为该领域的研究热点。神经网络是一种模仿动物神经网络行为特征，进行分布式并行信息处理的算法数学模型。这种网络依靠系统的复杂程度，通过调整内部大量节点之间相互连接的关系，从而达到处理信息的目的。在专家系统中融入神经网络的优点，开发基于神经网络的专家系统可以大大提高专家系统的智能水平。它利用神经网络的学习功能、大规模的并行分布式处理功能、非线性映射逼近能力来克服专家系统的推理能力弱的缺点，进而形成具有更高智能水平的智能系统，可以更好地进行结构系统的性能评价。小波变换继承和发展了短时傅立叶变换局部化的思想，同时又克服了窗口大小不随频率变化等缺点，能够提供一个随频率改变的"时间-频率"窗口，是进行信号时频分析和处理的理想工具。在专家系统中融入小波变换技术，可以有效地对数据进行识别、筛选分析和处理，可以极大地减小或去除所提取不同特征值之间的相关性，同时，它的计算更为高效，可以形成更高效、智能的专家系统。支持向量机采用了结构风险最小化原则代替经验风险最小化原则，较好地解决了小样本学习问题。而且由于采用了和函数思想，把非线性空间的问题转换到线性空间，降低了算法的复杂度，具有较为完备的理论基础和较好的学习性能，能很好地解决小样本、非线性、高维数和局部极小点等实际问题。融入专家系统的支持向量机比神经网络具有更出色的学习和计算性能，它运用结构风险最小化原则，能在经验风险与模型复杂度之间作适当的折中，从而简化专家系统的计算，在工程结构的性能评估中更高效、实用。

5.6　基于结构健康监测的性能评价

结构的健康监测通过在结构上安装传感器，可以实时获得结构的多方位监测信息，不仅可得到结构本身诸如应变等参数，还能得到荷载和环境作用数据。大量多方位的结构监测数据，对结构性能状态的准确评估提供了强有力的武器。通常，监测数据可以和结构检测数据、结构的书面材料等一起作为结构性能评估的依据，以得到相对较为精确的评估结果。随着结构健康监测的出现和发展，逐步形成了以监测为主，其他检测手段为辅，甚至是全面利用结构健康监测数据来对结构进行检查、评估。同时，考虑到监测的持续性，结构的健康监测数据更能提供持续的、实时的结构性能状况监控。

一般来说，基于结构健康监测的性能评估，也可采用两层次的评估方法，对结构首先通过监测数据进行初步评估，如果发现有必要，则再较为深入地对结构进行详细评估。因此基于监测数据的结构性能评估通常有以下两个具体层次：一是基于数据本身的粗浅评估，用于发现结构的异常情况，实现初步评估与诊断；二是基于监测数据推演的结构深层次评估，实现结构的详细评估。但应该看到，结构健康监测依靠传感器系统，能够持续地对结构进行感知，同时具有强大的专家系统可供分析决策，便于结构性能评估的常态化和智能化。其持续地监测，可记录完整的结构性能演化过程，便于挖掘其结构性能退化的内在机理，以及对其将来性能变化乃至剩余寿命的预测，因此结构健康监测的前景非常光明。鉴于结构健康监测的这些特点，作者等有意模糊了性能评估和寿命预测之间的阶段界限，提出了基于结构健康监测的三层次结构性能评价方法，具体包括：基于检测与监测数据的结构异常分析、基于结构内在参数识别的结构当前性能状况评价，以及基于历史监测数据的结构性能退化与寿命预测这三个层次。在监测过程中，首先将监测系统得到的数据进行异常分析，如果发现存在严重异常情况出现（包括结构破坏突然发生和外部荷载如船撞突然出现），则应及时发出预警甚至报警以避免或减小损害的发生。如果发现结构出现异常状况但尚不至于立即引发事故，但需要知道结构究竟如何，则进入第二层次评价，对结构当前状况根据监测数据（或辅以以往的检测数据、报告等）进行合理评价，并根据评价结果确定是否需要进行功能预警或报警。另外，按照结构维护管理计划，即使结构没有出现异常状况，但也需定期对结构进行第二层次的性能评估，以把握结构的实际性能状况，规避可能的风险。在第二层次的评估中，如发现结构的安全性能总体基本满足，没有出现明显性能低下，或是虽然发现了一定程度的性能低下，但是并不严重的情况下，一般可不进行功能预警。在第三层次，针对特别重要或某些特殊需要的结构，则可进行基于历史监测数据的更深层次的结构性能劣化与剩余寿命预测，实现对结构深入的了解，并可据此调整维护管理计划。这种利用健康监测系统对结构进行三层次评价的理念和方法也已经被引入到江苏省地方规范《光纤传感式桥隧结构健康监测系统设计、施工及维护规范》[116]等规范和标准中。

5.7   结构的健康诊断与预警

5.7.1   健康诊断及安全预警的方法与流程

结构的健康是指在日常运营安全的前提下，还具有较好的耐久性。因此健康的结构应同时包含有安全和耐久两大重要性能。结构的健康诊断也是对结构健康状态的诊断与评价，它是侧重于结构性能状况的诊断。结构的性能状态和健全性可在结构的一些特征参数、损伤指标等状态参数上反映出来，这些参数可以随着结构检查而进行挖掘分析。以往这些参数往往都是通过目测、检测及鉴定性试验进行获取，而随着结构健康监测的逐步发展，也提供了结构健康诊断与预警的新的手段。

在日本，结构的健康诊断通常是用结构健全度来衡量的。健全度主要包括结构的损伤及劣化程度、健全性（承载能力、耐久性能等）以及结构的使用性（包括通行性、功能性等）三个方面，并广泛运用于土木结构的健康诊断。日本使用健全度对铁道构造物进行了分级和评定，将其划分成 A、B、C、S 四大等级（《铁道构造物等设计标准及解说——混凝土建筑物篇》），对京急电铁等隧道使用相应的"健全度"标准将隧道分为 AA、A1、A2、B、C、S 共 6 个等级。在美国，FHWA 也使用健全度将桥梁分为了完好、很好、好、满意、一般、差、严重、危急、即将失效、失效共 10 个等级。在我国，一般则是采用技术状况对土木结构进行评定，如对桥梁和隧道区分为 5 类，但总的来说，我国尚没有一个很好的能表达结构整体性能的指标，有待以后开发确定。

结构的诸如承载能力等各健康指标都有一定的范围，因此如发现某个关键参数或指标超过了极限值，则有结构出现问题的概率很大，可直接进行预警，以规避可能发生的风险。另外，考虑到结构的损伤甚至失效会引起多种异常状态，因此可以同时考察多个状态参数和损伤指标，以增加判断的可靠性。在很多情况下，结构的健康水平的退化是一个漫长的过程，在偶然荷载作用下，结构虽会发生状态异常变化，但这些异常变化程度不一定会达到极限警戒线。在这种情况下，可设定一个合理的异常范围值，一旦超过此值，则需对结构进行健康诊断，衡量结构当前真实、确切的健康状态及其水平，如能满足正常运营需要，则将诊断结果进行留存备案，不进行预警，否则需进行预警。

因此，针对工程结构的健康诊断，虽然各国略有差异，但大致可以通过下面的流程来实现，具体如图 5.5 所示。从流程图中可以看出，现代的结构维护管理，将综合运用结构检测和结构健康监测等多种技术，来实现对结构多层次、多方位健康状态的监测、诊断。通过在线监测系统，人们可以对结构的状态作出实时识别和判断，第一时间捕捉结构出现的异常情况，并迅速对其健康状态进行诊断评估，以及时发现问题、消除隐患。

5.7.2   基于监测数据的异常分析

结构的性能评估及预测要充分利用监测数据，并结合结构检测情况，综合分析，得出准确的性能状态水平，在性能水平下降至一定程度时，须及时实施预警或报警。结构健康监测的实时、持续性监测给对结构进行异常情况分析带来了强有力的手段，通过对结构表层数据的分析评价，可以比较容易地对结构进行异常探测，实现比较粗糙的结构性能评价。这其实就是结构健康监测性能评价的第一层次。

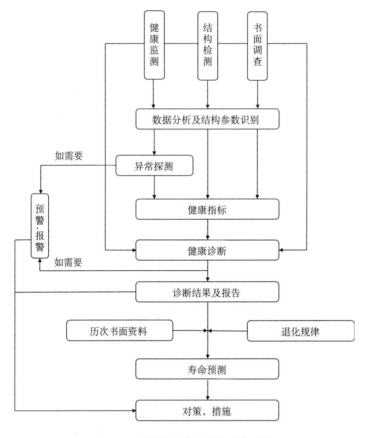

图 5.5　结构的健康诊断与安全预警

基于结构健康监测数据的功能报警与结构性能评价的实施可通过相应的评价基准来评估判断，其具体的实施方法可根据评价基准的不同分为以下四大类，在结构的功能报警与性能评价活动中，可以使用其中一类或几类进行功能性报警与性能评估。

（1）基于阈值评估。当监测指标存在阈值的时候，可根据监测数据是否超过阈值来判别结构是否正常，同时，通过监测数据与阈值之间的差也能反映结构在此性能上的富余。

（2）基于合理值或合理范围评估。通过监测数据同该结构相应的合理值或者合理范围进行比较，从而进行评估。

（3）基于某基准时点（如建成初期）数据的评估。通过当前监测数据与基准时点的监测相应数据（或是计算值）进行比较，从而进行评估。通常基准时点选用结构刚建设完成的时间点，或者监测系统搭设完成时。

（4）基于不同时期状态对比的评估。针对结构劣化，或是维修、加固的改善等判断，可采用不同时期的监测数据对比而进行评估。其时间点间隔一定时间选取，或是在维修、加固活动的开始前与结束后的时间点。

以上四种监测评估的方法可如表 5.12 所示。

表 5.12　监测评估方法

分　类	评价基准	监测数据 D_m 与评价基准的关系	评价方法
一	阈值：L	$D_m < L$	监测值不应超过相应阈值，监测值与阈值间的距离
二	合理值：P	$\lvert D_m - P \rvert < P_d$	监测值是否在合理值附近
	合理范围：$P_1 \sim P_2$	$P_1 < D_m < P_2$	监测值是否在合理范围之内
三	基准时点的监测值：I_m	D_m / I_m	当前监测值与基准时点的监测值或状态计算值进行比较
	基准时点的状态计算值：I_c	D_m / I_c	
四	之前的监测值：D_{mb}	$(D_m - D_{mb}) / D_{mb}$	两个先后时间点的监测值的比较
	之前状态对应的计算值：D_{cb}	$(D_m - D_{cb}) / D_{cb}$	

5.7.3　基于监测数据推演的结构参数与损伤识别及性能评价

结构通过监测获得的信息只是结构初级层次的结构信息，如通过安装在结构上的加速度计、应变计获取结构的加速度和在不同部位的应变等，但是我们可以通过初级信息来推演出反映结构本质特性的指标和参数，从而帮助我们更好地对结构的性能状态进行判别，如加速度可以推演出结构的固有频率、固有振型、曲率模态等，利用结构的应变计测试数据也能推演出应变模态、应力循环等。这些基于监测数据推演出来的指标，再

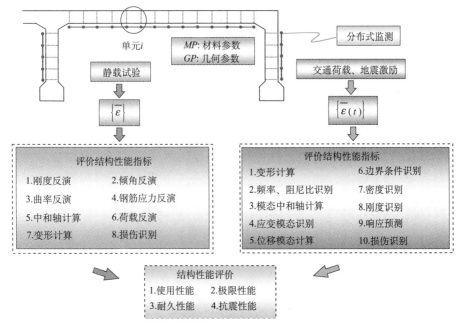

图 5.6　基于长标距应变区域分布传感结构健康监测的结构性能评价

经过健康监测系统中的分析，就能比较容易且准确的获得结构的性能状态。如对于混凝土结构的安全性，可以通过对结构变形、刚度等的监测，获取结构承载能力、结构稳定性等关键指标；对于结构的使用性，可以通过对结构的位移、裂缝、振动加速度等的监测，获取相关指标。以分布式长标距应变监测系统来看，通过监测获得的长标距应变数据，可直接根据测得的结构应变值的大小及其变化情况进行异常分析监控，同时，也可基于获得的分布式长标距应变推演出多种指标，用于结构性能的综合评价（如图 5.6）。这其实就是基于结构健康监测性能评价的第二层次。

5.8　混凝土结构性能退化及剩余寿命预测

5.8.1　混凝土结构的性能退化

混凝土结构在使用过程中在长期环境和荷载作用下，会逐步劣化而产生性能退化。掌握其劣化机理和退化规律对于混凝土结构的维护管理至关重要。本书第 4 章对混凝土在碳化、盐害、冻融、化学腐蚀、碱骨料反应、表面磨耗、疲劳等因素下的劣化过程和引起的构件性能退化作了介绍。但是第 4 章的内容只是考虑单因素作用下的劣化，实际结构的劣化尚需考虑多个因素的耦合作用，同时也涉及局部的构件性能退化，结构整体性能及其退化情况也需要考虑结构形式、各构件在结构中的作用及其退化程度等诸多因素综合考量。基于各因素的混凝土结构性能退化模型的研究也是当前土木工程领域的热点课题之一。

基于对结构的检查/调查，可以对结构进行比较准确的性能评估并预测其今后的发展，得到其性能退化曲线（如图 5.7）。但是结构的状态由于荷载和环境等的不确定性，其性能的退化并不能准确按照预测的退化曲线而逐渐退化，其实际性能退化曲线通常会逐步偏离预测值。为了更好地把握结构的性能水平和退化规律，应定期对结构进行检查，获得当前时刻的性能水平，并与预测值相比较，分析其偏离的原因，继而对原性能退化

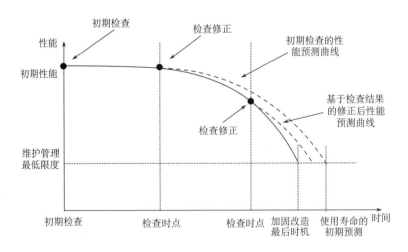

图 5.7　性能退化曲线

预测曲线进行修正，制定新的性能退化曲线。如结构在服役期间需要进行加固等活动，则在每次加固之后都需要重新进行性能评估，并制定新的性能退化曲线，用于对后期的维护管理提供参考。

5.8.2 混凝土结构的剩余寿命预测

正如第 2 章中介绍，剩余寿命是从当前或某一时间点至结构性能退化到既定的临界点时的服役时间。工程结构的寿命包括结构本身的物理寿命、功能寿命及经济寿命三大方面。结构考虑其剩余寿命也需综合考虑技术、功能和经济等方面进行综合评估，而结构的性能要求的失效临界点可由政府、业主等根据实际情况确定。

结构剩余寿命确定的原理可如第 2 章中图 2.3（结构全寿命/服役寿命及长寿命化关系图）所示。结构通过设计并估计其性能的退化，获得设计性能曲线，在到达性能要求下限时到达使用寿命终点，这便是其设计使用寿命。但结构随着后期的劣化，其性能退化将出现与设计性能不同的发展状态，因此可通过检查/调查对结构进行评估，以获得其检查评估后较为真实的性能。在其性能退化至一定程度，则需考虑对结构进行维修或加固，由图 2.3 可见，经过维修加固后结构的性能有了显著的提高，但是不同的维修加固方式也带来不同的性能改善效果。维修加固模式 1 采用较为简便经济的模式，虽然性能得到提高，但是并没有恢复到设计性能水平，其最后的使用寿命也显然小于原设计使用寿命。维修加固模式 2 则是一种较为有效的方式，其维修加固后的性能超出了设计性能水平，最终使得结构的使用寿命得到了延长，超过了原设计使用寿命。从中也能看出，准确地确定结构性能退化模型是确定结构剩余使用寿命的关键，而为了要使结构达到一定的使用寿命，则定期的检查和适合的维护手段必不可少。

混凝土结构的性能退化是结构在荷载和环境作用下的逐渐退化过程，同时也是在多种因素共同且耦合作用下逐渐退化的，以上的性能退化曲线代表了通过对结构进行检查/调查而获得的结构过去、现在的性能水平以及对其将来的性能预测，其准确度取决于检查和调查中的考虑因素是否全面，以及各因素在最终效应中所占比重的设定是否合理等。一般而言，对结构检查得越全面、越仔细，则得到的性能退化曲线也就越接近于真实情况，根据其获得的预测寿命也就越准确。但是在某些特定情况下，结构的劣化可由某种病害或因素主导，而其他病害或因素则影响相对较小。如对于港口码头，其劣化的主要因素是氯离子的侵入，盐害是导致混凝土结构劣化的主要病害。在这种情况下，也可针对某主要病害特征，来制定结构的性能退化曲线，预测其剩余寿命。图 5.8～图 5.11 分别显示了基于盐害、中性化、冻害及碱骨料反应的混凝土结构性能退化分析及寿命预测方法[123]。

5.8.3 基于结构健康监测的寿命预测

虽然结构健康监测已经经过大量研究，得到了极大的发展，并也较多地运用到了工程实际，但总体来讲，目前依然是主要依靠周期性的结构检测分析来实现结构的寿命预测。而实际上，通过定期的检测对结构进行寿命预测不能持续跟踪结构的劣化，其预测的效率低，准确性也不高。基于结构健康监测的寿命预测虽然目前在实际工程的应用尚

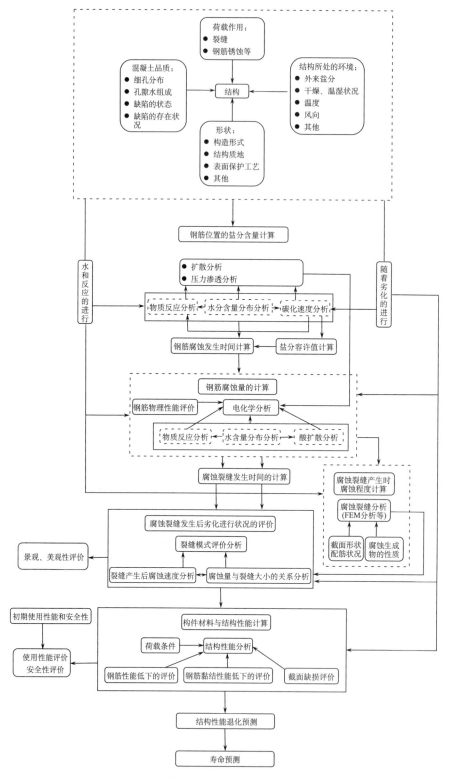

图 5.8　基于盐害的混凝土结构寿命预测方法

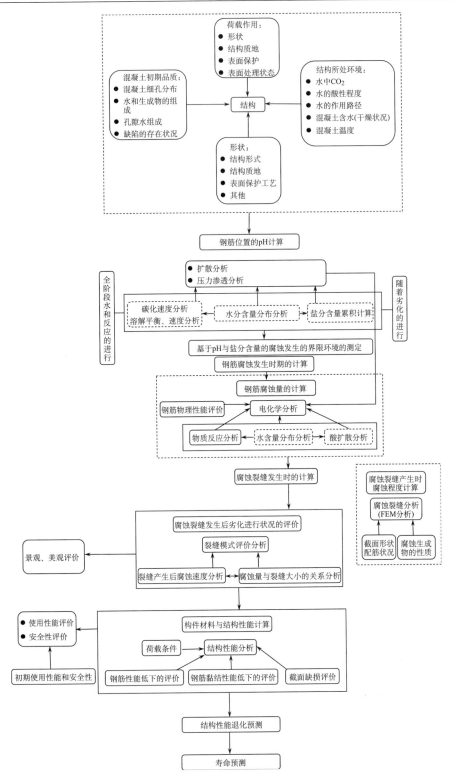

图 5.9 基于中性化考虑的混凝土结构寿命预测方法

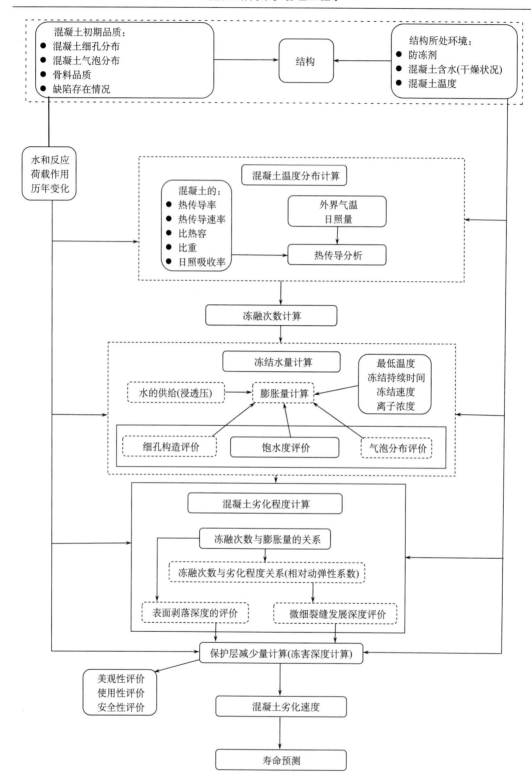

图 5.10　基于冻害的混凝土结构寿命预测方法

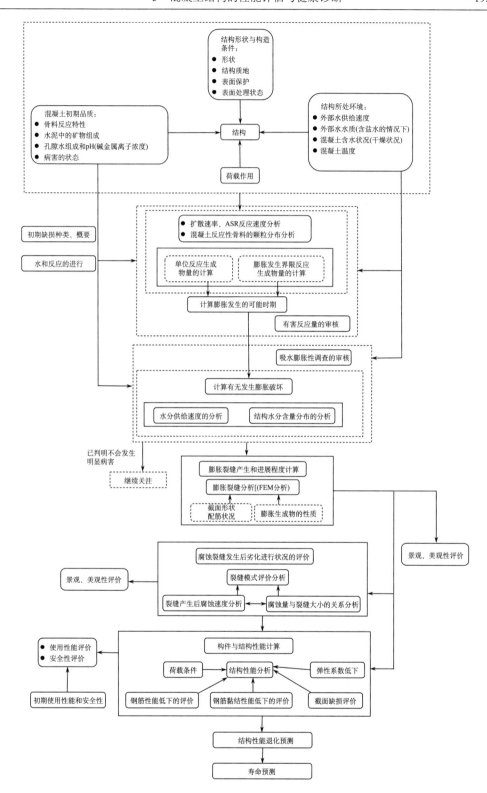

图 5.11 基于碱骨料反应的混凝土结构寿命预测方法

不多，但结构健康监测能够持续性地对结构的劣化进行跟踪，对结构性能的演变能得到更多的信息，便于掌握结构的性能退化机理与其实际退化规律，有利于对结构的实际使用寿命进行比较准确的预测，因此，基于健康监测的结构使用寿命预测具有很好的前景，也是今后发展的一大方向。基于结构健康监测的监测数据实现对结构进行寿命预测，这其实就是笔者提出的基于结构健康监测性能评价三个层次中的第三层次。

5.9 结构的抗震性能及其评估

5.4 节中介绍了在结构维护管理过程中,结构性能状态把握和制定维护决策的一些常用的性能评价方法。结构的安全性是至关重要的条件，如地震、台风、洪水等自然灾害通常会导致大量结构物的损坏，甚至于失效倒塌，但发达国家在结构维护管理的性能评估中，通常却并不包括结构的抗震性能等灾害评估。这是因为发达国家大多认为结构的安全性是理所当然的，但结构维护管理活动的重点，在于缓解结构物具有共性的劣化问题，实现结构长寿命和高经济性，解决社会资产的可持续发展矛盾，这与当前发达国家基础设施大量老龄化的背景是密切相关的。当然，自然灾害虽然是小概率事件，但其破坏性很大，不容忽视。发达国家结构的抗灾害评估通常在结构的常规维护管理之外进行专门的考察和评估。而我国目前尚在建设高峰期，且处于灾害多发地带，近年来地震、洪水频发，自然灾害对结构造成的破坏及结构抵御灾害的能力都是我们在结构全寿命维护管理中必须考虑的。中国地震局工程力学研究所的谢礼立院士就提出，灾害是"果"，而非"因"，认为对于土木工程领域，其灾害的本质是由土木工程灾害防御能力的不足所导致。不恰当的选址、不恰当的设防、不恰当的设计、不恰当的施工、不恰当的使用以及不恰当的维护管理都将造成土木工程结构灾害防御能力的不足。但如果进行了合理的选址、设防、设计、施工、使用与维护管理，则在承载体抗灾能力超过致灾因子的情况下，灾害则不会发生，或会被大幅减轻。因此，承载体的抗灾能力是灾害发生的决定性原因，致灾因子则只是导致灾害发生的重要原因，而并非是决定性原因。提高结构的灾害防御能力也是工程结构全寿命维护管理中的一项极其重要的任务。因此，本书将结构的抗灾害性能也作为结构性能的一个重要组成部分，也将围绕工程结构的全寿命维护管理对结构的抗震性能做简单介绍。

5.9.1 混凝土结构的抗震设计理念

地震作为地壳运动的一种产物，始终伴随人类文明的发展进程，给人类带来巨大的灾难。据统计，20 世纪全球因地震死亡的人数总计 163 万~175 万人，而在 21 世纪的十几年里，地震死亡人数便已经达到了 90 万人，表 5.13 列出了世界上一些大的地震灾害及其损失情况。

随着人类文明的进步，人们对地震和震害的逐步了解过程中，开始对结构进行抗震设防，以减小地震给人类带来的灾难。结构的抗震设计经历了初始的静力理论设计阶段、反应谱理论设计阶段、动力理论设计阶段及现今的基于性能的设计阶段这几大阶段。

表 5.13　21 世纪以来全世界范围发生的强烈地震

时间	地震	地点	震级	经济损失（亿）	房屋损毁（间）	死亡人数
1906.4.18	旧金山大地震	美国	7.7-7.9	约 78	2.8 万	3000 余
1923.9.1	关东地震	日本	7.9	46	70 万	约 130000
1960.5.21	智利大地震	智利	9.5	约 234	16 万余	52917
1976.7.28	唐山大地震	中国	7.8	780	656136	242769
1988.12.7	亚美尼亚地震	亚美尼亚	6.9	6.9	—	24000
1994.1.17	洛杉矶地震	美国	6.6	约 2340	2500 余	62
1995.1.17	阪神大地震	日本	7.2	7917	10.8 万	6434
1999.8.17	土耳其大地震	土耳其	7.4	1560	10 万余	18000
2001.1.26	古吉拉特邦地震	印度	7.8-7.9	354	—	25000
2007.6.24	秘鲁大地震	秘鲁	7.9	—	13580	97
2008.5.12	汶川大地震	中国	8.0	8451	约 50 万	69142
2010.4.17	苏门答腊地震	印度尼西亚	7.8	—	1000 余	1300 余
2011.3.11	东日本大地震	日本	9.1	约 15600	138100	15885
2015.4.25	尼泊尔地震	尼泊尔	8.1	310.5	51.7 万	8786

　　静力理论设计方法不考虑地震引起的结构动态特性，是以历史最大地震加速度为依据，对结构进行静力分析和设计的一种原始抗震设计方法。结构的静力设计方法始于1900 年日本的大森房吉提出的地震力理论，认为地震的破坏作用是由于其产生的水平力。1916 年佐野利器提出震度法，把结构所受的地震作用简化为等效水平静力进行分析设计。这种方法简单有效，并由日本关东大地震对此进行了验证，在 20 世纪 10~40 年代风靡一时。

　　随着人们对地震的地面运动特性进一步了解，提出了反应谱的概念，即地震波作用下的结构反应最大值与质点自振周期之间的关系。20 世纪 50 年代美国的 Housner 对一些有代表性的强震加速度进行处理，得到一批反应谱曲线并引入加州抗震设计规范中，标志着反应谱法的完整架构体系形成。到了 20 世纪 60 年代，基于反应谱理论的抗震设计方法已经基本取代了基于静力理论的震度法，并确立了其主导地位。

　　反应谱理论尽管考虑了结构的动力特性，然而在结构设计中，它仍然把地震惯性力作为静力来对待，所以只能称为准动力理论。随着 20 世纪 60 年代电子计算机的发展和人们对地震运动的进一步了解，人们开始对结构进行更为精确的动力分析，将有代表性的地震加速度时程进行动力计算模拟，并逐渐形成抗震动力理论，从而对结构更为准确地进行计算和设计，20 世纪 70~80 年代进入动力理论的阶段。

　　至此，这些抗震设计方法都是基于生命安全的单一设防目标的设计理念，各国抗震规范中普遍采用的"小震不坏、中震可修、大震不倒"的多级设防思想，被认为是处理高度不确定性地震作用的最科学合理对策。但是近年来的一些震害经验却又给了人们新的启示，如 1995 年的日本阪神大地震，共死亡约 5500 人，经济损失（包括震后重建）共计约 2000 亿美元。传统的抗震设计思想旨在实现大震时主体结构不倒塌，保障生命的安全，但是没有考虑中小地震时结构正常使用功能的丧失，经济性往往得不到保障。基于此，在 20 世纪 80 年代末和 90 年代初，美国率先提出了基于性能的抗震设计理念（performance-based seismic design），并以 1995 年美国加州结构工程师协会（Structural Engineers Association of California，SEAOC）颁布的 VISION 2000、1996 年美国应用技术委员会（Applied Technology Council，ATC）发布的 ATC-40 报告，以及同年美国联邦紧急事务管理局（Federal Emergency Management Agency，FEMA）发表的 FEMA273 和 FEMA274 三个文件为基石，开拓了结构抗震发展史上的一个重要里程碑。基于性能的抗震设计理念既能有效地减轻结构的地震破坏和由此带来的经济及人员的损失，实现结构的使用功能的延续，又能合理地使用社会有限的资金，从而为各国广泛接受和采用，如日本在 2000 年的《日本建筑法规》（Building Standard Law of Japan）便正式采用了基于性能设计的能力谱法。

此外，考虑到结构在长期环境和荷载作用下，其各项性能会逐渐出现退化，提出了全寿命周期抗震设计的理念，主要是考虑结构在全寿命周期内的抗震性能的退化，以包括地震损失在内的全寿命周期总成本最小为目标，对结构进行抗震优化设计。基于性能的结构全寿命周期抗震设计的理念和方法是当今结构抗震设计的新潮流。

5.9.2　混凝土结构抗震性能的退化

结构的抗震性能是指结构抵抗地震作用的能力，具体可包括结构及其构件在地震作用下的承载能力、变形能力、耗能能力、刚度及破坏形态的变化和发展、震后的可修复能力等。结构的抗震性能一般在设计中根据设定的抗震目标进行设计和确定，但是随着结构在服役使用过程中的不断劣化，其抗震性能也将随之逐步退化。

混凝土结构抗震性能退化的主要原因，主要可归结于混凝土的劣化、钢筋的锈蚀、预应力损失、结构损伤等。混凝土的劣化将造成混凝土的强度降低、开裂、剥落等造成的截面减小等；而钢筋锈蚀将造成钢筋有效截面的减小、钢筋与混凝土的黏结滑移特性的改变，以及结构延性的下降，并使得结构破坏形态转变为不同程度的脆性破坏形态；预应力结构在长期荷载与环境作用下，预应力的损失也将造成结构受力特征的改变；同时，结构在运营过程中的超载、事故或是自然灾害等都将对结构造成损伤，已有的损伤（特别是在以往地震过程中出现的震损）大幅增大了结构在地震荷载作用下的脆弱性和易损性。可见，结构在长期服役过程中，随着其各个方面的逐渐劣化和退化，结构的整体屈服强度和延性随之下降，其抗震性能水平也逐渐退化。因此，在结构的全寿命维护管理中，应考虑多种因素对既有结构的抗震性能退化作综合评价，并对其抗震性能的退化及时作出响应，以控制结构的震害风险，这在地震多发地区更应该引起重视。

5.9.3　混凝土结构抗震性能评价方法

混凝土结构抗震性能的常规评价方法主要有以下几种。

（1）经验法

抗震性能评估的经验法，是依据之前大量的地震灾害及结构受损情况的数据统计，从传感器所获取的目标结构参数，选取适当的经验公式或易损性模型，推算结构在某种地震作用下的受损程度和性能状态。经验法既可用于结构震前的抗震性能评估及预测，又可用于震后的抗震性能评估。

（2）概率法

概率法是基于全概率理论的结构抗震分析与评估，将抗震性能评价体系分为四个阶段：地震危险性分析、地震结构响应分析、结构损伤与破坏分析、损失分析。通过这四个阶段的随机变量及其概率密度函数组成整个结构的抗震可靠度指标。

经验法和概率法这两种方法的基础均为对实测数据的一种统计分析与计算。经验法的重点在于选择适当的经验公式或易损性模型，但由于各工程地质条件以及环境等因素不同，经验公式的准确选择较为困难；概率法依赖数学中概率统计方法，概率密度函数的选择也较困难，需要对结构响应有一定的预判。

（3）能力谱法

结构的能力谱曲线（Capacity Spectrum）可由结构的 Push-over 分析得到荷载–位移曲线转化而来，而结构的需求谱曲线（Demand Spectrum）可由加速度反应谱通过 A-D 转化得到。将结构的能力谱曲线和需求谱曲线绘制在同一张图上，通过图解或数值方法求得两个曲线的交点，即性能点（Performance Point）。对于弹性体系，能力谱方法为求解结构地震响应的反应谱方法。对于弹塑性体系，其地震响应除了受输入地震的特性影响外，还与结构的屈服强度及位移延性能力相关。

针对弹塑性体系结构的抗震性能评估，目前常用的分析方法主要包括静力增量分析法、动力时程分析法和能力谱分析方法（Push-over 方法）。静力增量分析法相对简单，但没有考虑到地震作用与结构自振特性之间的联系。动力时程分析法能够计算地震反应过程中各时刻结构的内力和变形状态，可以给出结构开裂和屈服顺序，发现应力以及塑性变形的集中部位，从而判定结构的屈服机制、薄弱环节及破坏类型等，结果较为准确，但计算工作量大，且受地震波选取的影响，在抗震性能评价中有一定的难度。相比前两种方法，能力谱分析方法是一种较新的结构抗震分析方法，可简单、准确地评估地震作用下结构的弹塑性位移响应，能够评价位移延性等结构抗震的重要性能指标，故得到了广泛的应用。

（4）能力需求比法

在特定设防水准下的地震作用可视为结构的需求，而结构的抗力和容许延性等构成结构自身的"能力"。能力需求比法通过"能力"相对于"需求"的比值而对结构进行抗震评估，能力/地震需求比值大于等于1表明该构件在该水准地震作用下不会发生破坏，小于1表明该构件在该水准地震作用下，可能发生破坏。

判定能力需求比首先需要评估结构的性能水准，如基本完好、轻微损坏、中等破坏、严重破坏等，以及该性能等级下的危险性水平，即满足该性能水准的超越概率；然后选择该性能水准的地震动特性，各水准的地震动强度应有相同的超越概率保证；而后计算结构在确定地震动下的地震需求，采用线性、非线性、静力、动力等分析方法来计算结构的需求，可用最大层间位移表示；再确定整体和局部破坏能力和能力系数，通过整体层间位移能力、相应的能力系数和局部位移能力及其系数，得到目标结构的能力系数；

最终求得给定水准下该结构的能力需求比。能力需求比法考虑了地震需求和结构能力中的随机性和不确定性，可以进一步给出不同性能水准下的可靠等级，使得工程人员对结构的抗震性能有更加可靠的把握。

5.9.4　混凝土结构的震后性能快速评价

地震作为一种突发性的自然灾害，具有发生时间短、波及面广、灾害程度严重的特点。根据地震灾害的阶段划分，震后工作的第一要务就是救援。但地震导致房屋、公路桥梁、隧道的破坏，造成救援人员和物资运输重要通道的中断，避难场所和医疗机构的关闭，严重影响救援工作开展。即使地震烈度不大，但对结构进行盲目地使用也蕴藏着巨大的风险。因此，混凝土结构在地震灾害发生后，需及时分析判断结构是否出现损伤和破坏、是否出现性能的大幅下降、是否存在安全威胁、是否能正常使用或限制使用以及是否需要马上维修。这些工作对于震后的救援抢险和结构设施的运营使用、次生灾害的规避和控制、确保人民的生命财产安全具有非常重要的意义。

在这种情况下，除了 5.9.3 节介绍的常规性能评价方法之外，更需要一种对结构进行震后快速诊断评价的方法。美国的应急减灾技术发展较为成熟，其震后的评估一般分为早期评估和现场评估两个部分。早期评估一般是基于卫星遥感、飞机航拍等，现场评估则是通过技术人员对结构进行现场快速检查和调查，然后快速评估出结构的实际性能水平。

2010 年 4 月 14 日，我国青海省玉树藏族自治州玉树县发生 6 次地震，最高震级 7.1 级。地震发生后，中国科学研究院（中科院）于当日下午便派出遥感飞机进行航拍，获取地震灾区第一手高分辨率遥感图像，主要覆盖玉树县结古镇西部地区。中科院对地观测中心科研人员利用灾区航拍图像（如图 5.12），对该区域地震损毁程度进行了评估。结果显示，在整个航拍监测区域范围内，房屋的倒塌率达 61.7%，且房屋倒塌比率与房屋建筑类型有关，框架结构楼房倒塌相对较少，平房倒塌比较严重。早在 2008 年 5 月 12 日汶川大地震发生后，中国科学院也通过飞机进行了航拍，除了房屋的损毁评估之外，还对汶川地区交通设施的受灾情况进行了察看，图 5.13 是 5 月 14 日对道路桥梁的航拍情况。可见，很多桥梁在震后坍塌，有的道路也因为泥石流被冲毁阻断，给震后救援带来了极大的困难。

对于震后的交通生命线桥梁，美国华盛顿州早在 1993 年便发布了《桥梁管理应急响应计划》，印第安纳州在 2000 年编制了《震后桥梁安全评估手册》和《震后道路桥梁现场评估指南》，肯塔基于 2006 年颁布了《肯塔基震后桥梁现场检测手册》，而纽约州则在 2010 年完成了《震后桥梁安全检测流程》。日本身处地震活跃板块，地震频繁，因此对这方面的研究也较早，其震后的评估同样分为早期评估和现场评估两个部分，其中早期评估主要根据地震受灾早期评价系统的结果，以及通过遥感卫星获得的图像资料进行综合分析，获得震灾损害情况，而现场评估主要依据日本道路协会的《道路震灾对策便览》（震灾复旧篇）进行紧急调查和评估。调查的手段采用人工巡视目测，配以简易

图 5.12 玉树地震航拍图像[124]

图 5.13 汶川地震后的生命线工程航拍图像（图片来自网络）

工具，以及卫星和航拍的图像等，进行综合判断，将震后桥梁分为 5 级。相对而言，我国在震后快速检查评估方面起步较晚，且缺乏专门的研究，2010 年我国发布的《地震现场工作 第 3 部分：调查规范》仅对震后桥梁调查的问题进行了简单描述，可操作性不强[125]。

5.10 房屋建筑的安全及抗震鉴定

5.10.1 房屋建筑的鉴定必要性

我国的土木工程建设从 20 世纪 50 年代起开始发展，改革开放后进入高速发展阶段，尤其在近年来，发展更为迅猛，在多方面都取得了重大的突破，取得了非常大的成就，特别是与人居及工业相关的房屋建筑（包括住宅、办公楼、厂房等），由于国家城镇化的推进，发展极其迅速。根据统计数据，我国建筑业施工面积由 2004 年的 310 985.71 万平方米已增加到 2014 年的 1 250 248.54 万平方米，年复合增长率达 13.48%（如图 5.14）。

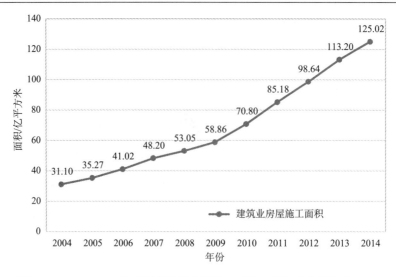

图 5.14　2004~2014 年我国建筑业房屋施工面积（数据来自国家统计局）

伴随着建筑面积的增加，城镇人居住房环境也改善显著。从表5.14可以看出，改革开放后，随着经济的迅速发展，我国城市及农村居民人均住宅面积增加五到六倍，增幅巨大，侧面显示着目前建成的民用建筑项目数量早已远超改革开放时期的水准。

表 5.14　1978~2012 年我国城市及农村居民人均住房面积情况

年份	城市居民人均建筑面积/平方米	农村居民人均住宅建筑面积/平方米	年份	城市居民人均建筑面积/平方米	农村居民人均住宅建筑面积/平方米
1978	6.7	8.1	1996	17.03	21.7
1979	6.9	8.4	1997	17.78	22.5
1980	7.18	9.4	1998	18.66	23.3
1981	7.7	10.2	1999	19.42	24.2
1982	8.2	10.7	2000	20.25	24.8
1983	8.7	11.6	2001	20.8	25.7
1984	9.1	13.6	2002	22.79	26.5
1985	10.02	14.7	2003	23.7	27.2
1986	12.44	15.3	2004	25.0	27.9
1987	12.74	16.0	2005	26.1	29.7
1988	13.0	16.6	2006	27.1	30.7
1989	13.0	17.2	2007	28.0	31.6
1990	13.45	17.8	2008	28.3	32.4
1991	13.65	18.5	2009	31.3	33.6
1992	14.79	18.9	2010	31.6	34.1
1993	15.23	20.7	2011	32.7	36.2
1994	15.69	20.2	2012	32.9	37.1
1995	16.29	21.0			

当前我国超过 100 米的高层建筑已增加至 60 多座,达到 300 米以上的超高层建筑已有 20 余座,现阶段,全世界达到 400 米以上的超高层建筑总共只有 14 座,而我国独占 8 座,这个数量足以说明我国在超高层建筑方面的水平。当前,我国最高建筑是上海中心大厦,其总高度已经达到 632 米,此外,我国目前在建的深圳平安国际金融中心的总高度甚至达到 660 米,一旦建成将超上海中心大厦成为我国最高建筑。

但是在这些惊人的发展速度背后,我国土木工程建设中出现的质量问题也越来越引起人们的重视。重建设、轻维护是当前房屋建筑业中存在的最主要的问题。2012 年 12 月 16 日,宁波市两幢楼方突然发生倒塌,造成 1 死 1 伤;2013 年 5 月,福建福州市一栋建于 20 世纪 70 年代的建筑突然坍塌;2014 年 4 月 4 日早晨,浙江奉化一栋只有 20 年历史的居民楼突然倒塌,造成 1 人死亡、6 人受伤。近年来, 80 年代和 90 年代建设的楼房频频成事故主角,此类倒塌事件在全国时有发生。依照《民用建筑设计通则》[126] 的规定,一般性建筑的耐久年限为 50~100 年,然而,现在大部分使用中的建筑实际寿命却远远达不到规范要求。有关专家表示,许多钢筋混凝土的寿命不过 25 年左右。相较之下,英国建筑的平均寿命达到 132 年,美国是 74 年,我国的建筑寿命远远低于世界发达国家水平。目前我国城镇住宅建筑面积已达 64 亿平方米,在现有住宅中,已使用 15 年以上需中修的旧住宅约为 21 亿平方米,使用 25 年以上需改造性大修的旧住宅约为 11 亿平方米,分别占到总量的 32.8%和 17.1%,对于房屋的维护管理需求巨大。

对于房屋建筑的维护与管理,世界上已经好多国家采用了法律法规以及标准规范的形式进行了保障。在美国,普遍采用了国际标准理事会(International Code Council, ICC)制定颁布的一系列条例示范文本,大部分州、县都全部照搬或局部修订后作为本地的地方条例。ICC 制订的《国际建筑标准》(The International Building Code)已被全美采用,而其制定的《国际住宅标准》(The International Residential Code)则已被美国 46 个州采用。除此之外,国际标准理事会还制定了《国际既有建筑物标准》(International Existing Building Code)、《国际物业维护标准》(International Property Maintenance Code)和《ICC 建筑物和设备性能标准》 (ICC Performance Code For Buildings and Facilities)等标准条例,且一直在不断修订,为美国房屋建筑物的维护管理提供了具体的标准条例和法律基础。

新加坡以 1989 年开始实行的《建筑物管理法》(building control act)为建设领域基本法令,并有《建设局法》、《建筑物维护和分层管理法》、《公共事业法》、《建筑业付款保证法》、《建筑师法》以及《专业工程师法》等 6 部法令作为辅助和支持。除此之外,还颁有《建筑管理规章》、《建筑管理(建筑物检测)规章》等多部法规,以及《房屋定期检查执业资格人员及业主指南》(Guidelines For Qualified Persons and Owners On Periodical Inspection of Buildings)等指南,形成了一个比较完整的管理体系。在新加坡,对于新建的不仅仅是用于居住的房屋建筑物,在竣工 5 年便需要开始进行鉴定,且以后每隔 5 年都必须要进行鉴定;而对于一些特殊建筑物或者是完全用于居住的建筑物,在法定竣工 10 后也必须要进行鉴定,且以后每隔 10 年也都必须要进行鉴定。

常年以来,我国的重建设、轻维护的做法使得我国房屋建筑维护管理的压力很大,但总的来说,经过几十年的不断摸索和努力,在房屋建筑管理方面也已经得到了很大的发展。目前我国也已经形成了一整套的法律和法规,用于房屋建筑物的建设与维护管理,但尚不完善，很多内容尚未有规定。考虑到结构的安全对于结构的重要地位，对于结构定期进行正常使用情况下的安全鉴定和结构对于灾害的抵抗能力进行鉴定极其必要，本节主要将对于房屋建筑的安全性能和抗震性能的鉴定作简单介绍。

5.10.2　房屋建筑的安全性鉴定

我国的房屋建筑由于早些年建造质量控制欠佳，同时很多建筑所采用的以前的老规范，安全标准相对较低，因此我国的房屋建筑总体质量较低，使用寿命低下。为了衡量房屋建筑物的实际安全性能水准，以保护人民的生命、财产的安全以及社会的安定，有必要对房屋建筑进行合适的鉴定。房屋建筑的鉴定一般包括普通意义上针对安全性考虑的鉴定与针对防灾考虑的抗灾害能力鉴定。本小节主要介绍普通意义上针对房屋建筑结构的安全性鉴定。为了正确判断房屋建筑结构的安全程度，及时治理危险房屋，确保使用安全，我国城乡建设环境保护部早在 1986 年便颁发了《危险房屋鉴定标准》（CJ 13—86）[127] 的部标准，后于 1999 年 11 月完成了修订，由建设部发布为强制性行业标准，同时更改编号为 JGJ 125—99[128]，适用于既有房屋建筑的危险性鉴定。危险房屋（俗称"危房"）是指结构已严重损坏，或承重构件已属于危险构件，随时可能丧失稳定和承载能力，不能保证居住和使用安全的房屋。对房屋建筑的危险性程度进行确定，识别危房具有很重要的实用价值。《危险房屋鉴定标准》（JGJ 125—99）指出，房屋的危险性鉴定需以整栋房屋的地基基础、构件危险程度的严重性鉴定为基础，结合历史状态、环境影响以及其发展趋势，进行全面分析，并作出综合判断。《危险房屋鉴定标准》（JGJ 125—99）将房屋建筑的危险性划分为 A、B、C 和 D 四个等级（如表 5.15 所示），其评定方法是通过三层次的综合评定进行的。评定的第一层次为构件的危险性鉴定，根据其危险性程度分为危险性构件和非危险性构件两类；第二层次是房屋组成部分的危险性鉴定，具体分为了地基基础、上部承重结构和围护结构这三部分，其等级评定分为了 a、b、c、d 四个等级；第三层次则是房屋的危险性鉴定，根据前面两个层次的评定进行综合分析，确定最终房屋的等级类型。对于混凝土构件，其危险性鉴定应包括承载力、构造与连接、裂缝及变形等方面的内容。

表 5.15　房屋建筑的危险性等级

等级	评定方法
A 级	结构承载力能满足正常使用要求，未发现危险点，房屋结构安全
B 级	结构承载力基本能满足正常使用要求，个别结构构件处于危险状态，但不影响主体结构，基本满足正常使用要求
C 级	部分承重结构承载力不能满足正常使用要求，局部出现险情，构成局部危房
D 级	承重结构承载力已不能满足正常使用要求，房屋整体出现险情，构成整幢危房

考虑到我国农村大量的自建住房，房屋层数低，大多为 1 层或 2 层，结构相对简单，但往往缺乏专业的设计和施工，也存在着诸多的质量问题。为了对这些农村自建住房的危险程度进行合理鉴定，及时治理危险住房，保证既有农村住房的安全使用，我国住房和城乡建设部于 2014 年发布了《农村住房危险性鉴定标准》（JGJ/T 363—2014）[129]。此标准总体鉴定思路与建设部《危险房屋鉴定标准》（JGJ 125—99）[128] 相似，也是通

过三层次综合分析方法，将房屋危险性程度划分为 A、B、C 和 D 四个等级。

　　除了以确定性分析对房屋的安全性进行鉴定之外，利用可靠度等不确定性分析方法对房屋进行鉴定也是一种常用的手段。我国建设部在 1990 年批准颁发了《工业厂房可靠性鉴定标准》（GBJ 144—90）[130]并于次年开始正式实施，对工业厂房结构的可靠性鉴定进行了规定，后经修订，于 2009 年由住房和城乡建设部颁布为《工业建筑可靠性鉴定标准》（GB 50144—2008）的国家标准。而针对我国大量以民用住房为代表的民用建筑，我国住房与城乡建设部也在 1999 年发布了《民用建筑可靠性标准》（GB 50292—1999）[131]的国家标准，并已于 2015 年进行了修订，拟于 2016 年 8 月 1 日正式实行。民用建筑的可靠性鉴定程序可如图 5.15 所示。

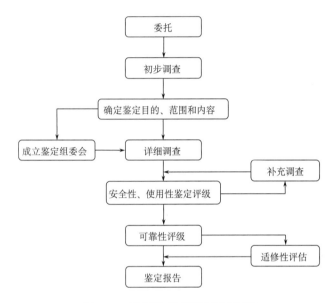

图 5.15　民用建筑可靠性鉴定程序

　　针对结构的鉴定，《民用建筑可靠性标准》[131]将结构从较大范围的区段到局部的构件区分为构件（包括节点、连接等）、子单元和鉴定单元三个不同的层次。其中鉴定单元是根据被鉴定建筑物的结构特点和结构体系的种类将其划分出的一个或多个可以独立进行鉴定的区段，每一个区段便是一个鉴定单元；子单元是鉴定单元中再细分的单元，一般可按地基基础、上部承重结构和围护结构系统划分为三个子单元；而构件则是子单元中可以进一步细分的基本鉴定单位。结构安全性和正常使用性的鉴定评级，应按构件、子单元和鉴定单元各分三个层次，每一层次分为四个安全性等级和三个使用性等级，可按表 5.16 规定的检查项目和步骤，从第一层开始，逐层进行。

　　各层次可靠性鉴定评级，则是以该层次安全性和使用性的评定结果为依据综合确定的。结构各层次的安全性可按表 5.17 进行判定，而使用性等级则可按表 5.18 进行判定。

表 5.16　可靠性鉴定评级的层次、等级划分及工作内容

层次		一	二		三
层名		构件	子单元		鉴定单元
	等级	a_u、b_u、c_u、d_u	A_u、B_u、C_u、D_u		A_{su}、B_{su}、C_{su}、D_{su}
安全性鉴定	地基基础	按同类材料构件各检查项目评定单个基础等级	地基变形评级	地基基础评级	鉴定单元安全性评级
			边坡场地稳定性评级		
			地基承载力评级		
	上部承重结构	按承载能力、构造、不适于承载的位移或损伤等检查项目评定单个构件等级	每种构件集评级	上部承重结构评级	
			结构侧向位移评级		
		—	按结构布置、支撑、圈梁、结构间联系等检查项目评定结构整体性等级		
	围护系统承重部分	按上部承重结构检查项目及步骤评定围护系统承重部分各层次安全性等级			
层次		一	二		三
层名		构件	子单元		鉴定单元
	等级	a_s、b_s、c_s	A_s、B_s、C_s		A_{ss}、B_{ss}、C_{ss}
使用性鉴定	地基基础	—	按上部承重结构和围护系统工作状态评估地基基础等级		鉴定单元正常使用性评级
	上部承重结构	按位移、裂缝、风化、锈蚀等检查项目评定单个构件等级	每种构件集评级	上部承重结构评级	
			结构侧向位移评级		
	围护系统功能		按屋面防水、吊顶、墙、门窗、地下防水及其他防护设施等检查项目评定维护系统功能等级	围护系统评级	
		按上部承重结构检查项目及步骤评定围护系统承重部分各层次使用性等级			
可靠性鉴定	等级	a、b、c、d	A、B、C、D		Ⅰ、Ⅱ、Ⅲ、Ⅳ
	地基基础	以同层次安全性和正常使用性评定结果并列表达，或按本标准规定的原则确定其可靠性等级			鉴定单元可靠性评级
	上部承重结构				
	围护系统				

注：1、表中地基基础包括桩基和桩；

2、表中使用性鉴定包括适用性鉴定和耐久性鉴定。

表 5.17　安全性鉴定分级标准

层次	鉴定对象	等级	分级标准	处理要求
一	单个构件	a	可靠性符合本标准对a级的要求，具有正常的承载功能和使用功能	不必采取措施
		b	可靠性略低于本标准对a级的要求，尚不显著影响承载功能和使用功能	可不采取措施

层次	鉴定对象	等级	分级标准	处理要求
		c	可靠性不符合本标准对a级的要求，显著影响承载功能和使用功能	应采取措施
		d	可靠性极不符合本标准对a级的要求，已严重影响安全	必须及时或立即采取措施
二	子单元或其中的某种构件	A	可靠性符合本标准对A级的要求，不影响整体承载功能和使用功能	可能有个别一般构件应采取措施
		B	可靠性略低于本标准对A级的要求，但尚不显著影响整体承载功能和使用功能	可能有极少数构件应采取措施
		C	可靠性不符合本标准对A级的要求，显著影响整体承载功能和使用功能	应采取措施，且可能有极少数构件必须及时采取措施
		D	可靠性极不符合本标准对A级的要求，已严重影响安全	必须及时或立即采取措施
三	鉴定单元	I	可靠性符合本标准对I级的要求，不影响整体承载功能和使用功能	可能有极少数一般构件应在安全性或使用性方面采取措施
		II	可靠性略低于本标准对I级的要求，但尚不显著影响整体承载功能和使用功能	可能有极少数构件应在安全性或使用性方面采取措施
		III	可靠性不符合本标准对I级的要求，显著影响整体承载功能和使用功能	应采取措施，且可能有极少数构件必须及时采取措施
		IV	可靠性极不符合本标准对I级的要求，已严重影响安全	必须及时或立即采取措施

表 5.18　使用性鉴定分级标准

层次	鉴定对象	等级	分级标准	处理要求
一	单个构件或其检查项目	a_s	使用性符合本标准对a_s级的要求，具有正常的使用功能	不必采取措施
		b_s	使用性略低于本标准对a_s级的要求，尚不显著影响使用功能	可不采取措施
		c_s	使用性不符合本标准对a_s级的要求，显著影响使用功能	应采取措施

续表

层次	鉴定对象	等级	分级标准	处理要求
二	子单元或其中的某种构件	A_s	使用性符合本标准对 A_s 级的要求，不影响整体使用功能	可能有极少数一般构件应采取措施
		B_s	使用性略低于本标准对 A_s 级的要求，尚不显著影响整体使用功能	可能有极少数构件应采取措施
		C_s	使用性不符合本标准对 A_s 级的要求，显著影响整体使用功能	应采取措施
三	鉴定单元	A_{ss}	使用性符合本标准对 A_{ss} 级的要求，不影响整体使用功能	可能有极少数一般构件应采取措施
		B_{ss}	使用性略低于本标准对 A_{ss} 级的要求，尚不显著影响整体使用功能	可能有极少数构件应采取措施
		C_{ss}	使用性不符合本标准对 A_{ss} 级的要求，显著影响整体使用功能	应采取措施

根据结构的安全性和使用性的评定结果，通过综合分析，可评定其每一层次的可靠性等级。结构各层次的可靠性等级分为四级，其分级判定标准可如表 5.19 所示。

表 5.19 可靠性鉴定分级标准

层次	鉴定对象	等级	分级标准	处理要求
一	单个构件	a	可靠性符合本标准对 a 级的要求，具有正常的承载功能和使用功能	不必采取措施
		b	可靠性略低于本标准对 a 级的要求，尚不显著影响承载功能和使用功能	可不采取措施
		c	可靠性不符合本标准对 a 级的要求，显著影响承载功能和使用功能	应采取措施
		d	可靠性极不符合本标准对 a 级的要求，已严重影响安全	必须及时或立即采取措施
二	子单元或其中的某种构件	A	可靠性符合本标准对 A 级的要求，不影响整体承载功能和使用功能	可能有个别一般构件应采取措施
		B	可靠性略低于本标准对 A 级的要求，但尚不显著影响整体承载功能和使用功能	可能有极少数构件应采取措施
		C	可靠性不符合本标准对 A 级的要求，显著影响整体承载功能和使用功能	应采取措施，且可能有极少数构件必须及时采取措施
		D	可靠性极不符合本标准对 A 级的要求，已严重影响安全	必须及时或立即采取措施

层次	鉴定对象	等级	分级标准	处理要求
三	鉴定单元	I	可靠性符合本标准对 I 级的要求，不影响整体承载功能和使用功能	可能有极少数一般构件应在安全性或使用性方面采取措施
		II	可靠性略低于本标准对 I 级的要求，但尚不显著影响整体承载功能和使用功能	可能有极少数构件应在安全性或使用性方面采取措施
		III	可靠性不符合本标准对 I 级的要求，显著影响整体承载功能和使用功能	应采取措施，且可能有极少数构件必须及时采取措施
		IV	可靠性极不符合本标准对 I 级的要求，已严重影响安全	必须及时或立即采取措施

另外，《民用建筑可靠性标准》还对房屋建筑的可修复性特征进行了分级划分，表 5.20 是结构子单元或鉴定单元的适修性评定标准。

表 5.20 子单元或鉴定单元的适修性评定标准

等级	分级标准
A_r	易修，修后功能可达到现行设计标准的要求；所需总费用远低于新建的造价；适修性好，应予修复
B_r	稍难修，但修后尚能恢复或接近恢复原功能；所需总费用不到新建造价的 70%；适修性尚好，宜予修复
C_r	难修，修后需降低使用功能，或限制使用条件；所需总费用为新建造价 70%以上；适修性差，是否有保留价值，取决于其重要性和使用要求
D_r	该鉴定对象已严重残损，或修后功能极差，已无利用价值；所需总费用接近甚至超过新建造价，适修性很差；除文物、历史、艺术及纪念性建筑外，宜予拆除重建

5.10.3 房屋建筑的抗震性能鉴定

由于在我国地震是造成房屋倒塌造成人民生命财产大量损失的最主要灾害因素，因此我国对于建筑结构的抗灾害能力鉴定主要在于结构的抗震性能鉴定。

我国对混凝土房屋建筑进行抗震鉴定评估是依据 2009 年抗震鉴定标准进行实施，其结构体系如图 5.16 所示。我国的抗震评估考虑了不同后续使用年限评定，建筑物根据后续使用年限被分为 A、B、C 三类建筑，其鉴定主要分为两个层次进行。抗震鉴定的第一级鉴定主要是基于抗震措施考察的定性鉴定，主要内容包括材料强度、结构体系、结构整体性及局部构造；而第二级鉴定则是以抗震验算为主并结合构造影响而作的评定。对于 A 类建筑，如果第一级鉴定能通过，则可不进行第二级鉴定，但对于 B、C 类建筑，即使构造措施通过第一级鉴定，也需要再次进行第二级鉴定。

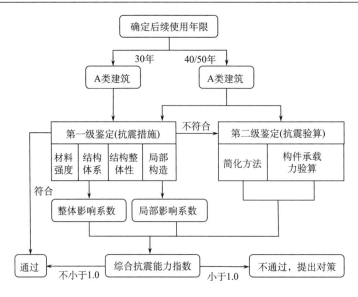

图 5.16 混凝土房屋建筑抗震鉴定流程图

日本混凝土结构的抗震性能评估也包括两个层次：预备评估和详细评估（如图 5.17）。当一个混凝土结构需要进行抗震性能评估时，首先需要进行初步调查而对结构抗震评估作一个预备评估。预备评估主要是根据任务的需要搜集和准备相关的资料，确定结构物的详细抗震评估的必要性及其评估水准的选择，制定详细评估实施计划并估计相关费用等。为预备评估而进行的初步调查主要内容包括：抗震评估的目的和计划、结构物在建设和使用阶段的情况、结构所在地的地震活动情况、周围环境和抗震等级、结构设计计算书与设计图纸、结构物之前的检查和调查记录、病害报告、劣化程度、结构的重要性等。

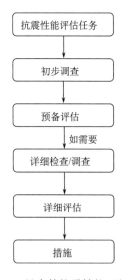

图 5.17 日本的抗震性能评估流程

在完成预备评估后，需制定出结构的抗震详细评估计划书，并依此进行具体的抗震性能详细评估。结构的抗震性能详细评估主要依据以下内容：结构书面材料的深层调查和分析、结构的检查/调查的实施、结构主次要部件和附属部分的抗震性能评估、结构的抗震性能的综合评价、后期对策等。

在结构的详细评估中，可针对其抗震评估划分不同的评估水准，对于房屋建筑物，针对不同的对象，分为以下三个水准进行。

（1）剪力墙等墙体较多的建筑物，用柱及墙体截面面积比例来简单评价结构抗震指标。此层次计算简单；

（2）主要针对柱、墙体破坏决定结构抗震性能的建筑物，在层次1的基础上考虑钢筋的影响，计算结构抗震性能（柱、墙的强度和延性），计算难易度较高；

（3）主要针对梁的破坏和墙体转动决定结构抗震性能的建筑物，在层次1、2的基础上，考虑梁的影响，计算结构抗震性能，计算难易度高。

5.10.4 房屋结构的震后性能水平评定

混凝土结构的震后性能可根据其震后在结构和非结构方面根据实际的受损情况和状态分为几个不同的水平层次。以混凝土的房屋建筑为例，美国联邦紧急事务管理局发布的 FEMA 356 将结构方面的抗震性能分为了 "立即居住（immediate occupancy）"（S-1）、"生命安全（life safety）"（S-3）、"倒塌预防（collapse prevention）"（S-5）和 "不再考虑（not considered）"（S-6）这四种结构性能水平，以及 "损伤控制（damage control range）"（S-2，介于 S-1 与 S-3 之间）和 "有限安全（limited safety range）"（S-4，介于 S-3 和 S-5 之间）这两个中间水平区间。其中 "立即居住（S-1）" 水平是指在震后能立即安全入住，房屋能保持震前的设计强度和刚度；"生命安全（S-3）" 水平是指震后结构处于受损状态但不至于会出现倒塌，从而能保证基本的生命安全；"损伤控制（S-2）则是介于 "立即居住（S-1）" 与 "生命安全（S-3）" 水平层次之间的连续水平状态；"倒塌预防（S-5）" 是指震后结构严重受损，已处于倒塌边缘的状态，仅能保持在结构自重下不倒塌；而 "有限安全（S-4）" 则是介于 "生命安全（S-3）" 与 "倒塌预防（S-5）" 两者之间的连续水平状态。"不再考虑（S-6）" 则是指房屋在震后已经倒塌或者是没有修复价值的状态。结构的抗震性能需综合考虑结构性部位的抗震性能与非结构性部位的抗震性能。而针对非结构性的性能水平，则划分了 "可运行（operational（N-A））"、"立即居住（immediate occupancy（N-B））"、"生命安全（life safety（N-C））、"危害减少（hazards reduced（N-D））" 和 "不考虑（not considered（N-E））" 这五大层次。因此在总体上，考虑了结构性和非结构性的性能状况，FEMA356 针对房屋建筑划分成了四个大的性能水平，如图 5.18 所示。表 5.21 则是描述了房屋在不同抗震性能水平下的特征与总体的损伤状态。

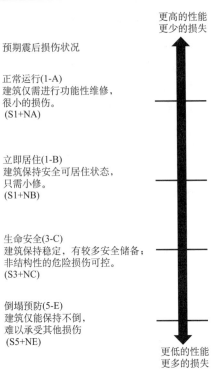

图 5.18　房屋性能水平和范围

表 5.21　房屋建筑的性能水平

	目标建筑的性能水平			
	预防倒塌（5-E）	生命安全（3-C）	立刻居住（1-B）	正常运行（1-A）
损伤总体评价	严重	中度	轻度	非常轻度
主体	剩余刚度和强度极小；但柱和墙体等主体结构仍能承载；永久性的损伤大量出现；非承重墙和填充墙失效或发生破坏；建筑趋于倒塌。	建筑中存留一些残余强度和刚度；主体结构能承受重力和荷载；墙体发生平面外破坏，栏杆倾斜，一些永久性损伤出现；间隔墙出现损伤；建筑维修的经济性不高。	无永久性损伤；结构基本保持原有强度和刚度；外立面、隔墙和天花板出现较小的裂纹；电梯可重新启用；火灾防护正常运行。	无永久性损伤；结构基本保持原有强度和刚度；外立面、隔墙和天花板出现较小的裂纹；所有重要系统功能可正常运行。
非结构部分	大量损伤	倾倒危害减弱，但很多建筑、力学、电力系统遭到损坏。	设备和内部构件基本安全，但由于机械故障或缺乏设施而不能正常运转。	出现可忽略的损伤，电力和其它设备可用，可能用到备用能源。
地震设计与建筑预期性能设计的NEHRP条款对比	显著的大量损伤和较大的风险	稍多的损伤和稍高的风险	较少的损伤和较低的风险	极少的损伤和较低的风险

　　地震过后大量房屋失效或倒塌，将给稳定灾情和及时救援带来很大的困难，对于震后房屋的快速鉴定具有非常重要的意义。美国从 19 世纪 80 年代便开始对此进行了研究，美国应用技术委员会（Applied Technology Council，ATC）受美国联邦紧急事务管理署（Federal Emergency Management Agency，FEMA）委托，编写并于 1988 年出版了 FEMA 154 报告《基于快速视觉检查的潜在地震危害诊断手册》(rapid visual screening of buildings for potential seismic hazards: a handbook) 和 FEMA 155 报告《基于快速视觉检查的潜在地震危害诊断支持文件》，并在后期不断得到修订，用于提供一种快速简便但成本很低的评估方法，实现在地震后快速大批量地对灾区房屋进行评估，并筛选出需要进行详细检查、评估的房屋建筑。

6 混凝土结构的维修加固措施

6.1 引 言

混凝土结构需定期进行检查，来评估其结构性能，以进行早期防护和及时维修。对于已经劣化的混凝土结构，需要根据结构的重要性、维护管理策略等级、剩余的使用年限要求、结构的劣化机理以及劣化程度来设定维护管理的目标性能，并充分考虑结构今后维护管理的便利程度及经济成本，来选取合理的维修加固对策。如图 6.1 和图 6.2 所示，结构的修补能改善结构的力学性能（包括恢复到结构初期的性能）和耐久性能，主要目的是减少混凝土保护层剥落等对第三方的风险，以及提高结构的耐久性及美观程度，而结构加固的主要目的在于提高结构的力学性能（承载力或刚度）。

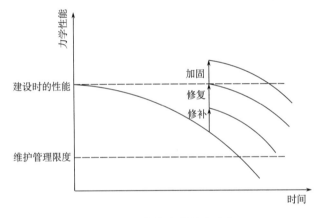

图 6.1 结构的力学性能改善

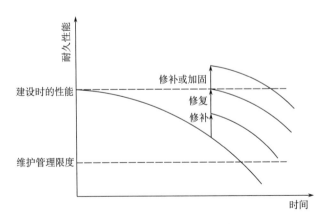

图 6.2 结构的耐久性能改善

表 6.1 列出了对应混凝土结构不同目标性能的维修或加固对策。

表 6.1　混凝土结构的维护管理的目标性能和应采取对策的关系

结构的性能	维护管理的目标性能		
	建设中或者定期点检时的过渡性能	结构建设初期的性能	高于结构建设的初期性能
安全性能	点检强化，修补，限制使用	修复	加固
使用性能	点检强化，修补，限制使用	修复	加固
第三方影响性	点检强化，修补，限制使用	修复	—
美观性	点检强化，修补	修复	修补
耐久性	点检强化，修补，限制使用	修复	修补或加固

具体来讲，混凝土结构的修补将达到以下主要目的。

（1）对混凝土开裂、混凝土保护层剥落等劣化现象进行修复；

（2）对含有氯离子及碳化的混凝土部分进行替换；

（3）用表面涂层等技术来提高混凝土结构的耐久性，防止混凝土保护层的脱落及对第三方产生不利影响；

（4）修复结构物的美观；

（5）改善结构物的防水性能等。

混凝土结构修补和加固对策的设计及使用材料的选取，与结构的劣化机理以及采取对策后期待的效果有很密切的关联。表 6.2 为日本土木工程学会混凝土结构设计示方书中基于结构劣化机理的修补方案和恢复、提高结构耐久性的方法，而表 6.3 则列举了该示方书中对于不同结构劣化机理所需的修补加固效果以及相应方法的选择。

表 6.2　基于不同劣化机理的恢复和提高结构耐久性的修补方案及方法选择

劣化机理	修补方案	修补方法的构成	修补水平设定考虑的主要因素
碳化	除去碳化混凝土 修补后抑制CO_2及水分的进入	截面修复 表面处理 再碱化	碳化混凝土的除去程度 钢筋的防锈处理 截面修复材料的材质 表面处理材料的材质及厚度 混凝土的碱量水平
盐害	除去含有Cl^-的混凝土 修补后抑制Cl^-和氧气的进入	截面修复 表面处理 脱盐	侵入混凝土部位的Cl^-的除去程度 钢筋的防锈处理 截面修复材料的材质 表面处理材料的材质及厚度
	钢筋的电位控制	阳极材料 电源装置	阳极材料的材质 分极量

劣化机理	修补方案	修补方法的构成	修补水平设定考虑的主要因素
冻害	劣化混凝土的除去 修补后抑制水分的进入 混凝土抗冻的改善	截面修复 裂缝注浆 表面处理	截面修复材料的抗冻能力 钢筋的防锈处理 裂缝注浆材料的材质和施工方法 表面处理材料的材质及厚度
化学腐蚀	劣化混凝土的除去 抑制有害化学物质的侵入		截面修复材料的材质 表面处理材料的材质及厚度 劣化混凝土的除去程度
碱骨料反应	抑制水分供给 促进内部水分的散逸 抑制碱的供给 抑制膨胀 构件刚性的恢复	止水排水 裂缝注浆 表面处理 包裹	裂缝注浆材料的材质和施工方法 表面处理材料的材质及厚度
RC桥面板的疲劳	抑制裂缝进展 构件刚度的恢复 抗剪能力的恢复	排水处理 桥面板防水施工 包裹 增大截面	和已有RC板的一体化
表面磨耗	减少截面的修复 粗度系数的恢复和改善	截面修复 表面处理	截面修复材料的材质 黏结性能 耐磨特性 粗度系数

表 6.3 基于不同劣化机理的维修加固的期待效果及方法选择

劣化机理	期待效果	修补方法举例
碳化	抑制碳化 碳化深度清零 抑制钢材腐蚀 承载力的恢复和提高	表面处理；裂缝注浆 截面修复（包括阻锈，表面覆盖）；再碱化 表面处理；电化学保护；截面修复；再碱化；阻锈处理；止水排水处理 外贴钢板/FRP；体外预应力；增大截面；截面包裹
盐害	腐蚀离子供给量的削减 钢筋周围腐蚀离子的除去 抑制钢材腐蚀 承载力的恢复和提高	表面处理 截面修复；脱盐 表面处理；电化学保护；截面修复；防锈处理 外贴钢板/FRP；导入预应力；增大截面；截面包裹
化学腐蚀	抑制化学侵蚀因素 抑制钢筋锈蚀 承载力的恢复和提高	表面处理（树脂/纤维布内衬）；外贴FRP；埋设模板；换气清洁 表面处理；截面修复；阻锈处理 外贴FRP；截面包裹；增大截面

劣化机理	期待效果	修补方法举例
碱骨料反应	抑制碱骨料反应的进行	止水排水处理；裂缝注浆；表面处理（包括覆盖，含浸）
	约束碱骨料反应的膨胀	导入预应力；利用钢板/FRP，RC 进行截面包裹
	劣化部位的除去	截面修复
	抑制钢材的锈蚀	裂缝注浆；裂缝填充；表面处理（包括覆盖，含浸）
	抑制对第三方的影响	防止保护层剥落
	承载力的恢复和提高	外贴钢板/FRP；导入预应力；增大截面；利用钢板/FRP，RC 进行截面包裹；体外预应力
RC 桥面板的疲劳	改善对第三方的影响程度及结构美观	表面处理（覆盖）
	除去水分的影响	设置桥面防水层
	抑制裂缝宽度	外贴 FRP，预应力的导入
	刚度的恢复	半下部外贴钢板；增大截面；增设支持梁
	剪切刚度的改善	上部截面增加
表面磨耗	抑制表面磨耗	表面处理（表面覆盖，粘接耐磨材料，表面含浸）
	降低粗度系数	表面处理；截面恢复
	维持构件截面尺寸	截面恢复
	承载力的改善	外贴钢板/FRP；截面包裹；更换

需要注意的是，混凝土结构维修加固的工程实践历史相对还较短，不同结构物的设计、施工各不相同，工程中存在各种的制约条件；虽然可供维修加固的方案选择比较多，但也可能找不到完全适合的方案。在这种情况下，可能要做好再修补、再加固的预案，充分考虑各种维修加固材料及工法的优缺点，选取最佳方案。在做上述选择时，以往成功的工程经验通常是比较重要的参考。

6.2 混凝土结构修补技术

6.2.1 混凝土裂缝的修补方法

混凝土裂缝修补在于防止各种各样的劣化因子通过裂缝进入结构。如图 6.3 所示，混凝土的裂缝修补方法主要有裂缝灌浆、裂缝填充、裂缝覆盖三种。这三种方法可根据裂缝发生的原因和现状、裂缝宽度、裂缝的发展趋势以及钢筋腐蚀情况的不同，单独或叠加使用。

6.2.1.1 裂缝灌浆技术

裂缝灌浆是针对宽度 0.2 到 1.0 毫米程度的裂缝，内部注入有机树脂或者无机水泥基材料（最近有针对微小裂缝的超细水泥灌浆制品）填充裂缝，以达到改善结构防水性能和耐久性能的目的。灌浆材料自身需有很好的强度特性，并和旧有混凝土之间有很好的界面黏结性能。　施工中一般常采用能够灌浆到裂缝深处的低速低压灌浆方法。

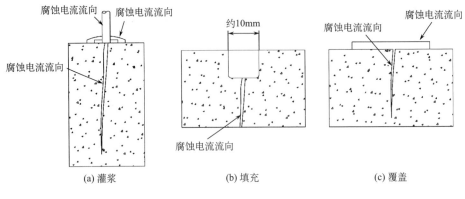

图 6.3　混凝土裂缝修补方法

6.2.1.2　裂缝填充技术

裂缝填充一般是针对宽度 0.5 到 1 毫米程度以上的裂缝进行的修补方法。一般沿着混凝土裂缝方向切割约 1 厘米宽的 U 型或 V 型槽，用环氧砂浆或者较稠的环氧树脂进行填充，来提高结构防水性能及耐久性。填充材料和旧混凝土需有很好的黏结性能，并和结构有很好的变形协调能力。

6.2.1.3　裂缝覆盖技术

裂缝覆盖一般针对细小裂缝（如 0.2 毫米以下）进行覆盖，提高混凝土结构的防水性能和耐久性能。裂缝变动比较大的场合，需采取和混凝土黏结性能优异、延伸性好并能够追随裂缝发展的覆盖材料。

6.2.2　混凝土表面保护方法

造成混凝土劣化和钢筋锈蚀的主要物质是水分、氧气、二氧化碳以及氯离子等。混凝土的表面保护是为了阻止或抑制上述物质的侵入，以提高结构的耐久性和抑制劣化的进展速度。表面保护方法有三种：①表面涂层技术；②表面渗透型涂膜技术；③截面修复技术。如有必要，截面修复技术可以和表面涂层技术或表面渗透型涂膜技术合并使用。

6.2.2.1　表面涂层技术

混凝土表面涂层技术是指在混凝土表面进行有效涂装，利用其屏蔽性，遮断外部的劣化因子（如氯离子、水分、氧气）等，对混凝土进行有效保护，提高结构耐久性及美观性。一般来说，混凝土表面涂层必须致密，或者有足够阻止腐蚀因子侵蚀的涂层厚度，形成复杂的渗透路径，以阻止腐蚀物的渗透。混凝土涂料主要有环氧树脂类、乙烯类、氯化橡胶类、聚氨酯类、沥青类等。能对混凝土表面进行有效涂装的涂料需要具有如下性质：良好的渗透性、耐碱性、柔韧延展性、附着力、耐磨性等。

表面涂层的一般施工顺序是：先用电砂轮将混凝土表面的污点等除去，然后涂敷底层涂料及找平材料，最后施以中间涂层及表面涂层[132]（如图6.4）。值得注意的是：在实施表面涂层时，混凝土表面可能比较湿润，混凝土中也可能带有裂缝，施工条件可能有各种约束，需要考虑上述不利条件及结构的服役环境，选择合适的涂料及施工方法。在实施表层涂层施工前，也需认真确认处于钢筋位置的混凝土中氯离子的浓度及混凝土碳化程度，防止出现表面涂层处理后内部钢筋混凝土的再劣化现象（如图6.5）。此外，表面涂层随时间延长也会出现自身劣化的现象（比如出现破裂或剥离的现象），所以要对其进行定期检查，必要时需进行涂层更新。

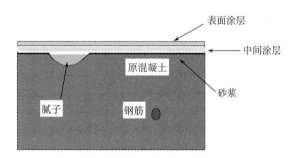

图 6.4　混凝土表面涂层技术

图 6.5　混凝土表面涂层处理后出现的再劣化

6.2.2.2　表面渗透型涂膜技术

表面渗透型涂膜技术有两种：一种是利用硅酸钠或硅酸钾类材料堵塞混凝土内部的孔结构，使混凝土致密化，以达到遮断外部劣化因子的目的；另一种是利用硅烷等材料对混凝土进行表面处理，形成防水型涂膜，通过改变混凝土表面张力的方式，降低混凝土表面的毛细吸附作用，以阻止水分及以水分为传送媒介的劣化因子进入（如图6.6）。后一种方法形成的涂膜可允许混凝土内部水分的蒸发，实现混凝土透气性和透水性性能的平衡（如图6.7），近年来得到比较多的应用。

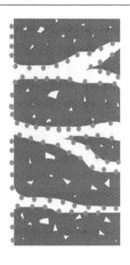

图 6.6　混凝土表面致密化涂膜技术 　　　　图 6.7　混凝土渗透型表面涂膜技术

6.2.2.3　截面修复技术

在除去已经遭受碳化、盐害、冻害破坏的钢筋周围混凝土后，混凝土结构截面会减少。截面修复旨在恢复上述减少的截面（如图 6.8）。一般的施工程序是：在除去钢筋周围劣化、松动、剥离的混凝土后，首先对露出的健全混凝土进行表面处理，其次在钢筋表面涂敷底层涂料或者防锈剂，既而填充构件截面的缺损部分，在既有钢筋截面减少比较明显的时候，需要增设钢筋。为防止外部劣化因子进入新的混凝土保护层，截面修复往往会和表面覆盖技术并用。在损伤构件为梁的时候，表面覆盖材料也可以永久性模板的形式存在（如图 6.9）。在盐害的情况下，要尽可能除去锈蚀钢筋周围含盐分较多的混凝土，以免出现修补后钢筋腐蚀部位出现转移的现象。截面修复的材料及施工方法的选取和修复面积的大小有很大的关系：在截面修复面积较小的时候，可用局部填充的方式；当修复面积很大的时候，可用真空注入砂浆或者喷射砂浆/混凝土的施工方法。

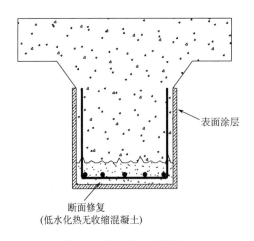

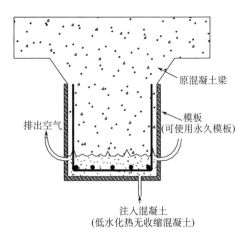

图 6.8　截面修复示意图 　　　　　　　图 6.9　永久性模板

一般来说，截面修复材料为无收缩水泥砂浆或环氧砂浆。截面修复材料的要求性能包括以下方面。

（1）压缩、弯曲、抗拉强度不低于既有混凝土；

（2）热膨胀系数、弹性模量、泊松比和既有混凝土相似；

（3）干燥收缩比较小，比较致密，和既有混凝土有良好的附着力；

（4）要有很好的工作性能，适合现场施工。

修复材料的选用也需要考虑施工环境（如码头的湿润工作环境）及施工条件的制约。和表面覆盖材料一样，截面修复材料施工后也需进行定期的检查。

6.2.3　电化学防腐技术

电化学防腐技术是利用从阳极材料（如钛、锌）向混凝土内部钢筋通直流电的方式来抑制钢筋的腐蚀。电化学防腐方法是利用电化学反应来提高钢筋混凝土结构的耐久性，一直为船舶以及海水中钢结构的防腐措施所采用，但在混凝土结构中还是相对比较新的应用技术。作为混凝土结构的修补方法，电化学防腐方法有以下几种。

（1）电化学保护；

（2）除盐技术；

（3）再碱化技术；

（4）电解技术。

自 1960 年混凝土结构中钢筋锈蚀成为重点关注的问题后，电化学防腐技术开始在美国被开发利用，除盐及再碱化技术始于 20 世纪 70 年代的北欧，而电解技术是 80 年代由日本率先开发使用。

6.2.3.1　电化学保护

混凝土中的钢筋在发生腐蚀时，如图 6.10 所示，钢筋中会出现电位差，而腐蚀电流会从电位高的地方流向电位低的地方，导致腐蚀过程的发生和恶化。钢筋腐蚀部位成为

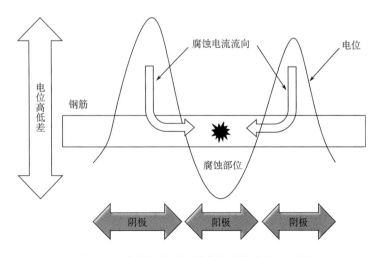

图 6.10　腐蚀发生时钢筋中的电位分布示意图

阳极（anode），而健全部位为阴极（cathode）。上述腐蚀电流受混凝土中腐蚀因子（如氯离子、水分、氧气）的浓度差影响。钢筋中的电位差越大，钢筋腐蚀的速度就越快。当对钢筋实施阴极保护时（如图 6.11），随着防腐蚀电流的增加，钢筋中的电位差会变小直至消失，从而停止钢筋腐蚀。

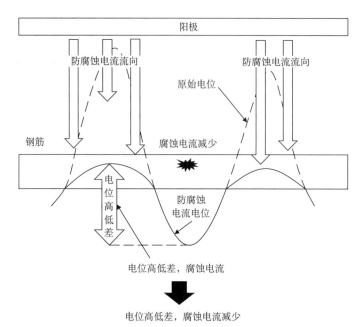

图 6.11　阴极保护时钢筋中的电位分布示意图

　　电化学防腐的方法有两种：一是阴极保护法，通过提供外部电源的方式，利用阳极向钢筋提供电流（如图 6.12（a）），阴极保护方法的优点是可以通过结构的情况调整腐蚀保护电流的大小；二是牺牲阳极法，用锌板作为阳极，利用锌板和钢筋的电位差形成防腐电流（如图 6.12（b））。

　　一般来说，锌板 10~15 年需更换一次。阴极保护法中采用的阳极材料一般是钛金属或钛喷镀材料，阳极有平板状、栅格状以及点状分布三种形式（图 6.13）。

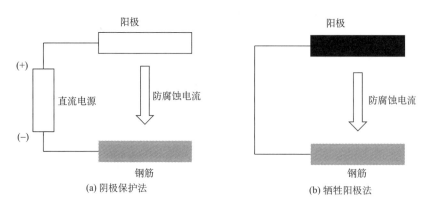

图 6.12　电化学防腐示意图

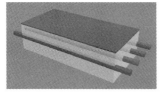  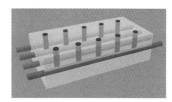

（a）平板状阳极　　　　　（b）栅格状阳极　　　　　（c）点状阳极

图 6.13　电化学防腐保护中阳极的形式

6.2.3.2　除盐技术

除盐技术是在混凝土表面设置含有电解质溶液的阳极材料，向混凝土钢筋（阴极）通直流电（如图 6.14）。通过这种方式，促使混凝土中存在的氯离子向阳极方向（混凝土表面方向）移动，这样可除去或减小混凝土中导致钢筋锈蚀的氯离子浓度。电解质溶液通常含有氢氧化钙 Ca（OH）$_2$ 或者硼酸锂 Li$_3$BO$_3$。除盐施工通常会在钢筋表面生成氢气，应用于预应力混凝土结构时，需要注意预应力钢筋发生氢脆的问题。

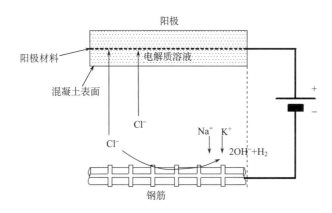

图 6.14　除盐法修补混凝土结构

6.2.3.3　再碱化技术

再碱化是在混凝土表面设置含有碳酸钾（K$_2$CO$_3$）等碱性溶液的阳极材料，向混凝土中的钢筋（阴极）通直流电（如图 6.15）。通过这种方式，向碳化过的混凝土强制浸透碱溶液，恢复混凝土碳化前的 pH（12~13）。当混凝土结构的劣化有碱骨料反应的可能时，使用该方法需十分谨慎，因为电解质溶液可能对碱骨料反应有促进作用。

6.2.3.4　电解技术

电解法是在远离混凝土表面的地方安置阳极材料，通过电解质溶液（如海水）向钢筋（阴极）通直流电（如图 6.16）。通过这种方式，使电解质在混凝土表面析出，堵塞混凝土中的裂缝以及使混凝土表面致密化，从而抑制钢筋腐蚀，提高结构耐久性。

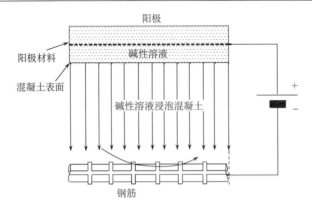

图 6.15　再碱化修补混凝土结构

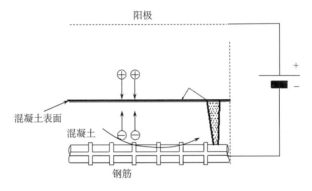

图 6.16　电解法修补混凝土结构

6.2.4　修补材料

混凝土结构的修补材料主要分为有机材料、聚合物砂浆、普通砂浆及纤维材料系列。表 6.4 列出了文献中混凝土结构的各种修补方法中可以采用的材料。有机修补材料包括合成树脂（环氧树脂、聚酯树脂、丙烯酸树脂、聚氨酯树脂等），合成橡胶（丁苯橡胶、氯丁橡胶等），合成纤维（尼龙纤维、芳纶纤维等）；聚合物水泥砂浆/混凝土系列是利用环氧树脂以微粒（$0.01\sim0.1\mu m$ 左右）、液滴或胶体形式分散于水相中所形成的乳液，来替换混凝土或砂浆的一部分配合水而形成的修补材料；普通水泥基修补材料是将普通波特兰水泥、铝酸盐水泥、超细水泥等和石粉或砂混合，在现场和水搅拌，形成水泥浆体或砂浆；修补和加固所用的纤维材料有钢纤维和非金属纤维两大类。

表 6.4　混凝土结构修补中常用的材料

修补方法		有机材料	聚合物砂浆	普通砂浆	纤维系列材料	电极、电介质溶液
裂缝修补方法	裂缝覆盖	○	○	○	×	×
	裂缝灌浆	○	○	○	×	×
	裂缝填充	○	○	×	×	×

续表

修补方法		有机材料	聚合物砂浆	普通砂浆	纤维系列材料	电极、电介质溶液
截面修复		O	O	O	O	×
表面处理	表面涂层	O	O	△	×	×
	表面渗透	O	×	×	×	×
剥落防止	外贴纤维布	O	×	×	O	×
电化学方法	电化学保护	△	△	△	×	O
	除盐	△	△	△	×	O
	再碱化	△	△	△	×	O
	电解	×	△	×	×	O

注：O—适用；△—辅助材料；×—不适用。

表 6.5 总结了常用纤维的物理力学特性，这些纤维一般都具有轻质、高强特性。非金属纤维一般都耐腐蚀。芳纶纤维的断裂应变较大，抗冲击性能较好，但抗紫外线性能较弱；碳纤维断裂应变较小，耐冲击性能较弱，但酸碱等化学性能优异；尼龙纤维耐碱性能很好；玻璃纤维一般比较便宜，热膨胀系数和混凝土材料相当，往往作为结构的内衬材料使用；玄武岩纤维是一种新型无机环保绿色高性能纤维材料，它是由二氧化硅、氧化铝、氧化钙、氧化镁、氧化铁和二氧化钛等氧化物组成的玄武岩石料在高温熔融后，通过漏板快速拉制而成的。玄武岩连续纤维不仅强度高，而且还具有电绝缘、耐腐蚀、耐高温等多种优异性能，近年以短纤维形式混入混凝土或以长纤维形式作为结构的加固材料得到了较多的研究和应用。

表 6.5　典型纤维材料的物理及力学特性

材料特性	有机纤维		无机纤维			
	芳纶纤维	尼龙纤维	碳纤维	玻璃纤维	玄武岩纤维	钢纤维
密度（g/cm³）	1.45	1.3	1.85	2.6	2.65	7.85
抗拉强度（N/mm²）	2700~3500	900~1600	2950~6600	1600~4000	2000~4500	1950
弹性模量（kN/mm²）	120	30~39	300	74~75	70~110	200
断裂应变（%）	2.0~2.7	20~30	1.3~1.8	4.8	3.1	6.5
热膨胀系数（×10⁻⁶/℃）	−2	—	−0.7	8~10	6.5~8.0	12

当混凝土结构的修补材料用于实际工程时，对其本身的性能及和基体的兼容性往往有特殊要求。混凝土的表面涂层和混凝土截面修复材料是最常用的两种修补材料。表 6.6 和表 6.7 分别列举了这两种材料用于海洋环境混凝土结构修补时要求的常用性能。

表 6.6　混凝土表面涂层材料的典型技术指标

项目	技术指标
外观	涂层厚度均匀，无流淌、起鼓、破裂、剥离等
耐候性	加速耐候试验 300 小时后，表面无粉状劣化，涂膜无起皱、剥离现象
氯离子渗透性	$<1.0\times10^{-3}\,\text{mg/cm}^2\cdot$天
耐碱性	氢氧化钠饱和溶液中浸泡 30 天，涂层不会起鼓、剥离、软化或溶出
裂缝兼容性能	当混凝土基材的裂缝小于 0.4mm 时，涂层不会断裂或产生缺陷
耐海水性	3%的盐水中浸泡 30 天，涂层无异样
涂层和混凝土的界面黏结强度	耐碱性和耐海水性试验后，仍然大于 1.0MPa
透气性	$<1.0\times10^{-2}\,\text{mg/cm}^2\cdot$天

表 6.7　混凝土结构截面修复材料的典型技术指标

项目		技术指标
压缩强度		>30MPa
抗弯强度		>3.0MPa
干燥收缩量（3 个月）		$<20\times10^{-4}$
泌水率		<1.0%
水化热		尽量低
耐海水性		海水浸透后没有起鼓、脱皮、开裂等异变
抵抗温度循环性能		冷热水循环浸透后没有起鼓、脱皮、开裂等异变
界面黏结强度	标准养护后	>1.5MPa
	耐海水试验后	>1.0MPa
	冷热循环试验后	>1.0MPa
氯离子扩散系数		尽量小

6.2.5　修补效果的确认

　　混凝土结构的修补工事完成后，需确认是否达到预期效果。一般来说，以防漏水等为目的的裂缝修补工作完成后，很容易确认效果。但对以提高结构的耐久性及结构整体性能为目的的修补工事效果评价并非易事，在这种情况下，需要根据修补的目的，对混凝土的表面涂层或混凝土截面修复材料进行界面黏结试验，对裂缝灌浆处理的部位进行钻芯取样等。对修补后的混凝土保护层和配筋状况可利用无损检测的方法进行确认，并保持记录。

6.3　混凝土结构加固技术

　　目前对混凝土结构进行加固与补强处理，主要有以下几个原因。

1）混凝土结构发生损伤

当混凝土结构经历自然灾害（地震、海啸、洪灾等），或者人为灾害（火灾）后，结构构件可能出现损伤，致使结构承载能力降低，因此需要加固处理。

2）混凝土结构出现工程质量事故

工程质量事故主要由于工程勘察失误、结构设计方案不当、施工质量低劣等因素导致，如果把已经建好的结构推倒重建，将浪费大量社会资源；若对结构进行合理的加固处理，结构可以重新使用，则将产生良好的经济效益。

3）结构耐久性降低

结构随着服役时间增加，在受到气候条件、环境侵蚀、物理作用，以及其他外界因素影响下，结构的性能将逐步退化，可对处于这类情况的结构进行加固，恢复或提升其耐久性。

4）结构改变使用要求

如果结构需改变使用功能，或者需要增加新层，在原有设计不能保证使用安全的情况下，可对结构进行加固处理。

当混凝土结构经可靠性鉴定确认需要加固时，应根据鉴定结果，按照规范和业主要求进行加固设计，同时加固设计应综合考虑其技术经济效果，避免不必要的拆除和更换。加固设计应明确结构加固后的用途，在加固设计使用年限内，未经技术鉴定或设计许可，不得改变加固后结构的用途和使用环境。此外，加固设计计算中需要满足以下几个原则。

（1）加固结构时，应按规定进行承载能力极限状态和正常使用极限状态的设计、验算。

（2）抗震设防区结构、构件的加固，除了满足承载能力要求，还应复核其抗震能力，不应存在因局部加强或刚度突变而形成的新薄弱部位。

（3）为防止结构加固部分意外失效导致的坍塌，在使用胶粘剂或其他聚合物的加固方法时，其加固设计除了按照规范规定外，还应对原结构进行验算。

目前，传统的加固方法有增大截面法、外包钢板法、体外预应力法等，近年利用外贴纤维增强树脂复合材料（FRP）加固混凝土结构和其他基于 FRP 的加固技术也得到了十分广泛的应用，其他还有一些诸如转换结构体系等特殊加固方法。结构加固的目的主要是提高结构承载力、降低结构变形、降低使用状态下钢筋应力或提高结构的抗震性能。本节将阐述不同加固形式下的各种加固方法。

6.3.1　混凝土结构抗弯加固

对既有混凝土受弯构件，如梁、板、柱等，出现抗弯承载力不能满足要求时，应当及时采取相应的抗弯加固措施。常用的抗弯加固措施有增大截面法、外贴加固法、FRP网格法、增设支点加固法、体外预应力加固法等。

6.3.1.1　增大截面加固法

增大截面法是在构件外面包裹混凝土，增大构件截面面积以及增设配筋的传统加固方法，可显著提高原有结构的抗弯承载力，广泛应用于各种构件形式（如梁、板、柱、墙），图 6.17 是对钢筋混凝土梁的增大截面加固的示意图。增大的构件截面可以用喷射混凝土来实现。加固所用的材料和现有结构一般完全相同（钢筋、混凝土或砂浆材料），该方法适用于遭遇过任何类别损伤的混凝土结构。

　　增大截面加固方法有两类：①在既有混凝土结构上浇注新混凝土层；②粘贴预制混凝土到既有混凝土结构上。其中第一种方法比较常用。

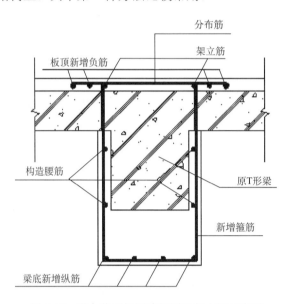

图 6.17　增大截面加固法加固混凝土梁示意图

　　增大截面加固法主要涉及的施工工艺为：

定位放线 → 清理、修整原有构件 → 构件表面凿毛及清理 → 构件表面开洞 → 植筋成孔 →

钢筋绑扎 → 模板安装及加固 → 灌浆料浇筑 → 养护

　　对于增大截面加固法来说，新的混凝土修补层和旧混凝土之间的复合作用十分关键，因此修补层和旧混凝土基体间的黏结作用是最重要的环节。为保证加固的有效性，旧混凝土的表面处理及施工技巧非常重要，可以用喷砂法、高压水射法、人工或机械凿毛获得足够的表面粗糙度。必须选用水灰比较低的早强混凝土或纤维增强混凝土作为修补层，以保证其较低的渗透性及对氯离子渗透、碳化的抵抗能力。新的混凝土修补层也需具有足够的抗冻、耐磨以及和旧有混凝土界面的抗剥离能力。最近工程中开始使用特殊的超高韧性纤维增强水泥基复合材料作为修补层，以增加新老混凝土之间的抗剥离能力与耐久性。

　　当使用增大截面法时，如果原混凝土梁板表面没有处理好或者梁板表面有防水层等，新旧混凝土截面不能保证符合平截面假定，视为新旧混凝土截面独立工作，其有如下计算方式。

　　（1）原构件截面承受弯矩：

$$M_y = K_y M_z$$

　　（2）新混凝土截面承受弯矩：

$$M_x = K_x M_z$$

式中：M_z 为结构受到的总弯矩；K_y 为原构件弯矩分配系数；K_x 为新混凝土弯矩分配系数。

如果原混凝土梁板表面与新旧混凝土截面黏结良好，能保证符合平截面假定，视为新旧混凝土共同工作，受压区新浇混凝土的正截面承载力计算方法与一般整浇梁板相同。

采用增大截面法的优点在于施工技术成熟，对施工人员无特殊的专业要求，施工方便，质量易于控制，可靠性高，可有效提高结构构件抗力，特别能够较大程度地提高柱的稳定性。但该方法也一定程度的受到空间、使用功能要求等条件的限制，其缺点表现为一定程度上占据建筑物空间，缩小正常使用面积，现场施工湿作业工作量大，养护时间较长，特别在使用过程中加固对生产、生活有一定影响，而且会影响建筑物的结构外观。

增大截面加固工作通常在卸荷状态下进行，可以在结构上部或下部，后者常常利用喷射混凝土的施工方法。由于修补层和旧有混凝土结构之间的黏结与剪力传递的重要性，有时需要在新旧混凝土间设置剪力栓，以保证修补后结构的完整性。增大截面法会给结构自重带来一定的增加，因此需要在设计时充分考虑自重的变化对设计荷载，尤其是基础荷载带来的影响。增大截面法现场工作量一般比较大，需要比较长的养护时间，对结构的正常使用会产生较大干扰，在构件截面增大后也会一定程度上影响结构的外观及减少室内净空。

对于承重构件受压区混凝土强度偏低或者是有严重缺陷的局部加固也可避免增大截面，而进行混凝土置换。混凝土置换加固法是否在承重结构中得到成功应用，关键在于新旧混凝土结合面的处理效果是否能达到可以协同工作的程度。在置换混凝土的时候，必须使得旧混凝土露出坚实的结构层，然后保证结合面的粗糙度和清洁，这样就可以基本保证新旧混凝土形成一个整体，置换后构件可以按照整体工作计算。置换混凝土加固法可用于新建工程混凝土质量不合格的处理以及结构由于盐害、冻害引起劣化或火灾、地震等事件后的修复。必要时也可进行构件的整体更换。

6.3.1.2　外贴加固法

既有钢筋混凝土结构发现配筋不足或者退化引起钢筋截面减少时，外贴是一种常用加固方法，常用的外贴材料有钢板与纤维片材等。

1）外贴钢板法

外贴钢板法是在原构件混凝土表面通过结构胶粘贴钢板（如图 6.18），使其与原构件受拉（受压）钢筋一样，与原钢筋混凝土结构共同工作，以提高原构件的抗弯、抗剪能力及轴向承载力，同时也可以用来解决构件的使用性能（如变形或裂缝过大）带来的问题。

加固前需要采用拉拔试验评估混凝土表面强度，以决定采用外贴钢板法是否适合，也需要对已有结构的现状（如混凝土的裂缝和劣化、钢筋的腐蚀）进行详细诊断。如果混凝土表面的裂缝宽度较大（如大于 0.2mm），应先进行灌浆或者利用树脂修复裂缝。

外贴钢板加固方法施工简便，对原建筑使用净空影响很小，已有很多年的工程应用。

加固时，其主要涉及以下施工工艺：

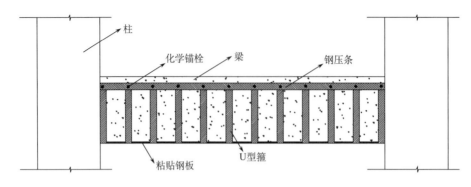

图 6.18　外贴钢板法加固混凝土梁示意图

定位放线 → 清理、修整原有构件 → 钢板下料打磨、钻孔 → 植栓 → 钢板预贴 → 配胶 → 涂胶 → 粘贴加压 → 固化养护

外贴钢板加固对施工工艺要求比较严格，为了保证外贴钢板的有效性，钢板和已有结构的界面必须有足够的黏结性能以实现组合作用。所以，粘接胶的性能和表面的处理非常重要，需要充分考虑树脂的性能，并对拟使用的钢板表面处理方式及已有结构的混凝土表面状态进行试验确认，并考虑施工过程中可能出现的实际偏差。加固用的建筑胶应当强度高、耐久性好。当基层材料为钢材时，加固体系的破坏可发生在胶层，黏结强度应接近于胶本身的强度；当基层材料为混凝土时，破坏应发生在混凝土材料内，黏结强度为混凝土的强度。

值得注意的是，钢板的腐蚀问题可能影响树脂和混凝土间的粘接性能及剪力传递，所以外贴钢板加固时需采用有效的防腐措施。需参照新建钢结构的防腐设计规范，对加固部分进行表面涂层保护，同时对钢板的边缘进行封闭保护，以防止水蒸气的侵入，引起黏结性能的降低及建筑胶的老化。如果是室内应用，还需要评估加固后体系的防火性能，必要时需要对钢板进行防火保护。

对于利用外贴钢板进行抗弯加固时，按照规范要求，加固后其正截面承载能力提高幅度不应超过 40%，体现了"强剪弱弯"的设计原则，使加固后的构件依然为受弯破坏，而非受剪破坏[42]。

此外，在受弯构件受拉区粘贴钢板，其板端一段由于边缘效应，往往会在胶层与混凝土粘合面产生较大的剪应力峰值和法向正应力的集中，成为粘钢的最薄弱部位，若锚固不当或粘贴不规范，均易导致脆性剥离或过早拉断。为此，要求对混凝土受弯构件进行正截面加固时，均应在钢板端部与集中荷载作用点的两侧，对梁设置 U 形钢箍板，对板设置横向压条进行锚固，以保证外贴钢板与混凝土之间不出现剥离破坏。

对于混凝土构件外贴钢板后受弯承载力的变化可根据如下方法来计算。以混凝土梁为例，其粘贴钢板法加固一般采用在受拉区表面粘贴钢板的方法，加固后混凝土梁的应力状态如图 6.19 所示。

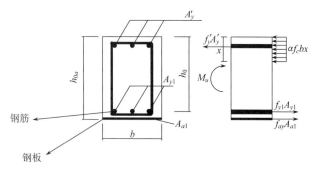

图 6.19　粘贴钢板法应力状态示意图

此时，矩形截面梁的正截面受弯承载力公式为

$$M_u \leqslant f_{y1} A_{y1}\left(h_0 - \frac{x}{2}\right) + f_{ay} A_{a1}\left(h_{0a} - \frac{x}{2}\right) + f_y' A_y'\left(\frac{x}{2} - a_s'\right)$$

$$f_{y1} A_{y1} + f_{ay} A_{a1} - f_y' A_y' = \alpha f_c b x$$

式中，

f_{y1}——原构件纵向钢筋抗拉强度设计值；

A_{y1}——原构件纵向受拉钢筋截面面积；

f_{ay}——加固钢板抗拉强度设计值；

A_{a1}——加固钢板截面面积；

f_y'——原构件纵向受压钢筋抗压强度设计值；

A_y'——原构件纵向受压钢筋截面面积；

f_c——原构件混凝土轴心抗压强度设计值；

x——混凝土受压区高度；

h_0——原构件纵向受拉钢筋重心至混凝土受压区边缘的距离；

h_{0a}——加固钢板重心至混凝土受压区边缘的距离；

a_s'——原构件纵向受压钢筋重心至混凝土受压区边缘的距离；

b——原构件矩形截面宽度；

α——受压区混凝土矩形应力图的应力值与混凝土轴心抗压强度设计值的比值。

　　粘贴钢板加固前，除非用反拱等方法卸除结构的恒载，外贴钢板的组合效应一般只承担活载部分，恒载仍然由混凝土构件的原有截面去承担，因此钢板和混凝土的界面仅仅在活载作用下承受应力。另外需注意的是，进行加固设计时，还需避免加固后的超筋破坏（即加固后在钢筋屈服前发生混凝土压碎破坏）。

　　和增大截面加固法相比，外贴/外包钢板的主要优点在于它的方便以及廉价，对结构自重的增加和正常使用的干扰较少，同时对结构的净空影响也比较小，施工比较简单快捷，外贴钢板与原混凝土构件的共同工作性能良好，加固后轻微改变构件的外形，却能提高结构构件的承载力和正常使用阶段的性能。但加固后的长期性能需要重视，后期维护费用可能较高，不宜用于湿度大的腐蚀环境。除了外贴施工，钢板也可以用力学锚固的方式，使结构构件和钢板整体受力，从而提高构件的承载能力。锚固钢板法可避免钢板端部的剥离破坏，能大幅度提高构件的承载力并保证构件有足够的延性，但由于需要在混凝土构件表面钻孔设置锚栓，施工工作量较大。

2）外贴 FRP 片材法

外贴纤维增强树脂（fiber-reinforced polymer，FRP）片材加固现有混凝土结构近年来得到快速的发展，成为加固主流技术之一，其主要原因归结于 FRP 的轻质、高强、耐腐蚀特性。外贴 FRP 片材可用来增强已有混凝土结构的承载力和使用状态，并阻止有害介质的进一步侵入，改善已有混凝土结构的耐久性，是传统粘贴钢板加固法的最有效替代途径[133]。

外贴 FRP 加固有两种：①外贴 FRP 板加固；②外贴现场含浸纤维布加固。前者使用的 FRP 在工厂中加工成型，质量可以得到更好控制，后者是通过现场湿粘（wet lay-up）的方式，施工的灵活性更强。两者一般均通过使用环氧树脂来实现与加固构件的粘贴。外贴 FRP 片材可用来进行钢筋混凝土梁的抗弯抗剪加固，也可用来进行钢筋混凝土板的抗弯和疲劳加固。由于 FRP 约束混凝土可大大提高其强度和延性，外贴现场含浸纤维布对钢筋混凝土柱进行抗震加固的应用则更为成熟和普遍。利用外贴 FRP 加固还可增强混凝土结构的抗冲击、抗爆炸性能。世界主要国家均有外贴 FRP 加固混凝土结构的设计和施工规范。常用的 FRP 增强纤维包括碳纤维、玄武岩纤维、芳纶纤维和玻璃纤维等（如图 6.20），图 6.21 显示这些纤维的抗拉应力-应变关系。

图 6.20　纤维布与纤维板

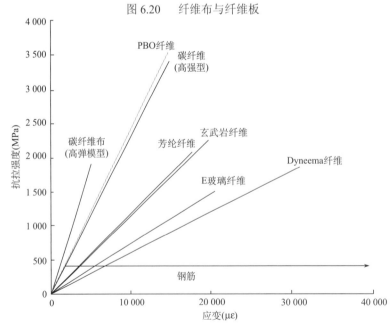

图 6.21　各种纤维的抗拉应力与应变关系

图 6.22 为进行纤维片材加固后混凝土梁和柱示意图。使用纤维片材加固混凝土结构主要涉及以下施工工艺：

定位放线→清理、修整原有构件→配制涂刷底胶→混凝土结构面找平→粘贴纤维片材→固化养护→细部处理

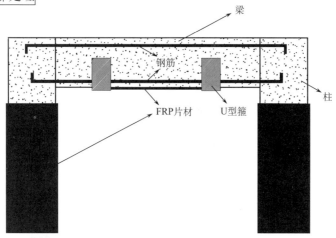

图 6.22 混凝土梁与柱的 FRP 抗弯加固示意图

利用外贴纤维片材加固混凝土受弯构件时，截面的抗弯强度取决于构件的破坏模式。一般情况下，受弯构件受拉区外贴纤维片材后，将出现以下几种破坏模式。

（1）受拉区钢筋先屈服，然后受压区混凝土压坏，此时纤维片材未达到其允许拉应变；

（2）受拉区钢筋先屈服，然后纤维片材超过其允许拉应变达到极限拉应变而断裂，此时受压区混凝土尚未压坏；

（3）因加固量过大，在受拉钢筋达到屈服前受压区混凝土先压坏；

（4）在达到正截面极限承载力前，纤维片材与混凝土发生剥离破坏。

（5）构件因受力状态改变，破坏形态从受弯破坏变为受剪破坏。

对受弯加固，可按照第（1）、（2）种破坏形态进行设计计算。第（3）种破坏形态为脆性破坏，应控制加固量，控制方法如下。

① $x \leqslant 0.8\varepsilon_b h_0$，即控制受压区高度，其中 ε_b 为极限受压高度；

②加固后受弯承载力提高幅度不应超过 40%。

对于第（4）种破坏形态，也为脆性破坏，需要避免剥离破坏。对于混凝土梁，其剥离破坏主要有 3 种形式，如图 6.23 所示。

对梁、板正弯矩区进行受弯加固时，纤维片材宜延伸至支座边缘。在集中荷载作用点两侧应设置构造的纤维片材 U 型箍（对梁）或横向压条（对板），以防止外贴纤维片材出现剥离破坏。

混凝土梁加固后，在受到外部荷载时，外贴纤维片材与梁之间的剪应力分布如图 6.24 所示，可知端部剪应力较为集中，因此端部容易出现剥离破坏。

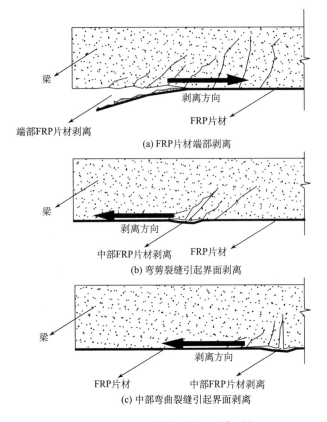

(a) FRP片材端部剥离

(b) 弯剪裂缝引起界面剥离

(c) 中部弯曲裂缝引起界面剥离

图 6.23　FRP 片材与混凝土剥离破坏

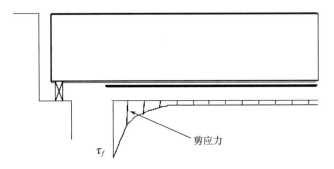

图 6.24　混凝土梁与外贴片材间剪应力分布

　　为防止剥离，可采用粘贴式锚固（如图 6.25（a））、机械式锚固（如图 6.25（b）），或机械式与粘贴结合式锚固。

　　（1）粘贴式锚固法：这种方法用纤维复合材料制作的 U 型、L 型、X 型箍等对片材进行锚固。对比未加固的构件，粘贴纤维箍的混凝土梁的极限荷载有显著性提升，尤其 X 型箍效果最好。

　　（2）机械式锚固法：这种方法利用机械、射钉等紧固件对 FRP 片材进行锚固。包括全长锚固与端部锚固两种方式，其中全长锚固在 FRP 局部发生剥离后依然能继续承载，提高构件受弯能力，端部锚固有利于提高构件延性，但端部锚固处应力较为集中。

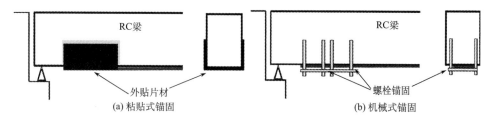

RC梁
外贴片材
(a) 粘贴式锚固

RC梁
螺栓锚固
(b) 机械式锚固

图 6.25　两种主要端部锚固方式

第（5）种破坏形态也是脆性破坏，因此对于受弯构件加固应验算构件的受剪承载力，避免受剪破坏先于受弯破坏发生。

当加固设计合理时，其破坏模式为受弯破坏，且为适筋破坏，外贴纤维片材加固的混凝土梁构件，其承载力可按以下公式计算。

如图 6.26 所示，实际上，纤维布在加固钢筋混凝土梁中所起的作用相当于在梁底配有相同作用的钢筋。如果把碳纤维布换算成等作用的钢筋，则使问题有所简化，计算公式为

$$A_{s1} = A_{s2} f_f \beta_1 \beta_2 / f_y$$

式中，　A_{s1}——等效钢筋面积；

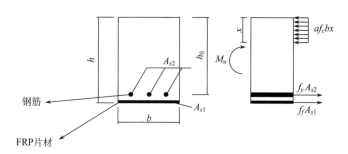

图 6.26　外贴纤维片材极限应力状态示意图

A_{s2}——受拉钢筋的面积；
f_f——碳纤维布的抗拉强度；
f_y——钢筋的抗拉强度；
β_1——碳纤维布强度折减系数；
β_2——碳纤维布与原有钢筋共同作用系数。
进而由平衡条件可以得到承载力极限状态的基本计算公式：

$$f_y A_s = \alpha f_c b x$$

$$M_u \leqslant \alpha f_c b x \left(h - \frac{x}{2}\right) = f_f A_{s1}\left(h - \frac{x}{2}\right) + f_y A_{s2}\left(h_0 - \frac{x}{2}\right)$$

$$A_s = A_{s1} + A_{s2}$$

通过对粘贴钢板和 FRP 法加固的矩形截面梁正截面受弯承载力计算公式的比较，可以看出，两者在计算过程中都考虑了附加材料对于原混凝土结构受力的影响，在计算时都将其等效为底部的受拉钢筋。在加固过程中，两者都要预留一定的锚固长度，必要时应采取附加的锚固措施，以保证材料与原混凝土结构之间的整体性，达到良好传力效果的目的。图 6.27 为实际工程中利用纤维片材对梁和板加固。

图 6.27　　　梁与板的抗弯加固（图片来自于网络）

和外贴钢板法相比，外贴 FRP 片材法具有其所有优点，而施工更为经济、迅速、便利，无需大型机械，手工作业即可，对结构形状的适应性强，特别是节点及曲面等较为复杂形式的结构，非常适合采用外贴 FRP 进行加固补强。外贴 FRP 几乎不改变原有结构的外观和尺寸。由于 FRP 的耐腐蚀特性，加固后的维护成本低，在腐蚀环境也可以使用。该方法也适用于大多数构件形式（如梁、柱、板、屋架、道路、壳体、筒体等），也适合于各种结构类型（如房屋、桥梁、隧道、港口）和各种材料类型的结构（如砌体结构、混凝土结构、木结构）。值得注意的是，FRP 和混凝土的界面粘结胶可能对湿度和温度的敏感性较大，FRP 的基体树脂也会因紫外线照射而老化，工程中可根据需要对 FRP 表面进行防晒、防潮或防火涂层保护。

由于利用纤维片材加固混凝土构件存在应变滞后效应，因此对外贴纤维片材施加一定的预应力，使纤维片材存在初始应变，可以一定程度上改善应变滞后效应，并且能极大提高纤维片材的利用率。图 6.28 为未使用 FRP 片材加固、使用 FRP 片材外贴加固、使用预应力 FRP 片材外贴加固后混凝土梁的荷载-位移曲线。由图中可知，相比未加固的钢筋混凝土梁，外贴 FRP 片材将提升混凝土梁的极限抗弯荷载；对于普通外贴加固的适筋梁，当达到极限荷载时，梁的破坏形式通常是外贴 FRP 片材逐步剥离导致；外贴预应力 FRP 片材不仅将进一步提升混凝土梁的极限承载力，还能一定程度上提高混凝土梁的开裂荷载。当达到极限荷载时，外贴预应力 FRP 片材加固的适筋梁一般情况下也是外贴 FRP 片材剥离导致梁破坏，不过，当外贴 FRP 片材预应力过大时，梁在受力过程中可能因 FRP 片材的拉断而破坏[134, 135]。

图 6.29 为外贴预应力 FRP 加固混凝土构件的简要过程，通过外贴预应力 FRP 片材，混凝土构件中的应力分布得到了改善[136]。

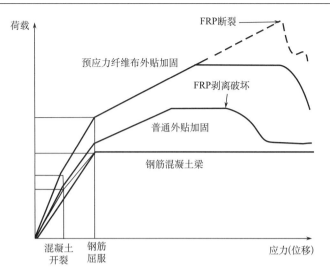

图 6.28 外贴预应力 FRP 加固混凝土梁荷载-位移曲线

利用图 6.25 的两种端部锚固方式，可以防止普通纤维片材加固时端部剥离破坏，不过对于利用预应力的纤维片材加固时，端部剪应力将更大，更容易发生剥离破坏，作者提出将多层 FRP 片材分层锚固，则可降低端部的剪应力（如图 6.30），达到优化锚固效果。

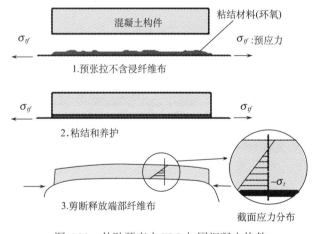

图 6.29 外贴预应力 FRP 加固混凝土构件

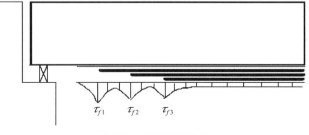

图 6.30 端部锚固优化

　　分层锚固可以使端部集中应力得到释放，其具体实现的方式如图 6.31 所示，通过在端部不同层的 FRP 片材之间插入非粘结的材料，控制每层 FRP 片材的锚固位置，达到分层锚固的效果[137]。

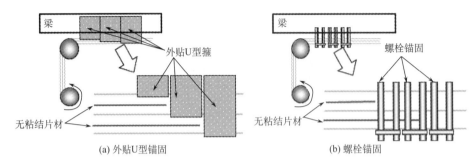

图 6.31　分层锚固实现方法

　　图 6.32 展示了一种作者开发的通过外贴预应力 FRP 片材加固桥梁的施工工艺，在待加固梁的两端分别使用液压千斤顶张拉 FRP 片材，并通过张力表控制 FRP 片材的张拉应力；当 FRP 片材中预应力达到目标值即可停止张拉；利用气泵抽出气囊膜中的空气，降低里面的气压，气囊膜将受到外部压力而收缩，通过这种方式，可使得粘结剂更加充分地与混凝土表面和 FRP 片材接触，增强粘结效果。前面工作完成以后，剪去多余片材，并将两端片材分别锚固到两端的固定锚上。

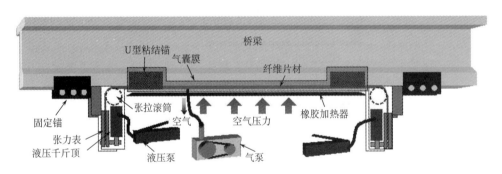

图 6.32　外贴预应力 FRP 施工工艺

6.3.1.3　嵌入式加固法

　　表面粘贴法加固是当下混凝土结构修复领域的重要方式，但仍然存在自身局限性。外贴材料在混凝土构件外表面极易受到高温、干湿交替和冻融等不利因素影响，也容易遭受碾压磨耗和撞击等外部荷载作用；不防火、不易与相邻构件锚固，在高湿、高温等环境下比较难施工；外贴材料与混凝土界面容易发生剥离破坏；对于负弯矩区不易加固等。因此，许多科研学者另辟蹊径提出了更有潜力的"嵌入式"加固技术。嵌入式（near-surface mounted，NSM）加固法是加固技术的一种新的应用形式，即在构件表面开槽，通过粘结材料将 FRP 筋或板条嵌入槽中，以起到加固补强的效果[138, 139]（如图

6.33）。近几年来，欧洲、北美等国开始对该技术进行了试验研究、理论分析和工程应用，呈现出继 FRP 片材加固技术后的一个新热点，该技术可用于混凝土结构的加固，也可用于砌体结构和木结构的加固。

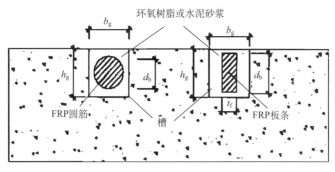

图 6.33　NSM 加固示意图

　　NSM 加固法首先在基础上通过钻孔为嵌入式加固材料提供适当的锚固，然后利用切割机在被加固混凝土的表面开槽（如图 6.34）。槽和孔都应当用压缩空气进行清理。以上步骤完成后，槽和孔应当用粘结剂填充。随后，嵌入式加固材料被安置在指定位置，并去除多余的粘结材料。

图 6.34　　混凝土构件表面开槽

　　NSM 加固法中，为保护嵌入的筋材和弥补开槽给结构带来的损伤，可在槽外设置一增厚层，如图 6.35 所示，其粘结材料可以选择环氧树脂或者聚合物水泥砂浆，增厚层也可选择环氧树脂或者聚合物水泥砂浆[140]。

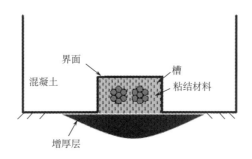

图 6.35　NSM 法设置增厚层示意图

当粘结材料与增厚层材料选择不同时，加固的效果也有所差异，如图 6.36 所示。可以看出对一构件进行加固，在施加相同预应力情况下，粘结材料为环氧树脂、增厚层材料为聚合物水泥砂浆的极限承载力最高，且 FRP 筋材开始发生剥离的时间较晚[141]。

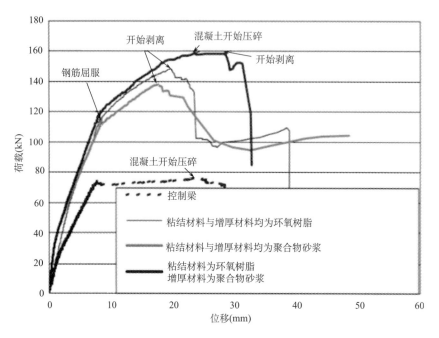

图 6.36　不同粘结材料与增厚层材料选择对加固效果的影响

通过对以往嵌入式 FRP 增强梁受弯承载力理论分析模型研究的基础上，以混凝土压碎、FRP 筋强度充分发挥的受弯破坏形态为基础，简化以往的计算公式，其承载力计算方法采用平截面假定，根据平衡条件确定 FRP 筋的有效应变，在此基础上计算承载力的提高作用。该设计方法的计算简图如图 6.37 所示。

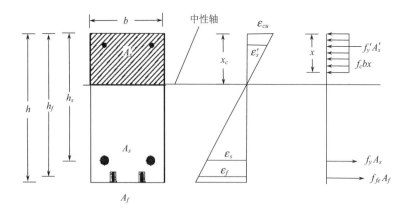

图 6.37　NSM 加固抗弯承载力计算简图

根据平截面假定，在梁发生破坏时，FRP 筋的有效应变可以表示为

$$\varepsilon_{fe} = \frac{h_f - x}{x}\varepsilon_{cu} \leqslant \varepsilon_{fu}$$

此时由于梁的塑性发展，顶部受压钢筋也已经屈服，FRP 筋的有效应变可以通过截面荷载平衡得到，即

$$f_{fe}A_f + f_y A_s = f_c bx + f'_y A'_s$$

将上式代入，整理得

$$f_c bx^2 + (f'_y A'_s + \varepsilon_{cu}E_f A_f - f_y A_s)x - h_f \varepsilon_{cu}E_f A_f = 0$$

由此可以求得受压区高度 x，求得 FRP 筋的有效应变，从而确定 FRP 筋的作用大小。

抗弯承载力计算公式为

$$M_u = \varepsilon_{fe}E_f A_f (h_f - x/2) + f_y A_s (h_s - x/2) + f'_y A'_s (x/2 - a')$$

式中，

ε_{fe}、ε_{fu}——FRP 筋的有效应变和 FRP 筋的极限应变；

ε_{cu}——混凝土的极限压应变，取 0.0033；

E_f——FRP 筋的弹性模量；

h_f——FRP 筋中心至梁顶距离；

h_s——纵筋中心至梁顶距离；

a'——受压钢筋中心距混凝土边缘距离；

A_s、A'_s 和 A_f——分别为受拉钢筋、受压钢筋和 FRP 筋的面积；

f_y、f'_y——分别为钢筋的屈服抗拉强度和屈服抗压强度。

抗弯承载力设计方法，嵌入式 FRP 筋的混凝土和预应力混凝土构件推荐采用考虑折减系数的强度设计方法进行设计，对于 FRP 材料强度考虑折减，即

$$f_{fu} = C_E f^*_{fu}$$

$$\varepsilon_{fu} = C_E \varepsilon_u$$

其中，C_E 为环境影响系数，根据不同的环境条件和 FRP 筋的不同种类，C_E 有（0.5~0.95）不等。抗弯承载力设计值表达式为

$$M_n = \phi M_u$$

其中，M_n 为抗弯承载力设计值，ϕ 为强度折减系数，根据试验结果考虑取 0.8。

和外贴 FRP 片材相比，NSM 加固法除同样具有高强高效、耐腐蚀等优点外，还有以下几个方面的优势。

（1）混凝土表面处理工作量低，外贴加固的表面打磨工序耗时相对较长，而 NSM 法只需使用专用工具在构件表面开槽，不需大面积表面处理，节省工期。

（2）FRP 材料由于内置在混凝土内而得到较好的保护，抗冲击性能、耐久性、防火性能等得以提高，在桥面负弯矩区加固有明显优势。

（3）FRP 及混凝土界面面积增大，界面粘结性能得以增强，较难发生剥离破坏，FRP 强度得到更有效的发挥。

（4）FRP 筋或板条可比较方便地锚固于相邻的构件上或穿透构件。

实际上，在传统的增大界面加固中，为减小新增的混凝土厚度且保证足够的钢筋保护层，也有采用将原混凝土表面开槽、植入钢筋的做法，相比之下，由于 FRP 材料的抗拉强度远高于普通钢筋，在提供同等拉力的情况下，所需 FRP 筋的直径大大减小，相应槽的尺寸也减小，且因其良好的耐腐蚀性而无需附加混凝土保护层。NSM 加固法中通常使用的 FRP 为 CFRP 和 GFRP，有板材和筋材两种形式，FRP 材料表面可做喷砂处理以提高粘结性能，而界面粘结材料可以是有机树脂（如环氧）或改性无机材料（如改性水泥砂浆）。NSM 主要用于钢筋混凝土构件的抗弯和抗剪加固。

当混凝土构件不允许在构件上开槽，或者开槽比较困难时，也可在构件外布置 FRP 筋进行加固，如图 6.38 所示。其加固效果与加固原理与嵌入式类似，仅缺少开槽过程。

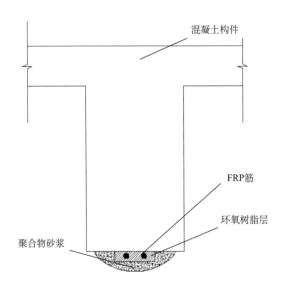

图 6.38　嵌入式加固其他形式

在抗弯加固时，为更充分发挥 FRP 材料的力学性能，可对 FRP 筋与片材施加预应力，以进一步提高承载力和使用性能。图 6.39 为一种嵌入式预应力筋加固混凝土构件的施工步骤。

6.3.1.4　FRP 网格薄面粘结抗弯加固法

外贴 FRP 片材加固混凝土结构技术虽然具备许多优点，但在某些领域的应用中仍面临一些限制，例如 FRP 材料本身以及胶粘剂对温度的敏感性较高，在升温过程中会由于纤维基体材料的软化和分解，从而使纤维间剪力传递丧失，造成 FRP 材料强度与刚度的显著降低，在防火要求比较高的室内环境中应用时需采取特别措施；同时 FRP 和传统水泥基修补材料相比，其透气性较弱，混凝土结构在外贴 FRP 后，易造成水分或湿气在FRP-混凝土粘结界面的滞留，进而劣化粘结材料及粘结界面的力学性能，最终造成 FRP 和混凝土的界面剥离，由于外贴 FRP 片材加固混凝土结构的耐久性设计理论尚未很好建

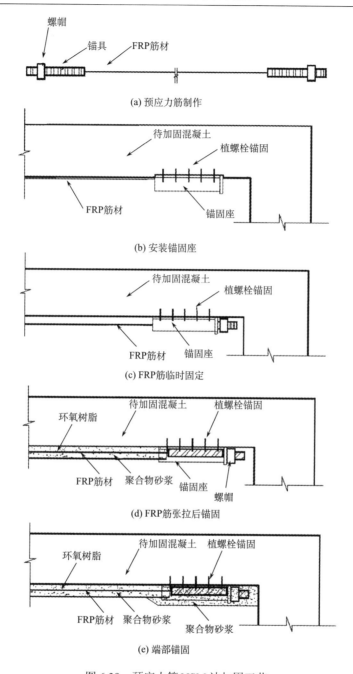

(a) 预应力筋制作

(b) 安装锚固座

(c) FRP筋临时固定

(d) FRP筋张拉后锚固

(e) 端部锚固

图 6.39　预应力筋 NSM 法加固工艺

立，很大程度上限制了该加固技术在潮湿环境（如海洋环境）中的应用。为此，作者等提出了 FRP 网格薄面粘结加固法，该加固技术接近于传统的增大截面加固方法，以普通或聚合砂浆为基相，以 FRP 网格（如图 6.40）为增强材料，有时候会辅以界面粘结剂来增强砂浆和混凝土结构的粘结。相比增大截面加固法，FRP 网格薄面加固增加的截面较小，对结构空间影响小，其加固效果优于传统增大截面法。

图 6.40　FRP 网格制品

　　传统增大截面加固方法中，一般以钢筋或钢丝网为增强材料，造价相对低廉，与混凝土构件相容性和协调性好，但由于钢丝截面面积小（如 256 根 1mm 钢丝的截面面积才与 1 根 16mm 直径的钢筋相当），钢丝网增强水泥基材料作为加固材料时，被加固构件的承载力提高幅度相对有限。国内有些学者采用钢筋或高强钢绞线代替钢丝网加固可使构件承载力大幅提高，但需要增加加固层的保护层厚度。如 ACI 规定：腐蚀环境下钢筋混凝土的保护层厚度需为 38mm，当钢筋直径大于 16mm 时则保护层厚度需为 51mm。采用 FRP 网格代替钢丝/筋增强砂浆则可降低对保护层厚度的要求，FRP 网格的高强特性，也可以显著提高构件加固后的承载力。图 6.41 为 FRP 网格抗弯加固技术的示意。基于 FRP 网格增强砂浆加固混凝土结构技术在国外已有一些研究和工程应用，和外贴 FRP片材加固技术相比，国内关于 FRP 网格加固混凝土结构的研究还十分有限，相关的设计方法和理论尚未建立。

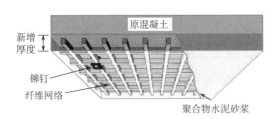

图 6.41　FRP 网格抗弯加固示意图

　　FRP 网格加固工艺简单，施工速度快，加固时主要包含以下几个步骤：

定位放线 → 表面处理 → 找平层 → 网格固定 → 喷涂中层涂料 → 聚合物砂浆或树脂封涂 → 固化养护

　　（1）表面处理：为保证良好的粘结，应充分清除原有混凝土表面的薄弱层和污渍。

基层处理可采用喷砂工艺或手工打磨，采用超高压水洗或气压吸尘去除如附着物、油污等污垢以及已经脆弱的水泥外层，对施工对象结构的表面进行清理，直到露出坚实混凝土表面。

（2）找平层：刷涂或喷涂底层找平层，一般为 0.5～1mm。

（3）网格临时固定：通过机械栓钉临时固定。为了在拧紧铆钉时不损伤纤维网，应采用垫橡胶垫等保护措施。安装时应尽可能避免 FRP 网格与原有混凝土间出现间隙。

（4）刷涂或喷涂中层涂料：网格和粘结材料充分结合包裹。

（5）聚合物砂浆或树脂封涂。

（6）养护：施工现场的环境温度以 5～35℃为宜。冬天、通风场所、有阳光直射的施工场地，砂浆表面易干燥，容易产生干缩裂缝，此时应采取适当的养护和防裂措施。

加固层厚度一般为网格厚度的 2 倍或超过网格表面 1cm，当所需厚度大于上述厚度时，需分两层以上进行叠合施工。表 6.8 为 FRP 网格加固法的优势。

表 6.8 FRP 网格加固法与外贴法的区别

加固方法	加固结构面	裂缝限制	裂缝处理	加固表面要求	施工工艺	接合材料	综合造价	使用年限
FRP 网格加固	整体全面加固	双向限制	无需处理	除尘，底胶	工序少，材质轻，定型材料	砂浆或聚合物砂浆，耐久性好，接合可靠	最低	加固持续效果 20～50 年，并可进行更长寿命设计
外贴纤维布加固	条带间隔加固	单向限制	灌浇处理	打磨，底胶，对表面处理要求高	工序多，材料软，不利于现场操作	树脂粘结，界面应力高，有老化隐患	较低	加固持续效果 10～50 年，并可进行更长寿命设计
外贴钢板加固	条带间隔加固	单向限制	灌浇处理	无需处理	工序少，但材料重，施工不便	机械连接，有锈蚀的长期隐患	较高	加固持续效果 5～15 年，海洋环境下寿命短

注：外贴纤维板加固时，在保证其稳定的长期界面粘结性能情况下，也可达到外贴纤维布加固的持续效果。

FRP 网格也可用于水下混凝土结构的加固。传统的水下混凝土修补加固法可采用潜水法、水下机器人法、封堵门法、钢围堰等方法。其中钢围堰适用于水深较浅的水下修补加固；水下机器人法适合各种深度，尤其是超过 60 米以上的超大深度水下作业；封堵门法适用于各种水深的闸室、孔洞部位的修补加固；潜水法适合各种水下修补加固。

对于桥梁水下结构，如桥墩、桩基础等下部结构，其使用条件和使用环境较之水上结构更为恶劣，荷载与环境的双重作用使得桥梁水下结构更加容易腐蚀老化，产生各类损伤缺陷，其承载力和耐久性降低，严重危及行车安全和桥梁的寿命。桥梁水下结构常使用钢围堰法，这种加固方法基本上都需要弃水、防水处理。由于这种方法所必需的围堰、基础防渗和基坑排水往往耗费大量的时间和费用，并且施工过程中占用航道空间，同时为养护新浇混凝土至设计强度需要较长时间，对交通运输繁忙的河道，加固过程中所造成的间接影响很大。FRP 网格，水下成型方便，使用水下不分散砂浆或水下不分散树脂进行水下施工，在无排水条件下，可实现对桥梁水下结构高速、便捷、经济、可靠的加固（如图 6.42）。同时由于使用 FRP 网格加固桥梁水下结构时，在结构表面固定好网格后，仅在网格表面浇筑薄层的砂浆或者树脂，因此对构件的原始尺寸影响较小。

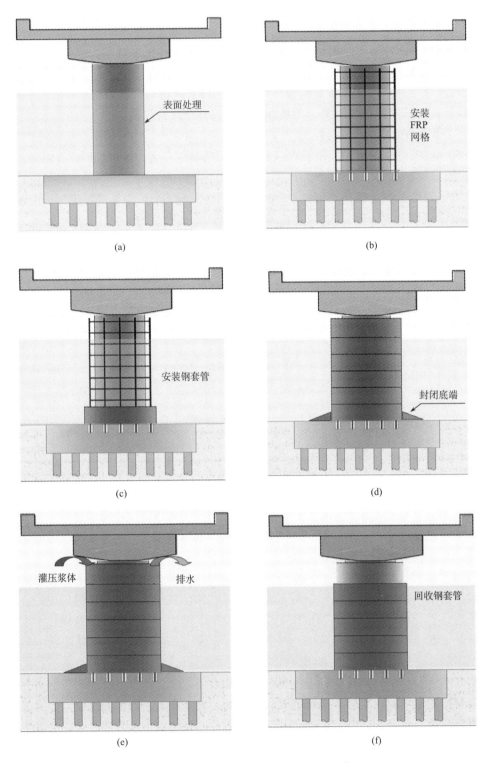

图 6.42　FRP 网格加固水下加固施工工艺

6.3.1.5 增设支点加固法

增设支点加固法是用增设支承点来减小结构计算跨度,达到减小结构内力和提高其承载能力的加固方法,见图6.43。增设支点加固法适用于梁、板、桁架、网架等水平结构的抗弯加固。增设支点加固法按支承结构的变形性能,又分为刚性支点和弹性支点两种情况。刚性支点法是通过支承结构的轴心受压或轴心受拉将荷载直接传给基础或柱子的一种加固方法,由于支承结构的轴向变形远远小于被加固结构的挠曲变形,对被加固结构而言,支承结构可按不动支点考虑,结构受力较为明确,内力计算大为简化;弹性支点法是以支承结构的受弯间接传递荷载的一种加固方法,由于支承结构和被加固结构的变形属同一数量级,支承结构只能按可动点-弹性支点考虑,内力分析较为复杂。

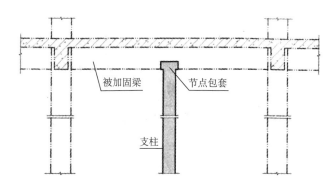

图6.43 增设支点加固法示意图

相对而言,刚性支点加固对结构承载能力提高影响较大,弹性支点加固对结构使用空间影响较小。增设支点加固法支承结构所受外力,应根据被加固结构是否预加支承力,分为两种情况计算。对于有预加支承力时,支承预加力可视作外力计算。

6.3.1.6 体外预应力加固法

体外预应力加固法,是采用布置在结构外部的预应力索(高强钢筋或者FRP筋)对结构进行加固的方法。当对混凝土梁、板等受弯构件进行抗弯加固时,预应力所产生的负弯矩能抵消部分荷载弯矩,从而减小梁、板的弯矩、挠度,缩小裂缝宽度,甚至可以使裂缝完全闭合;当对柱等受压构件进行加固时,对加固用的撑杆施加预顶升力,从而卸除原柱所受部分外力并减少撑杆的应力滞后。体外预应力加固法具有卸荷、加固及改变结构受力三种功能,特别适用于大跨结构加固。体外预应力结构体系形式多样,主要包括:预应力索、体外索防腐系统、锚固系统、转向装置、减振装置等。图6.44为体外预应力加固构造示意图。

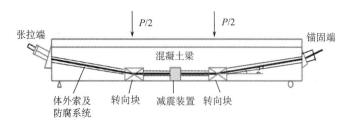

图 6.44　体外预应力加固构造

除了高强钢筋和钢绞线，使用 FRP 筋进行体外预应力加固已是研究热点。将预应力 FRP 筋布置在结构体外，无须设置孔道，操作相对简便。体外预应力 FRP 筋混凝土结构主要靠 FRP 筋两端锚具以及转向块提供预应力，结构示意图如图 6.45 所示。

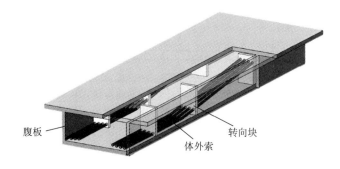

图 6.45　体外预应力 FRP 筋混凝土结构

预应力 FRP 筋一般都存在转向问题，尤其是对于体外预应力结构，转向块的设置对于减小二阶效应是十分重要的。配有转向块的梁，其开裂弯矩、屈服弯矩、极限弯矩以及延性都要大于无转向块的梁，并且转向块的存在可以使得 FRP 预应力筋的强度被更加充分的利用。但过小的转向半径和过大的转角会造成 FRP 筋材在转向块处的应力集中。根据研究，建议 FRP 筋的弯起角度不超过 5° 且转向半径大于 $100R_p$（R_p 是 FRP 筋半径）。除了静力性能外，转向块还会造成 FRP 筋疲劳寿命的降低。随着转向半径减小，FRP 筋弯折段外侧最大应变逐渐增大，导致筋材疲劳寿命也随之减小。因此，筋材弯折段外侧纤维疲劳性能对筋材整体疲劳寿命起控制作用。

与体内无粘结预应力 FRP 筋混凝土结构类似，体外 FRP 筋与混凝土可产生相对位移，这对于整体结构的延性有很大的改善。同时配有体内非预应力钢筋的 FRP 筋体外预应力混凝土梁的破坏形式均为受压区混凝土压碎，预应力 FRP 筋没有任何破坏迹象，并且施加体外预应力后，混凝土梁的开裂弯矩、屈服弯矩（钢筋屈服时的弯矩）和极限弯矩有明显提高，FRP 筋体外预应力梁破坏时呈现出较大的延性，有明显的破坏征兆。

对比体外预应力 CFRP 筋和 BFRP 筋混凝土梁的荷载-挠度曲线（如图 6.46）可知，CFRP 筋强度较高，能对结构施加较大的预应力，因此 CFRP 筋预应力混凝土梁的极限承载力相对较大；但是，由于 CFRP 筋的延伸率低，因此在结构延性方面，BFRP 筋预应力混凝土梁具有明显的优势，这种优势对于地震中的耗能性能是有利的。

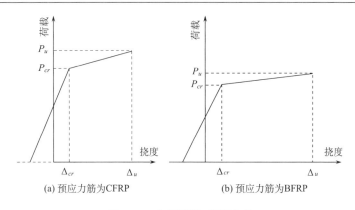

图 6.46 典型荷载-挠度曲线

体外预应力 FRP 筋混凝土结构中,预应力 FRP 筋在结构极限状态下的应力是影响结构力学性能的重要参数。转向块数量、张拉控制应力以及转向块之间的水平距离等参数对 FRP 筋极限状态的应力有很大影响。在设计中,应当根据结构的具体情况采取合理的转向块布置以及张拉控制应力。

由于具备突出的优势,体外预应力 FRP 筋混凝土结构已经在国外的很多工程中得以应用。图 6.47 为两座采用体外预应力 FRP 筋加固的桥梁案例。

图 6.47 采用体外预应力 FRP 筋加固的桥梁

体外预应力 FRP 筋克服了预应力钢筋在恶劣环境下易腐蚀的缺点,在上述工程的服役期间能够有效地、可靠地提供预应力效应。

由于使用体外预应力 FRP 筋对混凝土结构进行加固时,混凝土早已发生应变,因此加固后 FRP 筋与混凝土截面之间变形不协调,不满足平截面假定,所以预应力筋应力增量只能通过结构总体变形求得。

参照我国 JGJ /T 279—2012 规范中预应力筋应力计算表达式,体外 FRP 预应力筋的极限应力宜按下式计算:

$$f_{ps} = f_{pe} + \Delta f_p$$

式中,Δf_p 是 FRP 筋的应力增量,对于简支受弯构件取 100N/mm^2,对于连续、悬臂受弯构件和验算受剪承载力时取 50N/mm^2。

体外预应力 FRP 筋的计算公式除参照美国的 ACI 规范、英国的 BS 规范对无粘结预应力筋极限应力的相应规范，我国也有规范可以参考。

由于体外预应力加固施工时增加了施加预应力的工序和设备，对施工队伍的素质要求较高。外部的预应力筋在结构服役过程中也易于观察和检测，预应力加固法可在几乎不改变使用空间的条件下，改变原结构的内力分布并降低原结构的应力水平，使结构的承载能力和使用性能均得到显著提高。其缺点是预应力筋暴露于结构的外部，对结构外观有比较明显的影响，并且耐火性能和耐候性能需要引起注意。

和一般加固方法相比，体外预应力加固混凝土结构具有以下几个特点。

（1）体外施加预应力对原结构具有一定卸荷作用，将改变原结构中的内力分布情况。

（2）对混凝土结构施加体外预应力后，几乎不会增加构件承受的荷载。

（3）体外预应力一般采用连续跨布置，一定程度上加强了结构的整体性。

（4）加固构件投入使用后能够随时检查预应力筋的腐蚀情况，可及时掌握工作数据，保证在必要时及时进行更换。

6.3.2　混凝土结构抗剪加固

对于混凝土构件，剪切破坏是一种脆性破坏，若构件抗剪能力不足，当所受剪力过大时，构件无延性性能而将直接破坏，严重影响结构整体性能。常用的抗剪加固方法有外贴加固法、FRP 网格薄面加固法、套箍加固法等。

6.3.2.1　外贴加固法

与抗弯加固中的外贴法不同，抗剪加固中的外贴法主要关注外贴材料对于混凝土构件抗剪承载力的提升，外贴材料同样可以是钢板或者纤维片材。图 6.48 为一种利用 FRP 片材对混凝土构件进行加固的示意图。除了垂直粘贴，还有其他粘贴方式，如图 6.49。

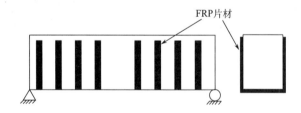

图 6.48　混凝土构件的外贴 FRP 抗剪加固

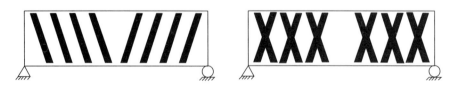

图 6.49　不同 FRP 外贴形式

用纤维片材加固后，梁的受剪破坏特征类似于普通混凝土梁。粘贴在梁表面的纤维片材会发生两种破坏形态：纤维片材被拉断和粘结破坏（混凝土被拉下），发生哪种破坏主要由纤维片材的锚固性能所决定。梁破坏时，靠近支座处的斜裂缝在梁底部，该处的纤维片材有较大的锚固长度，所以，往往发生纤维片材被拉断的破坏；而靠近加载点处的斜裂缝在梁顶部通过，该处纤维片材的锚固长度很短，所以往往发生粘结破坏。加固后梁的破坏特征见图 6.50。因此，为保证纤维片材加固梁能取得较好的效果，保证锚固性能极其重要。

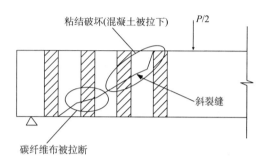

图 6.50　纤维布加固后梁的破坏特征

加固后梁的受剪承载力由混凝土、箍筋和纤维片材分别承受的剪力组成，即

$$V_u = V_c + V_s + V_f$$

混凝土和箍筋所承受的剪力可按规范有关普通混凝土梁的规定进行计算。碳纤维布承受的剪力初步可以用以下方法进行估算。

（1）若梁侧的碳纤维布是以等间距的 U 形条带+压条的粘贴方式进行加固的，则公式为

$$V_f = 1.25 F_f h_0 / s_f = 1.25 \sigma_f A_f h_0 / s_f$$

（2）若梁侧的碳纤维布是以梁的侧面全包+压条的粘贴方式进行加固的，则公式为

$$V_f = F_f = 1.25 \sigma_f \left(2 t_f\right) h_0 = 2.5 \sigma_f t_f h_0$$

式中：

F_f——碳纤维布所承受的拉力；

h_0——钢筋混凝土梁截面的有效高度；

s_f——梁侧碳纤维布条带的间距；

A_f——梁侧碳纤维布条带的面积；

σ_f——破坏时碳纤维布的应力；

t_f——梁侧碳纤维布的厚度。

对于外贴钢板的抗剪加固计算方法也可参考以上计算。图 6.51 是利用纤维片材对柱加固的示意图，利用外贴法同样可以提升其抗剪性能。

6.3.2.2　FRP 网格薄面粘结抗剪加固法

对于表面规则的混凝土试件，可使用外贴 FRP 片材进行抗剪加固，也可以使用 FRP 网格加固法，图 6.52 是利用纤维网格对梁进行抗剪加固。

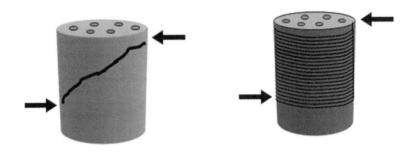

图 6.51　纤维布对柱进行抗剪加固

图 6.52　纤维网格对梁进行抗剪加固

利用 FRP 网格加固后的抗剪性能同样可以参考外贴 FRP 片材的计算方法,对于网格表面喷射砂浆的加固形式,砂浆对于抗剪能力的贡献也可以适当考虑。

6.3.2.3　套箍加固法

套箍加固法适用于斜截面承载力不足的混凝土结构构件的加固,或需对受压构件施加横向约束力的场合。套箍法的材料可采用钢板、钢筋、钢丝及其他的纤维复合高强度材料。依据结构具体剪应力分布情况和施工条件,可以采用纵向套箍或者斜向套箍。与套箍法类似的方法还有绕丝加固法,即用高强钢丝作为增强材料以一定的初始应力缠绕在被加固构件的表面,最后用树脂或砂浆类材料将两者粘结为一体。

套箍加固法可分为湿式和干式两种。湿式加固法是在原构件外表四周凿去松散部分混凝土,套上套箍,套箍与构件核心混凝土之间留有一定间距,中间浇注混凝土。干式加固法是在原构件上凿掉边角,套箍直接套在被加固构件的四周,外抹水泥砂浆等保护材料即可。一般情况下,湿式套箍加固法比干式套箍加固法更有利,加固的效果也更好。

6.3.3　混凝土结构抗震加固

在工业与民用建筑当中,很多的建筑在经过一定的使用年限之后,特别是早期没有进行抗震设防设计的部分建筑,由于早期的设计规范不合理,结构使用功能的改变,长期使用过程中的损伤、老化以及施工缺陷所造成的性能不良、承载力不足等因素,影响结构的安全和使用功能。要想继续使用这些建筑,首先需要对现有建筑物进行抗震鉴定,然后对不满足鉴定要求的建筑进行改造和加固,提高其抗震能力。

震害调查表明,对建筑物进行抗震加固是减轻地震灾害的有效措施之一。本节将从抗震加固思路出发,抗震加固方法可从增大结构抗震能力和减小地震作用两大方面展开探讨。

6.3.3.1　增大结构抗震能力

增大结构抗震能力，实际就是提高主要抗侧力构件的刚度、延性和结构的整体，基本思想如图 6.53 所示，可以在不增加延性的基础上直接增加刚度，也可以同时增加延性和刚度，此外仅增加结构延性也是一种方法。不过如果增加刚度太大，则将引起结构地震反应增大，仅增加延性将导致结构侧向变形较大，因此在增加延性的同时也应注重结构的侧向刚度的增大。此外，作者等创新性的提出可恢复性加固。

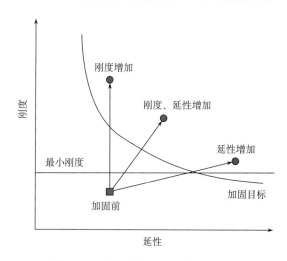

图 6.53　增大结构抗震能力基本思想

1）刚度加固

（1）增设剪力墙加固法

增设剪力墙法是在原结构的适当部位增加数量合理的抗震墙，提高了结构的侧向刚度，减小了地震作用下结构的侧移。本方法比较适用于抗力不足的低层建筑物抗震加固、改善原建筑物剪力墙设置不均衡的状况以及底层薄弱层的加固。采用增设墙体法要确定好需要增加墙体的数量和墙体布置的合理位置，还要保证新增剪力墙与原有结构的可靠连接。

增设剪力墙加固技术是目前在抗震加固中使用较为普遍的一种，是常用的抗震加固手段。中国建筑科学研究院工程抗震研究所采用此方法加固了全国政协礼堂、北京火车站、中国革命历史博物馆、农展馆等数十个大型公共建筑。

（2）附加子结构加固法

《建筑抗震加固技术规程》（JGJ 116—98）强调："应从提高结构整体抗震性能的角度对结构进行加固"，明确指出"加固的总体布局，应优先采用增强结构整体抗震性能的方案，应有利于消除不利抗震因素，改善构件的受力状态"。抗震加固的内涵是结构加固而非构件加固，因此在确定结构抗震加固方案时首先应考虑整体性加固方案，以避免"头痛医头、脚痛医脚"的构件加固。附加整体子结构加固就是利用附加整体子结构与原有结构的协同工作，增强原结构的整体抗震能力，或改变原结构的结构体系，进而改善原结构的受力状态和变形模式，使结构形成更合理的损伤屈服机制，从而提高结构的整体抗震性能。一般可分为附加整体钢支撑子结构抗震加固、附加摇摆墙抗震加固。

　　附加整体钢支撑子结构加固是在梁柱形成的框架间设置钢支撑的加固方法。增设钢框架斜撑与增设剪力墙的效果相似，主要是通过新设置的钢框架斜撑承担结构体系中部分地震侧向力。附加整体钢支撑子结构通常分布于原结构全高，其本身具有较大刚度，且在为结构提供额外抗震承载力的同时，还从整体上改善了原结构的受力状态和变形模式，有助于使原结构的侧向变形沿高度分布更加均匀。结构经加固后获得的抗震性能的提升，不仅来自于附加整体钢支撑子结构自身的刚度和承载力，还来自于合理的变形模式对原结构构件抗震能力的充分利用。图 6.54 为常见的钢支撑形式。

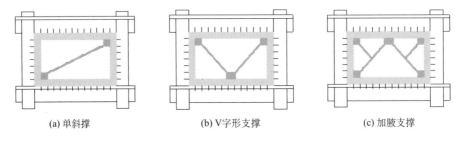

(a) 单斜撑　　　　　　(b) V字形支撑　　　　　　(c) 加腋支撑

图 6.54　增设钢支撑框架的常见支撑形式

　　此外，在框架结构中附加底部铰接墙体的一种新型结构体系（如图 6.55），也是一种附加子结构加固法，它是由传统的延性框架部分和具有很大刚度和承载力的摇摆墙两部分组成。摇摆墙经过特殊构造，墙底与基础铰接连接，具有一定的转动能力，并通过连梁或者阻尼器等水平连接措施将框架部分与摇摆墙有效连接。

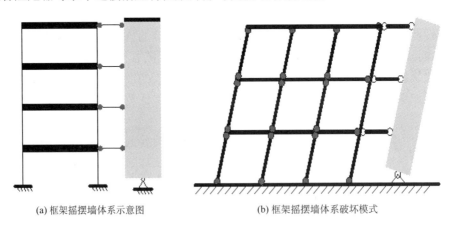

(a) 框架摇摆墙体系示意图　　　　　　(b) 框架摇摆墙体系破坏模式

图 6.55　框架摇摆墙体系及其破坏模式

　　框架结构加设摇摆墙后，其一阶周期与原结构相比基本不变，有效控制了结构的屈服机制，使塑性铰主要产生在梁端，充分发挥整个框架结构的耗能能力，提高了结构的抗震能力。框剪结构加设摇摆墙后，将剪力墙底部从固结变成了铰接，结构体系基本周期显著延长，墙体承载力需求减小，墙底弯矩被释放，因此不必在墙底采取加强措施，对基础的需求也随之减小。

摇摆墙-框架结构体系的特点有：①利用摇摆墙控制结构的变形模式；②保护墙体免受损伤。此外，在框架与摇摆墙连接界面上具有较大相对位移的位置可以设置耗能构件，阻尼器的加入则大大增强结构的承载力和耗能能力，结构的最大侧向变形显著减小，作为结构预期损伤部位，这不仅使整体结构具有更明确的损伤机制，而且有助于降低结构的地震响应。

2）延性加固

（1）增大截面加固法

增大截面法是最为传统的抗震加固方法之一，其能起到增大抗震作用的原因是在结构中新布置了钢筋，不仅增加了混凝土结构的延性，也增加了部分结构刚度。

（2）外贴加固法

同样可将外贴法分为外贴钢板与外贴纤维片材。

根据外贴钢板与原构件的连接方式，可分为湿式包裹和干式包裹两种方式。湿包加固法是在型钢和原构件间填充乳胶水泥、环氧砂浆或细石混凝土，从而使旧有结构和型钢成为一体（如图 6.56）；干式包裹外包钢加固法是将型钢直接外包在构件外侧，或虽然填塞有水泥砂浆，但不能保证结合面有效地传递剪力（如图 6.57）。当采用干式外包钢加固钢筋混凝土受压构件时，由于钢架和原混凝土构件的变形不协调，所以计算时要按各自的刚度分配外力，然后再验算原柱，设计钢架。

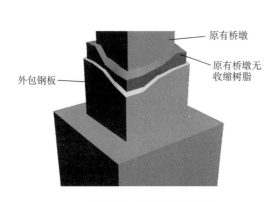

| 图 6.56 湿式外包钢加固 | 图 6.57 干式外包钢加固 |

外贴纤维片材加固法同样可以提高结构的抗震能力。图 6.58 为 BFRP 与 CFRP 缠绕加固混凝土柱的抗震性能分析。未加固柱过早发生剪切破坏，极限位移极小，延性极差，耗能能力低；而使用 CFRP 布加固与包裹 BFRP 丝束缠绕对圆柱的抗震性能提高都非常有效。

（3）FRP 网格薄面加固法

通过 FRP 网格加固混凝土柱，同样可以增加混凝土柱的延性和侧向刚度，这种加固方法和传统的增大截面加固法类似，不过加固层较薄，对结构使用空间影响小。

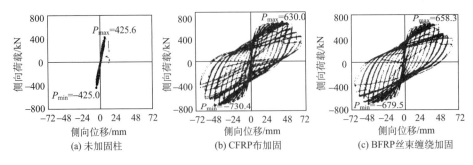

图 6.58　各试件 P-Δ 滞回曲线

FRP 对核芯混凝土的反作用应力使其处于三轴受压状态，故可提高其纵向抗压强度和延性。目前可参考 FRP 布约束混凝土圆柱的相关公式来确定 FRP 网格约束混凝土的应力-应变关系模型。FRP 网格中的纵向 FRP 筋锚入柱底可进一步提高加固柱的承载力，综合考虑 FRP 材料耐腐蚀、质量轻以及独特的施工工艺等优点，FRP 网格用于潮湿环境和水下混凝土结构的抗震加固有独特优势[142]。

3）可恢复性加固

在结构的使用寿命期内，即便是遇到了罕见的大地震，也要求保证结构避免倒塌，这是结构抗震设计的基本要求。但是对于普通钢筋混凝土结构，钢筋本身弹塑性的特性使得结构在强震后的破坏程度难以控制，即使经过延性加固，由于地震时将通过延性的发生来消耗能量，因此延性的发生也是破坏性的，从而导致震后结构位移较大，可恢复性较差，由此可能会造成重大的经济损失。

对此，作者率先提出了土建交通结构震后可恢复性能的损伤可控结构的设计理念，这种新型损伤可控结构体系的特点是能动地控制构件或结构屈服后的刚度（二次刚度）、震后残余变形、最终极限状况的破坏模式以及结构系统耗能机理，进而形成"小震、中震、大震"三阶段皆可定量设计与评估的损伤可控结构体系（如第 2 章图 2.7 所示）。通过对混凝土构件进行加固设计，使地震中柱构件的损伤得到控制，从而保证震后柱构件具有可修复性能，即通过修复可以使柱恢复到震前状态，即为可恢复性加固，或可修复性加固[143, 144]。

该体系的荷载-位移曲线可以分为四个主要阶段。阶段 1 代表结构整体屈服之前，对应于结构的弹性和开裂后阶段，小震作用下的结构位移响应保持在此阶段，在此阶段内结构保持弹性，结构或构件在相应的地震烈度作用后无需修复。阶段 2 代表了结构在经受中等地震作用时，增强纵筋进入屈服阶段，但具有明显的屈服后硬化特征，即稳定的二次刚度，因此结构残余变形可以得到有效控制，并且地震后（中震、大震）可以快速修复，恢复原有的各项功能。阶段 3 则相应于结构体系在二次刚度段之后的变形能力，从而使结构在大震作用下具有足够的延性，避免结构由于过高的二次刚度而产生太大的地震响应，震后结构可以通过替换部分单元进行修复。而在罕遇的特大震作用下，结构可能进入第 4 阶段，这一阶段的结构应能够避免倒塌，当荷载下降至极限荷载的 20% 时，定义为极限阶段，并能够保持结构不倒，这和传统结构的定义相同。

　　控制结构的二次刚度可以通过采用混杂复合材料作为结构的主要受力部件或作为结构增强的措施，从而达到改善结构或构件屈服后刚度的目的，提高非弹性阶段性能，同时可采用残余变形指标来评估结构的损伤程度及可修复性，如图 6.59 所示。

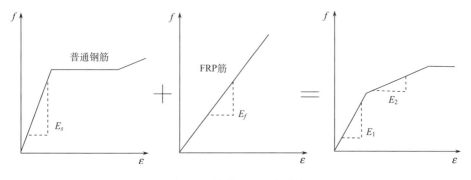

图 6.59　结构二次刚度设计

　　通过 FRP 筋-钢筋混合配置实现损伤可控，主要是利用 FRP 筋和钢筋各自的粘结滑移性能。虽然表面形状优化的 FRP 筋和混凝土之间的粘结应力峰值与钢筋相接近（如图 6.60），但 FRP 筋粘结滑移曲线的下降段明显高于钢筋，因此，当钢筋与混凝土之间出现滑移时，FRP 筋可以有效地限制其滑移量。值得注意的是，实现这一损伤可控机制有两个前提：首先，需要通过合理的设计使 FRP 筋的实际粘结强度不超过其拉断时的粘结强度，因为一旦 FRP 筋断裂，对滑移的限制作用也将完全消失；其次，FRP 筋必须具备稳定的滑移段，才能既保证结构的延性，又能实现较小的残余变形（如图 6.61）。

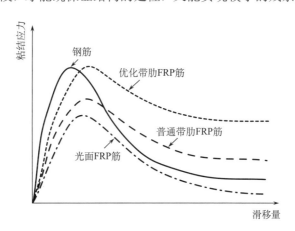

图 6.60　钢筋、FRP 筋粘结-滑移曲线

　　对于已经建成的混凝土构件，由于构架中的配筋已经确定，因此可通过加固的方法使得混凝土结构达到损伤可控。作者等基于理想抗震结构理念，提出了一种新型抗震加固方法，即在柱脚塑性铰区域嵌入 FRP 筋同时外包 FRP 布进行组合加固（如图 6.62）。这种加固方式不改变原混凝土结构的弹性刚度，可以在保证延性的同时大幅度提高抗弯承

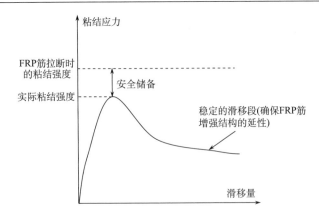

图 6.61　损伤可控结构中 FRP 筋的性能设计

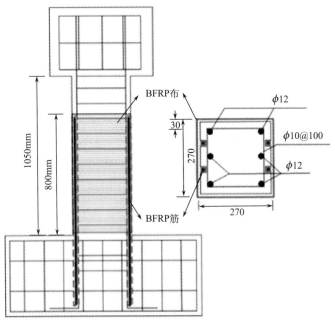

图 6.62　损伤可控加固设计

载力,同时实现稳定的二次刚度。值得注意的是,在使用该加固方法时,应避免发生类似于在阪神地震中部分桥墩由于纵筋切断而引起的剪切破坏,这就要求柱脚嵌入 FRP 筋的加固长度应限制在合理长度内以避免改变柱子的破坏模式。

　　Fahmy 和 Wu 通过上述设计改造混凝土柱,改造后的柱拥有更大的极限位移角以及明显的屈服后刚度。并且,改造后的柱子的残余变形能够得到明显控制,位移角被限制在 4.5%以内(如图 6.63)。

　　在地震作用期间或之后,可以运用 FRP 约束以及嵌入式加固技术可靠地实现结构优越的抗震性能。近年来,FRP 片材加固现有混凝土结构得到很快的发展,其主要原因归结于 FRP 的轻质(容重只有钢材的 1/5~1/4)、高强(强度高于高强钢丝或与之相当)、耐腐蚀、施工方便等突出特性以及原结构构件截面尺寸几乎不会增加,构件上的荷载增加很小，对建筑的使用功能没有影响。外贴 FRP 片材和外贴现场含浸纤维布可用来增强已有混凝土结构的承载力和使用状态，并阻止有害介质的进一步侵入，改善已有混凝土结构的耐久性，是传统外贴钢板加固法的最有效替代途径。

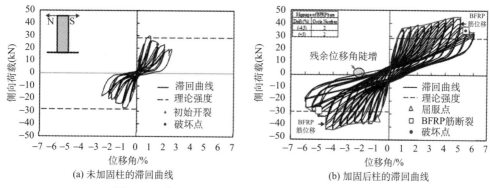

(a) 未加固柱的滞回曲线　　　　　　　　　(b) 加固后柱的滞回曲线

图 6.63　采用嵌入式 FRP 筋进行抗震加固的性能提升

6.3.3.2　减小地震作用

如果地震作用减小，结构反应必然减小。减小地震作用可以通过增大结构周期和加大结构阻尼来实现，与此相对应的加固方法为隔震加固法和消能减震法。

1）隔震加固法

隔震加固法是从地震工程原理中增大结构周期出发，当结构周期增大时，结构刚度减小，因此地震作用减小，其概念如图 6.64 所示，在上部结构和基础之间设置隔震垫，利用该装置在水平地震作用下的变形来吸收和耗散地震能量，增大上部结构的自振周期，阻隔地震能量向上部结构传递，从而减小结构的地震反应。

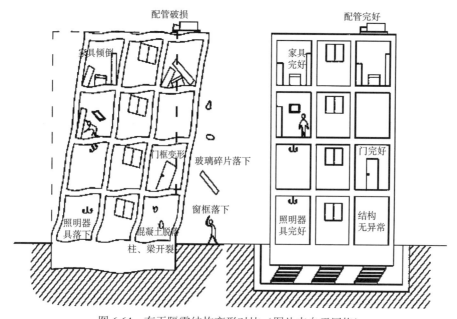

图 6.64　有无隔震结构变形对比（图片来自于网络）

对于既有混凝土结构，如桥梁结构，可在桥主梁与桥墩之间设置隔震垫（如图 6.65（a）、（c）），减小地震作用下桥上部结构损伤。由于在桥墩与桥主梁间设置了隔震装置，地震作用下，桥上部结构的位移将增大，为减小结构位移，可在桥墩与桥主梁之间设置水平阻尼器，限制桥面板水平位移过大，如图 6.65（b）、（d）所示。

2）消能减震加固法

一般情况下，结构阻尼加大，则地震作用将减小。在地震作用时结构变形相对较大的部位，适当布置阻尼器，通过阻尼器大量耗散地震输入到上部结构的能量，从而保护主体结构免遭破坏，从而达到抗震加固的目的。常用的阻尼器有金属屈服阻尼器、摩擦阻尼器、黏弹性阻尼器、粘滞液体阻尼器等。摩擦阻尼器是用摩擦耗能装置，通过元件的相互滑动摩擦，以耗去结构的部分震动能量。粘弹性阻尼器是通过粘弹性材料的滞回变形来减小结构的振动反应，具有构造简单、性能优越、造价低廉和耐久性好等优点。粘滞液体阻尼器是通过活塞在缸体内往复运动，粘滞液体从一端流向另一端产生阻尼力，阻碍结构振动；粘滞性阻尼器对速度反应比较灵敏，能够吸收、衰减震动和冲击的能量从而减小结构的动力反应，减弱节点的局部受力，达到保护受力设备的目的。

如图 6.66 所示为抗震加固中消能减震装置在既有结构中的常见布置形式。

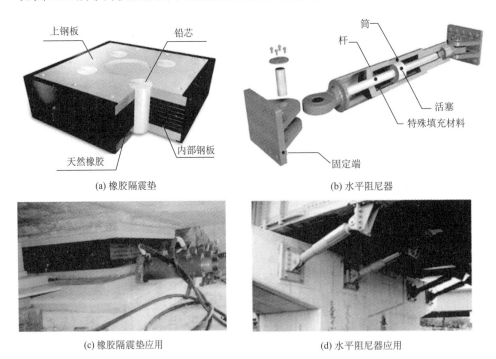

(a) 橡胶隔震垫　　　　　　　　　　　　　(b) 水平阻尼器

(c) 橡胶隔震垫应用　　　　　　　　　　　(d) 水平阻尼器应用

图 6.65　对桥梁结构进行隔震处理（oiles 工业株式会社）

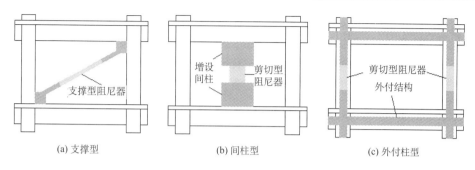

(a) 支撑型 (b) 间柱型 (c) 外付柱型

图 6.66 消能减震装置在既有结构中的常见布置形式

6.3.4 混凝土结构抗疲劳加固

20 世纪 70 年代前，相比钢结构的疲劳问题，混凝土构件的疲劳问题并没有受到重视，这是由于混凝土构件按容许应力法设计时，由于采用的容许应力较低，很少发现混凝土构件因疲劳而产生破坏的事件，不过随着高强度混凝土和高强度钢筋的采用，混凝土结构构件向长、大、轻、细方向发展，许多构件处于高应力工作状态。此外，由于混凝土结构扩大应用到许多循环次数较多、受力复杂、荷载较大的场合，如桥梁、吊车梁、轨枕、海洋结构、压力结构等。因此混凝土构件的疲劳破坏便成为一个不可忽视的问题。

图 6.67 为混凝土板在反复动载作用下，裂缝逐步发展而产生疲劳破坏。混凝土构件的疲劳性能与构件的材料（混凝土和钢筋）性能连接密切相关。疲劳破坏由于没有明显的宏观塑性变形，突然性的破坏往往导致灾难性事故和巨大的经济损失。因此，为了防止疲劳破坏所造成的损失，工程中可采用加固的措施来改善缺陷处的受力状态，防止疲劳断裂事故的发生。前面所述的抗弯、抗剪以及抗震的加固方法均可以作为抗疲劳加固的方式，这里主要介绍外贴加固法。

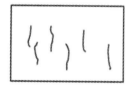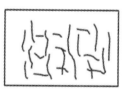

图 6.67 反复动载下混凝土板的裂缝发展

外贴钢板加固混凝土构件除了前面所述可以提高混凝土构件抗弯、抗剪、抗震性能外，还能进一步提升承受动力荷载的混凝土构件的疲劳性能。不过粘贴钢板法主要缺点是用钢量较大，后期维护费用可能较高，增加了工程成本，同时在节点处理上有一定的难度。粘贴钢板法的加固质量很大程度上取决于胶粘材料和工艺水平高低，特别是粘钢后一旦发现空鼓等问题，进行补救比较困难，而且对于特殊截面的构件难以形成紧密的连接，易腐蚀。

近年来，随着 FRP 的迅速发展，用其改善结构的抗疲劳性能逐渐得到重视。FRP 有强度高、自重轻、耐腐蚀性好、施工方便等优点，这极大地弥补了传统加固方法的不足。图 6.68 为不同 FRP 片材的 S-N 曲线，可知 FRP 片材在多次反复荷载后依然能保持较大的强度，即抗疲劳性能优越。由于 CFRP 较其他 FRP 材料（玻璃纤维、碳纤维等）而言，具有较高的弹性模量和强度，故工程中通常采用 CFRP 对结构进行疲劳加固。

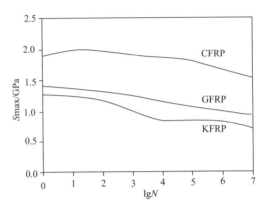

图 6.68　不同 FRP 片材 S-N 曲线

对于混凝土构件，在反复荷载作用下，其挠度将不断增大，即构件的刚度在降低。刚度降低主要是由于混凝土构件出现了裂缝并且裂缝不断扩展所导致。混凝土构件通过 FRP 片材加固，相比未加固的构件，疲劳刚度有了 10%~30% 的提升，若使用多层 FRP 片材加固，疲劳刚度将进一步增大。另外，加固后的混凝土构件的疲劳寿命也会有 30%～70% 不同程度的提高。

FRP 片材与混凝土之间的粘结性能对构件的疲劳寿命的影响非常大，如果粘结质量不好，在疲劳荷载作用下，一旦 FRP 片材与混凝土截面剥离，将不能发挥其加固的作用，此时混凝土构件中钢筋的应力迅速增大，疲劳寿命随之缩短。

由于普通粘贴 FRP 片材加固混凝土构件存在应力滞后的问题，因此预应力 FRP 片材对混凝土疲劳性能的改善将更加有效。

相比其他加固方法，FRP 对混凝土构件进行疲劳加固具有以下优点：①纤维布特别适合加固曲面结构，传统的加固方法很难做到；②有良好的抗腐蚀性和抗疲劳性能，能很好地适应酸、碱、盐的腐蚀，不会因加固材料的性能问题而导致加固效果差。

6.3.5　混凝土结构抗脱落加固

由于钢筋混凝土结构中混凝土保护层在钢筋锈蚀或混凝土劣化后，可能会出现剥落现象，危及第三方的生命安全。FRP 材料轻质高强，除了对结构进行承载力加固，还可以进行针对保护第三方的防脱落加固。尤其是高架桥、隧道结构，在我国交通运输和经济发展中占有重要位置，但其工作状态复杂，病害机理也极其复杂。大量的工程实践证明，复杂的病害往往导致隧道衬砌结构的开裂、脱落、渗漏水甚至塌方，如图 6.69（a）所示。采用 FRP 网格或纤维编织网增强喷射混凝土、外贴 FRP 片材等技术以防止衬砌结构的脱落，如图 6.69（b）所示，确保隧道安全运营，为生命线始终保持畅通提供保障。

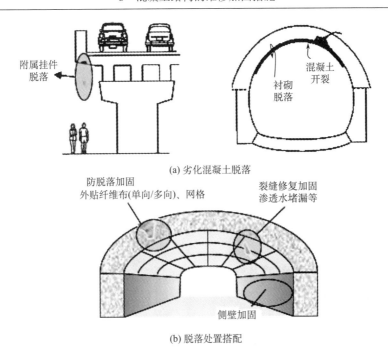

(a) 劣化混凝土脱落

(b) 脱落处置搭配

图 6.69 FRP 防脱落加固

图 6.70 为 FRP 布防脱落的原理图，蓬松的部位受到 FRP 布或网格的约束，其运动将被限制，从而防止了脱落。FRP 布将受到水平的剪力与法向的剥离力，因此 FRP 布与混凝土之间良好的粘结力是防脱落加固的关键。

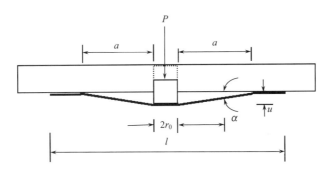

图 6.70 FRP 布防脱落加固原理简图

对混凝土结构使用单向纤维布进行防脱落加固时，其加固效果如图 6.71（a）、（c）所示，脱落的范围为椭圆形。当使用双层单向纤维布，两层纤维布垂直粘贴时，加固效果与双向纤维布类似，脱落的范围大致为矩形，如图 6.71（b）、（d）所示。

同样当 FRP 与混凝土协同受弯时，FRP 与混凝土之间的界面不仅产生剪切力，同时因为纤维所受的拉应力而产生剥离。在破坏力学上，FRP 与混凝土的剥离破坏是复杂的复合破坏模式。对于混凝土结构的抗弯加固或者抗剪加固的修复加固中，混凝土表面粘贴的连续纤维布主要承受拉应力，从而在混凝土和 FRP 界面之间产生层间剪切应力。当

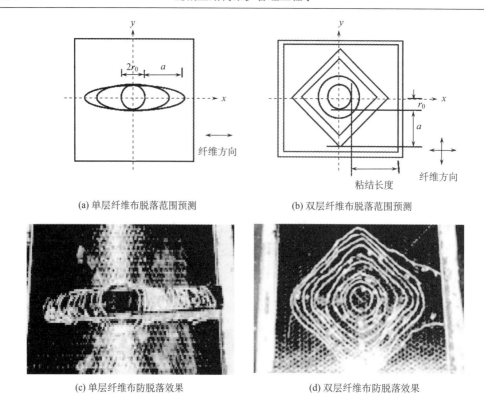

(a) 单层纤维布脱落范围预测　　　　　(b) 双层纤维布脱落范围预测

(c) 单层纤维布防脱落效果　　　　　(d) 双层纤维布防脱落效果

图 6.71　纤维布防脱落加固效果

混凝土损坏严重出现大面积开裂时，外包的 FRP 布不但要承受剪应力，还要承受开裂混凝土的荷载所致的层外剥离力。由于层间剪切应力导致的 FRP 剥离破坏机理，与层间剪切应力和层外剥离力复合作用所致的剥离破坏机理不同，因此，对衬砌表面和拱顶下出现早期裂缝或混凝土劣化时，可以在混凝土表面粘贴单向 FRP 布以达到防止剥离、脱落的目的。对于混凝土开裂较大或围岩内部出现坍陷等严重损伤的情况时，需使用多向 FRP 布或网格以保证防脱落的加固效果。

此外，硬质的 FRP 网格和软质的柔性 FRP 格栅，也是隧道拱顶等结构中有效的防脱落加固手段。由于 FRP 网格施工方便，可以直接安装于衬砌等外形不规则的结构表面，同时可以有效地控制加固维护的施工成本，适合于矿山、交通、市政、水利水电、军事人防等地下工程中大面积防脱落加固施工。FRP 网格可以与锚杆、锚栓和锚索等联合支护，从而进一步保证加固效果。目前国内外已经开始此类的工程实践，如在隧道顶部及两侧鼓起的砖砌衬里加固时，破损松散围岩易于塌落失稳、松动位移、压力较大，需对局部临时性支护以保持砖砌体修复前后整体性，需安装能立即承载锚杆，且有足够预应力和全长粘结，乃至渗入围岩裂缝中。另外，为了方便观察加固后裂缝的制约效果，目前工程还提出使用一种透明的树脂涂层。对于如玄武岩纤维等具有良好抗紫外线、高耐久性能的 FRP 网格，其自身不需要附加的遮光处理，因此使用透明的树脂涂覆充填于 FRP 网格和混凝土之间。一方面可以直接鉴定网格的安装位置、评价施工质量，同时可以直接观测 FRP 网格下方裂缝和剥离的延伸进程，直观的确认防护效果，其应用如图 6.72 所示。

锚栓安装支护

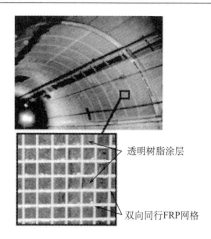
透明树脂涂层

双向同行FRP网格

图 6.72 联合支护与透明胶的应用

6.3.6 混凝土结构更换与更新技术

许多重要混凝土结构由于建造年代久远，结构经常年累月劣化和损伤，其安全性与舒适性已无法达到要求，同时随着对混凝土结构构造要求的提高，为了继续使用原混凝土结构，需要对结构进行维修、加固或更新处理，其中混凝土结构维修、加固、更新的关系如图 6.73 所示，可知维修虽然费用低，但其效果并不理想，并且维修后持续安全使用的时间可能较短，又将进行下一次维修。对于结构的更新虽然费用较高，其更新后效果却也是最理想。混凝土构件更换则介于维修与加固之间。

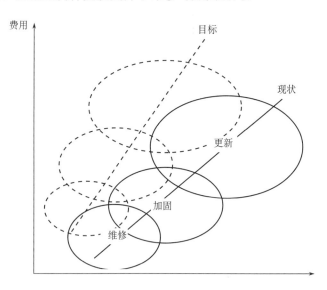

图 6.73 混凝土结构维修、加固、更新的关系

混凝土结构在使用过程中，由于部件劣化程度高，无法再进行维修，则需对劣化部件进行更换，如斜拉桥的拉索，对于已经出现拉索腐蚀问题而影响全桥安全使用的斜拉

桥，目前最有效的办法就是对斜拉桥的拉索进行更换。施工过程中需做好临近拉索的索力监测，控制新索承受的应力。

　　对于已经无法达到安全性与舒适性的混凝土结构，或者目前对结构构造要求提高的混凝土结构，则需要通过更新技术来实现原混凝土结构的继续使用。图 6.74 为混凝土桥的更新处理，为提高原始桥梁的安全性与舒适性，对桥面板板底、护栏、桥墩的处理如图所示。对于桥面板底板通过增设高强纤维增强混凝土板提升承载能力和减小跨中挠度，对于悬挑板通过增设混凝土小梁来改变悬挑板的受力情况。同时为减小风荷载对于机车运行的影响，增加了原始桥梁护栏的高度。另外，对于劣化或损伤严重的构件可以采取更换措施，如图 6.75 所示。对于受力不合理的结构，其柱子的位置也可适当调整，不过这种技术相对复杂，施工时需通过机械使得桥梁不产生沉降，再进行混凝土柱的浇筑。

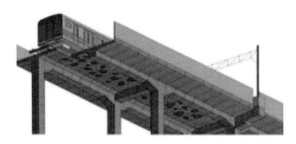

(a) 未更新处理的混凝土桥

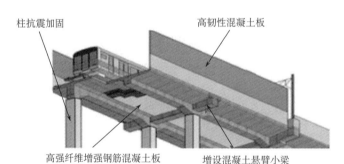

(b) 更新处理后的混凝土桥

图 6.74　混凝土桥的更新处理

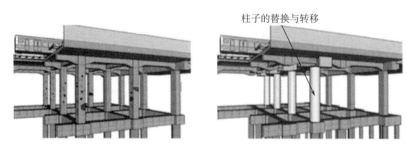

图 6.75　混凝土桥梁柱更新

6.3.7 其他混凝土结构加固

当结构的荷载增大（如建筑物加层扩建）时，很可能会导致结构地基的承载力不足，而且，当结构设计规范更新时，已有结构的抗震设计可能不能满足新的规范要求，有时也需进行地基加固。地基加固工作往往需在地面下执行，受到很多施工条件的制约，比上部结构的加固更具有难度，而且由于地基的抗震性能一般不直接关系到人们的生命安全，相比上部结构而言，对基础进行加固的工程实例相对较少。但在考虑较大地震作用的情况下，特别是考虑到软弱地基中桩基的破坏可能会带来结构的倾斜和颠覆。从结构的长寿命化和保全建设资产的角度，确保地基的抗震性能具有重要意义。一般来说，结构基础加固主要包括以下几种[145]。

（1）增大基础底面积：地基承载力主要是考虑单位面积所受的力。也就是说在上部荷载相同的条件下，基础底面积越大，结构需要的地基承载力越小。当已有结构的地基承载力不满足要求或基础底面积不满足使用要求时，可采取基础底面积增大法，将已有基础的底面积加大，减小了作用在地基上的压力，使结构的承载力和地基变形满足要求。当不改变基础形式的条件下，用基础底面积增大法无法实现加固目标时，可以将独立基础变更为条形基础，条形基础变更为筏板基础，筏板基础变更成箱形基础，最终实现基础底面积的增加来减少需要的地基承载力，达到地基加固的目的。

（2）注浆加固法：注浆加固法主要是通过注入水泥浆液或化学浆液的措施，使地基中的土粒胶结，以提高地基承载力，减少沉降、增加地基稳定性。注浆加固法适用于提高地基土的强度和变形模量及控制沉降等。注浆加固法常见的施工方法包括钻杆注入法和滤管注入法。对已有结构物的地基进行注浆加固时，需认真对已有和相邻结构物进行裂缝、位移、倾斜和沉降监测，实际注浆时可采用缩短浆液凝固时间和多孔间隔注浆等措施，减少对邻近结构物体的影响。

（3）锚杆静压桩法：锚杆静压桩的工作原理就是利用结构物的自重，先在基础上开出压桩孔并埋设好抗拔锚杆。锚杆反力通过反力架和千斤顶，将桩逐段压入桩孔内，当压桩力达到其设计荷载 1.5 倍和桩长达到设计深度时，便可认为满足设计要求，然后将桩与基础迅速结合在一起。卸掉反力架和千斤顶后，该桩便能立即承受上部荷载，从而减少地基土上的压力，迅速阻止结构物的不均匀沉降，起到地基加固的效果。此方法的优点是在不停产或不搬迁的情况下对结构物进行地基加固，加固过程中施工设备简单，对周边环境干扰较少，桩长可因地制宜选取。

（4）树根桩法：树根桩是一种用压浆方法成桩，桩径在 100～300mm 的小直径就地钻孔灌注桩，又称为钻孔喷灌微型桩。树根桩可以单根或成排布置，方向可垂直或倾斜，当布置成三维结构的网状体系时，称为网状结构树根桩。图 6.76 为通过增加斜桩对结构物基础加固的示意图。

6.3.8 混凝土加固效果的评价

混凝土结构加固效果的评价就是在加固工程完工一定时间后，需从技术、经济、社会、环境等多角度对加固工作的效果进行系统、客观的分析评价，总结经验，以对混凝

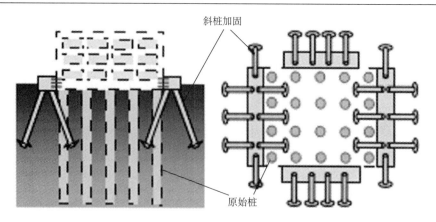

图 6.76　斜桩加固示意图

土结构以后的维护和加固工作进行指导。技术评价性能往往包括安全性、使用性和耐久性。比如：在加固后确认新旧材料是否实现了一体化、裂缝扩展是否稳定，在采用预应力技术加固的场合确认裂缝是否闭合。此外，在混凝土或钢筋上可粘贴应变片，通过静载试验确认钢筋混凝土的应力水平及部材的变形，也可通过动载试验，评估结构的动力特性及确认加固效果。经济评价需考虑直接成本和间接成本，并考虑折现率的影响。环境评价可以用碳排放作为指标。从技术角度上来看，和上述诸效果评价相关的一个最重要挑战是评价结构在加固工程后的长期性能和剩余寿命。

6.4　针对混凝土结构不同退化机理的修补加固对策

混凝土结构的修补和加固对策，需要对结构性能退化机理和影响因素进行充分把握，并根据结构性能退化的程度和进展状况，考虑是否需要对劣化因素进行屏蔽、抑制或者移除以及选定合适的修补加固材料和方法。例如，混凝土的裂缝及混凝土的截面缺损可能由于混凝土的碳化、盐害、碱骨料反应、冻害、化学腐蚀及磨耗等多种因素引起，需要对引起劣化现象的主要原因及对劣化的程度进行详细分析。如果没有弄清混凝土结构的劣化机理和要因，修补和加固后结构极大可能会产生再劣化现象。图 6.77 总结了不同劣化要因下混凝土结构可能出现的劣化现象、应选取的修补和加固材料以及施工方法。此外，混凝土结构的修补和加固往往伴随着较大规模的施工，因此需综合考虑经济、社会、环境等多方面的因素。

6.4.1　混凝土碳化的修补加固对策

混凝土碳化的修补加固期待的效果是抑制混凝土碳化的进展、钢筋的腐蚀以及承载力的降低，需对混凝土的碳化程度和钢筋的腐蚀进展程度进行诊断，选择合适的材料和方法。

（1）潜伏期：混凝土的碳化深度尚未到达钢筋位置，需要抑制 CO_2 等劣化因子的侵入，可对混凝土表面进行涂层处理。采用表面涂层处理方法时，需选取透气性小的材

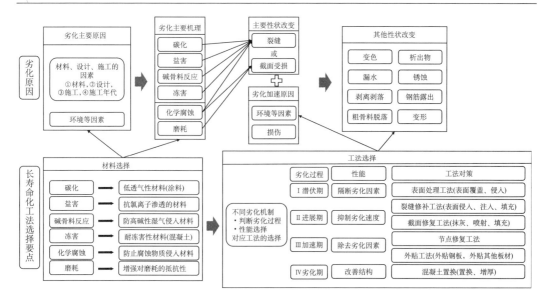

图 6.77　针对不同结构劣化机理的修补加固对策

料，必要时可和纤维网一起使用，以防止混凝土剥落。当需要保持混凝土结构的原有外观时，可优先考虑采用渗透型涂膜技术，该技术可以防止外部劣化因子的进入，保护混凝土的碱性环境。渗透性涂膜透明无色、施工便利，便于日常检查。

（2）进展期：钢筋的腐蚀引起混凝土表面裂缝发生，当裂缝规模达到一定程度时，需对裂缝进行修补，可对混凝土进行再碱化处理，恢复钢筋表面的钝化膜。为防止 CO_2、水分、氧气等侵入，需要采取透气性较小的表面涂层，也可以实施渗透型表面涂膜处理。

（3）加速期：混凝土由于内部钢筋腐蚀产生的裂缝增大，钢筋腐蚀速度加快，需要除去松动的混凝土部位，也需要对阻止钢筋的进一步锈蚀采取措施。需更换钢筋周围的混凝土，然后利用加入阻锈剂的混凝土材料进行截面修复，在修复材料上再用透气、透水性较小的材料进行涂层施工。

（4）劣化期：由于钢筋腐蚀恶化，结构的承载力出现下降。需对出现混凝土剥落的部位进行截面修复，对混凝土碱性显著降低的部位进行再碱化，并进行表面涂层处理。承载力低下的部位要进行替换，可利用外贴钢板或 FRP 加固，或把劣化的部位去除，更替已经腐蚀的钢筋，再重新浇筑混凝土。

图 6.78 为混凝土结构的碳化损伤不同阶段所需采取的对策。

6.4.2　混凝土盐害修补加固对策

对遭受盐害的混凝土结构修补加固的期待效果是：抑制钢筋的腐蚀，防止氯离子、水分等劣化因子的进一步侵入，恢复或提高结构的承载力。

（1）潜伏期：钢筋位置的混凝土保护层中氯离子浓度尚未到达引起钢筋腐蚀的临界值，需对混凝土表面进行涂层保护处理，防止氯离子及氧气等从混凝土表面进一步进入。需考虑裂缝兼容性时，可采用延伸性较好的环氧树脂、乙烯酯树脂、丙烯酸酯橡胶等有

劣化过程		变化	工法作用			
I 潜伏期	碳化的混凝土深度达到临界值的时段	无	隔断	◎	表面覆盖	防止表面二氧化碳等的侵入
			抑制	○	含浸处理	钢筋钝化膜的预防保护
			除去	○	再碱化	中性化严重的混凝土部分的碱度恢复
II 进展期	钢筋腐蚀开始到混凝土表面腐蚀裂缝产生的时段	裂缝　锈蚀	隔断	◎	表面覆盖	防止表面二氧化碳、水、氧气等的侵入
				◎	裂缝修补	
			抑制	○	含浸处理	钢筋钝化膜的预防保护
			除去	○	再碱化	中性化严重的混凝土部分的碱度恢复
				○	断面修复	除去中性化严重的混凝土部分
III 加速期	由于腐蚀裂缝的增大，钢筋腐蚀速度加快的时段	裂缝　剥离剥落　锈蚀	隔断	△	表面覆盖	防止表面二氧化碳、水、氧气等的侵入
				△	裂缝修补	
			抑制	○	含浸处理	钢筋钝化膜的预防保护
			除去	○	再碱化	中性化严重的混凝土部分的碱度恢复
				◎	断面修复	除去中性化严重的混凝土部分
IV 劣化期	由于钢筋腐蚀速度增大承载力明显下降的时段	裂缝　剥离剥落　锈蚀　变形扭曲	隔断	△	表面覆盖	防止表面二氧化碳、水、氧气等的侵入
				△	裂缝修补	
			抑制	○	含浸处理	钢筋钝化膜的预防保护
			除去	◎	再碱化	中性化严重的混凝土部分的碱度恢复
				○	断面修复	除去中性化严重的混凝土部分
			改善	◎	补强	利用外贴FRP、钢板等来进行修补加固
				○	替换	替换劣化部分的混凝土

注："◎"首选；"○"次选；"△"末选(下文同)。

图 6.78　混凝土碳化的不同阶段所需采取的修补加固对策

机表面涂层材料；对抗紫外线和抗大气老化要求较高时，则可考虑采用聚合物砂浆等无机涂层材料。

（2）进展期：钢筋的腐蚀开始，从而引起混凝土表面裂缝的形成。在这个阶段，仅隔断劣化因子是不充分的，需要考虑抑制钢筋腐蚀的方法。例如，在混凝土的表面设置阳极材料，以混凝土为媒介向内部钢筋通电流，采用电化学防腐方法，使钢筋的腐蚀反应停止，在其后的服役过程中，需一直保持通电状态。

（3）加速期：混凝土表面裂缝继续增大，从而使钢筋的腐蚀速度进一步加速。在此阶段，原则上需完全去除钢筋周围含有氯离子的混凝土，然后利用氯离子渗透性很低、掺有防锈剂的修补材料对结构进行截面恢复，并在修补材料表面覆盖保护性涂层。混凝土的裂缝会带来水分、氧气及氯离子的加速渗透，所以需对超过限度（如 0.2mm）的裂缝宽度进行裂缝修补。加速期也可考虑进行除盐处理，使混凝土内部的氯离子向表面移动，但通直流电时一般耗时较长（两个月左右），施工成本较高。

（4）劣化期：钢筋的腐蚀速度的增加导致结构的承载力显著降低，需对劣化部位进行截面恢复，对钢筋腐蚀进行抑制，对结构承载力降低的部位进行加固或者更换，可使用外贴 FRP 加固及外部粘贴钢板技术进行加固。

图 6.79 为混凝土结构的盐害不同阶段所需采取的对策。

劣化过程		变化	工法作用				
I 潜伏期	氯离子浓度到钢筋腐蚀临界值前的时段	无	隔断	◎	表面覆盖	防止表面氯离子、氧气等的侵入
			抑制	○	电化学防腐	在氯离子可能造成钢筋腐蚀的部位进行防护
II 进展期	钢筋腐蚀开始到混凝土表面腐蚀裂缝产生的时段	无	隔断	△	表面覆盖	防止表面氯离子、氧气等的侵入
				△	裂缝修补	裂缝处防止水、氧气等腐蚀性物质侵入
			抑制	◎	电化学防腐	钢筋腐蚀程度大幅降低
			除去	○	电化学脱盐	超过极限值的氯离子数量减少
				○	断面修复	除去氯离子浓度超过极限值部分的混凝土
III 加速期	由于腐蚀裂缝的产生钢筋的腐蚀速度增大的时段	裂缝 锈蚀	隔断	△	表面覆盖	防止表面氯离子、氧气等的侵入，防止混凝土剥落
				△	裂缝修补	裂缝处防止水、氧气等腐蚀性物质侵入
			抑制	○	电化学防腐	钢筋腐蚀程度大幅降低
			除去	○	电化学脱盐	超过极限值的氯离子数量减少
				○	断面修复	除去氯离子浓度超过极限值部分的混凝土
IV 劣化期	钢筋腐蚀速度增大而造成承载力明显下降时段	裂缝 剥离剥落 锈蚀 变形扭曲	隔断	△	表面覆盖	防止表面氯离子、氧气等的侵入，防止混凝土剥落
				△	裂缝修补	裂缝处防止水、氧气等腐蚀性物质侵入
			抑制	○	电化学防腐	钢筋腐蚀程度大幅降低
			除去	○	电化学脱盐	超过极限值的氯离子数量减少
				○	断面修复	除去氯离子浓度超过极限值部分的混凝土
			改善	◎	补强	利用FRP、钢板等来进行修补加固
				○	替换	替换劣化部分的混凝土

图 6.79　混凝土盐害的不同阶段所需采取的修补加固对策

6.4.3　混凝土碱骨料反应损伤修补加固对策

对碱骨料反应采取对策期待的效果是：抑制碱骨料反应的进行，对碱骨料反应引起的膨胀进行约束，移除劣化要因，改善结构的承载力。必须通过合适的诊断方式，澄清碱骨料反应的进行程度，选择最合适的修补材料和对策。

（1）潜伏期：混凝土表面尚未发生裂缝，混凝土的膨胀值尚不显著。碱骨料反应引起混凝土膨胀的三个主要原因是高浓度碱、有害的反应性骨料及充足的水分。因此需要采取对策，去除至少以上一个要因。当高浓度碱为主要原因的时候，需采取表面涂层，对外部海水及地下水等可能会供给碱盐的环境给予隔绝，尤其是硫酸钠的场合，需注意碱骨料反应和硫酸钠会生成钙矾石，进一步促进混凝土膨胀引起的劣化；当水分提供是主要原因的时候，可考虑采用渗透型涂膜来防止外部的水分侵入，该方法可以允许混凝土内部的水分蒸发，从而使混凝土内部保持干燥，来抑制有害的膨胀；当有害的含碱反应性骨料是主要原因的时候，可采用表面渗透性涂膜对策；碱金属的锂和活性硅酸盐化学反应生成的硅酸锂凝胶具有非膨胀特性，因此，将亚硝酸锂等渗透进混凝土里，使锂优先于 Na^+ 及 K^+ 和硅酸盐反应，形成硅酸锂（Li-S-H）凝胶，可以抑制有害凝胶的生成。

（2）进展期：碱骨料反应引起混凝土的持续膨胀，混凝土的裂缝开始发生。这个阶段需将潜伏期的措施和裂缝修补对策组合使用，当膨胀量很大的时候，也可以考虑采用外部约束材料，实现约束材料和混凝土的一体性。混凝土在这个阶段，已不能移除劣化因子，只能集中在防止劣化的继续进行，以使混凝土能保持干燥状态为目的来建立修补计划。混凝土约束材料可以为外贴钢板或 FRP。

（3）加速期：膨胀量达到最大，在此之后随着膨胀量的逐步降低，结构的承载力逐步降低，结构变形增大，因此需要使用具有约束效果的加固方法。如果没有承载力低下和变形增大的危险，可以采用表面涂层或渗透型涂膜技术。

（4）劣化期：残余膨胀量几乎为零。因为膨胀变形已经终结，所以没有必要对膨胀进行处理，但需要根据混凝土的劣化情况，进行裂缝修补（如灌浆）、截面修复、加固或者更换劣化部位等。

图 6.80 为混凝土结构的碱骨料反应损伤的不同阶段所需采取的对策。

图 6.80　混凝土碱骨料反应的不同阶段所需采取的修补加固对策

6.4.4　混凝土冻害修补加固对策

对于混凝土冻害的修补加固对策的期待效果是抑制水分的供给、移除劣化要因以及改善结构的承载力，需要对冻害的程度进行诊断，来选取合适的修补材料和对策。

（1）潜伏期：混凝土劣化还没有显现出来，冻害损伤的深度还较小，钢筋的锈蚀尚未出现，这个阶段可参照对碳化混凝土潜伏期的对策，对混凝土表面进行表面涂层或者渗透性涂膜处理。

（2）进展期：混凝土表面的劣化继续进行，但钢筋尚未腐蚀。可优先考虑使用可以防止水分进入的渗透性涂膜方法，在混凝土剥蚀及胀裂存在的场合，需和截面修复方法一起使用。

（3）加速期：混凝土的劣化进一步增大，钢筋的腐蚀发生并进展，钢筋腐蚀造成混凝土开裂、剥落，对劣化显著的部位需进行截面加固。

（4）劣化期：混凝土的劣化深度超过保护层厚度，结构的承载力下降开始，钢筋截面的减少可能会带来结构承载力的显著降低，所以在进行截面修复的同时，对结构承载力明显降低的部位，需要进行加固或者进行更换浇筑。

图 6.81 为混凝土结构冻害的不同阶段所需采取的对策。

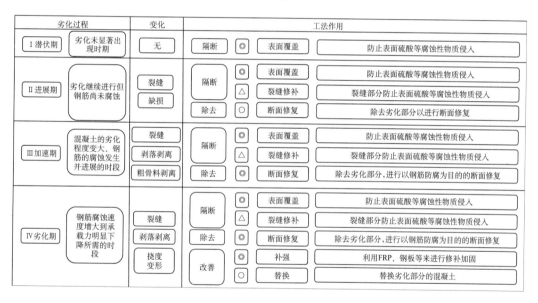

图 6.81 混凝土冻害的不同阶段所需采取的修补加固对策

6.4.5 混凝土化学腐蚀修补加固对策

针对化学腐蚀引起混凝土结构的劣化，需要抑制化学腐蚀及钢筋锈蚀的进展，改善结构的承载力，利用先进的诊断技术澄清化学腐蚀的发生机理，选用最合适的对策。

（1）潜伏期：劣化症状尚未出现，需要防止硫酸根等劣化因子的进入，在混凝土表面施以有机或无机涂层，也可以和纤维网并用以防止混凝土剥落。

（2）进展期：混凝土表面的劣化已经进行，但钢筋的腐蚀尚未发生，当裂缝宽度进展到一定地步时，可考虑先进行裂缝部位的修补，对化学腐蚀劣化的部位，可以进行局部修补。为防止硫酸根等劣化因子的进入，在混凝土表面可采用透气性小的涂层材料。

（3）加速期：混凝土的劣化比较显著，钢筋的腐蚀已经开始。需除去开裂、松动、粗骨料剥落的部位，同时需要考虑抑制腐蚀的对策，将钢筋周围的混凝土除去，利用掺加除锈剂的材料修复截面，最后施以表面涂层。

（4）劣化期：混凝土截面开始缺损，钢筋的截面也开始减少，结构承载力显著下降。需将劣化部位进行修复，对承载力已经降低的部位进行加固，也可对承载力已经明显降低的部位进行更换浇筑。

图 6.82 为混凝土结构化学腐蚀损伤的不同阶段所需采取的对策。

劣化过程		变化	工法作用			
I 潜伏期	劣化未显著出现时期	无	隔断	◎	表面覆盖	防止表面硫酸等腐蚀性物质侵入
II 进展期	劣化继续进行但钢筋尚未腐蚀	裂缝 缺损	隔断	◎	表面覆盖	防止表面硫酸等腐蚀性物质侵入
			隔断	△	裂缝修补	裂缝部分防止表面硫酸等腐蚀性物质侵入
			除去	○	断面修复	除去劣化部分以进行断面修复
III 加速期	混凝土的劣化程度变大、钢筋的腐蚀发生并进展的时段	裂缝 剥落剥离 粗骨料剥离	隔断	◎	表面覆盖	防止表面硫酸等腐蚀性物质侵入
			隔断	△	裂缝修补	裂缝部分防止表面硫酸等腐蚀性物质侵入
			除去	○	断面修复	除去劣化部分，进行以钢筋防腐为目的的断面修复
IV 劣化期	钢筋腐蚀速度增大到承载力明显下降的时段	裂缝 剥落剥离 挠度变形	隔断	◎	表面覆盖	防止表面硫酸等腐蚀性物质侵入
			隔断	△	裂缝修补	裂缝部分防止表面硫酸等腐蚀性物质侵入
			除去	◎	断面修复	除去劣化部分，进行以钢筋防腐为目的的断面修复
			改善		补强	利用FRP、钢板等来进行修补加固
					替换	替换劣化部分的混凝土

图 6.82　混凝土化学腐蚀劣化的不同阶段所需采取的修补加固对策

6.4.6　RC 桥面板疲劳损伤的修补加固对策

RC 桥面板疲劳损伤的修补加固对策的期待效果是减少对第三方的伤害、恢复结构表面景观、排除水分对疲劳耐久性的影响、控制疲劳裂缝进展，以及恢复结构刚度。

（1）潜伏期：在此阶段主要需进行 RC 桥面板的防水，可采用混凝土表面涂层处理的修补方法。

（2）进展期：在此阶段除了对 RC 桥面板进行防水保护，可增加支撑（如增加梁构件）、进行外贴 FRP 或钢板加固，以及利用上部或下部增厚法进行加固。

（3）加速期：在此阶段除了对 RC 桥面板进行防水保护，可以增加支撑（如增加梁构件）、进行外贴钢板加固，以及利用上部或下部增厚法进行加固。

（4）劣化期：需要控制用户的使用或者进行构件的更换。

图 6.83 为 RC 桥面板疲劳损伤的不同阶段所需采取的对策。

6.4.7　混凝土表面磨耗修补加固对策

混凝土表面磨耗的修补和加固对策的选定，也需要根据性能退化阶段进行。

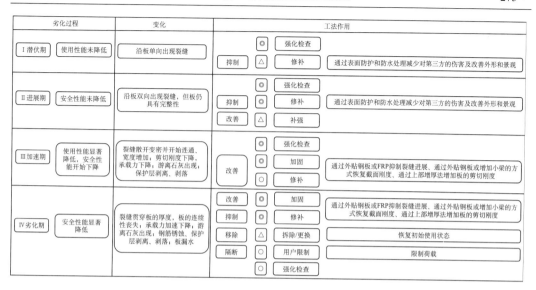

图 6.83　RC 桥面板疲劳损伤不同阶段所需采取的对策

（1）潜伏期：表面磨耗尚未醒目，主要考虑进行表面涂层处理，可参照混凝土盐害潜伏期对策选取修补材料。一般来说，有机涂层比无机涂层可能更为适合，因为其厚度较小，对截面尺寸影响很小；也可以考虑使用树脂或聚合物改性混凝土制作的永久性模板。

（2）进展期：混凝土表面砂浆已经损伤，混凝土中粗骨料已经呈现，但磨耗深度小，钢筋尚没有锈蚀，无永久变形，在这个阶段仍可采用表面涂层处理。

（3）加速期：混凝土截面缺损已经比较显著，钢筋的锈蚀可见，需要去除劣化部位，进行截面修复。截面修复材料可使用耐磨性较好的高强度树脂砂浆、聚合物砂浆或无收

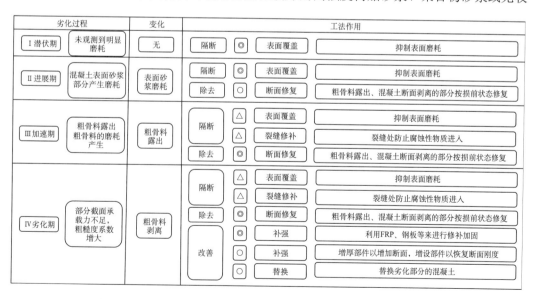

图 6.84　混凝土结构表面磨耗的不同阶段所需采取的修补加固对策

缩砂浆，或者将普通砂浆和表面涂层技术共同使用。在修复范围较大的时候，可以使用喷射混凝土/砂浆；在截面缺省较深的时候，可支护模板进行树脂或砂浆灌注施工；在截面缺省较浅时，进行抹面施工即可。

（4）劣化期：钢筋锈蚀已经比较严重，结构的变形增大比较显著，钢筋出现明显锈蚀，混凝土裂缝和粗骨料露出非常显著。在这个阶段需要去除损伤部位，对结构进行加固处理。

图 6.84 为混凝土结构表面磨耗损伤的不同阶段所需采取的对策。

7　混凝土结构的解体与拆除

在结构全寿命周期中，当结构出现严重灾害损伤，或需要大幅改造，又或者进入最终阶段时，需要进行解体和拆除。随着混凝土结构保有量的日益庞大以及结构老龄化程度的加剧，对于结构的解体和拆除也成了结构全寿命维护管理中最后的一个重要环节。此外，在海港建筑、道路边坡基岩切削，以及城市地基处理等工程中都运用到解体和拆除技术。另一方面，建材产业目前面临着高消耗、高排放、产能过剩的问题，合理利用建筑废料实现回收再利用，是推动节能减排走可持续发展之路的有效手段。在本章中，将介绍混凝土结构的拆除、再生相关的总体原则以及主要技术。

7.1　概　　述

对于混凝土结构，在服役一定使用年限后，结构或结构某一部分达到或超过某种特定的状态，以致出现结构不能满足预定的功能。在这种情况下，就必须要考虑对结构进行拆除重建或更新。设计使用年限是对结构耐久性的最低要求，是土木工程结构在正常设计、正常材料、正常施工、正常使用和维护条件下应达到的使用年限。对于一般建筑结构，其设计使用年限为 50 年，重要建筑为 100 年，临时建筑为 5 年。而对于重要的土木工程结构，根据使用功能不同，也有不同的使用年限要求，如桥梁工程一般要求在 100 年以上，而对于相对容易更换的结构构件如可替换桥面板等一般要求其寿命为 25 年。随着时间的推移，因荷载的作用、环境变化引起的材料老化、损伤，将导致结构材料的性能逐渐下降，结构可靠度逐渐降低，失效率逐渐增大。当可靠指标降低到不可接受的程度时，则认为达到了耐久性极限状态。随着结构性能劣化的加剧，最终会影响整个结构的安全，换句话说此时必须判断是否要废弃该结构进行重建。对于耐久性低下的结构需要综合考量多方面的因素，如图 7.1 所示，从而决定是"拆除重建"还是"部分拆除更换"。

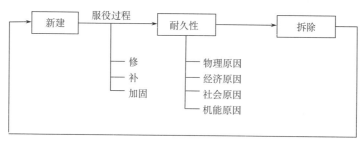

图 7.1　拆除前的耐久性评价

考虑到社会格局变化、人口迁移及相关标准、法规变更等因素，需要选择部分地区进行重新规划。此时，对该地区的所有建筑结构进行拆除重建，显然不是明智之举。此外，重要结构特别是大型土木基础设施，其内部劣化程度不一样，可以通过更替部分结构构件或对结构进行合理的更新改造，从而进一步延长结构的使用寿命。在满足恢复结构安全性和使用性的条件下拆除部分构件进行更新，可以大幅缩减拆除重建的费用，同时减少建筑废料对环境的压力。由于不同土木工程结构形式对应有许多不同的拆除分解方法，因此须考虑场所、材料等因素的影响才能选择合适的结构拆除方法。

土木工程的整体拆除和部分分解时，基本原则是先拆除次要结构，后拆除主要结构。对于混凝土结构，在决定对结构进行解体和拆除时，要根据结构的类型、周边的环境以及其他实际条件，制定正确、合适的解体或拆除方法。混凝土结构的主要材料是混凝土和钢筋，此外还包括部分木材、瓦片、石材等。在实施拆除时，首先需要调查清楚结构中的不同材料，如是否有配筋，是否有预应力，是否使用人工轻骨料或其他有毒、有害建筑材料等，不同材料结构的拆除方法和要求不一样，在施工前需要区分对待；其次，不同的结构形式具有不同的破坏模式，在混凝土结构中有多种多样的构件形式，如板、梁、柱、拱、柱底脚、组合梁、桥墩、桥台、水槽、烟囱等。各个构件都有不同的力学特性，其破坏模式也不一样，因此需要事前掌握各个构件组成，以制定适当的拆除方案。对于建筑结构而言，其拆除的基本流程，如图7.2所示。

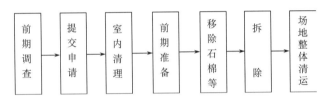

图 7.2 拆除施工的基本流程

环境问题是经济发展的伴生问题，国际社会在发展经济的同时也越来越重视保护环境。1987年，世界环境与发展委员会（WCED）首先提出了"可持续发展"（sustainable development）的概念。由于各国社会发展阶段不一样，难以对可持续发展作出统一的定义，一般普遍认为可持续发展包含社会、经济、环境这3个主要组成环节。发达国家由于经济体制相对完善，基础设施已然完备，其建筑业对国内的环境压力相对较小；而发展中国家为了优先发展经济建设，往往会选择低成本的建筑模式，其结果容易导致结构品质低下，造成早期产能浪费。针对建筑业缺乏对"可持续性"明确的评价方法的问题，日本土木学会于2005年推出了一份关于混凝土结构的环境性能核查指标，其中首次导入了混凝土结构相关的"环境性能"，并要求逐一对各性能指标进行核查和管理。2008年日本建筑学会划分了四种钢筋混凝土结构施工相关的环境防治方案，分别是"低材耗型"、"低能耗型"、"环境低负担型"以及"长寿命型"。"低材耗型"是指在构件和结构原材料中尽可能多地使用回收资源和可回收材料，"低能耗型"是指在原材料采集和材料加工、制造阶段，多选用低能耗的材料，"环境低负担型"是指在资源采掘和材料制造过程中，使用产生 CO_2 等有害、有毒物质少的材料，而"长寿命型"是指设计阶段即考虑了长寿命设计的理念。2010年，国际结构混凝土协会（the International Federation for Structural Concrete，FIB）在颁布的混凝土结构模式规范中正式将"可持续性"作为一个性能要求进行了规定，其主要内容包括"对环境的影响"和"对社会的影响"。建筑废料的主要管理策略是将化学性能稳定的建筑废料作为回填材料如填海之用，另外把混杂的建筑废物进行筛选分类或堆填。目前为提倡可持续发展，国际社会正积极研究其他解决方法，主要有两个方面，一方面是力图多使用对环境友好的低能耗材料[146]，另一方面是提倡回收再利用。

7.2　拆 解 技 术

7.2.1　沿革

土木工程的拆除技术的发展主要经历了电手动直接拆除到机械化拆除的过程，其发展水平也随着机械化设备的提升、新技术的出现以及社会要求的提高而不断提升。由于早期的结构主要以木质和砖混结构为主，其拆除过程相对简单，主要以人工为主的直接拆除为主，而随着老化的钢结构和钢筋混凝土结构的数目不断增加，人工拆除已不能满足结构拆除的要求，因此从 20 世纪 50 年代开始，机械化设备开始应用于土木工程结构的拆除施工中。随着冲击式击碎机、混凝土破碎机以及大型航吊设备的发展，拆除施工的机械化程度也越来越高，不但大幅缩短了施工周期，还同时提高了施工的安全性，其基本发展趋势如图 7.3 所示。

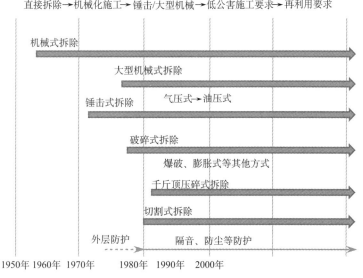

图 7.3　拆除技术的变迁

此外随着城市化程度的提高，对拆除施工的环境要求也不断提高。在决定对结构进行解体和拆除之前，工程人员要根据结构的类型、周边的环境以及其他实际条件，制定合适的方案进行解体和拆除。由于混凝土结构拆除时容易产生包括噪声、振动和扬尘等各种公害问题，特别是对于城市内的拆除施工时，还需要事前调查紧邻建筑的环境，并做好沟通以避免不必要的纠纷和事故。

总体而言，在实施解体和拆除时主要有以下 3 个基本原则：

（1）减少施工过程中公害；

（2）提高施工效率；

（3）降低施工成本。

土木工程结构的形式繁多、施工条件各异，需要通过综合地考虑结构形式、力学特性以及环境因素等，才能选择最合适的拆除方法。表 7.1 中列出了目前常用的拆除方法及相关机械设备。

表 7.1 常用拆除技术

准备阶段	前期准备	移除水、电、燃气等相关管道、配件
	架设临时配件	支护、隔音、防尘、消防等临时建筑配件
	内部配件拆除	吊顶、内装修材料、污染物（含石棉装修材料）等
上部结构拆除	大型破碎机式拆除	油压破碎机、气压破碎机、油压旋转夹钳、压缩机
	压碎式拆除	混凝土压碎机、钢筋压碎机、油压旋转夹钳
	切割式拆除	钢丝索切割机
	钻孔式拆除	钻孔机、空气压缩机
	推倒或拉倒式拆除	绞盘机
	火药爆破式拆除	城市火药
	静态破碎拆除	静态破裂剂
	高能水枪式切割	高能水枪
	火焰切割式拆除	燃油、燃气、火焰喷射器
	重锤式分解	履带式起重机
地下结构拆除	大型破碎机式拆除	油压破碎机、气压破碎机、油压旋转夹钳、压缩机
	压碎式拆除	混凝土压碎机、钢筋压碎机、油压旋转夹钳
	火药爆破式拆除	火药、城市用控制爆破（TN 炸药）
	静态破碎拆除	静态破裂剂、气体膨胀式（二氧化碳爆破筒等）
	钻孔式拆除	钻孔机、空气压缩机
	火焰切割式拆除	燃油、燃气、火焰喷射器
	切割式拆除	钢丝索切割机
	高能水枪式切割	高能水枪
	长行程千斤顶式拆除	吊臂、起重机
砼桩	破坏式移除	钻机
	拔桩式移除	拔桩机
切口、截面	机械分解式	破碎机、冲击钻
	大型破碎机式	油压破碎机、气压破碎机、油压旋转夹钳、压缩机
	切割式	钢丝索切割机
	钻孔式	风镐、钻孔机、空气压缩机

续表

切口、截面	高温热熔式	铝热法、电磁波式、钢筋加热式、激光式
	高能水枪式切割	高能水枪
	电能剥落式	交流低压大电流发生器
回收、再利用	分类	混凝土压碎机、机械夹爪、压缩机
	压碎	混凝土破碎机、钻孔机
	回收	吊臂、起重机

在本章以下小节中，分别对机械拆除法、热熔切割拆除法、控制爆破拆除法、膨胀破碎拆除法及其他一些拆除方法进行介绍，以便读者对常用的拆除技术有一个整体性的了解和认识。

7.2.2　机械冲击式拆除

机械拆除法是应用最早的方法，也是一种最常见的方法，它利用机械器械对结构进行分解拆除。在混凝土结构的拆除工程中，机械拆除法可单独作为一种拆除方法，又可作为其他拆除方法的辅助方法。目前的混凝土结构的拆除施工，主要是依靠机械破碎法和重锤撞击法。

7.2.2.1　机械破碎法

机械破碎法是通过特定机械将混凝土破碎的方法，所采用的机械器具主要有风镐、混凝土破碎机、岩石破碎机等大型破碎机等，通过反复冲击或压剪，把混凝土或砖砌体打碎、打穿或压碎。破碎时要注意先破坏混凝土部分让钢筋或钢梁露出，之后再进一步直接或结合其他方法将钢制构件切断。

混凝土破碎机具有破碎比大、动力消耗低、操作简易等特点。由于机械化程度高，可以有效地提高施工安全性，以及减少工作人员配置。目前已经出现了满足20米高程的大型混凝土破碎机，只需要数名操作人员即可短期内完成建筑的拆除作业，同时由于相对的噪声危害小、振动小，兼备切断钢筋和钢构件的能力，常用于现代结构拆除施工中。值得注意的是，由于相对容易产生粉尘，拆除过程中需配合洒水作业以达到降尘的目的。

冲击式击碎机是通过高速冲击锤和混凝土之间碰撞，达到分解混凝土目的的拆除机械，包括手持式或履带式，由于体积比混凝土破碎机小，更适合于结构接合部的局部破坏以及建筑内部的拆除作业。特别是对于混凝土破碎机的机械臂难以达到的高层建筑，通过击碎机在建筑内部将结构分解，实现逐层拆除作业。相对而言粉尘较少，根据现场情况也需配合洒水降尘。但由于击碎机作业时振动相对较大，特别是楼板等构件拆除时需要配备足够的支护以避免发生突然塌落。

7.2.2.2　重锤撞击法

重锤撞击法是一种通过重锤击打来实现混凝土结构物粉碎性破坏的拆除方法。锤重一般为0.5~3t，用履带式吊车或汽车吊吊起，依靠重锤的运动把结构物撞碎（如图7.4）。

重锤运动有两种方式：一种是垂直落下式，适合于拆除楼板、梁以及结构物倒塌以后的破碎；另一种是通过吊车的旋转，使重锤摆动，以摆动的力量把结构物撞碎，适合于拆除墙壁、柱子等构件及高塔、烟囱等建筑物。需要注意的是，对于墙壁、柱子等结构，拆除时需要采用支护板以避免横向摆动造成碎片飞溅。

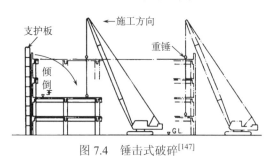

图 7.4　锤击式破碎[147]

重锤撞击法的优点是技术简单、费用低廉、容易操作。主要缺点是振动较大，有可能危及相邻建筑物，粉尘也较大，且难以准确估计拆除时间。

7.2.3　膨胀破碎拆除法

膨胀破碎拆除法是利用安放在建筑物中的膨胀破碎剂的膨胀破碎作用而促其裂解的方法，国外称之为静态解体法或无公害解体法。膨胀破碎剂有复合膨胀破碎剂和水泥膨胀破碎剂等。

常见的破碎剂，其主要成分均为生石灰。破碎剂加水后，其中生石灰和水发生反应，最初生成微细的胶质状的 $Ca(OH)_2$，这种 $Ca(OH)_2$ 随着时间的推移，逐渐形成各向异性的六角形结晶，这种结晶体在颗粒周围有两层或三层，而且呈刚性，在生成结晶的过程中产生膨胀压力，8 小时后膨胀压力增大，48 小时后达到最大值。混凝土等脆性材料抗压强度大，抗拉强度小，孔壁作用膨胀压力时，产生环向拉应力和径向压应力，因环向拉应力比径向压应力小，所以首先从环向裂开。

由于膨胀破碎拆除法具有无振动、无噪声、无飞石粉尘等特点，尤其适合于城市内的拆除作业。值得注意的是，破裂剂的化学反应速率受外界环境温度的影响，同时内部膨胀压大小也随时间变化。

7.2.4　切割式拆除

7.2.4.1　钢丝索切割

拆除大型混凝土结构的最常用的方法，一般需要用装有破碎锤的起重机、液压锤和凿岩锤等，但用这些方法拆除混凝土常常会产生大量的粉尘和噪声，而且振动有时会对周围结构产生不利影响。金刚石钢丝索切割法是通过液压马达高速驱动带有金刚石串珠的钢丝索绕着被切割物体运转，从而将被切割物体隔离移除的一种方法，是一种环保、高效、安全的新型静力拆除法。

在过去几年中，正在向专业化用途发展的金刚石钢丝索切割系统，已经获得了长足的进展。随着越来越多的工程师们对其能力的了解，金刚石钢丝索切割技术已在整个建筑工业中迅速地推广应用了。金刚石钢丝索技术的应用广泛，在不同的钢筋数量和混凝土厚度的情况下均可使用，对特殊的形状按角度切割和难于接近的地方都能较容易的完成切割分离任务。图 7.5 显示了桥梁的切割拆除过程。

图 7.5　利用金刚石钢丝索对桥梁的切割拆除（图片来自网络）

7.2.4.2　局部构件切割

为了减少周边环境的影响，基于钢丝索的切割技术一般采用在切割区安置钢丝索的驱动装置，通过钢丝索往复运动达到切断目的，但由于这类方法前期准备时间长、切割中磨耗及钢丝索发热降低切割施工效率，因此一些大型建筑施工公司开发了一些改良的施工方法。如日本的清水建设公司针对梁和柱等混凝土和型钢混凝土构件的切割效率问题，提出了一种推进式的自冷却切割装置[148]，如图 7.6 所示，该装置集合了切割区固定装置、驱动装置、钢丝索冷却装置、接触传感器等多个部件为一体，通过机械臂水平推进即可实现结构构件整体切除的目的。

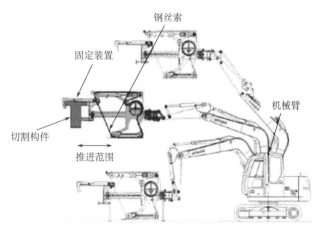

图 7.6　推进式的自冷却切割装置[148]

在实际施工中发现，该技术比传统施工方法降低粉尘 90%、噪声下降 24%，并完全不会产生振动，由于该技术适合于高速定向切割，从而保证施工进度，达到降低环境压力、整体缩短工期的目的。如图 7.7 所示，在切割施工时，其具体的步骤。

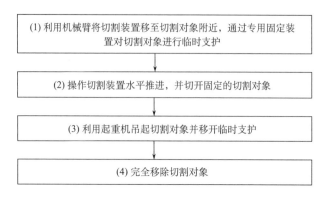

图 7.7　推进式切割步骤

7.2.4.3　机械吊拆法

机械吊拆法是指在构件被切断后，用吊车进行吊拆的方法。但机械吊拆法常受到环境和器械的影响，如在风速 10m/s 以上时应停止吊拆，在雨天原则上也不允许吊拆，吊拆器具、钢缆等要经常检查强度和疲劳度。同时，机械吊拆法还要配备有经验的吊拆人员，且需持证上岗。图 7.8 是某厂房内利用机械吊车进行混凝土构件的吊拆现场。

图 7.8　机械吊拆混凝土构件（图片来自网络）

7.2.4.4　高温热熔切割拆除法

高温热熔切割拆除法是通过高温火陷或弧焰烧熔混凝土构件及结构的方法，一般叫做热法。这种方法最适合于切割各种金属构件和外露钢筋，也适合于切割钢筋混凝土的板、梁、柱等。利用高温火焰切割混凝土构件是一个较新的课题，目前热熔切割主要有以下几种。

1）氧乙炔切割

氧乙炔切割属于火焰切割。混凝土的导热性差，高温火焰接触到混凝土表面，因热量不能迅速散发出来而集中于局部的混凝土上，当混凝土由固态变为液态时，体积急剧膨胀，在内部应力的约束下，熔渣和碎片朝自由面飞溅，为此，一般用硫酸、盐酸、硝酸、王水等配制防爆药剂，涂抹在待切割的混凝土构件表面。

2）等离子弧切割

等离子弧具有温度高、能量集中，较高的导电性和导热性能，具有较大的冲击力，比一般电弧稳定，各项有关参数调节范围广等优点，所以其切割范围极为广泛。等离子弧开始主要用于切割金属，尤其是切割那些氧乙炔、碳弧不能或难以切割的不锈钢、铝、铜、铸铁等，现在则发展到切割非金属。国外用它切割混凝土，效果良好，他们使用的是非传导型的氧气加等离子弧切割法，用这种方法切割混凝土，切割速度很快。切割气体目前采用氢气，从发展看，用氧气、氮气或氢气比较经济。这项技术的优点是切除速度快，被切除结构干净利落，但噪声大，电耗也大。

3）热力枪切割

热力枪切割法是用外径为13～17mm的管子，内含铁合金或铝合金的金属丝，氧气在合金丝之间通过，并喷出管子的尖端，点火时合金丝在氧气中燃烧，从而发出高温。一般来说，高温火焰枪切割混凝土的速度约为20～40厘米/分钟。

高温火焰枪拆除法有以下优点：首先，在高温切割过程中不产生振动，噪声水平也很低；其次，高温火焰枪拆除法可用于许多建筑物聚集的地方和狭窄的室内空间；另外，拆除过程中混凝土结构中钢板、钢框架或钢筋的存在不影响切割作业；最后，高温火焰枪还能在水中喷火燃烧和切割混凝土。

但高温火焰枪除了热熔渣四处飞溅容易造成火灾之外，其工作时容易产生许多烟雾，需要排烟设备进行排烟处理，特别是在切割退役的核反应堆设备时，还需对放射性烟尘进行收集处理；另外，高温火焰枪设备本身价格也不菲。

4）喷射火焰枪切割

喷射火焰枪切割，用的是一种煤油和氧气的混合物，能产生3200～3500℃的火焰。当以超音速喷射时，火焰即可用于切割混凝土和钢筋，且钢筋的直径越大，切割的速度就越快，这是由于钢筋氧化和燃烧的缘故。有资料报道，钢筋的存在可使残余的熔渣量减少。

喷射火焰枪具有以上热熔切割法相同的优点，而且切割的速度很快，同时，除了产生热熔渣等同样的缺点外，喷射火焰枪用的是5～6马赫的超音速高温火焰，会产生了一种冲击波，可造成100～110dB的噪声，因此喷射火焰枪不适合用于拆除市区的混凝土结构。

7.2.5　控制爆破拆除法

　　所谓控制爆破拆除是指通过一定的技术措施，严格控制爆炸能量和爆破规模，将爆破的声响、振动、破坏区域及破碎物的散坍范围控制在规定的限度以内，从而将结构进行拆除的方法。用控制爆破的方法进行拆除，成本低、工期短、效果好，特别是对现浇钢筋混凝土结构，效果尤为显著，因此在混凝土结构的拆除方法中，控制爆破拆除法占有重要的地位。

　　我国的控制爆破拆除法是从 20 世纪 50 年代开始的，并在 60 年代便逐步得到了发展，目前已经成为了结构拆除中的一项重要方法，得到了广泛应用。

　　土木结构的控制爆破拆除法是我国科技工作者充分运用爆炸力学、结构力学、断裂力学、岩体力学、动力学等多种学科，对结构破碎、倒塌和解体过程进行长期研究和实践的结果，一般来说，拆除爆破需掌握等能、微分、失稳、缓冲和防护五大原理。等能原理指的是爆破能量与破碎介质所需能量相等，并使得介质只产生一定程度的裂缝或原地松动破碎，而不产生造成危害的剩余能量；微分原理是指将爆炸某一目标所需的总装药量进行分散化与微量化处理，实现化整为零，既达到爆破质量的要求，又达到显著降低爆破危害的目的，俗话所说的"多打眼，少装药"就是这个意思；失稳原理是通过结构的受力分析，通过控制爆破某些关键部位，使之失去承载能力和整体稳定性，利用其自重实现原地坍塌或定向倾倒；缓冲原理则是指控制爆破能量，削弱爆炸应力波峰值，使爆破能量得到合理地分配与利用；而防护原理则是指充分认识爆破拆除过程中可能的危险性，通过一定的技术措施，对已受控制的爆破危害再加以防护，避免事故发生。正确和合理地运用这五个原理，则可将结构进行成功拆除。在爆破拆除过程中，一般可根据结构特征、现场条件等采用钻孔爆破法、水压爆破法、静态爆破法等进行爆破拆除。

7.2.6　电子类加热拆除法

　　除了利用高温热熔切割对混凝土进行拆除之外，加热法还有其他一些实际的应用，如利用钢筋加热对混凝土的保护层进行剥离破碎以及利用电热对混凝土进行膨胀破碎等。这些方法的原理与高温热熔或切割不同，它们是利用产生的热应力来使得混凝土实现剥离或破碎的。

7.2.6.1　钢筋电热法剥除混凝土的保护层

　　钢筋电热法剥除混凝土的保护层是在几根钢筋上通电加热，使混凝土产生裂缝，从而剥离混凝土的保护层。电加热过程可以是直接的，或是感应的。

　　1）直接电热法

　　1968 年以前，日本的研究人员曾对该方法进行了一系列的试验。1983 年以来，又进行了全尺寸的模拟试验，将钢筋的两端暴露出来，并且装上电极，直接施加低电压（400Hz）和大电流的交流电，使钢筋产生电阻损耗热，从而造成钢筋的膨胀，钢筋及其周围混凝土的热膨胀，共同在混凝土中产生拉应力，在加热的钢筋上形成一条连续的裂缝，从而破坏钢筋与混凝土之间的黏结力，然后用凿子或液压锤轻轻敲击裂缝周围，就很容易地把混凝土保护层和加热的钢筋一起敲掉。

直接电热法也已用于地下连续墙的钻孔。加热钢筋非常有利于剥落混凝土的保护层。钢筋的直接电热法有下列优点：首先直接电热法用的是电能，所以很容易控制；其次，直接电热法能拆除钢筋和混凝土保护层，而且噪声和振动均甚少；再者，利用直接电热法，混凝土和钢筋是成块状剥落的，所以产生的灰尘微乎其微。

2）感应加热法

感应加热法是用一个感应线圈使埋在混凝土中的钢筋处于交变磁场中，从而在钢筋中产生了杂散电流，利用所产生的电阻损耗来加热钢筋，并使混凝土开裂，该方法是日本的研究人员最早于 1978 年进行试验的，在试验中使用了 C 形磁铁。

感应加热法与直接向钢筋施加电流的直接加热法具有相同的优点，而且在混凝土表面设置线圈比较容易。但感应加热器价格昂贵，成本较高，加热混凝土保护层很厚的钢筋需要功率很大的设备，且加热的线圈需要冷却。

7.2.6.2 电能剥落或破碎混凝土

电能加热混凝土所产生的热应变应力，也可用于破碎混凝土，这种方法可以用微波加热或高频和高压加热，使其产生热应力而实现破碎，从本质上说，此法与前面的膨胀破碎法是一致的，其原理都是基于使得混凝土内部产生膨胀力而破碎。

1）微波加热法

在日本，频率为 915MHz 和 2450MHz、波长为 330mm 或 120mm 的微波，是允许在工业中使用的。用于岩石或混凝土的喇叭形微波天线可使水分子极化，因此加热了材料。除了反射作用之外，微波在某种程度上还能穿透混凝土和岩石，这就使混凝土从表面向内加热到某一深度，由于表面和内部混凝土的温度差产生的热拉应力，造成了混凝土的剥落。

微波法破碎混凝土的优点：此方法使用电能，比较容易控制，且能进行遥控方面操作；另外，其拆除过程中，除了混凝土破碎时的崩裂声之外，不产生噪声，也不产生振动，而且是从表面破碎混凝土的，利于拆除控制和推进。但是，微波法破碎混凝土，需要高输出、高性能的磁控管，其所需电磁波的传输功率很大，对人体有害，应采取防护措施，另外，电磁波也会对电视和通讯设施产生干扰。

2）高频和高压加热法

在岩石、混凝土或其他介电损耗很大的物体中可安装一对电极，当施加高频和高压时，夹在电极之间的物体温度就会升高，所产生的热应力就会使物体破碎。高频和高压加热法具有微波混凝土加热法的大多数优点，但也要注意操作时必须进行绝缘处理，防止人身发生危险，对电视和通讯设施同样要注意其可能产生的干扰问题。

除了上述几种拆除法以外，国内外正在试验或已经开始应用的拆除方法还有二氧化碳气法、卡道克斯法、冰胀法、电介质损耗法、电化学法、电磁波照射法、激光照射法、射水切割法、水压爆破法等多种方法，相比传统方法亦各自有其特色。总之，混凝土的拆解是混凝土全寿命维护管理的最后一环，其今后的发展方向主要是提高效率、降低危害和综合利用。

7.3 结构重建与构件更换

7.3.1 结构拆除

随着城市进程的发展、结构老化或经营低迷等原因，高层建筑、桥梁等大型结构也面临着拆除的问题，拆除重建时需要更多地综合考虑社会和周边环境的影响。前文提到结构拆除的基本原则是先拆除次要结构再拆除分解主要结构，建筑拆除作业中一般采用从结构顶端开始逐层拆除的顺序。为了施工方便、减少环境压力，通常采用脚手架、防护板等将建筑整体覆盖后，利用破碎机或切割机械将结构分解拆除，切割下的构件或废料再利用起吊装置搬运至地面进一步处理。

对于高层建筑在拆除作业时，需要更多考虑振动、噪声、粉尘以及周边建筑的影响。发达国家如日本由于经济问题及城市再规划的要求，在高层以及超高层建筑拆除方面技术发展比较突出。如表 7.2 所示，近年已经成功拆除了多座百米以上超高层建筑。为此，各大建筑公司也开发了具有特色的高层和超高层建筑拆除方法，在以下章节中将比较日本各大建筑公司在拆除方式、机械设备的特点和差别。

表 7.2　日本超高层建筑拆除[149]

建筑物	高度	使用年数	拆除时间
大手町东京产经大厦	105m	19 年	2011 年
东京索菲特酒店	112m	13 年	2007 年
原赤坂王子酒店	138m	29 年	2012 年
大阪电线塔	158m	43 年	2009 年

7.3.1.1 顶部封闭式拆除

在传统的结构拆除施工技术的基础上，日本西松建设股份公司开发了一种基于可升降作业平台的拆除系统。该技术主要是通过在建筑顶层设置具有升降能力的作业平台，覆盖需要拆除部位。在平台内部将覆盖的楼层切割成大小合适的碎块，通过升降台将碎块搬运至地面完成破碎和分类处理，按照由上至下的顺序逐层降低作业平台高度最终拆除整个结构。该系统为了减少大型机械高空作业的风险，在作业平台内统合了切割楼板的小型路面切削机、搬运外装预制板的电动缆索、分解钢制构件的丙烷气切割和小型叉车以及平台升降机等 4 种作业流程。其结果有效的提高了分解作业的效率，实际施工中可以达到每 6 天 1 层楼的拆除速度。

大成建设也同样开发了一种名为 TECOREP 的类似的拆除系统。如图 7.9 所示，该系统的置顶作业平台完全包裹需要拆除的建筑部分，从而形成密闭的拆除作业空间，以达到减少噪声和粉尘扩散；并在拆除的楼层之间设置了千斤顶以控制楼层高度变化，并结合内置的水平和垂直起降设备搬运拆除的废材。由于所有作业在建筑内部完成，不但减少了外观的影响，也大幅度减少了高空坠物的风险。

图 7.9　大成建设 TECOREP 系统[150]

　　此外，竹中工务也开发有外部封闭的帽式拆除作业平台。该拆除系统的平台内置有钢丝索等切割装置，通过内置的航车将切割下的块状构件搬运至平台内的开口处，此外，如图 7.10，支护装置由各部件组装而成，从结构形式上更加灵活，以满足不同结构外观的需要。

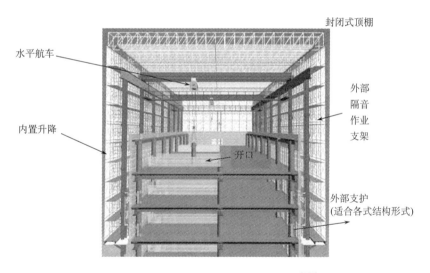

图 7.10　竹中工务帽式拆除平台内部[151]

7.3.1.2　塔吊切割拆除

　　以上介绍的封闭式拆除技术具有很高的安全性，环境影响极小，但同时对升降机械设备要求较高，从而一定程度上增加了拆除费用。为了降低拆除作业的设备成本和简化步骤，大林组开发了一种抗震（quakeproof）、安静（quiet）、快速（quick）的 QB 切割施工法。如图 7.11 所示，这种方法是先利用切割设备将楼板等次要构件切成块状，再切割主要构件的承重梁和立柱，并通过起重机或大型塔吊将切割下的废料运送至地面。由于高层建筑不适合搭建脚手架等附件，该系统相对的在防噪声、防粉尘方面劣于上述的封闭式拆除技术。

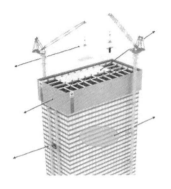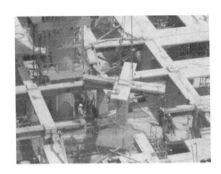

图 7.11　大林组 QB 切割[152]

出于同样的成本考虑，清水建设也配置有基于大型塔吊的通用型拆除系统。在图 7.12 中说明了该系统主要包含以下步骤：①移除内部装修材料；②搭建塔吊；③搭建作业单元；④结构切割分解；⑤塔吊搬运切割构件；⑥逐层下移作业单元直至完成结构整体拆除。

图 7.12　清水通用型吊拆系统[148]

7.3.1.3　底层切削拆除

与常见的自上而下的拆除顺序不同，2005 年鹿岛建设公司开发了一种从底层开始自下而上的拆除方式。该系统是依靠在建筑底部每根立柱下置入可达 800 吨的高性能千斤顶，由千斤顶支撑结构主体后依次截断各个立柱。然后同步降低同一水平面的千斤顶，像拆掉积木一样逐层降低高度。这种拆除方式的特点是作业仅在建筑底层进行，有效抑制粉尘、噪声和振动的影响，同时降低高空作业和地震的风险，图 7.13 为使用该技术某施工现场，图中可以看出在拆除过程中免除了搭建防尘和支护等临时施工，从而有效缩短拆除周期并未对周边建筑造成不良影响。

图 7.13　鹿岛建设底层切削拆除[153]

7.3.2　构件拆除更换

如大型结构在拆除过程中，由于结构框架大、结构形式复杂等原因，根据现场条件需要按构件形式，对原结构进行分解再逐步拆除更换。对于钢结构、组合结构、桁架结构等，在满足充分支护的条件下将各个构件从节点处截断，更换已损构件从而提高原结构的安全性和使用性，进而实现延长结构寿命将结构效用最大化。如 1889 年建造的福斯桥（Forth Bridge），该桥全长 2.5 公里，是一座悬臂式铁路桥。在图 7.14 中可以看出，该桥大部分结构是钢制，在长达百年的服役过程中经历了数次维修改造，其主要维修方式就是更换部分杆件以及接头的加固处理，迄今依然能满足正常的使用要求。

图 7.14　英国福斯桥[154]

构件拆除更换本质上是结构拆除中的一个中间步骤，是一种逆向建筑技术。由于构件移除后结构自重重新分布，部分构件甚至会出现从受拉变为受压，加之移除过程中还会受到大型机械设备自重影响，因此必须估算移除的构件对结构内部应力的影响，其中应力分析的内容和对应的施工步骤，如图 7.15 所示。

应力再分布计算	拆除施工
➤ 施工中大型机械自重	➤ 移除配件(铺装、桥面板等)
➤ 构件拆除后应力再分布	
➤ 桁架、拱结构拆除顺序	➤ 拆除构件
➤ 混凝土支护临时承载能力	➤ 移出构件

图 7.15　构件拆除应力分析及施工顺序

在前文介绍的拆除技术中,大型混凝土和钢筋破碎机虽然施工效率高、工期短,但由于部分结构特别是高层建筑,受内部空间大小以及破坏形式的限制,构件的拆除方式主要以切割和吊拆为主。在选择拆除技术时,需要根据结构形式综合考量安全性、施工作业时间、地理地形条件以及周边环境(交通)的影响,从而选取最经济、有效的拆除方法。如图 7.16 所示,一般需要通过以下内容判定合适的构件拆除技术。

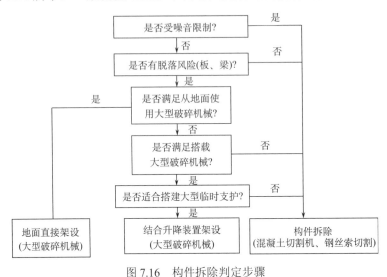

图 7.16　构件拆除判定步骤

7.4　环境友好与资源再利用

7.4.1　废弃物分类

钢筋混凝土是现代建筑产业中一种主要的建筑材料,被广泛应用于桥梁、隧道、建筑、地下结构、道路与铁道交通设施等各种土木工程。钢筋混凝土的主要成分有水泥和钢筋等,据国际相关组织的调查报告显示,如图 7.17,2014 年世界水泥产量超过 43 亿吨,中国占 56 % 以上[155];2015 年世界粗钢产量超过 16 亿吨,中国占 51 % 以上[156]。伴随人口增长、城市化进程的提高,大量人口向城市聚集,城市规模不断扩大,水泥和钢筋的使用量也持续增加。但同时这两者材料都对环境有潜在的负面影响,尤其是处理不当的建筑废料势必会对环境造成危害。

由于混凝土在工程中用量大,如果不适当处理解体和拆除后产生的建筑废料,一方面会造成产能浪费,一方面势必会对水、土壤、大气等环境因素造成负面影响。为了规范化拆除施工以及明确施工人员的法律责任和义务,世界各国政府都相继推出了建筑结构解体和拆除相关的法令。如 2000 年日本政府开始实行了建筑施工相关材料再利用的法规,其中从 3 个方面对解体和拆除的从业人员进行了规定。首先,在技术要求上,应具备解体、拆除相关的专业知识和技术;其次,从安全施工的角度出发,还需具有安全管理、施工管理的能力;同时,为了保障施工现场环境和地球整体环境,必须掌握相关的环境防治以及废弃物管理的知识。

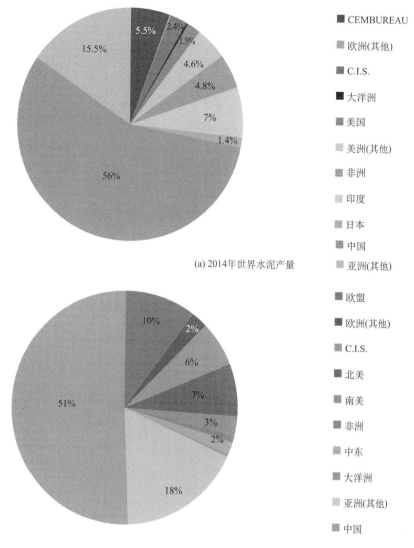

(a) 2014年世界水泥产量

(b) 2015年世界粗钢产量

图 7.17 全球混凝土及粗钢产量

从产生的途径而言，建筑废料可以分为拆除后残余的建筑废弃物以及建筑生产时的伴生废料。而在处理拆除后残余的建筑废弃物时首先应该进行分类，一般可以分为相对容易处理的一般废弃物，以及如混凝土碎块、建筑淤泥、木材废料等产业废弃物，其内容如表 7.3 所示。

表 7.3　建筑废料分类

		一般废弃物
建筑废弃物	产业废弃物	安定型：混凝土块、沥青混凝土块等
		管理型：建筑淤泥、木材废料等
		特殊管理型：石棉、石棉沥青等
建筑伴生废料	施工中产生的垃圾废料，主要包括砂浆、混凝土块、土、砂等	

7.4.2 再利用技术

传统的产业废料处理方法一般直接在偏远市郊区等地进行堆放或者填埋，此类处理方法不但消耗大量的清运费用和征用土地资源，而且在运送过程中产生的扬尘以及残留的有害物质会对周边环境产生污染。尤其是建筑废料中混凝土块、钢筋等无机废料，以及混杂着沥青、石棉等有毒有害物质，更会对填埋区的土地产生破坏性的严重污染。从资源的保护和有效利用角度讲，建筑废料再利用的研究具有重要的社会效益，更对人类的生存有着重要的影响。把建筑废料的开发再利用搞上去，就能将废料再次用于建设中，不但可节省其运输和处理的费用，更减少对农田的占用率以及对环境的破坏，从而节省资源。发达国家如日本在处理老龄化结构拆除问题时，已经注意到了建筑废料再利用的问题，根据其 2012 年调查报告显示，如图 7.18 所示，总体建筑废料的回收再利用已经达到了 96%以上，其中沥青混凝土块达到了 99.5%，混凝土块达到了 99.3%[157]。

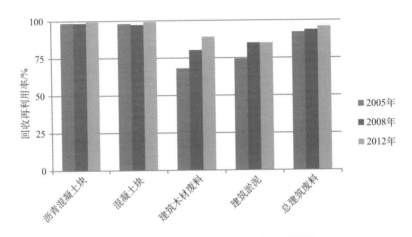

图 7.18　日本各类建筑废料的回收再利用率

资源回收再利用是指收集本来要废弃的材料，分解再制成新产品，或者是收集用过的产品，清洁、处理之后再次使用。回收再利用的目的是降低废弃物的处理成本，同时节约原材料的消耗。国际标准 ISO14001 中给出了资源回收再利用的基本流程[56] 如图 7.19 所示。图中包含了两种材料使用的全过程，其中一种是传统的"从摇篮到坟墓"的过程，意指从资源采掘后，制造成材料进而生产制品，再经过使用后达到最终阶段最后废弃；而另外一种是回收再利用的"从摇篮到摇篮"，意指在制品使用后达到最终阶段后并不是直接废弃，而是再次制作成材料，进而再次生产制品再次使用。

建筑工业产生的废料，主要有以下数种回收再利用途径：骨材利用（或制备再生混凝土制品）、路基填方、填海造地、配料、人工鱼礁等。这些回收再利用途径中，填方料消耗量最大，通过分类有害物质后粗碎废料即可直接再利用，但是附加价值较低。再生骨材生产的再生混凝土制品可进一步提高废料回收再利用的附加价值。为了有效的评价混凝土产业对环境造成的负担，国际上也开始推行了一系列针对混凝土行业对环境影响评价办法的标准，如国际标准 ISO13315 的基本框架[158]如图 7.20 所示，该标准提供了有关混凝土和混凝土结构的环境管理的框架和基本规则，其中涵盖了在结构全寿命周期的各个阶段对环境影响的评估和实施环境改善的方法。

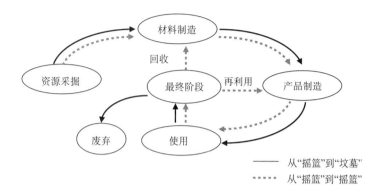

图 7.19 回收再利用的基本流程

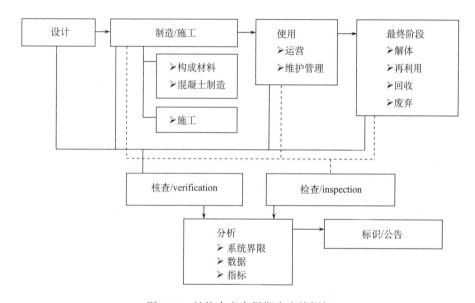

图 7.20 结构全寿命周期中实施框架

混凝土废料回收再利用技术，与废弃物颗粒大小有直接的关系。如图 7.21 所示，结构分解后产生的混凝土碎块一般颗粒较大，因此需要碾碎、研磨等工序才能用于回收再利用。对于颗粒在 100~400mm 之间粗碾碎后的混凝土碎块，在经过重金属等有害物质处理后，可用于多孔的轻量混凝土的制作，轻量混凝土材料由于疏松多孔，适合于环保鱼礁等设施的建造；对于颗粒在 40mm 以下的经过碾碎处理的混凝土碎块，目前常用的再利用方法是用于路基等结构设施的填埋，由于此类施工对材料要求相对较低，不需要精细加工即可直接利用，减少了沙石、石材等自然资源的利用，从而降低施工成本。而对于经过进一步研磨的混凝土碎块，如直径在 25mm 以下的颗粒，可以进一步用于品质相对较高的再生混凝土；此外，由于混凝土碎末中富含硅酸钙化合物，经过进一步研磨和重金属滤除后，可用于土壤改性材料、固化剂的生产[159]。

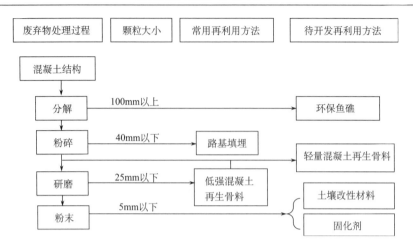

图 7.21　混凝土废料回收再利用技术

7.4.3　大气污染物处理

　　由于我国工业化水平发展的阶段性，对环境尤其是大气污染的危害认知相对较晚。随着我国城市化进程集群化发展，已经形成了三大城市带。大规模集中城市化导致局部空气污染物排放高，当遇到低气压高湿度天气，近地面空气中飘浮颗粒物富集到一定程度时，容易产生持续雾霾天气。近年，我国中东部地区特别是大型城市连续遭遇严重雾霾天气，不但影响了正常的经济生产运行和交通运输次序，而且给居民健康带来隐患。城市扬尘是产生雾霾的主要因素之一，在城建施工中会集中扬起大量粉尘颗粒物，对大气造成污染，此外，由于自然力或人为活动，如道路交通等生成的气流，将沉降下来的颗粒物再次或多次卷入环境空气中，形成二次扬尘。目前我国对环境污染防治的重视程度不断提高，已经颁布了一系列相关防治的条例和法规，但环境污染治理具有长期性，短期内难以见到成效，控制和治理建筑废料，是解决污染源问题、防患于未然的有效途径。

　　石棉是一种天然矿物纤维，如图 7.22 所示，最常见的有 3 种：温石棉（白石棉、蛇纹石石棉）、青石棉（蓝石棉、角闪石石棉、阳起石石棉、透闪石石棉、直闪石石棉）及铁石棉（褐石棉）。

白石棉　　　　　　　　　　　青石棉　　　　　　　　　　　褐石棉

图 7.22　常见石棉种类

由于石棉的隔热、隔音、防腐、绝缘和抗拉强度等物理特性，加之价格便宜，曾被广泛用于建筑保温、防火和吸声材料，也被用于船舶、铁道车辆等制造行业。目前，石棉制品和含石棉的制品有数千种，在表 7.4 中，列出了建筑领域常用的使用目的。

表 7.4　石棉材料的使用种类

材料类别	建筑材料用途	使用位置（目的）
喷覆式石棉	表面喷涂 石棉布 石棉喷涂砂浆 石棉发泡剂	墙壁、顶棚、钢构件 （防火/抗火、吸音等目的）
石棉隔热材料 （不含喷敷）	石棉瓦 烟囱等隔热层	屋顶、烟囱 （防潮、隔热）
石棉保温材料 （不含喷敷）	石棉保温材 石棉硅藻土保温材 含石棉的发泡剂 含石棉的硅酸钙保温材 含石棉的蛭石保温材 含石棉的脱水保温材	锅炉、焚烧炉、管道等 （保温）
石棉防火材料 （不含喷敷）	含石棉的防火材 含石棉的硅藻土防火材 含石棉的防火涂层	钢架、梁、电梯井 （提高抗火性能、装修）

石棉对健康的危害在 20 世纪早期已经开始引起人们注意。1900 年代，研究人员注意到在石棉矿矿区许多人出现肺部疾患并有很多人早逝。现在医学界已经确定，石棉造成的环境污染会严重危及人体健康。石棉的危害来自于其纤维，这种纤维极其细小，肉眼几乎看不见，但可长期漂浮于空气中。石棉纤维吸入人体会沉积在肺部，造成肺部疾病。人如果暴露于石棉粉尘，可导致肺癌、胃肠部癌、胸膜或腹膜的间皮癌以及石棉沉着病——石棉肺。由于石棉对人体健康的严重危害，近几十年间，世界各国开始禁止或控制石棉及石棉制品的使用，不过，虽然危害最大的两种石棉——褐石棉和蓝石棉已在全球禁止，对白石棉（温石棉）的使用却有增加的趋势。在发展中国家，近年来石棉作为廉价的建材，它的生产和使用在不断增加。中国的石棉消耗量位居世界第二，仅次于俄罗斯。2008 年中国石棉产量超过 41 万吨，和 2007 年同期相比增产了一万六千多吨，进口量则高达 22 万吨左右。可以预见，石棉作为一种高效而廉价的工业材料，它不会很快退出历史舞台。由于长久以来石棉在建筑业的广泛应用，在对结构解体拆除时必须考虑对石棉等大气污染物的处理。在表 7.5 中列出了拆除施工中主要的处理方法。

表 7.5　石棉等大气污染物主要处理方法

剥除法	由于含石棉等大气污染物的材料主要用于结构表层，通过适当的设备将其剥除，同时降低大地震等灾害时的危险隐患，提高结构安全
涂覆密封法	对于含石棉等喷涂材料，通过添加中和试剂，在表面再次喷涂，从而达到防止粉末飞散的目的；施工简便、价格便宜，结构拆除时应优先考虑
封盖法	通过板材、外包材将含石棉等污染物的结构表面封盖，从而达到防止粉尘飞散的目的；施工简便、价格便宜，结构拆除时应优先考虑

　　英、美等国政府制定有严格的排放标准及相关法律法规，将防治任务分配给各级地方政府，促进了地方政府与具有专业技能的民间机构合作，逐步建立完备的多点分布型监测系统。随着采样方法和分析技术逐渐科学化，针对扬尘污染的成分的复杂性，积极采用多种方法测量互相对比，对颗粒污染物各种成分的危害逐一评估；针对扬尘污染的广泛性，积极促进各监测点的整合并推广至跨境的合作，推动各行业的联合，结合大范围内空气质量和疾病防治的危害发布综合多方面因素的风险报告。一方面为超标地区指定明确的达标日期提供了数据支撑，另一方面向公众展示了工作进程和成效，增加了管理工作的透明度。拆除前特殊污染物处理步骤如图 7.23 所示。

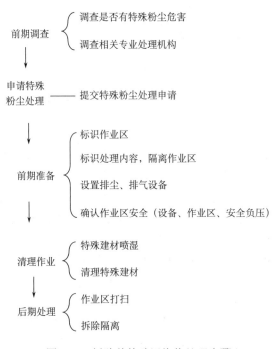

图 7.23　拆除前特殊污染物处理步骤

　　发达国家一直在推行"绿色施工"的可持续发展策略。在政策方面，做到现行法规与施工工艺同步发展，如美国环保局规定每隔 5 年必须根据已有的科学研究，确定现行法规和标准是否需要修改，重点区域集中防治；在施工方面，建筑机械的参与度高，提高工作效率，方便集中处理建筑垃圾，如日本和德国，积极推广小型机械在建筑施工现场的应用，结合工程实际研发有配套压尘及低振动设备，提高了施工效率；在技术革新方面，政府依照本国的空气质量战略，在工程招标初期即对颗粒污染物排放及防治手段有了明确的要求，定期对地方进行评价和总结，不达标地区划出重点防治管理点，强制规定达标期限，促进了地方和企业自主研发科技含量高的设备和施工方法，如日本 2011 年遭遇了特大地震和海啸，灾后建筑残骸垃圾推算超过 2 千万吨，特别是核电站附近含辐射粉尘扩散危害极大，为解决该问题，使用了可自分解的生态化学性固化喷剂，通过喷洒在垃圾堆场表面形成一层薄膜，起良好的压尘效果，又如英国的污染严重区推广使用钙基粘合剂吸附空气中扬尘，使用化学聚团固尘的方法，短期内实现了有效控制城区内细颗粒物浓度。

目前我国将施工、物料堆放和运输过程中产生的扬尘列为大气颗粒物污染防治的工作重点。对于易产生扬尘的施工工地做出了污染防治要求，但在工程招标初期并没有针对细颗粒物制定相关排放标准，缺乏根据危害程度制定现场扬尘污染级别的划分，不利于结合工程实际制定针对性防治措施；现行的压尘及隔尘手段以基本的人工及物理防治方法为主，缺乏高效的化学压尘及聚团技术的应用；对于涉及高危害特种建材的施工工地，如石棉类防火材料的拆装现场，缺少针对性的隔尘手段；另一方面，在施工现场，建筑机械化程度低、工期时间长不利于集中处理扬尘，难以达到"四节一环保"的绿色施工要求。城市扬尘防治方案是否合理取决于对空气污染物的认知程度，这是一个逐步深入的过程。最近国际研究热点 PM2.5，也是经过 20 多年的持续监测和治理、多因素论证才逐渐引起人们的重视。世界卫生组织在《健康风险的相对量化》中指出，对于城市空气污染，由于地形和气候条件的不同，环境空气颗粒物成分的复杂性，防治目标和技术发展的不均，目前尚没有通用的空气颗粒物污染评价方法。因此发达国家为了尽早找出国内扬尘污染防治的症结，对多种污染物进行综合测量，各国都分别自主建立了多参数的模态分析方法，一定程度探明了对本国人民健康危害程度大的模态颗粒污染物成分及其变化规律，为制定有效的防治方案提到了理论依据。

8 混凝土结构的维护管理工程指南

混凝土结构的全寿命维护管理是一个系统工程。本书前几章就混凝土结构全寿命维护管理的基本原理和技术要素等共性的问题作了详细介绍。但实际工程中的混凝土结构形式多样（如道路、桥梁、隧道、房屋建筑、水工码头等），不同的结构形式、受力特点及工作环境对工程维护管理要求的侧重点会大不相同。目前来说，钢筋混凝土桥梁的全寿命维护管理系统的发展最为迅速，在工程实践中的应用也最为广泛。本章主要以桥梁与隧道这两种典型的土木工程结构为例，介绍国内外维护管理系统的发展现状及其涵盖的一些具体内容。

8.1 桥 梁

8.1.1 桥梁的病害特点

随着我国现代化建设的快速发展和国民经济水平的不断提高，我国在桥梁建设方面取得了长足的进步，各种桥梁的数量急剧增加。但由于病害老化等原因，危险桥梁的数量也显著增加，根据最新统计数据，我国危桥的数量已约有 10 万座。桥梁的不断老化、交通量的逐年增长，以及人为（如重车超载）、事故和自然灾害（如地震、台风等）的重复作用，给桥梁运营期的维护管理带来了巨大压力。

桥梁的基本组成可分为上部结构、下部结构和桥面系三大部分（表 8.1）。上部结构是主要承重结构，是桥梁支座以上（无铰拱起拱线或刚架主梁底线以上）跨越桥孔结构部分的总称，跨越幅度越大，上部结构的构造也就越复杂，设计、施工及维护管理的难度也相应增加。下部结构支承上部结构并将荷载传至基础，桥梁的荷载包括竖向交通荷载、地震荷载、车船撞击墩身引起的水平荷载等。桥面系则直接承担交通荷载。

表 8.1　桥梁构件分类

上部结构	下部结构	桥面系
梁	盖梁	桥面铺装
板	桥台	伸缩缝
横向联系	桥墩	排水设施
支座	基础	栏杆及扶手
拉索	河床	人行道
	锥坡、护坡	照明与标识

桥梁的上部结构一般主要包括主梁、横隔梁以及支座等，表 8.2 总结归纳了这三种结构的病害形式。

表 8.2 桥梁上部结构主要病害

主梁	裂缝	跨中裂缝
		支座两侧裂缝
		梁侧裂缝
		梁底裂缝
	腐蚀破坏	硫酸盐、硅酸盐反应
		冻融侵蚀和腐蚀
		混凝土碳化
	主梁下挠	混凝土收缩和徐变
		主梁刚度变化
		主梁纵向预应力有效性降低
		荷载增加
	其他	梁顶死、单板受力等等
横隔梁	横隔板开裂	某一块或多块板梁单独受力
支座	简易支座	油毡老化、破裂、失效,垫石破碎
	钢板滑动支座	接触面干涩、锈蚀
	摆柱支座	各组件相对位置不正确
	四氟板支座	脏污、老化
	橡胶支座	老化、变形
	盆式橡胶支座	固定螺栓剪断、螺母松动
	辊轴、摇轴支座	辊轴出现不允许的爬动
	倾斜活动支座	不灵活、实际位移量偏大

桥梁的下部结构主要包括盖梁、墩台身、墩台基础等,表 8.3 归纳总结了这三种结构的病害形式。

表 8.3 桥梁下部结构主要病害

盖梁	盖梁裂缝	弯曲和剪切裂缝
	盖梁腐蚀破坏	氯离子腐蚀
墩台身	倾斜变位	水流冲刷
	墩台身裂缝	桥台网状裂缝
		基础发展至墩台上部的裂缝
		墩台身的水平裂缝
	墩台身剪切弯曲破坏	沙土液化、地基下沉等
	腐蚀破坏	胶缝渗漏
	墩台身脱漆	维护不善

续表

墩台基础	基础倾斜及滑移	土质、水流冲刷
	基础腐蚀破坏	冲蚀
	基础冻害	基础表面的冻胀力
桥墩	桥墩开裂	上部结构的竖向荷载、养护期的温度裂缝
	桥墩腐蚀	氯离子腐蚀、冻融腐蚀、钢筋锈蚀
	混凝土脱落、漏筋	钢筋锈蚀引起保护层胀裂
	桥墩冲刷	水流冲刷
	墩顶混凝土破损	支座尺寸太小

桥梁的桥面系主要包括桥面铺装、桥面板、伸缩缝、排水系统等，表 8.4 归纳总结了这几种结构的病害形式。

表 8.4　桥面系的主要病害

		干缩裂缝
桥面铺装	裂缝	温度裂缝
		疲劳裂缝
	防水层和黏结层剪切破坏	桥面板与铺装材料的协调变形
	车辙	铺装层材料性质
	推移和拥包	较大的车轮水平荷载
	坑槽和补缺	行车的反复冲击作用
	剥离和脱层	施工及行车的反复荷载作用
桥面板	桥面板裂纹	混凝土收缩
		温度变化
		钢筋腐蚀
		主梁残余变形
	桥面板凹坑、分层、剥落	应变、应力集中
	腐蚀破坏	桥梁维护的除冰盐中氯离子的渗入
伸缩缝	钢板伸缩缝	焊接处出现裂缝
		缝内有石块等异物
		钢板松动
	锌铁皮伸缩缝	伸缩缝凹槽填入其他硬物
		铺压填部分发生沉陷
	橡胶伸缩缝	橡胶嵌条连接部位漏水
		橡胶条剥离
		橡胶条破坏损伤

续表

排水系统	泄水管的缺陷	管道破坏、损失
		泄水管体脱落
		泥石杂物堵塞
	引水槽缺陷	堆泥、堵塞
		槽口破裂损坏

　　我国桥梁病害产生的原因主要在于：①粗放式的大规模桥梁建设导致很多桥梁质量欠缺，存在初始缺陷；②很多桥梁建造时的设计标准已经不能满足目前的运营需求，随着交通量的日益增大，这些桥梁一直处于超负荷的运营状态；③在荷载和环境条件的持续作用下，疲劳、腐蚀和材料老化等问题日益突出，结构部件的损伤累积和抗力衰减不断加剧，运营风险日益增大；④维护管理与养护措施不到位，过去"重建设，轻管养"的思想留下了很多后遗症。

8.1.2　桥梁维护管理系统

　　桥梁的病害不是一朝一夕可以发生，而是多种因素综合影响的结果。因此，在对桥梁进行维护管理时，应首先制定合适的维护管理策略和计划，并按计划进行检测/监测，对出现的细微异常现象应该给予充分注意，细致观察，详细记录。长期的监测和定时的检测数据对评估桥梁构件性能有重要作用，也是有效地制定相应的维护对策的基础。在役桥梁由于运营使用多年，主要部位可能出现缺陷，通过对现有桥梁进行检测/监测，可了解其各部位的损坏程度，核定其承载能力，为桥梁的维修加固提供必要的依据。特别是年代久远的桥梁往往缺乏资料，需要系统地收集这些桥梁技术数据，对桥梁的状态、性能进行合理评估，并对其性能退化作出预测，在综合考虑经济、环境、政策等多方面因素后，做出最优的维护管理决策方案。

　　为对桥梁进行及时有效的管理，不少国家已建立比较先进的桥梁全寿命维护管理系统，为提高桥梁的科学管理提供保障，并指导桥梁养护、加固与维修等工作的具体开展。桥梁管理系统首先在美国得以开发并应用（如 PONTIS 系统、BRIDGIT 系统等），其他国家也紧随其后开发和应用了类似系统，如丹麦开发了 DANBRO 桥梁管理系统，法国开发出了 EDOUARD 桥梁管理系统，英国开发了 BridgeMan 系统，瑞典开发了 BATMAN（bridge and tunnel Management）系统，西班牙开发了 GEOCISA BMS 系统，欧盟成立后英、法、德、挪威、西班牙以及斯洛维亚等六国共同完成了 BRIME（bridge management in Europe）报告。而在亚洲，日本开发了道路公用桥梁系统，韩国开发了 SHBMS 系统，我国交通部于 1986 年也开始着手进行桥梁管理系统的研究，并于 1989 年至 1991 年由交通运输部公路科学研究所开发了中国公路桥梁管理系统（CBMS），1993 年交通部开始立项推广该系统。

　　桥梁管理系统的发展经历了几个阶段，在发展初期，桥梁管理系统主要是基于数据库的桥梁资料归档与管理，但这并不能有效地实现针对桥梁进行综合性、多方位的管理。因此，后来在完善桥梁数据库的同时，又增加了桥梁检测、养护、维修加固以及状态与性能评估等内容；再后来，又增加了维护决策功能，用于制定维护策略，进行维护优化等。目前，桥梁管理系统可以说是一种关于桥梁基本数据、检测/监测、性能与状态评估、结构性能退化与寿命预测、经济性分析、桥梁全寿命养护与维护策略以及管理计划的计算机综合信息管理系统。图 8.1 为桥梁管理系统的典型基本构成。当然各国开发的桥梁管理系统的具体组成和系统构架略有不同。图 8.2 为美国桥梁管理系统 PONTIS 的系统架构，它提供了整个桥梁管理的程序循环。该系统包括了桥梁的检测、数据采集存储与数据库管理、桥梁结构分析、评估与预测，并提出了维护（maintenance）、维修（repair）和修复（rehabilitation）的 MR&R 优化方法，以及考虑经济分析的结构改善优化策略等功能和模块。在 PONTIS 系统中，对于桥梁的客观信息，如桥梁的基本信息、书面材料、每年的检测数据及评估报告等都通过数据库归档存储和管理，而对一些

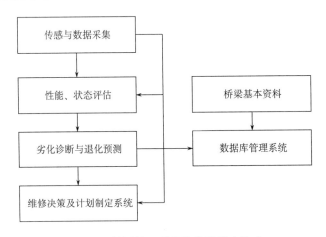

图 8.1 桥梁管理系统的典型基本构成

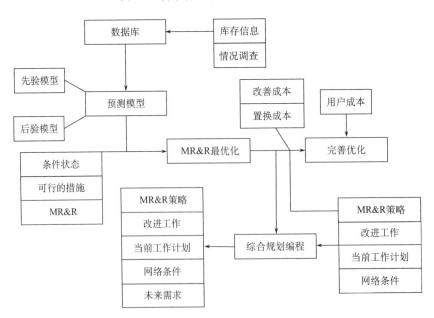

图 8.2 美国 PONTIS 桥梁管理系统构架

易受主观因素影响的病害诊断及评估方面，PONTIS 系统对构件乃至结构的状态都有非常明确的定义和详细的叙述，因此其实际操作性较强。另外，值得一提的是，PONTIS 系统具有很好的系统包容性，它允许成员机构在框架内添加自己的信息资源并开发程序解决方案。PONTIS 成功的一个重要因素是它较高层次的用户定制功能，用户可以定义他们自己的桥梁单元、劣化模型、经济模型及商业规则等。目前 PONTIS 桥梁管理系统几乎是世界上应用最为广泛的桥梁管理系统之一，它现在已经被美国 39 个州或地区以及世界上几十个国家和地区应用。

在欧洲，最为典型的桥梁管理系统为丹麦的 DANBRO 系统。DANBRO 桥梁系统开发于 1987 年，目前已在丹麦超过 1000 座大小桥梁上应用，并已应用到了墨西哥、沙特阿拉伯、泰国等国家的一些桥梁管理上。DANBRO 系统根据用户需求分为执行、计划、管理和维护四个层次。它根据相应的工程法规、规范等，对桥梁的检测、养护、维修、加固、费用预算等作了电子化管理，使得决策层能通过此系统，及时掌控桥梁实际情况，并作出合理的应对手段。值得一提的是，与美国的 PONTIS 相比，DANBRO 系统没有设置结构退化预测的功能，而在费用优化上，将净现值（NPVM）概念应用到了桥梁管理中，并对维护资金的直接和间接费用进行了优化分配。图 8.3 是丹麦 DANBRO 桥梁管理系统的系统构架。

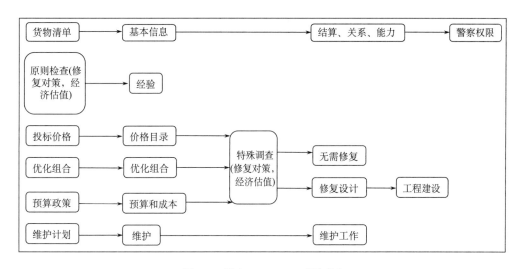

图 8.3　丹麦 DANBRO 系统构架

我国开发的"公路桥梁管理系统"（CBMS）起源于国家经济贸易委员会、科技部和交通运输部新技术推广项目。自 1993 以来，在全国范围内分批开展了推广工作，经各级推广工作组的共同努力，先后在全国范围内分期、分批地建立了省级桥梁管理系统 32套、市级桥梁管理系统 400 多套，入库桥梁 20 万余座。我国 CBMS 桥梁管理系统的系统构架如图 8.4 所示，包含了数据采集、桥梁检测、病害诊断、性能评估及预测、决策管理等重要内容。我国的 CBMS 桥梁管理系统的系统结构化设计是面对系统任务，自上而下地对系统进行分解，确定系统层次，从而进行设计而成，这样使得系统具有处理功能模块化、数据结构模型化、系统平台开放化等特点，使得整个系统得到结构明晰、适应性强、可靠性高、安全性好，效率和效益都令人比较满意。CBMS 桥梁管理系统的功能模块可如图 8.5 所示。从功能上看，CBMS 桥梁管理系统主要分为数据管理模块、养护管理模块、报表管理模块、辅助决策模块以及系统管理模块等五大模块。图 8.6 是 CBMS 桥梁管理系统的操作界面。

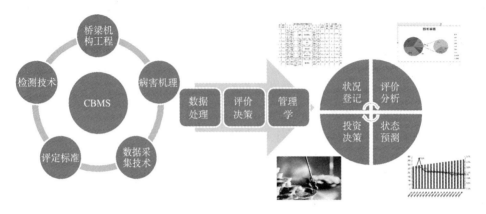

图 8.4　我国 CBMS 桥梁管理系统的系统构架

图 8.5　CBMS 桥梁管理系统的功能模块

8.1.3　桥梁维护管理的技术要素

8.1.3.1　桥梁性能及结构检查

　　桥梁的性能评估可从整体、构件、特殊部位这三个层次进行考察，而对每一个层次进行考察时，具体又应针对安全性能、使用性能、耐久性能、第三方影响性、美观性和经济性等几个大方面进行评估。桥梁的整体层次主要是考虑关于桥梁整体的、宏观的性

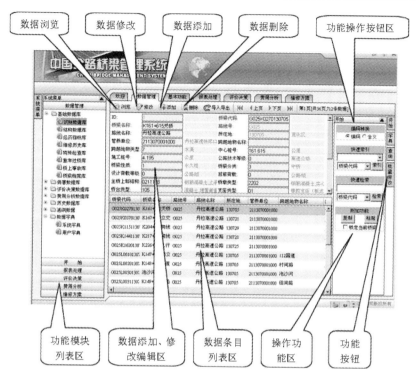

图 8.6 CBMS 系统界面（中国公路桥梁管理系统 CBMS 3000 使用手册）

能情况，而构件层次则主要关注桥梁的各组成构件的性能情况，对于一些特殊的部位，如复合构造的结合部、拉索、锚锭等则需要另行考察。针对桥梁的性能评估，需要对每个构造层次提出不同方面性能的具体指标，同时还需要针对不同类别的性能，提出具体的结构检查内容。表 8.5 即为桥梁结构的不同构造层次的评估性能及相应的检查内容。

表 8.5 桥梁结构的不同构造层次的评估性能及相应的检查内容

评估层次	结构性能类别	性能	主要检查内容
整体层次	安全性能	结构稳定性 抗风性能 抗震性能	结构的劣化与病害： 位移、变形 结构刚度 应力、应变 荷载（交通荷载、风荷载、地震动荷载等） 结构动力特性（频率、阻尼、模态等）
	使用性能	行走性 舒适性	结构劣化与病害： 位移 变形 裂缝 路面坑洞及粗糙度

续表

评估层次	结构性能类别	性能	主要检查内容
整体层次	耐久性能	随时间退化的安全性能	结构劣化与病害: 结构下挠 结构体系变化
	美观性	结构开裂 钢材锈蚀	结构劣化表观特征: 裂缝
	经济性	全寿命周期成本	桥梁结构全寿命周期维护成本 相关附加成本（如交通暂停等造成的社会和经济成本）
构件层次（梁、桥面板、桥墩、桥台、桥塔、桥面铺装、锚锭等）	安全性能	截面承载力 疲劳承载力 结构延性	结构劣化与病害: 弯矩、轴力、剪力、扭矩等 荷载（交通荷载、风荷载、地震动荷载等） 桥墩冲刷深度 材料特性
	使用性能	行走性 舒适性	结构劣化与病害: 位移 变形 裂缝 路面坑洞及粗糙度
	耐久性能	随时间退化的各个性能	结构劣化与病害: 钢材腐蚀 裂缝的生成及发展 桥梁动荷载 疲劳特性
	第三方影响性	混凝土剥离及剥落 附属设备脱落 结构振动、噪声	裂缝 变形 振动特性及振动响应
	美观性	构件表面裂缝 钢材锈蚀	结构劣化表观特征: 裂缝生成 裂缝发展
	经济性	构件全寿命周期成本	构件维修成本 构件加固成本 构件更换成本 构件劣化速率

续表

评估层次	结构性能类别	性能	主要检查内容
特殊部位（简支桥面板、支座、复合构造的结合部、拉索、桥塔、锚锭等）	安全性能	截面承载力 拉索破损	结构劣化与病害： 荷载 截面弯矩、剪力、扭矩等 应力、应变 材料特性 拉索索力
	使用性能	行走性 舒适性	结构劣化与病害： 裂缝发生及扩展 路面坑洞
	耐久性能	随时间退化的各个性能	结构劣化与病害： 拉索的腐蚀
	第三方影响性	简支桥面板的混凝土剥离及脱落	裂缝 起皮脱壳
	美观性	裂缝 钢索锈蚀	结构劣化表观特征： 裂缝
	经济性	特殊部位构件的全寿命周期成本	特殊部位构件维修成本 特殊部位构件加固成本 特殊部位构件更换成本 特殊部位构件劣化速率

桥梁的检查手段根据所需要测试的项目而定，种类多样，基本涵盖了第 3 章介绍的所有检查方法。除了传统的检测手段之外，近年来，桥梁的健康监测发展也非常迅速，对于不同类型的桥梁，其健康监测项目大致可细化成表 8.6 中的内容。

表 8.6　桥梁健康监测主要内容

监测内容类别		监测内容	梁桥	刚构桥	拱桥	桁架桥	斜拉桥	悬索桥
温度、荷载与内力	温度	主梁内外温度	★	★			★	★
		主拱温度			★			
		桁架杆件温度				★		
	荷载	车重、轴数、轴重、车速	★	★	★	★	★	★
	索力	斜拉索索力					★	
		吊杆索力			★			★
		系杆内力			★			
结构整体状态参数（响应）	变形	主梁挠度	★	★			★	★
		桁架挠度				★		
		主拱及桥面板（主梁）挠度			★			
	动力特性	自振频率	★	★	★	★	★	★
		阻尼比	★	★	★	★	★	★

监测内容类别		监测内容	梁桥	刚构桥	拱桥	桁架桥	斜拉桥	悬索桥
结构局部状态参数（响应）	应变（应力）	主梁应变	★	★			★	★
		桥塔应变					★	★
		主缆应变						★
		主拱应变			★			
		桁架杆件应变				★		
		预应力筋应变	★	★				
	动力特性	主梁模态	★	★			★	★
		主拱模态			★			
		桁架模态				★		
	裂缝	混凝土结构裂缝	★	★	★		★	★
	接缝	桥面板、伸缩缝等						
	腐蚀	钢筋腐蚀	★	★	★		★	★
		钢构件腐蚀				★		
		钢连接件腐蚀	★	★	★	★	★	★

注：★为可选监测内容，具体选择方法应根据监测目的而定[116]。

8.1.3.2 桥梁的异常分析与安全预警

桥梁的异常分析与安全预警一般根据桥梁结构的状态参数和损伤指标来确定。当检测/监测指标超过其极限警戒值则直接进行报警，而当检测/监测指标虽没有达到极限监测值，但超过了正常范围（某一阈值）预示结构出现了异常的时候，则需对桥梁运营进行预警和进一步考察。对阈值指标的设置，应充分考虑桥梁多年的检测/监测数据积累，并进行优化分析而酌情确定，同时亦需依据结构实测数据每年对报警和预警的阈值进行校验和调整。

对于桥梁结构阈值的确定，其裂缝极限警戒值可根据我国《公路桥梁承载力检测评定规程》[86]中规定的裂缝限值确定。对于大跨索承桥梁结构，其桥梁结构整体位移应同时考虑桥梁结构的塔顶位移（如有）和主梁位移，对于塔顶位移，采用不含恒载的设计最不利荷载组合下斜拉桥塔顶纵桥向和横桥向的极限位移值作为极限警戒值；比较目前与前一年对应月份纵桥向和横桥向位移的月统计分布，可计算出两个分布之间的差异度，根据近3年内斜拉桥的塔顶位移监测值计算差异度，将其统计分布之间的差异较大时对应的塔顶位移差异度，作为塔顶位移的异常触发值。对于主梁挠度，采用已考虑温度、荷载等多种因素下，不含恒载的设计最不利荷载组合的结构高程值作为极限警戒值；采用温度与主梁挠度相关曲线在置信水平为0.95的上限值——荷载试验时的最大下挠值作为异常触发值。对于主梁梁端位移采用设计允许的梁端位移最大值作为极限警戒值。采用伸缩缝厂家给定的允许最大累计位移行程值作为异常触发值。对于静态应力，可采用一阶可靠度方法计算出可靠度指标 β= 4.6 作为极限警戒值，β= 6.0 作为异常触发值。对于动应力，可采用雨流计数法得到各测点所测动应力的标准日应力谱，结合 S-N 曲线计算出疲劳剩余寿命 T，取 T= 100 作为极限警戒值，取 T=300 作为异常触发值。对于桥梁结构加速度可取峰谷差值=0.276g 为极限警戒值，峰谷差值＝0.036g 为异常触发值。对于腐蚀深度，可取索塔承台处腐蚀深度＝8.30、索塔锚图区处腐蚀深度＝5.20 作为极限警戒值，取索塔承台处腐蚀深度＝6.23、索塔锚图区处腐蚀深度＝3.90 作为异常触发值。

8.1.3.3 桥梁的性能评估

桥梁的性能评估是桥梁全寿命维护管理中非常重要的一环，其直接关系到对桥梁的性能状况的把握、维护管理策略的制定和调整乃至运营风险的测控等等，可以说桥梁的性能评估是桥梁维护管理活动的核心。桥梁结构的性能评价应针对不同的评估情景合理使用桥梁的监测数据、检测报告及其他书面材料。对于安装有结构健康监测系统的桥梁，要充分利用健康监测数据进行及时评估与分析。

1) 桥梁性能的分级评定

对于工程结构，要求性能中的安全性能、使用性能和耐久性能这三个方面尤为重要，特别是安全性能，更是重中之重。对于桥梁等重要土木结构，一旦出现安全问题，通常演变为重大恶性事件，直接给人民的生命、财产带来巨大损失。因此在各国的桥梁维护管理或者养护规范中，安全性能、使用性能和耐久性能这三者是衡量桥梁性能的优异并进行分级的最主要标准。

对于桥梁的性能和风险评估，分级评估是目前运用最为广泛的方法之一，它是通过桥梁各组成部分的检测状况，根据分层综合法进行综合评定出桥梁的性能等级。目前这种方法已经为全世界多个桥梁管理系统所采用，如美国的 BRIDGIT 和 PONTIS、我国的 CBMS 等。不过各国在具体应用的时候略有差异，桥梁的分级标准也不尽相同。美国 NBI 对桥梁结构从结构的缺陷（structural deficiency）和功能的欠缺（functional obsolete）两个方面对桥梁进行评估，综合反映了结构和功能两个方面的性能状况。在评定中，不仅对桥梁按照上部结构、下部结构和桥面系三部分进行结构性评估，同时还对航道的充足性、桥面几何形状、车道宽度、上下桥行车道布置等多方面进行评定。NBI 对桥梁的整体状况分了 10 个等级，如表 8.7 所示。

表 8.7 桥梁性能等级及其状况描述

等级	等级类别	描述
9	完好（excellent condition）	
8	很好（very good condition）	没有问题
7	好（good condition）	有轻微问题
6	满意（satisfactory condition）	构件有一些轻微劣化
5	一般（fair condition）	有一些次要构件出现截面损失、裂纹、剥落或者冲刷侵蚀外，主要构件均健全

续表

等级	等级类别	描述
4	差（poor condition）	进一步出现截面损失、裂纹、剥落或者侵蚀
3	严重（serious condition）	截面损失、劣化、剥落或者冲刷侵蚀已经对主要结构部件产生严重影响；可能发生局部失效；钢材上可能出现疲劳裂纹，混凝土上可能出现切变裂缝
2	危急（critical condition）	主要结构部件严重老化；钢材上可能出现疲劳裂纹，混凝土上可能出现切变裂缝，冲刷侵蚀可能已经损坏基础支撑；除非密切监控，桥梁需要被关闭直到其被修复
1	即将失效（"imminent" failure condition）	在关键结构部件上出现了严重劣化或者截面损失，或者明显的垂直或水平位移影响了结构的稳定性，此时需要关闭交通，不过经过维修加固等措施也可能使桥梁恢复轻载服务
0	失效（failed condition）	不能继续使用，无法修补

　　在日本，针对铁道构筑物（包括与铁道相关的桥梁等多种结构）制定的《铁道构造物设计标准和解说——混凝土建筑物篇》中将铁道构筑物结构以健全度进行衡量，并按其由低到高的顺序分为 A、B、C、S 这 4 个等级。A 等级意味着健全度已经相对较低，结构出现明显的劣化，因此针对 A 等级，又进一步细分为 AA、A1、A2 三级（如表 8.8 所示）。对应于不同健全度等级，对其采取措施的紧迫性也随着健全度等级的提高在逐步放松。

表 8.8　日本铁道构筑物结构健全度级别划分

结构健全度		对正常运营和公众安全的危害	变化程度	对应措施
A	AA	危害大	变化幅度明显	必须采取紧急措施
	A1	危害风险大，异常情况容易导致大型危害	变化持续发展，结构性能不断低下	尽早采取对应措施
	A2	将来会发展为大型危害	多个参数不断性能低下	在一定时期内需采取相应措施
B		继续发展健全度降至 A	继续发展健全度降至 A	必要情况下实施监测
C		目前无明显危害	缓慢变化	将来针对性检查
S		无	无	无

　　在我国，交通部 2011 年颁布的《公路桥梁技术状况评定标准》（JTG/TH 21—2011）规定，桥梁的整体评估中可将各种桥梁根据其技术状况分为五级进行评定，其中 1 类为功能完好状态，而 5 类则为危险状态，不能正常使用。具体如表 8.9 所示。

　　在桥梁的构件层次，此标准按照在结构中的重要性，将桥梁构件分为主要部件和次要部件，同时给出了主要部件和次要部件的分级标准。主要构件的分类和整体分类一致，按性能状况分为 5 级。而次要部件由于其产生的病害往往不至于对桥梁的安全等性能造成决定性影响，所以分为 4 级。主要部件和次要部件的分类评定标准如表 8.10 和表 8.11 所示。

表 8.9 桥梁总体技术状况评定等级

技术状况评定等级	桥梁技术状况描述
1 类	全新状态，功能良好
2 类	有轻微缺损，对桥梁使用功能无影响
3 类	有中等缺损，尚能维持正常使用功能
4 类	主要构件有大的缺损，严重影响桥梁使用功能；或影响承载能力，不能保证正常使用
5 类	主要构件存在严重缺损，不能正常使用，危及桥梁安全，桥梁处于危险状态

表 8.10 桥梁主要部件技术状况评定标准

技术状况评定等级	桥梁技术状况描述
1 类	全新状态，功能良好
2 类	功能良好，材料有局部轻度缺损或污染
3 类	材料有中等缺损；或出现轻度功能性病害，但发展缓慢，尚能维持正常使用功能
4 类	材料有严重缺损，或出现中等功能性病害，但发展较快；结构变形小于或等于规范值，功能明显降低
5 类	材料严重缺损，出现严重的功能性病害，且有继续扩展现象；关键部位的部分材料强度达到极限值，变形大于规范值，结构的强度、刚度、稳定性不能达到安全通行的要求

表 8.11 桥梁次要部件技术状况评定标准

技术状况评定等级	桥梁技术状况描述
1 类	全新状态，功能良好；或功能良好，材料有轻度缺损、污染等
2 类	有中等缺损或污染
3 类	材料有严重缺损，出现功能降低，进一步恶化将不利于主要部件，影响正常交通
4 类	材料有严重缺损，失去应有功能，严重影响正常交通；或原无设置，而调查需要补设

考虑到某些关键指标能充分说明结构的病害严重性和运营的严重风险，评定的方法是采用综合的分层评定与 5 类桥梁单项控制指标相结合的方法。先对桥梁的各个构件进行评定，然后再对各个部件进行评定。其后再对桥面系、上部结构和下部结构分别评定，最后对桥梁总体作出评定，但同时可"一票否决"，如不管整体评定结果如何，一旦有单项控制指标进入 5 类桥的评定范围之内，则整个桥梁的评定将被归类为 5 类。这些单项指标包括以下几项。

（1）上部结构是否有落梁，或梁板断裂现象；

（2）是否有梁式桥上部承重构件控制截面出现全截面开裂，或组合结构上部承重构件结合面开裂贯通并造成截面组合作用严重降低；

（3）梁式桥上部承重构件是否有严重的异常位移，存在失稳危险；

（4）结构是否出现大于规范值的永久变形；

（5）关键部位混凝土是否出现压碎或有杆件失稳倾向；或桥面板出现严重塌陷；

（6）拱式桥拱脚严重错台、位移，造成拱顶挠度大于限值，或者拱圈严重变形；

（7）圬工拱桥拱圈大范围砌体断裂，并有严重脱落；

（8）腹拱、侧墙、立墙或者立柱产生破坏造成桥面板严重塌落；

（9）系杆或吊杆出现严重锈蚀或断裂；

（10）悬索桥主缆或多根吊索出现严重锈蚀、断丝；

（11）斜拉桥拉索钢丝出现严重锈蚀、断丝，主梁出现严重变形；

（12）扩大基础冲刷深度大于设计值，冲空面积达 20%以上；

（13）桥墩（桥台或基础）不稳定，出现严重滑动、下沉、位移、倾斜等现象；

（14）悬索桥、斜拉桥等缩塔基础出现严重沉降或位移；或悬索桥锚碇有水平位移或沉降；

（15）其他出现预示桥梁严重损伤或病害，存在严重问题和风险的状况。

桥梁的性能分级评定，应根据桥梁维护管理计划进行全方位检测/监测，对各个构件的病害特征进行分级并量化评分，通过设定的权值对结构逐步往高层次（整体层次）进行综合及量化评定，最终得到整个桥梁的综合评定值并据此最终确定分级类别。桥梁结构的整个性能评定方法和工作流程如图 8.7 所示。

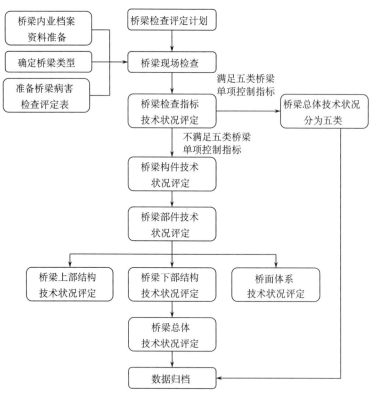

图 8.7 桥梁性能评定方法与流程

为了使桥梁的性能分级评定的应用更具操作性，我国《公路桥梁技术状况评定标准》（JTG/TH 21—2011）[38]对各构件的具体病害特征以及评定标准进行了详细的描述和规定。以混凝土梁式桥为例，其上部承重构件和上部一般构件是滞有蜂窝、麻面、剥落、掉角、空洞、孔洞、保护层厚度、钢筋锈蚀、混凝土碳化、混凝土强度、跨中挠度、结构变位、预应力构件损伤、裂缝等评定指标（如表 8.12~表 8.23 所示），其分级标准分别按定性和定量详细给出，以便在结构检查时对号入座，方便维护管理部门技术人员操作。

表 8.12 蜂窝、麻面

标度	评定标准	
	定性描述	定量描述
1	完好，无蜂窝、麻面	—
2	较大面积蜂窝、麻面	累计面积≤构件面积的 50%
3	大面积蜂窝、麻面	累计面积>构件面积的 50%

表 8.13 剥落、掉角

标度	评定标准	
	定性描述	定量描述
1	完好，无剥落、掉角	—
2	局部混凝土剥落或掉角	累计面积≤构件面积的 5%，或单处面积≤0.5m²
3	较大范围混凝土剥落或掉角	累计面积>构件面积的 5%且<构件面积的 10%，或单处面积>0.5m²且<1.0m²
4	大范围混凝土剥落或掉角	累计面积≥构件面积的 10%，或单处面积≥1.0m³

表 8.14 空洞、孔洞

标度	评定标准	
	定性描述	定量描述
1	完好，无空洞、孔洞	—
2	局部混凝土空洞、孔洞	累计面积≤构件面积的 5%，或单处面积≤0.5m²
3	较大范围混凝土空洞、孔洞	累计面积>构件面积的 5%且<构件面积的 10%，或单处面积>0.5m²且<1.0m³
4	大范围混凝土空洞、孔洞	累计面积≥构件面积的 10%，或单处面积≥1.0m²

表 8.15 混凝土保护层厚度

标度	评定标准
1	完好
2	承重构件混凝土保护层厚度符合要求，对钢筋耐久性有轻度影响
3	承重构件混凝土保护层厚度不足，对钢筋耐久性有较大影响，造成钢筋锈蚀
4	承重构件混凝土保护层厚度严重不足，对钢筋耐久性有很大影响，钢筋失去碱性保护，发生较严重锈蚀

表 8.16 钢筋锈蚀

标度	评定标准	
	定性描述	定量描述
1	完好	承重构件钢筋锈蚀电位水平为 0~-200mV，或电阻率 >20 000Ω·cm
2	承重构件有轻微锈蚀现象	承重构件钢筋锈蚀电位水平为-200~-300mV，或电阻率 为 15 000~20 000Ω·cm
3	承重构件钢筋发生锈蚀，混凝土表面有沿钢筋的裂缝 或混凝土表面有锈迹	承重构件钢筋锈蚀电位水平为-300~-400mV，或电阻率 为 10 000~15 000Ω·cm
4	承重构件钢筋锈蚀引起混凝土剥落，钢筋裸露，表面 膨胀性锈层显著	承重构件钢筋锈蚀电位水平为-400~-500mV，或电阻率 为 5 000~10 000Ω·cm
5	承重构件大量钢筋锈蚀引起混凝土剥落，部分钢筋屈 服或锈断，混凝土表面严重开裂，影响结构安全	承重构件钢筋锈蚀电位水平为<-500mV，或电阻率 <5000Ω·cm

表 8.17 混凝土碳化

标度	评定标准
1	完好
2	承重构件少有碳化现象，且所有碳化深度均小于混凝土保护层厚度
3	承重构件的主要受力部位部分位置出现碳化现象，局部碳化深度大于混凝土保护层厚度，混凝土表面少量胶凝 料松散粉化
4	承重构件的主要受力部位全部测点碳化且碳化深度大于混凝土保护层厚度，混凝土表面胶凝料大量松散粉化

表 8.18 混凝土强度

标度	评定标准	
	定性描述	定量描述
1	承重构件混凝土强度处于良好状态	承重构件混凝土推定强度均质系数 $K_{bt} \geqslant 0.95$，平均强 度均质系数 $K_{bm} \geqslant 1.00$
2	承重构件混凝土强度处于较好状态	承重构件混凝土推定强度均质系数 $0.95 > K_{bt} \geqslant 0.90$， 平均强度均质系数 $0.95 \leqslant K_{bm} < 1.00$
3	承重构件混凝土强度处于较差状态，造成承重构件出现 缺损现象	承重构件混凝土推定强度均质系数 $0.90 > K_{bt} \geqslant 0.80$， 平均强度均质系数 $0.95 \leqslant K_{bm} < 0.95$
4	承重构件混凝土强度处于很差状态，造成承重构件出现 较严重缺损或变形现象	承重构件混凝土推定强度均质系数 $0.80 > K_{bt} \geqslant 0.70$， 平均强度均质系数 $0.85 \leqslant K_{bm} < 0.90$
5	承重构件混凝土强度处于非常差状态，造成承重构件有 严重的变形、位移、失稳等现象，显著影响承载力和行 车安全	承重构件混凝土推定强度均质系数 $K_{bt} < 0.70$，平均强 度均质系数 $K_{bm} < 0.85$

注：K_{bt}——推定强度均质系数；

K_{bm}——平均强度均质系数。

表 8.19 跨中挠度

标度	评定标准	
	定性描述	定量描述
1	完好	—
2	较好，梁体无明显变形	—
3	出现明显下挠，挠度小于限值，或个别构件出现弯曲变形，行车稍感振动或摇晃	跨中最大挠度≤计算跨径的 1/1000；悬臂端最大挠度≤悬臂长度的 1/500
4	出现显著下挠，挠度接近限值，或构件存在明显的永久变形，变形小于或等于规范值，梁板出现较严重病害	跨中最大挠度>计算跨径的 1/1000 且≤1/600；悬臂端最大挠度>悬臂长度的 1/500 且≤1/300
5	挠度或其他变形大于限值，造成结构出现明显的永久变形，梁板出现严重病害，显著影响承载力和行车安全	跨中最大挠度>计算跨径的 1/600；悬臂端最大挠度>悬臂长度的 1/300

表 8.20 结构变位

标度	评定标准
1	完好
2	较好，结构无明显位移
3	横向连接件松动，纵向接缝开裂较大
4	边梁有横移或外倾现象，行车振动或摇晃明显，有异常音
5	构件有严重的横向位移，存在失稳现象，结构振动或摇晃显著

表 8.21 预应力构件损伤

标度	评定标准
1	完好
2	锚头、钢绞线等无明显缺陷
3	钢绞线裸露，出现极个别断丝现象，或锚头出现开裂等现象，或齿板位置处出现部分裂缝，裂缝未超限
4	部分钢绞线断裂或失效，或锚头开裂较严重但未完全失效，或齿板位置处裂缝严重，裂缝超限
5	预应力钢绞线大量断裂，预应力损耗严重，或锚头损坏失效，梁板出现严重变形

表 8.22 简支梁（板）桥、刚架桥裂缝

标度	评定标准	
	定性描述	定量描述
1	完好	—
2	局部出现网状裂纹，或主梁出现少量轻微裂缝，缝宽未超限	网状裂纹累计面积≤构件面积的 20%，单处面积≤1.0m² ，或主梁裂缝缝长≤截面尺寸的 1/3
3	出现大面积网状裂纹，或主梁出现较多横向裂缝（钢筋混凝土梁、板），或顺主筋方向出现纵向裂缝，或出现斜裂缝、水平裂缝、竖向裂缝等，缝宽未超限	网状裂纹累计面积>构件面积的 20%，单处面积>1.0m²，或主梁缝长>截面尺寸的 1/3 且≤2/3

续表

标度	评定标准	
	定性描述	定量描述
4	主梁控制截面出现较多横向裂缝（钢筋混凝土梁、板），或顺主筋方向出现严重纵向裂缝并伴有钢筋锈蚀等，或出现斜裂缝、水平裂缝、竖向裂缝等，裂缝缝宽超限	缝长>截面尺寸的2/3，且间距<20cm
5	主梁控制截面出现大量结构性裂缝，裂缝大多贯通，且缝宽超限，主梁出现变形	缝宽>1.0mm，且间距≤10cm

表 8.23　连续梁桥、连续刚构桥、悬臂梁桥和 T 型刚构桥裂缝

标度	评定标准	
	定性描述	定量描述
1	无裂缝	—
2	局部出现网状裂纹，或主梁出现少量轻微裂缝，缝宽未超限	网状裂纹累计面积≤构件面积的20%，单处面积≤1.0m²，或主梁裂缝缝长≤截面尺寸的1/3
3	出现大面积网状裂纹，或主梁出现横向裂缝（钢筋混凝土梁），或顺主筋方向出现纵向裂缝，或出现斜裂缝、水平裂缝、竖向裂缝等，缝宽未超限	网状裂纹累计面积>构件面积的 20%，单处面积>1.0m²，或主梁裂缝缝长>截面尺寸的1/3 且≤1/2
4	主梁控制截面出现较多横向裂缝（钢筋混凝土梁），或顺主筋方向出现严重纵向裂缝并伴有钢筋锈蚀等，或出现斜裂缝、水平裂缝、竖向裂缝等，裂缝缝宽超限	缝长>截面尺寸的1/2，间距<30cm
5	主梁控制截面出现大量结构性裂缝，裂缝大多贯通，且缝宽严重超限，主梁出现变形	缝宽>1.0mm，间距<20cm

　　从以上的病害指标及评定标准也可看出，我国《公路桥梁技术状况评定标准》（JTG/T H21—2011）在桥梁性能评定上，主要侧重于桥梁结构的安全性能和耐久性能，其使用性能的评价也主要是关注由于安全性和耐久性两方面的原因而对使用性能产生的影响。因此，从某种意义上说，是一种结构的广义安全性能评定，这从对结构安全的重视角度可以理解，但对于结构的多方面性能的综合评价尚有欠缺，有待日后延伸发展。

　　另外，当前的桥梁性能评价主要还是以传统的检测为基础进行的，随着结构健康监测技术的发展，其在实际桥梁的性能评价等活动中应用已越来越广泛，和传统的检测方法有良好的互补作用。随着监测技术的发展，桥梁的健康监测在结构的异常分析与预警、损伤识别、性能评价等方面能发挥更大的功效，桥梁性能评定的评价指标也可进一步拓展，这些监测数据和相应评价指标的加入，对于及时发现病害和增加评价准确性都将起到很好的作用。

　　2）桥梁的承载能力评定
　　桥梁的承载能力是桥梁性能中的一项极其重要的指标，直接关系到桥梁的安全和其结构功能的实现，因此承载能力评定是桥梁性能评价中很重要的一环。桥梁的承载能力包括两方面内容，一是桥梁的承载能力极限状态，主要考虑结构或构件的截面强度和稳定性，二是桥梁的正常使用极限状态，包括桥梁结构的刚度和抗裂性。因此，对在役桥梁需要在结构或构件的强度、刚度、抗裂性和稳定性四大方面进行承载能力的综合评定。

桥梁的承载能力评定，早期是根据我国 1988 年原交通部颁布的《公路旧桥承载能力鉴定方法（试行）》[160]进行承载力鉴定评价的，但该方法采用的旧桥检算系数主要依据专家经验确定，对于桥梁检查/调查结果在桥梁检算过程中如何应用、检算系数如何定量取值以及试验结果评定等方面并未作出明确规定，不能有效应用桥梁检查的结果。为加强检测结果的定量化应用，客观评定桥梁承载能力，规范承载能力检测评定工作，我国交通运输部 2011 年颁布的《公路桥梁承载力检测评定规程》（JTG/T J21—2011）[86]对 1988 年试行的方法进行了全面修订，采用通过对桥梁缺损状况检查、材质状况与状态参数检测和结构检算，在必要时再进行荷载试验的方式评定桥梁承载能力的理念进行实际在役桥梁的承载能力评定。

根据《公路桥梁承载力检测评定规程》（JTG/T J21—2011）规定，对于在役桥梁，在发生以下情况时需要对其承载能力进行检测评定。

① 技术状况等级为 4、5 类的桥梁；
② 拟提高荷载等级的桥梁；
③ 需通过特殊重型车辆荷载的桥梁；
④ 遭受重大自然灾害或意外事件的桥梁。

在桥梁的承载能力评定中，可根据桥梁的各项检测情况，对其承载能力作综合评定，具体方法有以下三种：承载力检算、桥梁静力荷载试验、桥梁动力荷载试验。一般来说，在承载力检算时，可不进行荷载试验，但是如果在检算中发现问题，则需要通过荷载试验进一步对承载能力作出比较准确的评定。

（1）基于检查/调查的承载能力检算

我国的桥梁检算主要依据现行规范，根据桥梁检查与检测结果，采用引入分项检算系数修正极限状态设计表达式的方法进行。在参考以往的资料基础上，着重对结构主要控制截面、结构的薄弱易损部位进行检算，对于受力复杂的构件和部位，还应进行空间结构的检算。验算过程中需根据实际检测/监测数据更新检算公式中的参数，如钢筋因腐蚀而减小的截面、因开裂等原因造成的梁的中性轴高度变化等，通过实际测试获得的数据，可以得到比较真实的桥梁承载能力估计。

我国《公路桥梁承载力检测评定规程》（JTG/T J21—2011）是以基于概率理论的极限状态设计方法为基础，采用引入分项检算系数修正极限状态设计表达式的方法，对在役桥梁承载能力进行检测评定。分项检算系数包括反映桥梁总体技术状况的检算系数 Z_1 或 Z_2，考虑结构有效截面折减的结构截面折减系数 ξ_c 和钢筋截面折减系数 ξ_s，考虑结构耐久性影响因素的承载能力恶化系数 ξ_e，以及反映实际通行汽车荷载变异的活载影响系数 ξ_q。可见公路桥梁的承载能力检测新标准通过结构的检查/调查，引入了反映结构实际状况的一些系数进行检算分析，完善和改进了原旧桥荷载试验指标评价体系。现有的公路桥梁承载能力评定体系可如图 8.8 所示。

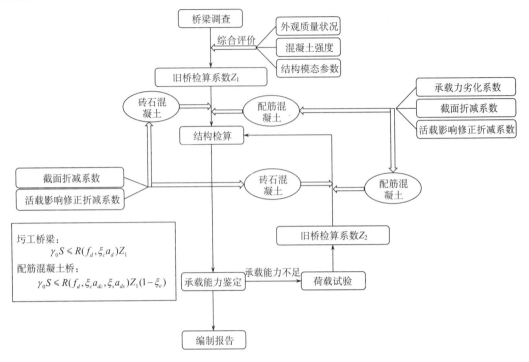

图 8.8　公路桥梁承载能力评定体系

（2）桥梁的静力荷载试验

当通过设计规范验算尚无法明确评定桥梁的承载能力时，需要采用荷载试验进行评定。实际上，由于荷载试验更能真实地反映桥梁的实际状况，准确性较高，因此在桥梁承载能力评定中应用非常普遍。

桥梁的荷载试验包括静力荷载试验和动力荷载试验。桥梁的静力荷载试验是对桥梁进行静力分级加载测试的方法，一般通过装载一定重量重物的多辆卡车，在预先设定的位置逐级加载，同时在桥梁的关键部位和控制截面安装必要的传感器，测量在加载过程中桥梁的静力响应作用，从而分析评定桥梁的承载能力。桥梁的静力荷载试验直观、简单，但是一般需要对桥梁进行封闭，从而中断交通。

（3）桥梁的动力荷载试验

桥梁的动力荷载试验是通过激振器激振，或者车辆的行车、跳车、刹车等激振方式进行激振测试，通过安装在桥梁关键部位的光纤、光栅传感器获取结构相关响应时程，计算结构的模态参数（频率、模态、振型阻尼比、应变模态等）、转角、动挠度等物理参数，据此进一步分析结构的承载能力。桥梁的动力荷载试验相对来说测试更为简单、灵活，测试时间也可缩短，但是其分析相对比较复杂，不够直观。

8.1.3.4　桥梁可靠性评价与疲劳验算

目前结构可靠度一般只考虑结构的安全性、适用性和耐久性，对于桥梁结构也是如此，因此桥梁的可靠度主要用于判定桥梁在安全、耐久等方面的可靠性情况。桥梁结构的可靠度评估，首先要确定各构件的可靠度，然后再综合求出桥梁结构的体系可靠度，以作为桥梁结构的整体可靠度，对桥梁的整体性能状况作出评判。

桥梁结构的可靠度一般以目标可靠指标为评判依据，目标可靠指标的确定一般以"标准法"并结合工程实际经验和经济优化原则综合判断确定。考虑持久状况承载能力极限状态评估时，我国《公路工程结构可靠度设计统一标准》[161]对公路桥梁结构的可靠指标给出了规定，如表 8.24 所示。而针对正常使用极限状态评估时，其目标可靠指标可根据不同类型结构的特点和工程经验确定，规范并未有明确规定的数值，同样在有特殊要求的情况下，结构的目标可靠指标也可根据实际情况酌情自行确定。

表 8.24　公路桥梁结构的目标可靠指标

结构安全等级 构建破坏类型	一级	二级	三级
延性破坏	4.7	4.2	3.7
脆性破坏	5.2	4.7	4.2

注：（1）表中延性破坏系指结构构件有明显变形或其他预兆的破坏；脆性破坏系指结构构件无明显变形或其他预兆的破坏；

（2）当有充分依据时，各种材料桥梁结构设计规范采用的目标可靠指标值，可对本表的规定值作幅度不超过±0.25 的调整。

值得一提的是，目前已有规范中的可靠度计算基本都是静态的可靠度计算，忽略了与结构密切相关的材料、荷载等各种效应的时变特性。然而在实际工程应用中，总结结构材料的劣化和性能退化的规律，对结构进行时变可靠度计算和评估的研究已经成为当今的一个热点课题。为了得到更加准确的结构可靠度情况，同时更好地预测结构的远期性能、使用寿命，结构的时变可靠度会越来越多地被运用于实际工程中。

对于桥梁这样长期经受车辆荷载、风荷载等动力荷载的作用，疲劳破坏也是桥梁结构经常发生的一种病害，且危害很大。桥梁在长期反复荷载作用下，结构抗力会随着疲劳损伤的累积而衰退，最终导致其功能退化甚至失效。对于混凝土桥梁的疲劳检测，通常是通过检测其由于疲劳作用而产生的疲劳裂缝来进行判断，并且根据其裂缝的发展程度，可进一步对其病害的程度进行分析和判定。桥梁在疲劳裂缝出现后，还将改变桥梁的受力状态，促进氯离子的渗入和扩散，加速混凝土的劣化，因此桥梁的疲劳是桥梁失效的一个重要原因，需对桥梁进行疲劳验算和评估。英国的桥梁规范 BS 5400-4—1990、欧洲混凝土桥梁设计规范、美国公路桥梁设计规范（AASHTO）1994、我国的《工程结构可靠性设计统一标准》（GB 50153—2008）[52]等都对桥梁的疲劳验算进行了说明和规定。我国《工程结构可靠性设计统一标准》（GB 50153—2008）规定结构的疲劳可靠性验算应按下列步骤进行。

（1）根据对结构的受力分析，确定关键部位或由委托方明确验算部位；

（2）根据对结构使用期间承受荷载历程的调研和预测，制定相应的疲劳标准荷载频谱；

（3）对结构或局部构造上的疲劳作用和对应的疲劳抗力进行分析评定；

（4）提出疲劳可靠性的验算结论。

8.1.3.5　桥梁加固

通过对桥梁不同结构部位病害的分析，可以看出桥梁上部结构、下部结构和桥面系的病害主要集中在裂缝、混凝土碳化、氯离子侵入、钢筋腐蚀、冻融循环破坏以及荷载破坏等几种。需要对桥梁进行相应的加固和维护，提高桥梁的承载力，保证桥梁的安全运营。

目前桥梁的主要加固维护方法有以下几种。

（1）增大截面及配筋加固法：在梁底或侧面加大尺寸，增配主筋，提高梁的有效高度，从而提高桥梁的承载力。

（2）粘贴钢板加固法：采用粘结剂和锚栓将钢板粘贴锚固在混凝土结构的受拉面或其他薄弱部位，使钢板与加固的混凝土结构形成整体，提高承载力与耐久性，同时可以解决混凝土结构重要部位的开裂问题。

（3）粘贴纤维增强复合材料（FRP）板或布：与传统加固技术相比，具有轻质高强、耐腐蚀性和耐久性强、施工便捷、结构影响较小等优点，广泛应用于国内外桥梁维护加固工程中。

（4）桥面补强层加固法：凿除旧桥面，使补强层与原有主梁形成整体，增大主梁有效高度，改善桥梁荷载横向分布，达到提高桥梁承载能力的目的。

（5）体外预应力法：采用对钢筋混凝土或预应力混凝土梁或板的受拉区施以体外预应力进行加固，以抵消部分自重应力，可较大幅度地提高桥梁的承载能力。

上述加固方法在第 6 章中均有详细介绍。

8.1.4　桥梁资产管理

桥梁资产管理的基本战略是要通过对桥梁导入资产管理，对其全寿命周期的维护成本进行抑止并尽力达到最小化，从而缓解和解决大量桥梁进行维护、更新时的财政预算不足问题，确保桥梁年度的维护更新预算和桥梁整个寿命周期的维护更新费用，从而达到保持交通网络的持续畅通，为社会和广大民众提供便利。

对于桥梁的资产管理，可以分为单个桥梁的资产管理与桥梁群的资产管理两个方面进行分析。对于单个桥梁，其资产管理的实施需首先通过对桥梁的检查和调查，对桥梁结构的性能水平作出评估，在此基础上，考虑一些桥梁的特殊性质和当地的特殊环境，以及该桥梁在当地的重要性，确定对桥梁进行资产管理的方案类型，再结合桥梁在将来的性能变化预测，对其进行全寿命周期成本进行计算。图 8.9 所示为单个桥梁的资产管理方式。

我们在对社会资产进行管理的时候，仅考虑单一结构是远远不够的。一个城市的交通网络是由不同种类很多个基础设施结构共同组成，如果光从桥梁来看，则会有多个桥梁组成一个桥梁网络，这些桥梁或多或少、或早或晚都需要进行维修、加固等维护操作，因此我们需要统观这些桥梁的维护进展，并对其相应的预算进行计算。由于经费有限，

通常我们需要根据预算来调整这些桥梁的资产管理方式。因此需要我们从桥梁结

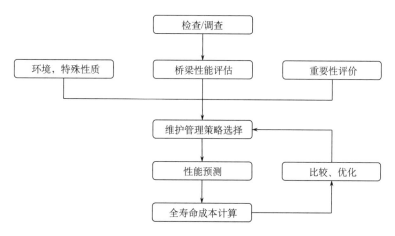

图 8.9　单个桥梁的资产管理

构群这一角度来对其进行资产管理。图 8.10 为针对资产结构群的资产管理示意图,可见,我们在进行资产管理的时候,要根据中长期的预算来调整资产管理的方案类型,当然中长期的预算也需要考虑桥梁的实际情况作出调整,在两者的调整达到匹配时,即可确定资产管理的预算计划和实行方案。

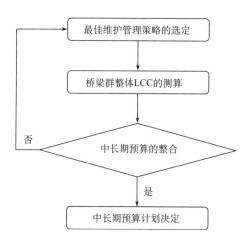

图 8.10　资产结构群的资产管理

8.1.4.1　桥梁资产管理计划实例

桥梁资产管理在大多数发展中国家还处于探索阶段。发达国家由于建设速度大大减缓,对已有资产的管理更加重视。例如,日本的青森县对下辖桥梁制定了在 2006～2010 年间的资产管理的战略,并进行了实施,取得了不错的效果。日本的青森县下辖青森、弘前、八户、五所川原、十和田、陆奥市和鲹泽町共 8 个地区 2316 座桥,其中 15 米以上共 747 座,15 米以下共 1569 座,具体如表 8.25 所示。

表 8.25　桥梁管理对象　　　　　　　（单位：座）

	青森	弘前	八户	五所川原	十和田	陆奥市	鲹泽町	小计
15m 以上	130	174	76	65	121	98	83	747
不足 15m	257	401	127	250	188	161	185	1569
合计	387	575	203	315	309	259	268	2316

青森县通过导入资产管理以及从结构长期性观点对桥梁进行高效管理，其长期战略包括对一般桥梁使用长寿命化手段使得桥梁的全寿命周期成本最小化，以及对严重劣化桥梁进行拆除重建。根据青森县的财政计划，以及基于定期检查/调查的桥梁管理系统，对 50 年间的桥梁投资进行模拟分析，并对全寿命周期成本进行优化，并基于此制定了《青森县桥梁资产管理 30 年预算计划》。计划在前 5 年将主要投资用于对存在劣化的结构进行修复至健全度指标合格的水平，而对于严重劣化和老化的桥梁，则计划投资进行有计划的分批更新。其预算目标如表 8.26 所示。

表 8.26　预算目标　　　　　　　（单位：亿日元）

	2006 年	2007 年	2008 年	2009 年	2010 年	合计
长寿命化维护管理预算	41	30.5	30.5	26	26	154
桥梁更新预算	12	12	12	12	12	60

同时，和预算目标对应，青森县也给出了具体的管理目标。对于结构的具体维护管理策略类型，分成了战略对策、LCC 最小、早期对策（highgrade，HG）、早期对策、事后对策、事后对策（构造安全确保型）、结构更新等 7 种维护管理类型进行规划和统计。其维护管理策略类型的分布情况如表 8.27 所示。

表 8.27　维护管理策略类型的分布情况　　　　　　　（单位：座）

	2006 年	2007 年	2008 年	2009 年	2010 年
战略对策	12	12	12	12	12
LCC 最小	364	366	370	371	374
早期对策（HG）	184	184	184	184	184
早期对策	54	54	54	54	54
事后对策	67	67	67	67	67
事后对策（构造安全确保型）	11	11	11	11	11
结构更新	37	35	31	30	27

其中战略对策型维护管理是针对特殊环境桥梁的战略性对策，主要是考虑若对某些特殊环境的桥梁进行大规模维修活动。其长期交通管制等会对社会产生巨大影响，同时庞大的维修费用对预算的影响也很大，因此宜考虑实行对其进行一些预防措施的对策战略。LCC 最小型维护管理是指在制定桥梁维护管理时，按照 LCC 最小化的原则执行。

早期对策（HG）型维护管理是指在劣化和损伤出现初期对桥梁制定早期的对策，并执行能实现 LCC 最优的维护管理策略。而早期对策型维护管理与之类似，实行早期对策，但是更多的考虑对初期成本的控制。事后对策型维护管理是指劣化和损伤对人员产生安全影响前，实行的事后对策。事后对策（构造安全确保型）维护管理是指实行与之前类似的事后对策，但是由于预算原因，可执行比事后对策稍晚一些的对策。结构更新型维护管理则是指对于存在安全等问题的桥梁，进行构件、部件甚至全体结构的更新。

同时青森县还详细制定了对桥梁进行长寿命化维修加固的 5 年计划（共涉及 304 座桥），和从 2006 年开始进行桥梁更新的详细 5 年计划，具体计划如表 8.28、表 8.29 所示。

表 8.28 长寿命化维修加固的 5 年计划

年度	县土地整备事务所	路线·桥梁名·事业内容
2006	青森	妙见桥，地上钢制结构（重新喷涂）等 14 座
	弘前	石名板桥，地下结构（抗震加固）等 6 座
	八户	松森桥，地上钢制结构（重新喷涂）等 4 座
	五所川原	三好桥，地上混凝土结构（断面修复）等 4 座
	十和田	菩提寺桥，地上钢制结构（重新喷涂）等 7 座
	陆奥市	材木桥，地下结构（抗震加固）等 15 座
	鲹泽町	新赤石大桥，地下结构（抗震加固）等 17 座
	小计	67 座
2007	青森	翌桧大桥，地上混凝土结构（阴极保护防腐）等 13 座
	弘前	门沢桥，地上结构（抗震加固）等 16 座
	八户	戎桥，地下结构（抗震加固）等 2 座
	五所川原	新奴桥，地上钢制结构（重新喷涂）等 3 座
	十和田	开运桥，地下结构（抗震加固）等 6 座
	陆奥市	福浦桥，地下结构（抗震加固）等 12 座
	鲹泽町	明海桥，地上混凝土结构（断面修复）等 7 座
	小计	59 座
2008	青森	三厩大桥，地上混凝土结构（表面处理）等 6 座
	弘前	冲浦大桥，地下结构（抗震加固）等 8 座
	八户	高濑桥侧道，地上钢制结构（重新喷涂）等 3 座
	五所川原	姥苞高架桥，地上钢制结构（重新喷涂）等 8 座
	十和田	若叶步行桥，地上钢制结构（重新喷涂）等 9 座
	陆奥市	易国见桥，地上混凝土结构（断面修复）等 11 座
	鲹泽町	鸣沢桥，地上钢制结构（重新喷涂）等 13 座
	小计	58 座

续表

年度	县土地整备事务所	路线·桥梁名·事业内容
2009	青森	广濑桥，地上混凝土结构（表面处理）等 18 座
	弘前	燕桥，地上钢制结构（重新喷涂）等 13 座
	八户	五所川桥，地上钢结构（重新喷涂）等 3 座
	五所川原	津轻大桥，地上钢制结构（重新喷涂）等 10 座
	十和田	三保野桥，地上钢制结构（重新喷涂）等 7 座
	陆奥市	上大佃桥，地上混凝土结构（表面处理）等 5 座
	鲹泽町	美浓拾桥，地上钢制结构（重新喷涂）等 8 座
	小计	64 座
2010	青森	东田泽桥，地上混凝土结构（表面处理）等 9 座
	弘前	二庄内桥，地上钢制结构（重新喷涂）等 23 座
	八户	境之桥，地上钢制结构（重新喷涂）等 3 座
	五所川原	乾桥，地上钢制结构（重新喷涂）等 8 座
	十和田	第一跨线桥，地上钢制结构（重新喷涂）等 9 座
	陆奥市	陆奥大桥步行桥，地上钢制结构（重新喷涂）等 2 座
	鲹泽町	大高山第二路桥，地上钢制结构（重新喷涂）等 2 座
	小计	56 座

表 8.29　桥梁更新的 5 年计划

年度	县土地整备事务所	路线·桥梁名
2006	鲹泽町等	国道 101 号，入良川桥等 11 座
2007	鲹泽町等	国道 101 号，千叠覆桥等 10 座
2008	陆奥市等	国道 279 号，正津川桥等 9 座
2009	青森等	国道 280 号，与茂内桥等 8 座
2010	青森等	国道 280 号，滨名桥等 10 座

8.1.4.2　桥梁资产管理运营计划实例

桥梁资产管理的实施包括平常的日常管理、发生地震等自然灾害时的异常时期管理以及考虑桥梁资产管理相关的事务管理等三大部分。其日常管理又可分别按预算相关事务、检查/调查相关事务和施工相关事务进行区分管理，具体如表 8.30 所示。

异常时期管理则需要根据异常时期管理事务、桥梁的检查/调查结构及其他必要资料进行详细分析。而其他相关事务管理则包括资产管理运行管理事务、调研学习事务以及普及教育事务等。

此外青森县对各种桥梁进行了日常检查、定期检查以及清洁维护施工划分。

表 8.30 青森县桥梁资产管理运营计划

	预算相关事务		检查/调查相关事务		施工相关事务(维修标准)	
	道路科	县土地整备所	道路科	县土地整备所	道路科	县土地整备所
4月	申请	事务所修正		巡检实施		
	最终质询后确定实施工程			管理业务招标		管理招标
	计划修正，制定对策					设计/调查招标
5月	长寿命化修补、更新、检查/调查的五年计划			日常检查(一次)		
	制定个别调查方案(补修)	制定个别调查方案(更新)				
	概算期望质询					
6月	概算期望			结束	个别调查方案修正(补修)	设计协议
7月				日常检查(二次)		
				定期检查招标		
8月			结束		结束	
9月	制定个别调查方案(补修)	制定个别调查方案(更新)	紧急对策、五年计划变更质询			对策施工招标
	概算期望修正					
10月	下年度预算制订					
11月	期望修改					
	五年计划修正		检查结果发布、紧急对策质询			
12月			结束			
1月	长寿命化修补、更新、检查/调查的五年计划(最新)					
	制定个别调查方案(补修)	制定个别调查方案(更新)				
2月	下年度事务所工程等相关质询					
3月	交付申请质询				结束	
	交付申请制订 内部公开					结束
4月	申请	事务所修正				

清洁、维护工程（纵向文本，贯穿右侧列）

1）日常检查

青森县的日常巡检分为"一般日常检查"和"详细日常检查"两种类型，其中"一般日常检查"是层次相对较低的检查/调查活动，且检查频率相比"详细日常检查"高；如果在"一般日常检查"中发现损伤，或者根据 5 年计划在今后 2 年内需要采取对策的桥梁，或是由于需采取紧急措施，在对策施工之前需要密切观察的情况下，需要对桥梁进行详细日常检查，相比一般日常检查，其检查/调查的内容要多，对结构的理解会更加深入，但总体来说还是局限于日常巡检框架之内。根据对全县的桥梁进行考察，制定对桥梁的"一般日常检查"和"详细日常检查"计划如表 8.31、表 8.32 所示。

表 8.31　一般日常检查计划实施桥梁数　　　（单位：座）

县土地整备事务所	桥梁数		合计
	桥长未满 15m	桥长 15m 以上	
青森	257	130	387
弘前	401	174	575
八户	127	76	203
五所川原	250	65	315
十和田	188	121	309
陆奥市	161	98	259
鲹泽町	185	82	267
合计	1569	746	2315

表 8.32　详细日常检查计划实施桥梁　　　（单位：座）

县土地整备事务所	2006 年	2007 年	2008 年	2009 年	2010 年	合计
青森	26	30	32	15	7	110
弘前	30	29	42	30	9	140
八户	7	8	8	6	3	32
五所川原	15	22	20	10	4	71
十和田	15	16	16	9	0	56
陆奥市	24	17	8	3	1	53
鲹泽町	21	23	12	4	2	62
合计	138	145	138	77	26	524

2）定期检查

按照之前的分析评估，青森县对全县的 593 座桥梁制定了定期检查计划，定期检查原则上每 5 年进行一次，具体计划如表 8.33 所示。

表 8.33　桥梁的定期检查计划

年度	县土地整备事务所	桥梁名
2006	青森	青森中央大桥
	弘前	新桂桥等 3 座
	八户	合同厅前步行桥等 3 座
	五所川原	乾桥侧道桥
	十和田	三本木跨线桥等 4 座
	陆奥市	新爱宕桥
	鲹泽町	观音桥等 2 座
	小计	15 座
2007	青森	八甲田大桥等 24 座
	弘前	新丰桥等 34 座
	八户	田子桥等 18 座
	五所川原	姥苞高架桥等 13 座
	十和田	离桥等 24 座
	陆奥市	朝比奈桥等 21 座
	鲹泽町	森田跨线桥等 16 座
	小计	150 座
2008	青森	妙见桥等 19 座
	弘前	石名滨桥等 28 座
	八户	白山台大桥等 19 座
	五所川原	津轻苹果大桥等 11 座
	十和田	新川桥等 21 座
	陆奥市	品之木桥等 20 座
	鲹泽町	砂山桥等 28 座
	小计	146 座
2009	青森	新今别桥等 28 座
	弘前	门沢桥等 40 座
	八户	成桥等 11 座
	五所川原	新奴桥等 4 座
	十和田	百两桥等 20 座
	陆奥市	小赤川桥等 22 座
	鲹泽町	津梅桥等 10 座
	小计	135 座
2010	青森	三厩桥等 26 座
	弘前	下川桥等 30 座
	八户	小向桥等 13 座
	五所川原	姥苞高架桥等 11 座
	十和田	御幸桥等 24 座
	陆奥市	易国间桥等 21 座
	鲹泽町	鸣泽桥等 13 座
	小计	138 座

青森县同样制定了桥梁的清洁和维护施工预案，如表 8.34 所示。

表 8.34　清洁和维护施工计划　　　　　　　（单位：座）

县土地整备事务所	桥梁数		合计
	桥长未满 15m	桥长 15m 以上	
青森	257	130	387
弘前	401	174	575
八户	127	76	203
五所川原	250	65	315
十和田	188	121	309
陆奥市	161	98	259
鲹泽町	185	82	267
合计	1569	746	2315

8.2　隧　　道

8.2.1　隧道的病害

我国隧道工程目前处于快速发展时期，并已成为世界上隧道数量最多和长度最长的国家。但是各种不同程度的隧道病害使得我国隧道工程的维护管理面临严峻的挑战。与发达国家相比，我国的隧道建设起步较晚，隧道维护管理的思想观念也较为落后，维护管理存在许多问题。如在役隧道运营状态堪忧，经验较少，对隧道健康的认识存在严重不足等。据统计，我国 60%以上的铁路和公路隧道存在着不同程度的衬砌破坏、基底下沉以及水害等病害情况，严重影响了运营安全以及造成大量的人力、财力、物力的损失。为减少隧道病害的发生，保证隧道的安全运营，需要深入剖析病害成因，针对性地提出治理对策。隧道的病害一般主要分衬砌的病害、基底的病害、水害以及附属设施的病害等四种。下面针对这四种病害形式进行总结（如表 8.35 所示）。

表 8.35　隧道的主要病害

病害种类	病害现象	病害具体原因与特点
衬砌/管片的侵蚀与裂损	水蚀	溶出型侵蚀
		硫酸盐侵蚀
		镁盐和碳化物侵蚀
	冻蚀	冻融循环交替侵蚀
	烟蚀	汽车或火车的化学性烟雾侵蚀
	钢筋混凝土劣化	混凝土碳化引起的表面损坏
		混凝土剥落、剥离破坏

续表

病害种类	病害现象	病害具体原因与特点
衬砌/管片的侵蚀与裂损	钢筋混凝土劣化	钢筋锈蚀引起的承载力下降
		管片间螺栓锈蚀破坏
	衬砌/管片开裂	纵向裂缝
		环向裂缝
		斜向裂缝
	骨料溶胀	骨料遇水溶解或膨胀
基底的病害	基底开裂	地下水渗入与车荷载导致的频繁振动
	基底下陷	基底混凝土被含腐蚀性水侵蚀，基底形成地层空洞等
	翻浆冒泥	基底混凝土在车荷载反复振动加压下出现裂缝和空隙，导致基底翻浆冒泥
水害	施工中的水害	围压蕴藏的地下水或隧道附近地表水渗入
	运营中的水害	隧道围岩漏水或涌水
		管片接缝渗水
		隧道衬砌四周积水
	潜流溶蚀	隧道道床下沉
		围岩错位变形
附属设施的病害	洞口段的病害	洞口段或浅埋段的偏压导致的前倾或移动
		隧道口钢筋混凝土破坏塌落
	排水设施的病害	排水道侵蚀破坏
		碎石、砂浆等阻塞排水道
	检修道的病害	检修道板的破损、缺失和塌陷
	机电设施的病害	供配电设施长期运行发热、火花等引起的设备故障
		轴流风机、离心风机、射流风机等机械故障引起的隧道通风不畅

8.2.2 隧道管理系统

隧道结构与桥梁结构两者结构形式不同，病害情况也不同，具体的维护管理的方法也各不相同。但隧道和桥梁同属土木交通领域的典型结构，其管理系统从宏观上是类似的，其系统设计的功能模块主要包括结构检测/监测、数据库管理、病害诊断与预测、隧道性能与健全度评估、维修及加固方案、全寿命经济性分析以及决策管理等几个方面。隧道管理系统的系统架构如图 8.11 所示。

8.2.3 隧道的检查

隧道体量大，且埋于地下隐蔽性强，这些都给隧道结构的检查带来很多困难，采用和开发合理有效的检测/监测手段，对于发现隧道病害和合理评估具有很重要的作用。1995 年，国际隧道协会（International Tunnel Association, ITA）的 Maintenance and Repair

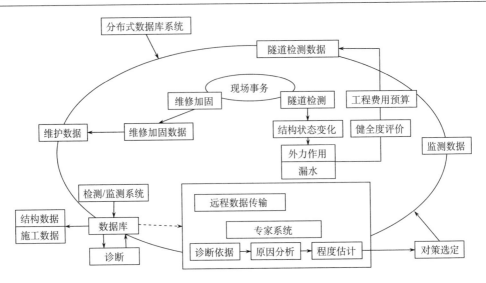

图 8.11　隧道信息管理系统 TMS 系统架构

of Underground Structures 工作组发表了《隧道无损测试方法的最新进展》研究报告，对适用于运营期隧道的全面和快速测试方法提出了具体要求，并指出探地雷达、红外热成像法和多光谱分析（multispectral analysis）这三种方法在隧道检测中将得到广泛应用。美国联邦高速公路管理委员会（Federal Highway Administration, FHWA）颁布了《铁路隧道及地下结构的检测策略和程序指南》（inspection policy and procedures for rail transit tunnels and underground structures），对美国巴尔的摩、旧金山、纽约、芝加哥和中国香港五个城市的地铁隧道以目测为主的日常管养进行介绍。该指南建议的检查项目主要包括：混凝土裂缝、表面混凝土破碎脱落、表面潮湿与渗漏水、接缝/连接处检查等。2003年，美国联邦高速公路管理委员会又与联邦轨道交通管理局（Federal Transit Administration, FTA）共同颁布了《高速公路和轨道交通隧道检测手册》（Highway and Rail Transit Tunnel Inspection Manual），并于 2005 年进行了修正。混凝土隧道的目测检查主要有各种表面破损与剥落、混凝土裂缝、接缝/连接处检查、渗漏水等，对各类异常均需详细测量其范围并描述其发展程度。而诸如超声波探伤之类的无损检测主要用于探测混凝土壁后孔洞与空洞、钢筋与混凝土剥离、混凝土厚度变化等。日本于 2002 年发布了《公路隧道定期检测指南》用于指导隧道的定期检测和养护，指南要求应用冲击回波法探查衬砌情况，并绘制异状展开图后采用热成像等技术进一步检查，改变了日本以往由检查者依经验自行判断混凝土剥落的检查方式。我国交通部最早在 1996 年颁布了《公路养护技术规范》（JTJ 073—96）[162]，于 2003 年针对隧道的养护专门发布了《公路隧道养护技术规范》（JTG H12—2003）[66]，并于 2015 年 3 月更新，颁布实施了《公路隧道养护技术规范》（JTG H12—2015）[163]，用于对公路隧道的维护管理中的检查、评估和维修等作出规范性指导。铁道部于 2004 年也发布了《铁路隧道衬砌质量无损检测规程》（TB 10223— 2004）[164]，用于指导铁路隧道的无损检测。

参照国际隧道协会"盾构隧道衬砌设计指南"（guide lines for the design of shield tunnel lining）的要求，隧道检测/监测断面一般应包含以下位置。

（1）覆土层最厚的断面；

（2）覆土层最浅的断面；

（3）地下水位最高的断面；

（4）地下水位最低的断面；

（5）附加荷载大的断面；

（6）具有偏心荷载的断面；

（7）地表不平的断面；

（8）已有毗邻隧道或将来规划有毗邻隧道的断面；

（9）处于围岩破碎带之间或附近的断面；

（10）已经发现有开裂、沉降、接缝张开、错位等病害发生区段的断面。

隧道的检查除了其断面之外，其他项目也非常重要，需要进行仔细检查，如隧道的纵向变形、围岩的变化、排水系统、附属设备等。日本土木学会《土木学会：隧道维护管理》针对隧道的病害特征，对不同隧道的检查部位作了建议，如表 8.36 所示。（表中的隧道类型主要分成了以矿山法施工为主的山岭隧道及以盾构法施工的都市隧道，表中分别以"山"、"都"表示；此外，表中隧道的结构构造变化位置是指诸如既有隧道与新建隧道的接合部位、隧道的分叉部位以及隧道施工手法发生变化的部位等。）

我国对隧道检查的规定较为细致。根据我国《公路隧道养护技术规范》（JTG H12—2015）[163]，土建结构部分的检查类型包括：日常检查、经常检查、定期检查、应急检查和专项检查。其中日常检查根据养护等级每 1～2 天对结构进行的简易定性检查；经常检查是介于日常检查和定期检查之间的一种检查，频率比日常检查略多，但少于定期检查，一般根据养护等级在每 1～4 个月 1 次，主要根据结构外观状况进行的一般性定性检查，其检查内容和判定描述可如表 8.37 所示；定期检查则是按照规定的频率对结构进行的比较全面的检查，如表 8.38 所示。可见这里的日常检查、经常检查、定期检查都是属于周期性检查一类，只不过对其再进行了细分，设定了一个作为中间产物的经常检查。应急检查则是在隧道遇到自然灾害、发生事故或是出现其他异常或突发事件后对结构进行的比较详细的检查。而这里的"专项检查"则是在以上日常检查、经常检查、定期检查和应急检查中发现问题后，为进一步查明损伤和病害的详细情况而进行的更为深入的专门检测、分析工作，实则为之前所述的详细检查。我国《公路隧道养护技术规范》（JTG H12—2015）中对土建结构的专项检查主要内容如表 8.39 所示。

以上介绍了中、日两国对于隧道维护管理而进行结构检查的检查方式和检查内容，而隧道检查项目中进行的具体检测和监测方法，主要如表 8.40 所示。

表 8.36　隧道的检查/调查项目[165]

| 隧道的病害现象 | | | | 检查调查项目 | | | | 构造物检查调查 | | | | | | 地形·地质检查调查 | | |
部位	情况	病害现象	隧道类型	资料文献调查	环境气象调查	目视调查	打音检查	衬砌表面调查	裂缝检查	衬砌变形检查	衬砌内部背面调查	衬砌应变检查	材料试验	地质钻探调查	山体变形调查	地下水调查
隧道主体、衬砌	损伤	接合部分离、错位、高差、开裂	山·都	○	○	○		○	○	○						
		裂缝、混凝土接缝开裂	山·都	○	○	○	○	○	○	○						
		剥落、脱落	山·都	○	○	○	○	○	○							
	变形	横移、截面变形	山·都	○	○	○		○		○	○	○		○		
		移位、侧墙扭转、沉降	山	○	○	○		○		○	○	○		○	○	○
	材料劣化、材质不良	混凝土盐霜	山·都	○	○	○	○	○	○		○					○
		麻面、断面缺损	山·都	○	○	○	○	○					○			○
		钢筋外露、腐蚀	山·都	○	○	○	○	○					○			○
		钢板腐蚀、螺栓腐蚀	山·都	○	○	○		○					○			○
	漏水、冻结	冰锥、结冰	山	○	○	○		○								○
		漏水	山·都	○	○	○		○					○			○
	表面附着物	白华、锈斑	山·都	○	○	○		○					○			○
		霉斑、发霉发黑、淤泥	山·都	○	○	○		○								
路面、路基	损伤	裂缝	山·都	○	○	○		○	○	○	○	○				○
	变形	隆起、沉降	山·都	○	○	○		○	○	○	○	○		○		○
		隧道轴向变形	山·都	○	○	○		○	○	○	○	○			○	
		排水沟盖板翻转	山	○	○	○									○	

续表

部位	情况	病害现象	隧道类型	资料文献调查	环境气象调查	目视调查	打音检查	衬砌表面调查	裂缝检查	衬砌变形检查	衬砌内部面背部调查	衬砌应变检查	材料试验	地质钻探调查	山体变形调查	地下水调查
排水沟	流入水	结冰	山	○	○	○										○
		漏水	山·都	○	○	○										○
	进入物	突泥、泥沙	山·都	○	○	○								○		○
		霉斑、淤泥	山·都	○	○	○								○		○
坑口及开口部位	损伤	裂缝、接口不合	山·都	○		○										
	变形	前倾、沉降、移位	山	○		○				○	○	○			○	
		裂缝	山·都	○		○										
构造变化部位	损伤	接合部分离、错位、高差、开裂	山·都	○		○	○	○	○	○	○					
	变形	横截面变形、纵断面变形	山·都	○		○	○	○	○		○	○		○		
	流入水	漏水	山·都	○	○	○	○	○	○		○			○	○	○
附属设施	腐蚀	支撑金属部件腐蚀	山·都	○		○	○	○								
	变形	锚固部件松动、脱落	山·都	○		○	○	○								
维修、加固处	劣化	浮起、裂缝、剥离、脱落	山·都	○		○	○	○	○		○					
山地	损伤	隧道围岩变形	山	○		○						○		○	○	○
	变形	地表沉降、塌陷	山·都	○	○	○				○	○	○		○	○	

表 8.37　经常检查内容和判定标准

项目名称	检查内容	判定	
		一般异常	严重异常
洞口	边（仰）坡有无危石、积水、积雪；洞口有无挂冰；边沟有无淤塞；构造物有无开裂、倾斜、沉陷等	存在落石、积水、积雪隐患；洞口局部挂冰；构造物局部开裂、倾斜、沉陷，有妨碍交通的可能	坡顶落石、积水浸流或积雪崩塌；洞口挂冰掉落路面；构造物因开裂、倾斜或沉陷而致剥落或失稳；边沟淤塞，已妨碍交通
洞门	结构开裂、倾斜、沉陷、错台、起层、剥落、渗漏水（挂冰）	侧墙出现起层、剥落；存在渗漏水或结冰，尚未妨碍交通	拱部及其附近部位出现剥落；存在喷水或挂冰等，已妨碍交通
衬砌	结构裂缝，错台，起层，剥落	衬砌起层，且侧壁出现剥落状况，尚未妨碍交通，将来可能构成危险	衬砌起层，且拱部出现剥落状况，已妨碍交通，并有继续恶化的可能
	施工缝（渗漏水）	存在渗漏水，尚未妨碍交通	大面积渗漏水，已妨碍交通
	挂冰，冰柱	存在结冰现象，尚未妨碍交通	拱部挂冰，形成冰柱，已妨碍交通
路面	落物，油污；积水或结冰；路面拱起，坑洞，开裂，错台等	存在落物、滞水、结冰、裂缝等，尚未妨碍交通	拱部落物，存在大面积路面滞水、结冰或裂缝，已妨碍交通
检修道	结构破损；盖板缺损；栏杆变形，损坏	栏杆变形，破损；道板缺损；结构破损，尚未妨碍交通	栏杆局部毁坏或侵入建筑限界；道路结构破损，已妨碍交通
排水设施	破损，堵塞，积水，结冰	存在缺损、积水或结冰，尚未妨碍交通	沟管堵塞，或从吊顶板漏水严重，已妨碍交通
吊顶及各种预埋件	变形，破损，漏水（挂冰）	存在缺损、漏水，尚未妨碍交通	缺损严重，或从吊顶板漏水严重，已妨碍交通
内装饰	脏污，变形，破损	存在破损，尚未妨碍交通	破损严重，已妨碍交通
标志，标线，轮廓标	是否完好	存在脏污，部分缺失，可能会影响交通安全	基本缺失或严重缺失，影响行车安全

表 8.38　定期检查内容表

项目名称	检查内容
洞口	山体滑坡，岩石崩塌的征兆及其发展趋势；边坡、碎落台、护坡道的缺口、冲沟、潜流涌水、沉陷、塌落等及其发展趋势
	护坡，挡土墙的裂缝，断缝，倾斜，鼓肚，滑动，下沉的位置、范围及其程度，有无表面风化、泄水孔堵塞、墙后积水、地基错台、空隙等现象及其程度
洞门	墙身裂缝的位置、宽度、长度、范围或程度
	结构倾斜、沉陷、断裂范围、变位量、发展趋势
	洞门与洞身连接处环向裂缝进展情况、外倾趋势
	混凝土起层、剥落的范围和深度，钢筋有无外露，受到锈蚀
	墙背填料流失范围和程度
衬砌	衬砌裂缝的位置、宽度、长度、范围或程度，墙身施工缝开裂宽度、错位量
	衬砌表层起层、剥落的范围和深度
	衬砌渗漏水的位置、水量、浑浊、冻结状况

续表

项目名称	检查内容
路面	路面拱起、沉陷、错台、开裂、溜滑的范围和程度；路面积水、结冰等范围和程度
检修道	检修道毁坏、盖板缺损的位置和状况；栏杆变形、锈蚀、缺损等的位置和状况
排水系统	结构缺损程度，中央窨井盖、边沟盖板等完好程度，沟管开裂漏水状况；排水沟（管）、积水井等淤积堵塞、沉沙、滞水、结冰等状况
吊顶及各种预埋件	吊顶板变形，缺损的位置和程度；吊杆等预埋件是否完好，有无锈蚀、脱落等危及安全的现象及其程度；漏水（挂冰）范围及程度
内装饰	表面脏污、缺损的范围和程度；装饰板变形、缺损的范围和程度等
标志，标线，轮廓标	外观缺损、表面脏污状况，连接件牢固状况，光度是否满足要求等

表8.39 专项检查项目表

检查项目		检查内容
结构变形检查	公路线形、高程检查	公路中线位置、路面高度、缘石高度以及纵、横坡度等测量
	隧道横断面检查	隧道横断面测量，周壁位移测量（与相邻或完好断面比较）
	净空变化检查	隧道内壁间距测量
裂缝检查	裂缝调查	裂缝的位置、宽度、长度、进展范围或程度等
	裂缝检测	裂缝的发展变化趋势及其速度；裂缝的方向及深度等
漏水检查	漏水调查	漏水的位置、水量、浑浊、冻结及原有防排水系统的状态等
	漏水检测	水温，pH检查、电导度检测、水质化学分析
	防排水系统	拥堵、破坏情况
材质检查	衬砌强度检查	强度简易测定，钻孔取芯，各种强度试验等
	衬砌表面病害	起层、剥落、蜂窝、麻面、孔洞、露筋等
	混凝土碳化深度检测	采用酚酞液检查混凝土的碳化深度
	钢筋锈蚀检测	剔凿检测法、电化学测定法、综合分析判定法
衬砌及围岩状况检查	无损检查	无损检测衬砌厚度、空洞、裂缝和渗漏水等，以及钢筋、钢拱架、衬砌配筋位置及保护层厚度、围岩情况、仰拱充填层密实程度及其下岩溶发育情况
	钻孔检查	钻孔测定衬砌厚度等，内窥镜观测衬砌及围岩内部状况
荷载状况检查	衬砌应力及拱背压力检查	衬砌不同部位的应力及其变化、拱背压力的分布及其变化
	水压力检查	地下水丰富的隧道检查衬砌背后水压力大小、分布及变化规律

表 8.40　检测/监测项目的测定方法

性能	检查内容	指标	检查方法		备注
			检测	监测	
安全性能 使用性能 第三方影响性 耐久性能	开裂	裂缝分布	目视		
			图像解析	图像解析	
				分布式光纤,分布式长标距 FBG 区域传感	关键部分重点监测
				导电涂料	
		裂缝大小	裂缝计	长标距光纤光栅传感器	监测标距内裂缝
			图像解析	图像解析	
				分布式光纤,分布式长标距 FBG 区域传感	关键部分重点监测
	应力	管片	应变计,钢筋计	光纤、光栅传感器	盾构管片
		支护结构	应变片	光纤、光栅传感器	支护结构的钢材、混凝土
			轴力计	光纤、光栅传感器	锚杆
			力传感器	光纤、光栅传感器	锚杆固定端
			埋入式应变计	光纤、光栅传感器	喷涂混凝土
		衬砌	应变计	光纤、光栅传感器	混凝土二次衬砌
	变形	应变及分布	应变计	光纤、光栅传感器	
		内部变形	卷尺		
			全站仪	分布式光纤,分布式长标距 FBG 区域传感	具备测距、角度测量功能
		地基变形	沉降计	分布式光纤,分布式长标距 FBG 区域传感	
			倾角仪	倾角仪	
	荷载	围岩或衬砌压力（地应力）	土压力计		包括隧道周边的围岩内的应力
		间隙水压力	间隙水压计		
	混凝土质量	混凝土剥离、剥落、空洞	打音检查		打音法、冲击弹性波法、超声波法
			弹性波法		
			电磁波法		
			红外线法		
		强度	钻芯取样法		芯样试验
			回弹法		

续表

| 性能 | 检查内容 | 指标 | 检查方法 | | 备注 |
			检测	监测	
耐久性能 安全性能	腐蚀	碳化深度	酚酞测试		
			硝酸银喷射法		
		氯离子含量	指示剂或电位滴定		取样分析
		钢筋位置	电磁波诱导法		
			电磁波法		
		钢筋锈蚀	剔凿法	光纤、光栅传感器	剔凿法属于半破损 检测法
			自然电位法等		线性极化法、阻抗法

8.2.4 隧道的性能评估

与桥梁的性能评估类似，隧道的性能评估通常也可通过层次分析法进行整体性能的评估和分级。隧道的性能评估需考察的部分一般包括隧道的土建结构、隧道的机电设施，以及其他相关的工程设施，根据这些结构的性能状态，通过分层综合评定并结合隧道的单项控制指标，可得到隧道的整体性能状态，如图 8.12 所示。我国交通部于 2015 年 3 月 1 日颁布实施的《公路隧道养护技术规范》（JTG H12—2015）便依此原则实现了公路隧道的部件和整体的技术状况评定。

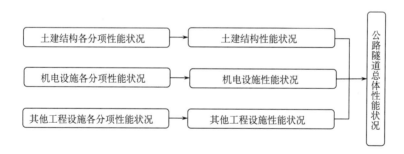

图 8.12　隧道性能评估方法

可见，隧道结构的性能评估需要根据维护管理计划，通过对隧道的三大组成部分进行检查和调查，并根据各项目的检查/调查结果，对其各构件、部件等组成部分进行分析评估，获得其三大组成部分的性能状况，继而进一步获得结构的整体性能状况并分级。其性能评估的流程如图 8.13 所示。

我国对隧道的性能评估主要还是偏向于针对隧道安全、耐久和使用功能方面进行的技术状况评定。我国《公路隧道养护技术规范》（JTG H12—2015）根据技术状况的评定，对结构的整体的技术状况分 5 级（5 类）评价，并对相应的养护对策进行了建议。

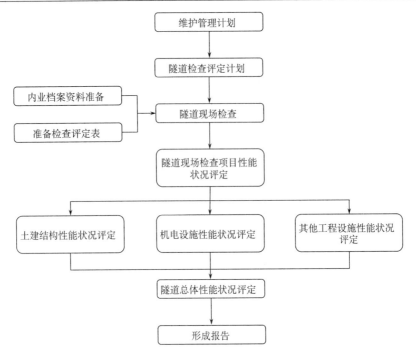

图 8.13　公路隧道性能状况评定工作流程图

其分类的标准主要是依据土建结构与机电设施而定,而其评定等级是以土建结构与机电设施两者中最差的技术状况等级作为总体的技术状况等级。表 8.41 具体描述了各等级的评定标准及相应的养护对策。

表 8.41　公路隧道总体技术状况评定类别

技术状况评定类别	评定类别描述		养护对策
	土建结构	机电设施	
1 类	完好状态。无异常情况,或异常情况轻微,对交通安全无影响	机电设施完好率高,运行正常	正常养护
2 类	轻微破损。存在轻微破损,现阶段趋于稳定,对交通安全不会有影响	机电设施完好率较高,运行基本正常,部分易耗部件或损坏部件需要更换	应对结构破损部位进行检测或检查,必要时实施保养维修;机电设施进行正常养护,应对关键设备及时修复
3 类	中等破损。存在破坏,发展缓慢,可能会影响行人、行车安全	机电设施尚能运行,部分设备、部件和软件需要更换或改造	应对结构破损部位进行重点监测,并对局部设施实施保养维修;机电设施进行专项工程
4 类	严重破损。存在较严重破坏,发展较快,已影响行人、行车安全	机电设施完好率较低,相关设施需要全面改造	应尽快实施结构病害处置措施;对机电设施应进行专项工程,并及时实施交通管制
5 类	危险状态。存在严重破坏,发展迅速,已危及行人、行车安全	—	应及时关闭隧道,实施病害处置,特殊情况需进行局部重建或改建

一般来说，隧道性能的技术状况评估主要包括以下方面内容。

（1）结构承载力性能状况；

（2）隧道地质特性；

（3）隧道结构的横向及纵向变形状况；

（4）隧道的支护状况；

（5）隧道混凝土等材料特性；

（6）隧道结构的腐蚀情况；

（7）隧道渗水、漏水和排水情况；

（8）隧道的通风状况；

（9）隧道的（顶部）混凝土开裂、脱落状况；

（10）隧道的衬砌质量及劣化情况；

（11）隧道的机电设施状况；

（12）隧道的其他配套设施状况。

隧道的土建结构，其技术状况可根据隧道的洞口、洞门、衬砌、路面、检修道、排水设施、吊顶与装饰、交通标示等方面分别进行评定，其评定与分级标准如表 8.42~表 8.51 所示。

表 8.42 隧道洞口技术状况评定标准

状况值	技术状况描述
0	完好，无破损现象
1	山体及岩体、挡土墙、护坡等有轻微裂缝产生，排水设施存在轻微破坏
2	山体及岩体裂缝发育，存在滑坡、崩塌的初步迹象，坡面树木或电线杆轻微倾斜，挡土墙、护坡等产生开裂、变形，土石零星掉落，排水设施存在一定裂损、阻塞
3	山体及岩体严重开裂，坡面树木或电线杆明显倾斜，挡土墙、护坡等产生严重开裂、明显的永久变形，墙角或坡面有土石堆积，排水设施完全堵塞、破坏，排水功能失效
4	山体及岩体有明显而严重的滑动、崩塌现象，挡土墙、护坡断裂、外倾失稳、部分倒塌，坡面树木或电线杆倾倒等

表 8.43 隧道洞门技术状况评定标准

状况值	技术状况描述
0	完好，无破损现象
1	墙身存在轻微的开裂、起层、剥落
2	墙身结构局部开裂，墙身轻微倾斜、沉陷或错台、壁面轻微渗水，尚未妨碍交通
3	墙身结构严重开裂、错台；边墙出现起层、剥落，混凝土块可能掉落或已有掉落；钢筋外露、受到锈蚀，墙身有明显倾斜、沉陷或错台趋势，壁面严重渗水（挂冰），将会妨碍交通
4	洞门结构大范围开裂，衬砌断裂，混凝土块可能掉落或已有掉落；墙身出现部分倾倒、垮塌，存在喷水或大面积挂冰等，已妨碍交通

表 8.44 衬砌破损技术状况评定标准

状况值	技术状况描述	
	外荷载作用所致	材料裂化所致
0	结构无裂损、变形和背后空洞	材料无劣化
1	出现变形、位移沉降和裂缝，但无发展或已停止发展	存在材料劣化，钢筋表面局部腐蚀，衬砌无起层、剥落，对断面强度几乎无影响
2	出现变形、位移、沉降和裂缝，发展缓慢，边墙衬砌背后存在空隙，有扩大的可能	材料劣化明显，钢筋表面全部生锈、腐蚀，断面强度有所下降，结构物功能可能受到损害
3	出现变形、位移、沉降，裂缝密集，出现剪切性裂缝，发展速度较快；边墙处衬砌压裂，导致起层、剥落，边墙混凝土有可能掉下；拱部背面存在大的空洞，上部落石可能掉落至拱背；衬砌结构侵入内轮廓限界	材料劣化严重，钢筋断面因腐蚀而明显减小，断面强度有相当程度的下降，结构物功能受到损害；边墙混凝土起层、剥落，混凝土块可能掉落或已有掉落
4	衬砌结构发生明显的永久变形，裂缝密集，出现剪切性裂缝，裂缝深度贯穿衬砌混凝土，并且发展快速；由于拱顶裂缝密集，衬砌开裂，导致起层、剥落，混凝土块可能掉下；衬砌拱部背面存在大的空洞，且衬砌有效厚度很薄，空腔上部可能掉落至拱背；衬砌结构侵入建筑限界	材料劣化非常严重，断面强度明显下降，结构物功能损害明显；由于拱部材料劣化，导致混凝土起层、剥落，混凝土块可能掉落或已有掉落

表 8.45 衬砌渗漏水技术状况评定标准

状况值	技术状况描述
0	无渗漏水
1	衬砌表面存在浸渗，对行车无影响
2	衬砌拱部有滴漏，侧墙有小股涌流，路面有渗漏但无积水，拱部、边墙因渗水少量挂冰，边墙脚积冰，不久可能会影响行车安全
3	拱部有涌流，侧墙有喷射水流，路面积水，沙土流出，拱部衬砌因渗漏水形成较大挂冰、胀裂，或涌水积冰至路面边缘，影响行车安全
4	拱部有喷射水流，侧墙存在严重影响行车安全的涌水，地下水从检查井涌出，路面积水严重，伴有严重的沙土流出和衬砌挂冰，严重影响行车安全

表 8.46 隧道路面技术状况评定标准

状况值	技术状况描述
0	路面完好
1	路面有浸湿、轻微裂缝、落物等，引起使用者轻微不舒适感
2	路面有局部的沉陷、隆起、坑洞、表面剥落、露骨、破损、裂缝、轻微积水，引起使用者明显的不舒适感，可能会影响行车安全
3	路面出现较大面积的沉陷、隆起、坑洞、表面剥落、露骨、破损、裂缝、积水严重等，影响行车安全；抗滑系数过低引起车辆打滑
4	路面出现大面积的明显沉陷、隆起、坑洞，路面板严重错台、断裂、表面剥落、露骨、破损、裂缝，出现漫水、结冰或堆冰，严重影响交通安全，可能导致交通意外事故

表 8.47 检修道技术状况评定标准

状况值	技术状况描述	
	定性描述	定量描述
0	护栏、路缘石及检修道面板均完好	—
1	护栏变形，路缘石或检修道面板少量缺角、破损，金属有局部锈蚀，尚未影响其使用功能	护栏、面板、路缘石损坏长度≤10%，缺失长度≤3%
2	护栏变形损坏、螺丝松动、扭曲，金属表面锈蚀，部分路缘石或检修道面板缺损、开裂，部分功能丧失，可能会影响行人和交通安全	护栏、面板、路缘石损坏长度>10%且≤20%，缺失长度 >3%且≤10%
3	护栏倒伏、严重损坏，侵入限界，路缘石或检修道面板缺损开裂或缺失严重，原有功能丧失，影响行人和交通安全	护栏、面板、路缘石缺失率>20%，缺失长度>10%

表 8.48 洞内排水设施技术状况评定标准

状况值	技术状况描述
0	设施完好，排水功能正常
1	结构有轻微破损，但排水功能正常
2	轻微淤积，结构有破损，暴雨季节出现溢水，可能会影响交通安全
3	严重淤积，结构较严重破损，溢水造成路面局部积水、结冰，影响行车安全
4	完全阻塞，结构严重破损，溢水造成路面积水漫流、大面积结冰，严重影响行车安全

表 8.49 吊顶及预埋件技术状况评定标准

状况值	技术状况描述
0	吊顶完好
1	存在轻微变形、破损、浸水，尚未影响交通安全
2	吊顶破损、开裂、滴水，吊杆等预埋件锈蚀，尚未影响交通安全
3	吊顶存在较严重的变形、破损，出现涌流、挂冰，吊杆等预埋件严重锈蚀，可能影响交通安全
4	吊顶严重破损、开裂甚至掉落，出现喷涌水、严重挂冰，各种预埋件和悬吊件严重锈蚀或断裂，各种桥架和挂件出现严重变形或脱落，严重影响行车安全

表 8.50 内装饰技术状况评定标准

状况值	技术状况描述	
	定性描述	定量描述
0	内装饰完好	—
1	个别内装饰板或瓷砖变形、破损，不影响交通	损坏率≤10%
2	部分内装饰板或瓷砖变形、破损、脱落，对交通安全有影响	损坏率>10%且≤20%
3	大面积内装饰板或瓷砖变形、破损、脱落，严重影响行车安全	损坏率>20%

表 8.51　交通标志标线技术状况评定标准

状况值	技术状况描述	
	定性描述	定量描述
0	完好	—
1	存在脏污、不完整，尚未妨碍交通	损坏率≤10%
2	存在脏污、部分脱落、缺失，可能影响交通安全	损坏率>10%且≤20%
3	大部分存在脏污、脱落、缺失，影响行车安全	损坏率>20%

　　日本土木学会根据隧道维护管理的性能要求，对性能评估的项目作了很好的归纳分类，如表 8.52 所示。从表中的内容可见，日本对隧道的技术状况的考察以外，也对诸如

表 8.52　隧道维护管理的性能要求

性能类别	评价项目的性能	面向健全度判定的评价指标
安全性	结构及岩层的力学性能和稳定性，设计抗力	隧道的位移、变形、岩体的变形，隧道损伤、材料劣化、材料质量低下等
使用性	隧道截面及内部空间的保持	隧道的位移、变形、岩体的变形，隧道损伤、漏水、冻结等
	防水与排水的设施与措施	隧道损伤、材料劣化、材料质量低下，维修加固材料的再劣化、漏水、冻结表面接着物污染、流入水或者物体等
	隧道使用者的使用舒适性	隧道的位移、变形、隧道损伤、漏水、冻结、表面接着物污染、流入水等
第三方影响性	混凝土抵抗剥落的特性	隧道的位移、变形、岩体的变形，隧道损伤、材料劣化、材料质量低下、维修加固材料的再劣化、表面接着物污染等
	岩层和空气振动的影响，振动和对周边环境影响的抑止	隧道损伤、维修及加固材料的再劣化、各种规范等
	地下水位的影响，地下水位对周边环境的影响	岩体的变形、材料劣化、材料质量低下、维修及加固材料的再劣化、漏水、冻结、表面接着物污染、流入水等
	地表面沉降对周边岩层的影响	隧道的位移、变形、岩体的变形、流入物等
	臭味等对使用者的影响	表面接着物污染、流入水或者物体等
景观美观	隧道结构的美观和景观性	岩体的变形、材料劣化、材料质量低下、隧道损伤、漏水、冻结、表面接着物污染、流入水或物体等
耐久性	结构及其材料的耐久性、物理损伤的抵抗性和化学侵蚀的抵抗性、长期作用下劣化的抵抗性	岩体的变形、材料劣化、材料质量低下、隧道损伤、维修及加固材料的再劣化、漏水、冻结、表面接着物污染、流入水或物体等
	耐火特性，隧道的结构与衬砌等在火灾下的损伤和抵抗能力	隧道损伤、材料劣化、材料质量低下、维修及加固材料的再劣化等
作业性	维护管理的作业性，维护管理作业必要的空间、设施	隧道的位移、变形、岩体的变形，隧道损伤、漏水、冻结、流入的水或者物体、附属设施的劣化等
	结构检查的容易性，结构检查时病害是否能容易被发现	材料劣化、材料质量低下、漏水、冻结表面接着物污染、流入水或者物体等

第三者影响性、景观美观等特性方面进行了考虑。值得注意的是，在日本土木学会针对隧道的维护管理中，除了常规的五大性能之外，还增加了一个"操作性"的性能指标，用于表现隧道维护管理实践中的操作难易程度。

在日本，隧道的性能总体状况是以"健全度"来衡量的，其健全度的评价指标如表8.52所示。在日本的京急电铁隧道的 TMS 管理系统中，隧道的健全度被分为 6 级进行分析，如表 8.53 所示。

表 8.53　TMS 使用安全指标

健全度	定义	措施实施的年数
AA	发生很大变形、有很大的损伤，需马上采取措施	尽早
A1	发生显著变形和损伤，下次检测时采取必要的措施	1 年之内
A2	发生变形和损伤，下次检测时出现 A1 类等级的几率较高	3 年之内
B	发生变形和损伤，程度不严重，但是需要计划采取措施	10 年之内，或者进行详细检查
C	发生轻微变形和损伤，暂时不需要采取特别措施	通常的全体检查
S	病害尚无发生	无措施

8.2.5　隧道的维护对策

对于存在病害的隧道结构，需要及时进行维护，我国的《公路隧道养护技术规范》对于隧道的病害处置方法进行了归纳总结（如表 8.54 所示），并对处置效果以"非常有效"、"比较有效"和"有些效果"进行了分类，以提供养护和管理者选择使用。

我国的《公路隧道养护技术规范》主要还是针对以新奥法开挖为代表的山岭公路隧道的养护管理，并没有考虑当前城市内地铁等轨道交通或过江隧道等普遍采用的以盾构法开挖为代表的管片结构隧道。日本土木学会的《隧道维护管理》则综合了山岭隧道和城市隧道的特点进行了归纳，如表 8.55 所示。

8.2.6　隧道结构的健康监测实例

结构的健康监测是结构检查/调查中的一种非常有效的手段，与传统的检测互为补充。下文对南京纬七路长江隧道的健康监测实例进行简单介绍。

8.2.6.1　工程概况

南京纬七路长江隧道又称南京长江隧道，是经国家发展和改革委员会核准的重点工程，是建设新南京、实施跨江发展战略的标志性基础设施项目。南京长江隧道是江苏省南京市城市总体规划确定的"五桥一隧"过江通道中的隧道工程,属城市过江隧道工程。南京长江隧道位于南京长江大桥和长江三桥之间，北起浦口区的宁合高速公路入口，南至南京市主城区的滨江快速路与纬七路互通立交，起止里程 K2+200～K8+053，全长 5853m。隧道为双向 6 车道城市快速路，设计速度 80km/h。工程采用"左汉盾构隧道+右汉桥梁"设计，其中江中段圆隧道起止里程 K3+599～K6+621，长度为 3022m，采用

表 8.54　病害处置方法选择表

处置方法	松弛地压力	偏压	地层滑坡	膨胀性土压	承载力不足	静水压	冻胀力	材料劣化	渗漏水	村砌背面空隙	村砌厚度不足	无仰拱	病害现象特征	预期效果
	外力引起的变化									其他				
村砌背面注浆	★	★	★	★	★	★	★		○	★			村砌裂纹，剥离，剥落	村砌与岩体紧密结合，荷载作用均匀，村砌与围岩稳定
防护网								★					①村砌裂纹，剥离，剥落 ②村砌材料劣化	防止村砌局部劣化
喷射混凝土	○	☆	☆	☆	☆	○	○	☆			☆		①村砌裂纹，剥离，剥落 ②村砌材料劣化	防止村砌局部劣化
钻杆加固	☆	★	☆	★	★	○	☆	○			☆	★	①拱部混凝土和侧壁混凝土裂纹，侧壁混凝土挤出 ②路面裂缝，路基膨胀	①岩体改善后岩体稳定性提高，防止松池地压力扩大 ②通过施加预应力，提高承受膨胀性土压和偏压的强度
排水止水	○			☆	○	★	★		★				①村砌裂纹或施工缝漏水增加 ②随村砌内漏水流出大量砂土	①防止村砌劣化，保持美观 ②恢复排水系统功能，降低水压
套拱	○	○	☆	☆	☆	○	○	☆			★		①村砌裂纹，剥离，剥落 ②村砌材料劣化	由于村砌厚度增加，村砌抗剪强度得到提高
绝热层							★				★		①拱部混凝土和侧壁混凝土裂纹，侧壁混凝土挤出 ②随季节变化而变动	①由于解冻，防止村砌劣化 ②防止冻胀压力的产生
滑坡整治	☆	☆	★										①村砌裂缝，净空宽度缩小 ②路面裂缝，路基膨胀	防止岩层滑坡

续表

处治方法	病害原因												病害现象特征	预期效果
	外力引起的变化							其他						
	松池压力	偏压	地层滑坡	膨胀性土压	承载力不足	静水压	冻胀力	材料劣化	渗漏水	衬砌背面空隙	衬砌厚度不足	无仰拱		
围岩压浆	○	○				○		○	☆	☆	☆		①拱部混凝土和侧壁混凝土裂纹，侧壁混凝土挤出 ②路面裂缝，路基膨胀	周边岩体改善，提高了岩体的抗剪强度和粘结力
灌浆锚固	☆	★	★	★	★						○	★	①拱部混凝土和侧壁混凝土裂纹，侧壁混凝土挤出 ②路面裂缝，路基膨胀	由于施加预应力，提高膨胀性岩层、偏压岩层的强度
增设仰拱	☆	★	☆	★	★	○	☆					★	①拱部混凝土和侧壁混凝土裂纹，侧壁混凝土挤出 ②路面裂缝，路基膨胀	提高对膨胀围岩压力和偏压围岩压力的抵抗力
更换衬砌	☆	☆	☆	☆	☆	○	○	★	☆	☆	★	★	①拱部混凝土和侧壁混凝土裂纹，侧壁混凝土挤出 ②路面裂缝，路基膨胀	更换衬砌，提高耐久性

注：(1) 符号说明：★-对病害处置非常有效的方法；☆-对病害处置较有效的方法；○-对病害处置有些效果的方法。

(2) 松池压力中包括突发性崩溃的情况。

表8.55 日本隧道的维护对策工法[165]

部位	形态	病害现象	隧道类型	劣化、剥离对策									漏水、冻结对策						外力对策				
				裂缝修复施工	断面修复施工	表面涂覆施工	电化学修复施工	电化学防腐处理	防冻结施工	防剥离处理	内壁加固施工	山体一体化施工	引水施工	止水施工	逆向注入施工	降低地下水位施工	隔热施工	加热施工	充填施工	长锚杆加固施工	内贴加固施工	中央加固施工	内壁加固施工
隧道主体、衬砌	损伤	接合部分离、错位、高差、开缝	山·部	○															○		○		○
		裂缝、混凝土接缝开裂	山·部	○	○	○		○											○		○		○
		剥落、脱落	山·部		○	○						○							○				
	变形	截面变形	山·部	○	○	○														○	○		○
		移位、侧墙扭转、沉降	山	○																○	○		○
	材料劣化	混凝土盐霜、断面缺损	山·部	○	○		○	○		○													
	材料不良	麻面	山·部	○	○	○	○	○		○													
		钢筋外露、腐蚀	山·部	○	○	○	○	○															
	漏水	冰锥、漏水	山								○		○	○	○	○							
	冻结	冻结	山·部						○								○	○					
	表面附着物	白华、锈斑	山·部			○	○						○										
		霉斑、发霉发黑、淤泥	山·部			○								○									
路面、路基	损伤	裂缝	山·部	○															○	○	○	○	○
	变形	隆起、沉降	山·部																○	○	○	○	○
		隧道轴向变形	山·部																○	○	○	○	○

续表

部位	形态	病害现象	隧道类型	裂缝修复施工	断面修复施工	表面涂覆施工	电化学修复施工	电化学防腐处理	防冻结施工	防剥离处理	内壁加固施工	山体一体化施工	引水施工	止水施工	逆向注入施工	降低地下水位施工	隔热施工	加热施工	充填施工	长锚杆加固施工	内贴加固施工	中央加固施工	内壁加固施工
				劣化、剥离对策								漏水、冻结对策							外力对策				
排水沟	流入水	结冰	山														○	○					
	流入水	滞水	山·都	○									○	○									
	流入物	突泥、泥沙	山·都			○	○	○					○			○							
	流入物	霉斑、淤泥	山·都	○	○	○	○				○		○										○
坑口及井口部位	损伤	裂缝、接口不合	山·都	○	○	○	○																
	变形	前倾、沉降、移位	山																○	○	○	○	○
构造变化部位	损伤	裂缝	山·都	○	○	○	○	○											○	○	○	○	○
	损伤	接合部分离、错位、高差、开缝	山·都																○	○	○	○	○
	变形	横截面变形、纵断面变形	山·都																○	○	○	○	○
	流入水	漏水	山·都	○									○	○	○	○			○	○	○	○	○
附属设施	变形	锚固部件松动、脱落	山·都																○	○	○	○	○
维修、加固处	劣化	浮起、裂缝、剥离、脱落	山·都		○					○	○								○	○	○	○	○
山地	损伤	隧道围岩变形	山									○							○	○	○	○	○
	变形	地表沉降、塌陷	山·都									○							○	○	○	○	○

直径 14.93m 的泥水平衡盾构施工，衬砌管片外径 14.5m，厚度 0.6m。工程总投资约为 33.18 亿元，工程于 2005 年 9 月开工建设，2010 年 4 月 30 日交工验收，2010 年 5 月 28 日正式通车试运营，2012 年 8 月 22 日通过竣工验收。

南京长江隧道工程是中国长江流域工程技术难度最大、挑战性最多的世界级越江隧道工程，具有以下几个显著的特点。

（1）直径超大，隧道掘进使用的两台泥水平衡式盾构机直径达 14.93m，是当今世界上直径最大的盾构机之一；

（2）水压最高，隧道最低点位于江底 60 多米深处，水土压力高达 6.5kg/cm^2，居同类隧道之最；

（3）地质复杂，隧道在江底穿越淤泥、粉细砂、砂砾、卵石和风化岩等，且复合地层占隧道的一半以上，地质情况极为复杂；

（4）透水性强，隧道穿越的砂砾、卵石地层透水系数是黏土层的数千倍且强透水层占隧道总掘进长度的 85%以上，属国内外罕见；

（5）覆土超薄，盾构始发超浅埋段覆土厚度仅为 5.5m，江中主航道局部段覆土厚度仅为 11.5m，远低于盾构隧道常规安全埋深要求，构成高风险超浅埋段。

8.2.6.2　隧道健康监测系统框架设计

根据大型盾构隧道的结构特征，构建其健康监测系统的基本理念：以分布式光纤传感为核心传感技术，监测隧道横向和纵向应变分布，并反演缝宽、收敛和沉降，再结合检测数据和有限元模型，对结构进行多层次的安全性能评估。

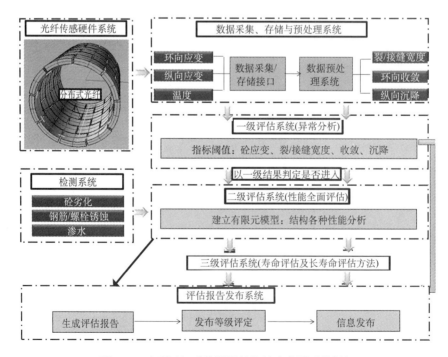

图 8.14　大型过江盾构隧道结构健康监测系统框架

如图 8.14 所示，盾构隧道的结构健康监测系统主要由以下几部分组成。

（1）传感硬件系统：考虑到隧道的大体量线形结构特征，采用基于分布式光纤的传感方式。分布式光纤按照设计路线布设在隧道表面，同时针对具体的监测项目设计布设方案，设计硬件系统时也应考虑局部传感器的可修复性。

（2）数据采集、存储与预处理系统：分布式光纤本身既是传感线路也是数据的传输线路，通过光纤接口可将监测的应变、温度数据存储于指定空间；然后依据传感系统设计，对数据进行温度补偿，并以此计算砼裂缝、管片接缝、收敛变形和沉降。

（3）一级评估系统：此系统即为基于监测数据的异常分析系统，通过监测指标的安全阈值，对相应指标实施评估，这里指标包括砼应变、裂/接缝宽度等；同时根据数据的本身特征，也可判别结构的病害。

（4）二级评估系统：此系统为针对隧道结构的详细性能评估系统，如果结构在基于监测的异常分析或基于检测的初等评估中，发现存在某些病害，或者某些指标接近或超过安全阈值，则需要进一步深入实施结构健康评估。为此，需要就监测数据进行较为深入的反演分析，如计算断面的收敛变形和纵向的沉降、结构的内力分布等，同时可借助常规检测手段，获得砼劣化、钢筋/螺栓锈蚀、渗水情况，综合判断结构的健康状况和性能水平。

（5）三级评估系统：此系统主要是基于隧道监测系统对结构进行寿命预测及评估，根据监测到的数据，对结构的病害发展和性能退化进行跟踪和分析。

（6）评估报告发布系统：包括评估报告生成、发布等级评定、信息发布。

8.2.6.3 监测部位的选择

考虑到成本等原因，此次监测并没有对全结构进行监测，而是选择了比较关键的区域进行了监测。南京纬七路长江隧道分为左、右两条线，在建设初期建设方委托国内某单位以 FBG 技术构建健康监测系统，该系统主要是选取左、右各三个断面作为监测断面。其中，江心段作为埋深最深处有一个监测断面，两端地质变化较大区域各有一个断面。考虑到结构的实际情况，选择了江心段（LK5+199）作为监测断面，同时，在左右合计约 90m 的区域范围进行纵向传感布设，即从 LK5+177~ LK5+267，如图 8.15 所示。

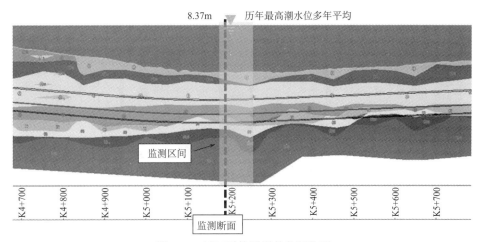

图 8.15 过江盾构隧道的监测位置

8.2.6.4　传感器的设计与布设

传感器采用最新研发的纤维封装分布式光纤传感器，即尼龙紧套光纤外部编制玄武岩纤维，如图 8.16 所示。该传感器在现场安装方便，浸渍环氧树脂、固化成型后具有纤维复合材料 FRP 的力学和耐久性等方面的优点。

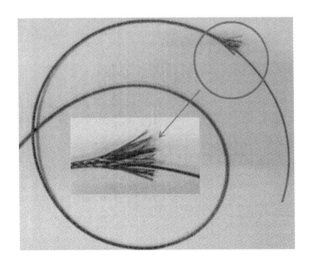

图 8.16　光纤传感器

传感器在隧道中的布设方案如图 8.17 所示。横向沿隧道内壁约过 80%的周长布设光纤传感器，下部由于行车道板结构等设施无法布设；纵向光纤布设在距隧道底部约 2.5m 的位置，长度为 90m。光纤在管片接缝处采用长标距布设的方式，标距长度为 0.3m，管片表面全面粘贴，并且通过预留自由光纤设置温度监测区段，详细布设如图 8.18 所示。

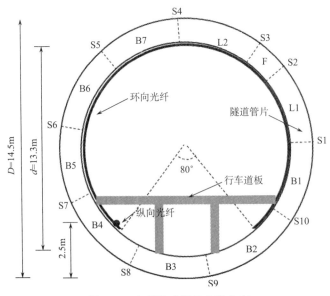

图 8.17　光纤传感器的布设方案

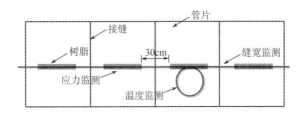

图 8.18 光纤传感器的布设

传感器在现场布设的主要工序包括：①砼表面处理，用钢刷和打磨机将表面灰尘、凸起砂浆块去除，并用酒精清洗、晾干；②光纤布线，按照设计位置将光纤布置到指定位置，并适当张拉，然后用快速固化胶水临时固定光纤；③浸胶成型，在传感器表面浸渍环氧树脂，在自然环境下固化成型；④连线成网，将各横向和纵向光纤连接成一条光路，并与采集仪器连接、调试。

8.2.6.5 结构关键指标的监测结果

1）应变

光纤监测的是一种差值应变，即相对于光纤粘贴在结构上的初始状态，结构产生新的应变，光纤感应而发生相应的应变变化。因此，将 2015 年 1 月 10 日第一次测量的数值作为初始状态，其他监测期的应变都是相对于这一次的差值应变。某一位置的应变典型结果如图 8.19 所示。由于该试验隧道变形已经基本稳定，因此，结构本身的应变变化比较小，监测获得的应变变化大部分为温度引起的光纤信号变化以及仪器误差导致的。图示结果中，在温度补偿前，55 天内的应变变化范围为$-80\sim60\mu\varepsilon$，温度补偿后变化范围显著减小，约为$-40\sim40\mu\varepsilon$。考虑仪器实际的应变测量精度在 $20\mu\varepsilon$ 左右，因此，实际的结构应变变化很小。

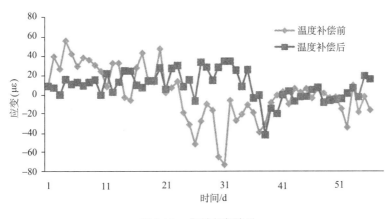

图 8.19 典型应变结果

2）接缝缝宽

横向接缝的编号如图 8.20 所示，纵向接缝的编号为从小里程号至大里程号，依次从小到大编号。将接缝处长标距光纤传感器的应变代入接缝缝宽计算模型，可获得各接缝缝宽的变化。横向和纵向各接缝的计算结果分别如图 8.20 和图 8.21 所示。结果表明，纵向管片接缝的缝宽变化要大于横向管片的接缝，前者最大值达到了 0.088mm，而后者最大值为 0.028mm；同时，缝宽变化随时间无显著规律。

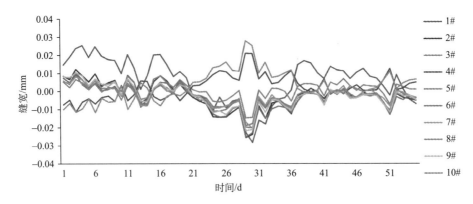

图 8.20　横向管片接缝缝宽监测结果

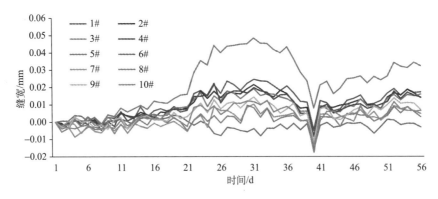

图 8.21　纵向管片 1#~10#接缝缝宽监测结果

3）收敛变形

典型横向应变分布如图 8.22 所示，将应变输入应变-收敛模型中计算收敛变形，并选取第 10 天、第 20 天、第 30 天、第 40 天和第 50 天的结果显示于图 8.23 中。图中虚线圆仅为位置参考圆，无实际物理意义，主要由于收敛变形数值较小，远小于实际隧道环的尺寸，以隧道环实际尺寸来定位的话，将无法清晰显示出变化。同时，应变均为隧道内侧的应变，拉应变画在内侧，压应变画在外侧；图中收敛变形是相对于圆心的变化。结果表明，直径收敛变形波动的最大值为-0.3mm。（规定：直径减小为负，增大为正。）

通过对前期既有检测数据的调查，发现监测断面附近检测点 LK5+190 的水平、垂直收敛累计分别达到了 0.5mm 和-9mm，以最大值作为评估指标，同时考虑光纤监测的附加收敛-0.3mm（以最大值考虑），合计为-9.3mm。

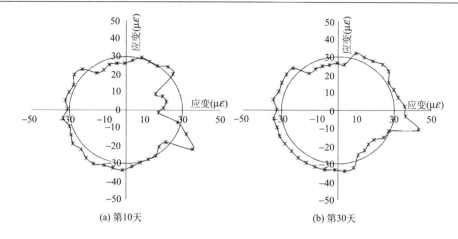

图 8.22　横向应变分布

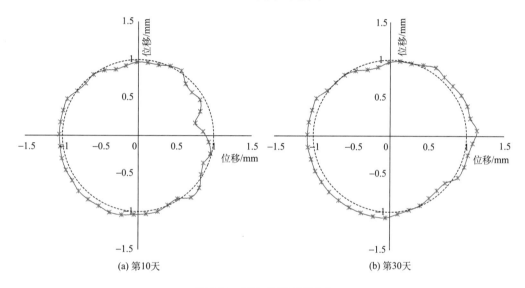

图 8.23　横向收敛变形分布

4）沉降

将纵向应变监测结果输入应变-沉降模型计算沉降分布，结果如图 8.24 所示。其中，两端处的沉降为零，是参考点。实际可设置高精度坐标观测点，用以提高沉降计算精度。在图中，正值表示位移向下，负号表示位移向上。结果表明，最大正沉降为 0.119mm，最大负沉降为 0.04mm。

通过对前期既有检测数据的调查，发现监测区间附近检测点 LK5+158.54、LK5+187、LK5+342 的沉降变形累计分别达到了 12.4mm、11.4mm 和 3.7mm，以线性插值的方法，获得监测区间两端点（即 LK5+177 和 LK5+267）的沉降累计值分别为 11.7mm 和 7.4mm，则 10m 的相对沉降约为 0.478mm。光纤监测的最大沉降发生在监测段 80m 左右，其值为 0.119mm，该点处每 10m 的附加沉降是 0.015mm，合计为 0.493mm。

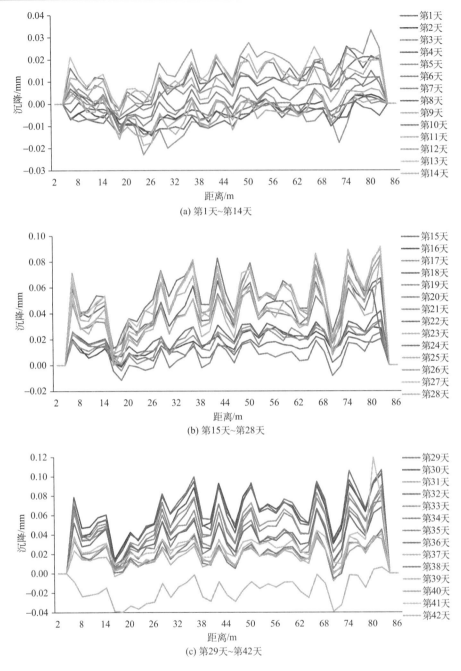

(a) 第1天~第14天

(b) 第15天~第28天

(c) 第29天~第42天

图 8.24 沉降监测结果

8.2.6.6 隧道的安全性能评估

1）隧道结构的安全性能等级

根据盾构隧道纵向和横向变形控制标准研究成果，考虑最不利因素，建立了纬七路南京长江隧道安全性能等级表，将长江隧道的结构健康状态从优到差依此分为 4 级（如

表 8.56 所示），其中，1 级表示结构健康状态优良，安全等级高，4 级表示结构达到承载能力极限状态，濒临破坏。

表 8.56 长江隧道结构安全性能等级设定

安全性能	1—异常分析 健康运营极限 （渗漏、防渗等）	2—预警黄 正常使用极限 （裂缝、变形等）	3—预警橙 80%承载力 （设计值）	4—预警红 承载力极限 （标准值）
差异沉降 mm/10m	$s<1.5$	$1.5<s\leq2.5$	$2.5<s\leq5.3$	$5.3<s\leq20$
接缝张开量 mm	$d<0.3$	$0.3<d\leq0.5$	$0.5<d\leq0.8$	$0.8<d\leq8.0$
横向收敛 mm	$\delta\leq40$	$40<\delta\leq70$	$70<\delta\leq98$	$98<\delta\leq122$
横向弯矩 kN·m	$M<1290$	$1560<M\leq1740$	$1740<M\leq1980$	$1980<M\leq2150$
纵向弯矩 kN·m	$M<2.1\times10^{7}$	$2.1\times10^{7}<M$ $\leq4.6\times10^{7}$	$4.6\times10^{7}<M$ $\leq1.7\times10^{8}$	$1.7\times10^{8}<M$ $\leq7.2\times10^{8}$
横向轴力 kN	$N<3540$	$3540<N\leq4720$	$4720<N\leq5900$	$5900<N\leq6400$

当隧道处于 1 级和 2 级健康状态时，隧道结构基本处于弹性状态，可判定隧道结构处于安全状态；当隧道处于 3 级和 4 级结构状态时，隧道结构进入塑性状态，隧道变形和内力有较大变化，此时，需借助其他的测试和有限元的分析来进一步分析隧道安全状态。

2）初等评估

针对南京长江隧道，评估指标的各级阈值如表 8.56 所示。按照此表，依收敛变形，值为 9.3mm，判定为 1 级；依沉降，值为 0.493mm/10m，判定为 1 级；依接缝，缝宽值为 0.088mm，判定为 1 级，因此，总的判定等级为 1 级，属于无结构病害状态。结果表明，长江隧道结构健康优良，安全等级高。按照系统设计，尚不需要进入详细评估。

3）详细评估

为了演示详细评估的方法，这里人为进行了详细评估，其相应的等级划分如表 8.56 所示。建立隧道有限元模型，如图 8.25 所示。将横向和纵向的累计位移输入模型，计算结构内力，结果如图 8.26 所示。结果中，最大轴压力为 2127.4kN，最大弯矩为 245.28kN·m，依据判别标准，结构健康判断为一级。

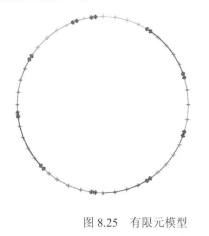

图 8.25 有限元模型

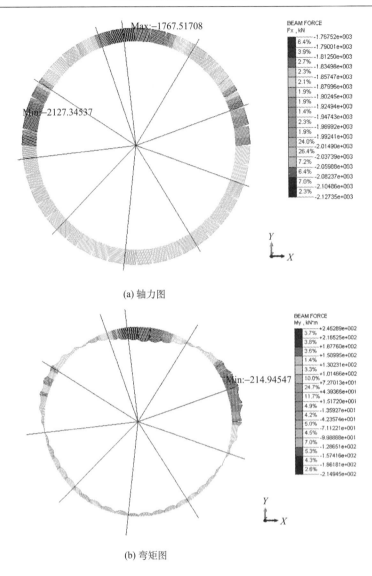

(a) 轴力图

(b) 弯矩图

图 8.26　模型计算结果

9 展 望

9.1 引 言

混凝土结构维护管理从工程学角度涉及材料、物理、化学、数学、信息工程等交叉学科，同时又涉及经济学、管理学等软科学。近年来，虽然在维护管理工程学的要素技术方面（如绿色水泥材料技术、健康诊断技术、结构修补加固技术、再生混凝土技术等）取得很多重要创新和进展，但距离混凝土结构全寿命管理体系的建立还有很长一段路要走。尽管存在着发达国家基础设施老化后建设资金匮乏、维护管理不力的前车之鉴，但由于我国还处于高速建设阶段，广大工程技术人员对引入"工程结构全寿命维护管理"的重要性和紧迫性的认识还未尽统一，在我国维护管理工程学的实践时间还十分短。可以预见，我国大批混凝土结构将超过预期服役期而进入老龄化时代，考虑到我国的土木工程建设规模以及世界上无以并肩的建设资金投入，对这些老化混凝土结构的大规模重建几乎没有可能。作为支撑国民经济可持续发展的重要支柱，混凝土结构基础设施的长寿命化势在必行。如何针对这些混凝土结构建立科学的、系统的全寿命维护管理，推动工程维护管理学的系统工程，需要从体制、标准的精细化、专业人才培养、技术进步、基础设施信息化的平台建设、维护管理工程的产业化及资产管理等多方面入手。

9.2 工程结构维护管理体制建立

建立科学的工程维护管理体制是混凝土结构的全寿命维护管理理念得以实施的重要基础。一个较为健全的工程全寿命维护管理体制下的组织架构需要实现如下职能：①资产管理；②检查/调查；③预防保全；④情报管理；⑤技术管理；⑥防灾。美国交通运输部公路管理局（FHWA）1999 年设立的基础设施管理室下通过下设的三个团队，即系统管理和监视（System Management and Monitoring）团队、建设和保全（Construction and System Preservation）团队、评价和经济投资（Evaluation and Economic Investment）团队，来实施上述职能。

资产管理部门需承担的职能主要是维护、保全公共基础设施，以谋求最好的公众服务。对工程结构进行预防保全和长寿命化的宏观管理将是管理部门的中心任务。需考虑预算按时间和空间的分配，拟定维护管理的优先顺序，并制定平衡维护管理费用和维护管理效果的中长期维护管理计划。随着国家社会经济的变化，基础设施建设时的以政府为主的直下型管理体制可能性逐步过渡到更注重交流协商的官民共同管理体制，甚至从以政府为主的体制过渡到以民间为主的体制。因此上述部门还需承担向公众及预算许可部门进行充分说明的责任。

　　结构检查部门的主要任务是检测/监测和发现损伤与劣化，并将其信息化，为对策的制定提供基础和充分的时间保障。他们需充分了解用户的性能需求，以设定合理的警戒线。该部门贯彻的理念将和传统的先损伤后修补的理念不同，其工作的关键点在于早期检知和发现；从技术层面上，该部门会积极引入先进的技术如机器人技术、图像技术及多领域的融合技术，以提高检查水平。

　　预防保全部门会纠正过去对预防维护重视不够的问题，有计划地对混凝土结构进行预防性管理，采用定期的防护性措施，使混凝土结构一直保持风险的较小状态。

　　情报管理部门的目标主要是实现结构全寿命阶段的各种情报的共享，提供各种各样检查规范、技术基准和存储从结构的计划、建设、检查、保全、诊断、健全度评价、劣化预测到结构诊断记录、修补加固历史的所有信息。通过信息的共享，维护管理中发现的问题得以更有效的向设计、施工部门反馈，使对方在设计时充分考虑维护管理的需要，同时，设计、施工阶段的信息共享也会对实现更准确有效的维护管理提供关键信息。

　　技术管理部门的主要任务在于各种支援系统的开发，如结构性能的定量评估、劣化诊断支援系统、结构更新方法的算定、全寿命成本的算定等。

　　防灾部门主要是在地震、洪水、火灾、交通碰撞等突发重大事故后负责现场检查、安全确认、制定对策等活动。以上均为高度维护管理的活动，需要经验丰富的专家。因此，该部门需要构筑完善的专家网络，负责灾后快速复旧工作的模拟及制定相关工作守则，还需负责灾难的事前准备、基础设施的防灾训练等。

9.3　维护管理标准的精细化及维护管理人才培养

　　维护管理体制的建立需要有精细化的标准体系来支撑。精细化管理代表一种追求更好管理效果的努力，可追溯至现代工业生产中日本的"精益生产方式"，即以避免浪费为着眼点，努力在生产过程中去除任何无用的动作、避免无用的努力、摒弃无用的材料。我国混凝土结构的维护管理从材料、设计、施工、修补到回收等一系列活动环节的标准化需要以精细化的方式实现。我国的规范建设发展速度很快，标准体系的全面性得到了很好的健全，但行业分割、重复制定规范的现象比较突出，更令人困扰的是许多规范是粗线条的描述，具体操作性不足，因此需对工程维护管理活动中各种结构的共性问题进行精细化分工和描述，建立一套切实可行、操作性强的规范体系，以实现最优维护管理的目标。此外，混凝土结构全寿命维护管理的实施对结构工程师将会有更高的要求。和传统意义上的结构工程师不同，结构维护管理工程师的要求更为全面。如图9.1所示，除了传统意义上的力学、数值计算方面的技能外，一个理想的维护管理工程师应具备数学、化学、信息技术（IT）、管理学等多学科融合的交叉知识构架。

　　混凝土结构的全寿命性能非常复杂，与荷载、服役环境以及它们的长期耦合作用相关，因此混凝土结构维护管理工程师不仅要具备高度的技术判断力和责任心，还要有规划管理协调的能力。对于结构维护管理工程师的培养需从大学的课程设置入手，并需要尽快建立完善的职业培训和职业资格论证制度。

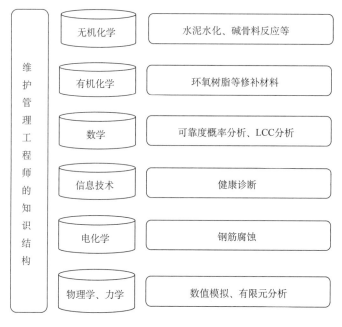

图 9.1　混凝土结构维护管理工程师的理想知识结构

9.4　基于大数据的高度信息化平台

信息社会中，一个国家所拥有的数据规模和运用数据的能力已经成为了其综合国力的一部分。大数据已经成为当今社会关注的一个新焦点，大数据时代已悄然来临，并直接影响到工程结构的维护管理领域。大数据具有五个主要的技术特点，总称为"5V"特征。

（1）大体量（volume）：即可从数百 TB 到数十数百 PB，甚至 EB 的规模。

（2）多样性（variety）：即大数据包括各种格式和形态的数据。

（3）时效性（velocity）：即很多大数据需要在一定的时间限度内及时处理。

（4）准确性（veracity）：即处理的结果要保证一定的准确性。

（5）大价值（value）：即大数据包含很多有深度的价值，大数据的分析挖掘和利用将带来巨大的商业价值。

当今工程结构的维护管理中重要的一环即是信息化。结构的设计、施工，结构所处位置和环境等原始资料，以及在维护管理中的历次检测/监测数据、分析报告等都需要信息化，供不同的人员在其许可范围内进行调用和分析。目前工程界开始开发并大力推广的 BIM、BMS、TMS 都是工程结构全寿命维护管理信息化的具体应用。工程结构的信息化中，其信息和数据并不是孤立和封闭的；宏观来说，工程结构的维护管理与社会各个环节都密切相关，因此，将来可通过大数据技术，有效挖掘社会数据，实现决策的最优化。如社会的资本构成、银行利率、物价水平、人员工资等将直接影响到工程结构全寿命维护管理的经济成本优化；综合城市交通的各种信息，可通过合理的交通引导措施，进行交通基础设施的流量优化，同时在工程结构出现问题时，也能及时作出应急措施，进行合理疏导。可见，在大数据时代，数据的挖掘将更加深入，数据的融合也将更为广泛，对数据进行合理的应用，将极大地提高工程结构的维护管理的效率，同时促进混凝土结构在安全、社会与环境等方面的可持续发展。基于大数据的高度信息化平台的建立是当今信息社会发展的一大需求，而基于大数据和物联网技术的结构信息化维护管理是工程结构/结构群维护管理的发展趋势。

诚然，在大数据时代，也有很多问题需要我们去攻克。基于大数据的高度信息化平台将拥有海量的数据，如何将这些数据进行妥善地存储和访问本身就是一个需要解决的关键问题。同时，基于大数据的数据库存在着价值大、密度低、种类多、难辨识等特点，因此对于海量数据的数据挖掘和融合技术也将是今后信息化平台建设的一个需要攻克的难点。

9.5　资产管理知识的建立

土木工程结构的维护管理可以有效地保证其正常的使用性能。近年来，世界各国的结构维护管理费用急剧上升。统计数据显示，大部分建筑物在其设计使用寿命期间，维护与管理费用比设计与建造费用高出一倍以上，导致维护管理原有的结构不如拆除重建，造成了资源的大量浪费。这主要归咎于没有把结构的建造成本和维护管理成本联系起来进行综合考虑，未基于全寿命周期成本分析作出决策。

全寿命周期成本（life cycle cost，简称 LCC）是结构在全寿命周期内所产生的与该结构有关的所有成本，这一概念最早源于美国军方，20 世纪 80 年代引入我国，包括设计成本、施工成本、使用成本、维护管理成本以及废弃处置成本等。结构群的 LCC 管理是资源有效利用的重要手段之一，但规范化的结构管理不仅仅是简单的关注成本，而是要从结构的使用性能、能源成本、耗能、风险以及使用寿命等多角度考虑问题，以满足当前对于结构高性能、长寿命的要求和实现土木工程领域的全面可持续发展。将整体结构作为一种社会资产来进行有效的运营管理，实现土木工程领域的资产管理是保证结构高性能、长寿命的必要手段，更是结构群的资产管理（asset management）是实现结构可持续发展的必备条件。目前，正确的设计、规范和施工，以及结构全寿命周期的维护与管理可以有效地提供高性能持久的结构长使用寿命，结构所有者既可以从结构中获得利益的最大化，同时可以最小化其终身成本，实现可持续发展。

LCC 管理是土木工程领域资产管理的重要组成部分之一，它可以有效的控制结构全寿命周期中的整体成本，减少资源的浪费，有利于提升结构的性能、可靠性、可用性、维修性、安全性等要求，并降低后期使用与维护的成本。土木领域的资产管理除了成本的管理以外，还兼顾资本的运营、高性能的满足以及长寿命的要求，从整体来把握结构群的全寿命周期的各方面要求。从经济层面上来讲，LCC 是力求结构整体运营周期中的终身成本最小化，资产管理同样需要终身成本的最小化，但同时需要综合考虑多方面因素，如建造质量、维护效果、设计寿命与使用寿命的关系等，这就需要兼顾各方面因素来实现终身成本的最优化。可见，土木工程领域的资产管理是实现结构高经济性、高性能、长寿命以及可持续发展的重要课题。

资产管理是土木工程领域未来的主要发展方向，这一概念目前在国内还未被提及，在欧美等发达国家中也应用较少，日本是最早提出在土木工程领域应用社会资产管理的国家，提出当前社会即将进入社会资产综合管理的时代。发达国家的建筑物老龄化、劣化现象严重，产生高额的维护管理费用，已经造成了大量的资源浪费；针对已服役结构的维护管理任重而道远，而新建结构群的全寿命周期管理势在必行。建立有效的整体性土木工程资产管理体系，是解决当前土木领域维护难题和实现未来建筑高性能、长寿命、绿色环保、可持续发展的重要手段。但是建立资产管理体系需要克服诸多技术问题。首先，高性能、长寿命的要求与 LCC 最小化之间的矛盾。对结构的总体资产管理既要保证结构高性能、长寿命又要降低终身成本，这需要考虑诸多因素进行综合评价，也是土木工程资产管理体系建立的难点。其次，建筑物服役过程中维护成本的确定。这需要对结构在设计建造中尽量考虑使用过程中可能出现的问题，提前预判，综合比较建造中考虑该因素时所需的费用和后期维护费用来实现全寿命成本最低化。第三，设计寿命和使用寿命的关系评判。当前结构的使用寿命往往都达不到其设计寿命，建立资产管理体系就需要有效地解决这一问题，同时要从经济性的角度去考虑建筑寿命。第四，可持续发展问题。绿色建筑与结构的可持续发展是当前土木工程领域的重要课题之一，在满足高性能、长寿命和 LCC 最小化之外，节约能源、减少资源浪费和耗能是土木领域资产管理必须考虑的问题与难点，也是社会经济建设可持续发展的要求。

资产管理（asset management）在工业、制造业等领域已经形成了较为成熟的理论体系，但对于土木工程领域来说是较新鲜的事物。在我国，将结构作为社会资产来进行全寿命周期管理还较少，还未有过综合考虑设计、建造、使用、维护、管理以及废弃等全寿命周期的资产管理体系。建立土木工程领域的资产管理体系是未来土木领域发展的主流方向。从基础的已服役结构的维护管理，发展到结构群的全寿命周期资产管理，最终上升到整个土木工程领域的资产管理，建立成熟的资产管理体系是建筑物高经济性、高性能、长寿命、绿色环保、可持续发展的重要保证。

9.6　混凝土结构维护管理产业的建立

混凝土结构的全寿命维护管理涵盖了结构的立项、设计、建造、维修加固，乃至废弃拆除的整个过程，随着我国混凝土结构老龄化程度的加深，混凝土结构的维护管理正成为土木建筑行业中的首要任务，涉及了结构的设计施工、检查/调查、评估预测、养护维修、更新加固和拆除回收等多种技术要素和工程实务，构成了包括专业技术开发、人才培养、物资生产等在内的一个完整产业链。随着混凝土结构维护管理需求的日益扩大，亟待建立结构维护管理的规范产业，用于促进维护管理各要素的蓬勃发展，并拉动其他相关产业，推动国民经济的持续发展。有国际机构预测，到 2020 年，全行业的结构健康监测技术市场规模将达到 18.9 亿美元，无损检测技术市场将达到 68.8 亿美元。发达国家在应对自身的基础设施"老龄化"问题的同时，都已把通过培育多学科、多行业交叉融合的高科技维护管理战略性产业来提高自身建设行业国际竞争力列为今后的战略方针之一。目前，大力发展土木工程结构的维护管理并建立相关产业在日本已经作为国策提出，据估算，日本到 2020 年仅本国的桥梁和隧道健康监测系统需求总量将达到 780 亿日元，同时，日本已把到 2030 年占有基础设施检测监测和维护用的传感器、机器人技术装备世界市场的 30%的全球市场份额作为其中的目标值之一列入日本经济重建战略，可见其对日本社会和经济的巨大影响。在我国，土木工程结构的维护管理才刚刚提出，在维护管理工程领域的综合人才培养尚未起步，我国的标准、规范大多精细化程度不够、可操作性差、系统化和综合化的程度低，这些因素也是目前制约我国维护管理发展的重要原因。但是，随着我国对土木工程维护管理的日益重视，结构的全寿命维护管理必将从理念到技术、管理到操作等各方面得到长足发展，未来的产业化前景非常光明。

9.7　智慧基础设施与智慧城市

智慧基础设施是通过先进传感技术对基础设施进行全面和透彻的感知，并利用信息互联与交互技术，实现数据的融合与深入挖掘，可实现基础设施的智能化服务。在此过程中，也对基础设施的智能化综合维护管理提供了极大的便利，有利于人们更准确、更全面、更直观地对基础设施集群系统进行高效维护管理。图 9.2 展示了一种覆盖多种基础设施的智慧监测系统。

一个基础设施系统可通过一定的手段和方法发展成为智慧基础设施，对于一个城市而言，也是如此。智慧城市是以信息和通信技术为支撑，通过透明、充分的信息获取，广泛、安全的信息传递，有效、科学的信息利用，提高城市运行和管理效率，改善城市公共服务水平，形成低碳城市生态圈，构建新的城市发展形态。

智能基础设施是一种仿生结构体系，集主结构、传感系统及控制系统于一体，以实现对结构健康的自感知和对环境自适应的智能功能。结构健康自感知的功能，是指通过基础设施内部的传感系统，感知外界激励下主结构的响应，并能自主识别可能存在的结构损伤以及危害到结构健康的特殊事件，进而将信息反馈给相关的管理人员。该功能可以简化结构健康监测系统的步骤，减少海量数据处理和人工诊断中遗漏的问题，对表征早期损伤和结构预警具有重要的辅助作用。结构损伤和结构健康均存在不确定性，因此需要结合反馈的信息，进一步对结构状态参数进行识别和分析，从而提高结构健康状态诊断的准确性。结构环境自适应的功能，是指基础设施通过控制系统对外界环境变化作出自主响应，将可能遭受的损伤最小化，从而有效地保障结构的正常使用，达到延长服役寿命的目的，实现结构的健康、安全。结构环境自适应功能的实现手段主要包括两个方面：一是利用半主动或主动控制设备，或阻尼器，或具备自适应功能的智能材料等，减小车致振动、风致振动、地震荷载、温度等外界激励条件下的结构响应，从而减弱结构长期使用中疲劳、磨耗等损伤的影响，同时，在灾害、不良使用等突发事件中将结构可能遭受的破坏降到最低；二是当结构出现早期损伤时，在没有外界人为干预的条件下实现自修复功能，避免或减缓结构进一步的劣化，从而减轻结构维护管理的负担。

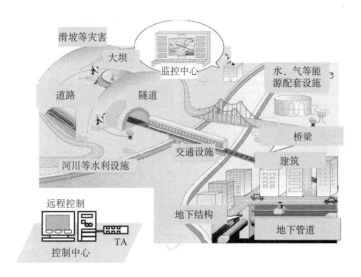

图 9.2　覆盖多类型基础设施的智慧监测系统

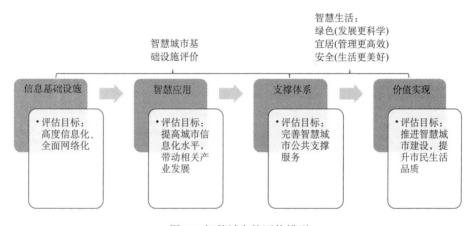

图 9.3　智慧城市的评价模型

　　智慧城市是由多领域、多类别、多级系统构成的庞大体系。它需要处理不同领域、不同系统、不同类型的海量数据，它具有新老系统配合使用、技术发展快速、外部链接关系多、内部结构复杂、科研和建设周期长、需要为其他系统提供广泛的信息支持和服务等特点。智慧城市的基础设施包括信息、交通和电网等城市基础设施。现代化的信息基础设施就是要不断夯实信息化或智能化发展的基础设施和公共平台，建设以高速宽带为核心的新一代信息基础设施，让市民充分享受到有线宽带网、无线宽带网、5G 移动网等带来的便利。此外，还要推进智能交通、智能电网、智能管网等城市基础建设，推进实体基础设施与信息基础设施相融合，形成高度一体化、智能化的新型城市基础设施。为了实现"发展更科学，管理更高效，生活更美好"的智能城市愿景，建立科学的评价体系是检验智慧城市成果的具体体现，将起到引领、监测指导、量化评估等作用。金字塔式的评价模型把信息基础设施、智慧应用和支撑体系作为智慧城市基础设施评价指标（如图 9.3）。其中，信息基础设施建设是智慧城市的实现基础，海量的智慧应用开拓则是一条有效路径，而支撑体系是建设智慧城市的重要保障。智慧城市的价值考量主要是评价智慧城市整体综合功能满足人与自然健康发展的程度，最终目标是实现城市资源能源清洁高效、自然环境健康宜人、基础设施完善舒适、社会环境和谐文明。

参 考 文 献

[1] 中华人民共和国国家统计局. 中华人民共和国 2012 年国民经济和社会发展统计公报: 汉英对照 [M]. 北京: 中国统计出版社, 2013.

[2] 中华人民共和国国家统计局. 中国统计年鉴[M]. 北京: 中国统计出版社, 2014.

[3] 中华人民共和国住房和城乡建设部计划财务与外事司, 中国建筑业协会. 2014 年建筑业发展统计分析[M]. 北京: 中国统计出版社, 2015.

[4] Mallick R B, Mathisen P P, Fitzpatrick M S. Opening the window of sustainable development to future civil engineers[J]. Journal of Professional Issues in Engineering Education and Practice, 2002, 128(4): 212-216.

[5] 《中国城市发展报告》编委会. 中国城市发展报告(2012 版)[M]. 北京: 中国城市出版社, 2013.

[6] Col D. U.S. Department of Transportation, Federal Highway Administration[J]. Highway Statistics, 1997, 15(5): 766-770.

[7] Federal Highway Administration. Highway Statistics[M]. Washington, D.C.: Highway statistics, 2011.

[8] Wooduard R, Cullington D W, Daly A F, et al. Bridge management in Europe ERIMD—deliverable D14-final reprot[R]. UK: Project Fundedbythe European Commission Under the Transport RtdProgromme of the 4th Framework Programme, 2001.

[9] Brannen R. Road asset management plan for Scottish trunk roads: Jamary 2016[R]. Glasgow: Transport Scotland, 2016.

[10] Miyagawa T, Morikawa H, Otsuki N, et al. JSCE-Standard specification for concrete structures, -2001 "maintenance" [J]. Concrete Structures in the 21st Century, 2002: 159-166.

[11] 宮澤晋史, 呉智深, 原田隆郎. 高度なトンネルマネジメントシステムの具現化に関する研究[J]. 土木学会第 58 回年次学術講演会(平成 15 年 9 月)論文集, 2003: 415-416.

[12] Annual report on roads maintenance, the Ministry of Land, Infrastructure, Transport and Tourism of Japan[R]. Tokyo: Ministry of Land, Infrastructure, Transport and Tourism, 2009.

[13] Maintenance and repair of concrete structures—Part 1 General principles: ISO 16311-1: 2014 [S/OL]. [2014-04]. https://www.iso.org/standard/56144.html.

[14] U. S. Census Bureau. Statistical Abstract of the United State[M]. Washington, D.C.: Government Printing Office, 2012.

[15] Guidelines for simplified seismic assessment and rehabilitation of concrete buildings: ISO 28841: 2013 [S/OL]. [2013-06]. https://www.iso.org/standard/56095.html.

[16] AiTcin P C. Cements of yesterday and today : Concrete of tomorrow[J]. Cement and Concrete Research, 2000, 30(9): 1349-1359.

[17] 张建设, 张晶然, 靳静. 2004-2013 年建筑业坍塌死亡事故统计分析[J]. 安全, 2015, 36(8): 17-20.

[18] 葛耀君, 项海帆. 桥梁工程可持续发展的理念与使命: "第十九届全国桥梁学术会议"论文集[C]. 北京: 人民交通出版社, 2010.

[19] Guide for the design and construction of externally bonded FRP systems for strengthening concrete structures ACI 440.2R-02[S]. Michigan: Committee, Reported By ACI, 2012.

[20] Phoon K K. Reliability of geotechnical structures[J]. Japanese Geotechnical Society Special Publication,

2016, 2(1): 1-9.

[21] 陈肇元. 土建结构工程的安全性与耐久性[M]. 北京: 中国建筑工业出版社, 2003.

[22] 中华人民共和国住房和城乡建设部. 混凝土结构耐久性设计规范: GB/T 50476—2008[S]. 北京: 中国建筑工业出版社, 2009.

[23] 中国工程建设标准化协会.混凝土结构耐久性评定标准: CECS 220—2007 [S]. 北京: 中国建筑工业出版社, 2007.

[24] 乔伊夫. 严酷环境下混凝土结构的耐久性设计[M]. 北京: 中国建材工业出版社, 2010.

[25] 金伟良. 氯盐环境下混凝土结构耐久性理论与设计方法[M]. 北京: 科学出版社, 2011.

[26] 吴中伟, 廉慧珍. 高性能混凝土[M]. 北京: 中国铁道出版社, 1999.

[27] MehtaPK, Monteiro J M. Concrete Microstructure, Properties, and Materials[M]. New York: The McGraw-Hill Companies, 2006.

[28] 缪昌文. 高性能混凝土外加剂[M]. 北京: 化学工业出版社, 2008.

[29] Yin J, Zhou S, Xie Y, et al. Investigation on compounding and application of C80-C100 high-performance concrete[J]. Cement and Concrete Research, 2002, 32(2): 173-177.

[30] Amey S L, Johnson D A, Miltenberger M A, et al. Predicting the service life of concrete marine structures: An environmental methodology[J]. Aci Structural Journal, 1998, 95(2): 205-214.

[31] Boddy A, Bentz E, Thomas M D A, et al. An overview and sensitivity study of a multimechanistic chloride transport model[J]. Cement and Concrete Research, 1999, 29(29): 827-837.

[32] Liu Q, Liu J, Qi L. Effects of temperature and carbonation curing on the mechanical properties of steel slag-cement binding materials[J]. Construction and Building Materials, 2016, 124: 999-1006.

[33] Rostami V, Shao Y, Boyd A J, et al. Microstructure of cement paste subject to early carbonation curing[J]. Cement and Concrete Research, 2012, 42(42): 186-193.

[34] Klemm W A, Berger R L. Accelerated curing of cementitious systems by carbon dioxide: Part I. Portland cement[J]. Cement and Concrete Research, 1972, 2(5): 567-576.

[35] Junior A N, Toledo Filho R D T, Fairbairn E D M R, et al. The effects of the early carbonation curing on the mechanical and porosity properties of high initial strength Portland cement pastes[J]: Construction and Building Materials, 2015,77: 448-454.

[36] 中华人民共和国住房和城乡建设部. 城市桥梁养护技术规范: CJJ 99—2003[S]. 北京: 中国建筑工业出版社, 2008.

[37] 交通运输部公路科学研究院.公路桥涵养护规范: JTG H11—2004[S]. 北京: 人民交通出版社, 2005.

[38] 交通运输部公路科学研究院.公路桥梁技术状况评定标准: JTG/T H21—2011[S]. 北京: 人民交通出版社, 2011.

[39] 吴智深, 张建. 结构健康监测先进技术及理论[M]. 北京: 科学出版社, 2015.

[40] Li S, Wu Z. Development of Distributed Long-gage Fiber Optic Sensing System for Structural Health Monitoring[J]. Structural Health Monitoring, 2007, 6(2): 133-143.

[41] 欧进萍, 关新春, 李惠. 应力自感知水泥基复合材及其传感器的研究进展[J]. 复合材料学报, 2006, 23(4): 1-8.

[42] 四川省建筑科学研究院.混凝土结构加固设计规范: GB 50367—2013[S]. 北京: 中国建筑工业出版社, 2014.

[43] 史铁花.建筑抗震加固技术规程: JGJ 116—2009[S]. 北京: 中国建筑工业出版社, 2009.

[44] Performance and assessment requirements for design standards on structural concrete: ISO 19338: 2014[S/OL]. [2014-09]. https: //www.iso.org/standard/60852.html.

[45] Seismic assessment and retrofit of concrete structures: ISO 16711: 2015[S/OL]. [2013-05]. https://www.iso.org/standard/61113.html.

[46] 李秋义, 全洪珠, 秦原. 混凝土再生骨料[M]. 北京: 中国建筑工业出版社, 2011.

[47] 中华人民共和国住房和城乡建设部. 混凝土和砂浆用再生细骨料: GB/T 25176-2010[S]. 北京: 中国标准出版社, 2011.

[48] Housner G W, Bergman L A, Caughey T K, et al. Structural Control: Past, Present, and Future[J]. Journal of Engineering Mechanics, 1997, 123(9): 897-971.

[49] 王光远. 工程结构与系统抗震优化设计的实用方法[M]. 北京: 中国建筑工业出版社, 1999.

[50] 中华人民共和国交通运输部. 港口设施维护技术规: JTS 310—2013[S]. 北京: 人民交通出版社, 2013.

[51] 中华人民共和国住房和城乡建设部. 混凝土结构耐久性修复与防护技术规程: JGJ/T 259—2012[S]. 北京: 中国建筑工业出版社, 2012.

[52] 中国建筑科学研究院. 工程结构可靠性设计统一标准: GB/T 50153—2008[S]. 北京: 中国标准出版社, 2008.

[53] 中国建筑科学研究院. 混凝土结构设计规范: GB/T 50010—2010[S]. 北京: 中国标准出版社, 2010.

[54] 中华人民共和国建设部. 建筑结构可靠度设计统一标准: GB/T 50068—2001[S]. 北京: 中国标准出版社, 2001.

[55] 中国建筑科学研究院. 建筑抗震设计规范: GB/T 50011—2010[S]. 北京: 中国标准出版社, 2010.

[56] Environmental management: ISO 14001: 2015[S/OL]. [2015-09]. https://www.iso.org/standard/60857.html.

[57] Fire resistance—Guidelines for evaluating the predictive capability of calculation models for structural fire behavior: ISO 15656: 2003[S/OL]. [2003-12]. https://www.iso.org/standard/38528.html.

[58] Sustainability in building construction—Environmental declaration of building products: ISO 21930: 2007[S/OL]. https://www.iso.org/standard/40435.html.

[59] 中华人民共和国国家发展改革委, 住房城乡建设部. 绿色建筑行动方案[J]. 建设科技, 2013(6): 54-58.

[60] 中华人民共和国国家发展改革委, 住房城乡建设部. 绿色施工导则[J]. 施工技术, 2007, 36(11): 1-5.

[61] 上海市建筑科学研究院. 绿色建筑评价标准: GB/T 50378—2006[S]. 北京: 中国建筑工业出版社, 2006: 3.

[62] 中国建筑股份有限公司. 建筑工程绿色施工评价标准: GB/T 50640—2010[S]. 北京: 中国计划出版社, 2010: 10.

[63] 中国建筑科学研究院. 预拌混凝土绿色生产及管理技术规程: JGJ/T 328—2014[S]. 北京: 中国建筑工业出版社, 2014.

[64] Congress U S. Intermodal Surface Transportation Efficiency Act: PL-102-240[R]. Washington, D.C.: Government Printing Office, 1991.

[65] 铁道土木构造物等维持管理标准·同解说(隧道篇)[M]. 日本铁路设施协会, 2006.

[66] 中华人民共和国交通部. 公路隧道养护技术规范: JTG H12—2003[S]. 北京: 中国建筑工业出版社, 2003.

[67] Li N. Development of a probabilistic based, integrated pavement management system[D]. Waterloo: University of Waterloo, 1998.

[68] Rusu L, Dan A S T, Jecan S. An integrated solution for pavement management and monitoring systems[J]. Procedia Economics and Finance, 2015, 27: 14-21.

[69] Finn F, Peterson D, Kulkarni R. AASHTO Guidelines For Pavement Management Systems[M]. Washington, D. C.: National Cooperative Highway Research Program Final Report,1990.

[70] FHWA. Federal-Aid Highway Program Manual[M]. Washington, D. C.: Federal Highway Administration, U. S. Department of Transportation, 1989.

[71] Ralph H. Modern Pavement Management[M]. Florida: Krieger Publishing Company, 1994.

[72] 路面管理系统的主要组成部分[EB/OL]. http: //dpw. lacounty. gov/gmed/lacroads/Pm. aspx.

[73] Haas R. Pavement management for airports, roads and parking lots[J]. Canadian Journal of Civil Engineering, 1995, 22(4): 845-846.

[74] 中华人民共和国住房和城乡建设部. 2011-2015 年建筑业信息化发展纲要[J]. 建筑监督检测与造价, 2011, 28(Z1): 52-57.

[75] 冯正霖. 我国桥梁技术发展战略的思考[J]. 中国公路, 2015, 11: 38-41.

[76] Risk management-Principles and guidelines: ISO 31000: 2009[S/OL]. [2009-11]. https: //www.iso. org/standard/43170.html.

[77] 松崎雄嗣, 紙田徹. スマート構造とインテリジェント材料[J]. 日本航空宇宙学会誌, 1995, 495(43): 239-244.

[78] Kudva J, Appa K, Martin C, et al. Design, Fabrication, and Testing of the DARPA/Wright Lab Smart Wing Wind Tunnel Model: 38th Structures, Structural Dynamics, and Materials Conference, Kissimmee, Florida[C].Washington, D.C.: American Institute of Aeronautics and Astronautics, 1997.

[79] Bergman L, Yun C. Proceedings of the US-Korea Joint Seminar/Workshop on Smart Structures Technologies, Seoul, Korea[C]. Daejeon: Techno-Press, 2004.

[80] 回弹法检测混凝土抗压强度技术规程: JGJ/T 23—2011[S]. 北京: 中国建筑工业出版社, 2011.

[81] 中国建筑科学研究院. 超声回弹综合法检测混凝土强度技术规程: CECS 02—2005[S]. 北京: 中国计划出版社, 2005.

[82] 陕西省建筑科学研究设计院, 上海同济大学. 超声法检测混凝土缺陷技术规程: CECS 21—2000[S]. 北京: 化学工业出版社, 2000.

[83] Procedure A. Standard Test Method for Measuring the P-Wave Speed and the Thickness of Concrete Plates Using the Impact-Echo Method: ASTMC 1383: 2004[S]. West Conshohocken: ASTM, 2004.

[84] Davis A G, Ansari F, Gaynor R D, et al. Nondestructive Test Methods for Evaluation of Concrete in Structures: ACI 228-2R: 1998[S]. Michigan: American Concrete Institute, 1998.

[85] 混凝土结构设计规范: GB/T 50010—2002[S]. 北京: 中国标准出版社, 2002.

[86] 公路桥梁承载力检测评定规程: JTG/T J21—2011[S]. 北京: 中国交通出版社, 2011.

[87] British StandardsInstitution. Recommendations for Non-destructive Methods of Test for Concrete: BS 4408—1969[S].London: British Standards Institution, 1970.

[88] 中国建筑科学研究院. 建筑结构检测技术标准: GB/T 50344—2004[S]. 北京: 中国建筑工业出版社, 2004.

[89] 中国建筑科学研究院. 混凝土结构工程施工质量验收规范: GB 50204—2002[S]. 北京: 中国建筑工业出版社, 2002.

[90] 姚启均. 混凝土中钢筋检测技术规程: JGJ/T 152—2008[S]. 北京: 中国建筑工业出版社, 2008.

[91] 中华人民共和国城乡建设环境保护部. 混凝土强度检验评定标准: GBJ 107—1987[S]. 北京: 中国计划出版社, 1987.

[92] 中国建筑科学研究院. 钻芯法检测混凝土强度技术规程: CECS 03—2007[S]. 北京: 中国建筑工业出版社, 2007.

[93] 哈尔滨建筑大学. 后装拔出法检测混凝土强度技术规程: CECS 69—1994[S]. 北京: 中国计划出版社, 1994.

[94] 中国建筑科学研究院.拔出法检测混凝土强度技术规程: CECS 69—2012[S]. 北京: 中国计划出版社, 2012.

[95] 中国建筑科学研究院. 剪压法检测混凝土抗压强度技术规程: CECS 278—2010[S]. 北京: 中国计划出版社, 2010.

[96] 中国建筑科学研究院. 预拌混凝土: GB/T 14902—2003[S]. 北京: 中国标准出版社, 2003.

[97] 中国建筑科学研究院. 混凝土质量控制标准: GB 50164—2011[S]. 北京: 中国建筑工业出版社, 2011.

[98] 中国建筑科学研究院. 通用硅酸盐水泥标准: GB 175—2007[S]. 北京: 中国标准出版社, 2007.

[99] 中国建筑科学研究院. 普通混凝土用砂、石质量及检验方法标准: JGJ52—2006[S]. 北京: 中国建筑工业出版社, 2006.

[100] 中国建筑科学研究院. 海砂混凝土应用技术规范: JGJ 206—2010[S]. 北京: 中国建筑工业出版社, 2010.

[101] 天津港湾工程研究所,南京水利工程研究院. 水运工程混凝土试验规程: JTJ 270—1998[S]. 北京: 人民交通出版社, 1998.

[102] 普通混凝土配合比设计规程: JGJ 55—2011[S]. 北京: 中国建筑工业出版社, 2011.

[103] 混凝土中氯离子含量检测技术规程: JGJ/T 322—2013[S]. 北京: 中国建筑工业出版社, 2013.

[104] 城乡建设环境保护部. 普通混凝土长期性能和耐久性能试验方法: GBJ 82—1985[S]. 北京: 中国标准出版社, 1985.

[105] 混凝土抗渗仪: JG/T 249—2009[S]. 北京: 中国标准出版社, 2009.

[106] 普通混凝土长期性能和耐久性能试验方法标准: GB/T 50082—2009[S]. 北京: 中国标准出版社, 2009.

[107] 水工混凝土试验规程: DL/T 5150—2001[S]. 北京: 中国电力出版社, 2001.

[108] 南京水利科学研究院, 中国水利水电科学研究院. 水工混凝土试验规程: SL 352—2006[S]. 北京: 中国水利水电出版社, 2006.

[109] 中华人民共和国交通部. 公路工程水泥及水泥混凝土试验规程: JTG E30—2005 [S]. 北京: 人民交通出版社, 2005.

[110] 混凝土结构现场检测技术标准: GB/T 50784—2013[S]. 北京: 中国建筑工业出版社, 2013.

[111] 混凝土氯离子扩散系数测定仪: JG/T 262—2009[S]. 北京: 中国标准出版社, 2009.

[112] 混凝土氯离子电通量测定仪: JG/T 261—2009[S]. 北京: 中国标准出版社, 2009.

[113] 日本プレストレストコンクリート工学会. 構造物の非破壊検査技術に関するアンケート[J]. プレストレストコンクリート, 2014, 56(6): 75-83.

[114] 涂露芳. 水下机器人首查桥梁隐患[N]. 北京日报, 2014-06-18.

[115] 大体积混凝土施工规范: GB 50496—2009[S]. 北京: 中国计划出版社, 2009.

[116] 光纤传感式桥隧结构健康监测系统设计、施工及维护规范: DB 32/T 2880—2016[S]. 南京: 江苏省质量技术监督局, 2016.

[117] コンクリート構造物のヘルスモニタリング研究小委員会報告. コンクリート構造物のヘルスモニタリング技術[R]. 東京: 日本土木学会, 2007.

[118] Taffese W Z, Sistonen E, Puttonen J. CaPrM: Carbonation prediction model for reinforced concrete using machine learning methods[J]. Construction and Building Materials, 2015, 100: 70-82.

[119] Wang H L, Dai J G, Sun X Y, et al. Time-dependent and stress-dependent chloride diffusivity of

concrete subjected to sustained compressive loading[J]. Journal of Materials in Civil Engineering, 2016, 28(8): 4016059.

[120] Duan A, Dai J G, Jin W L. Probabilistic approach for durability design of concrete structures in marine environments[J]. Journal of Materials in Civil Engineering, 2014, 27(2): A4014007.

[121] General principles on reliability for structures: ISO 2394: 1986[S/OL]. [1986-11]. https://www.iso.org/standard/7288.html.

[122] 工程结构可靠度设计统一标准: GB 50153—92[S]. 北京: 中国计划出版社, 1992.

[123] 小野潔. 社会基盤メンテナンス工学[M]. 東京: 日本土木学会メンテナンス工学联合小委員会, 2003.

[124] 谢礼立, 曲哲. 论土木工程灾害及其防御[J]. 自然灾害学报, 2016, 1(1): 1-10.

[125] 张劲泉, 李健, 潘宝林. 我国震后桥梁快速评估技术研究现状[J]. 公路交通科技, 2012, 29(2): 51-58, 72.

[126] 中华人民共和国建设部. 民用建筑设计通则: GB 50352—2005[S]. 北京: 中国建筑工业出版社, 2005.

[127] 重庆市房地产管理局,锦州市房地产管理局. 危险房屋鉴定标准: CJ 13—1986[S]. 北京: 中国建筑工业出版社, 1986.

[128] 重庆市土地房屋管理局. 危险房屋鉴定标准: JGJ 125—1999[S]. 北京: 中国建筑工业出版社, 1999.

[129] 农村住房危险性鉴定标准: JGJ/T 363—2014[S]. 北京: 中国建筑工业出版社, 2014.

[130] 中华人民共和国原城乡建设环境保护部,北京市市政工程局. 工业厂房可靠性鉴定标准: GBJ 144—1990[S]. 北京: 中国建筑工业出版社, 1990.

[131] 四川省建设委员会. 民用建筑可靠性标准: GB 50292—1999[S]. 北京: 中国建筑工业出版社, 1999.

[132] 土木学会コンクリート委員会表面保護工法研究小委員会. 表面保護工法設計施工指針(案)[J]. コンクリートライブラリー, 2005.

[133] Wu Z, Yin J, Niu H. Some Recent Achievements in FRP Bonding Techniques: "FRP Composites in Civil Engineering. Proceedings of the International Conference on FRP Composites in Civil Engineering"[C].Washington, D.C.: National Academy of Sciences, 2001.

[134] 吴智深, 岩下健太郎, 牛赫东. PBO 纤维片材预应力外粘结加固集成新技术[J]. 中国工程科学, 2005, 7(9): 18-24.

[135] Wu, Z, Wang X, Zhao X, et al. State-of-the-art review of FRP composites for major construction with high performance and longevity[J]. International Journal of Sustainable Materidls and Structural Systems, 2014, 1(3): 201-231.

[136] 吴智深. FRP 粘贴结构加固中的几个关键问题和技术[J]. 建筑结构, 2007, (S1): 114-120

[137] Wu Z S, Iwashita K, Hayashi K, et al. Strengthening prestressed-concrete girders with externally prestressedpbo fiber reinforced polymer sheets[J]. Journal of Reinforced Plastics and Composites, 2003, 22(14): 1269-1286.

[138] De L L, Nanni A. Shear strengthening of reinforced concrete beams with near-surface mounted fibre reinforced polymer[J]. Aci Structural Journal, 2001, 98(1): 60-68.

[139] Täljsten B, Carolin A, Nordin H. Concrete structures strengthened with near surface mounted reinforcement of CFRP[J]. Advances in Structural Engineering, 2003, 6(3): 201-213.

[140] 吴智深, 吴刚, 岩下健太郎, 等. 一种预应力 FRP 筋加固的混凝土结构件: CN201753531U[P].

2011-03-02.

[141] Wu Z S, Iwashita K, Sun X. Structural performance of RC beams strengthened with prestressed near-surface-mounted CFRP tendons[J]. ACI SP-245-10, 2007: 165-178.

[142] 吴刚, 吴智深, 蒋剑彪, 等. 网格状 FRP 加固混凝土结构新技术及应用[J]. 施工技术, 2007, 36(12): 98-99.

[143] Wu Z S, Fahmy M F M, Wu G. Damage-controllable structure systems using FRP composites[J]. Journal of Earthquake and Tsunami, 2011, 5(3): 241-258.

[144] Fahmy M F M, Wu Z S, Wu G. Seismic performance assessment of damage-controlled frp-retrofitted rc bridge columns using residual deformations[J]. ASCE Journal of Composites for Construction, 2009, 13(6): 498-513.

[145] 中国建筑科学研究院. 既有建筑地基基础加固技术规范: JCJ 123—2000[S]. 北京: 中华计划出版社, 2012.

[146] Li M, Wu Z. Preparation and performance of highly conductive phase change materials prepared with paraffin, expanded graphite, and diatomite[J]. International Journal of Green Energy, 2011, 8(8): 121-129.

[147] 锤击式破碎[EB/OL]. www. takenaka. co. jp.

[148] 清水建设株式会社主页[EB/OL]. http: //www. shimz. co. jp/news_release/2013/2013003. html.

[149] 建筑成本管理系统研究所.新技术调查报告: 高层建筑拆除方法[R]. 2012.

[150] 大成建设股份公司主页[EB/OL]. www. taisei. co. jp.

[151] 竹中工务主页[EB/OL]. www. takenaka. co. jp.

[152] 大林组技术研究所主页[EB/OL]. www. obayashi. co. jp.

[153] 鹿岛建设主页[EB/OL]. www. kajima. com.

[154] 福斯桥[EB/OL]. https: //zh. wikipedia. org/wiki/.

[155] 欧洲水泥协会(CEMBUREAU): Activity report[EB/OL]. [2014-10-27]. http: //www.cembureau.be/.

[156] 世界钢铁协会(IISI): Steel Statistical Yearbook[EB/OL]. [2016-01-26]. https: //www.worldsteel. org/zh/.

[157] 2012 年建设副产物实态调查报告[R]. 东京: 日本国土交通省, 2012.

[158] Environmental management for concrete and concrete structures-Part 1: General principles: ISO 13315-1: 2012 [S/OL]. [2012-02]. https://www.iso.org/standard/53687.html.

[159] Yuasa Y, Maegawa A, Murakami K. Report of recycling technology of construction waste — development of using technology of crushed concrete[J]. Reports of the Mie Prefectural Science and Technology Promotion Center Industrial Research Division, 2005, 30: 160-167.

[160] 交通部第二公路勘察设计院. 公路旧桥承载能力鉴定方法(试行)[M]. 北京: 人民交通出版社, 1988.

[161] 中华人民共和国交通部. 公路工程结构可靠度设计统一标准: GB/T 50283—1999[S]. 北京: 中国计划出版社, 1999.

[162]公路养护技术规范: JTJ 073—1996[S]. 北京: 人民交通出版社, 1996.

[163]公路隧道养护技术规范: JTG H12—2015[S]. 北京: 人民交通出版社, 2015.

[164] 铁路隧道衬砌质量无损检测规程: TB 10223—2004 [S]. 北京: 中国铁道出版社, 2004.

[165] 土木学会. トンネルライブラリー第 14 号トンネルの維持管理[M]. ISBN: 4-8106-0523-X, 2005.